建筑制图与识图

（第　二　版）

清华大学建筑系制图组　编

中国建筑工业出版社

图书在版编目(CIP)数据

建筑制图与识图/清华大学建筑系制图组编．—2版．
北京：中国建筑工业出版社，2005（2024.3重印）
ISBN 978-7-112-00366-2

Ⅰ．建…　Ⅱ．清…　Ⅲ．建筑制图-识图法　Ⅳ．TU204

中国版本图书馆CIP数据核字(2005)第026781号

本书力求理论联系实际，密切结合专业，通俗易懂，便于自学，可作为基本建设战线上广大工人和技术人员自学的参考书，也可作为大专院校土建专业或业余学习班的参考教材。

本书主要介绍投影原理和施工图的制图与识图方法。在投影原理部分，每章都有小结，便于掌握要点，巩固基本概念；对于作图方法，有分析和例题，便于自学；三、四、五章有一些习题，并附有答案，以便核对。在施工图的制图与识图部分，对建筑、结构施工图的内容、制图与识图方法都有详细的介绍，并有实例分析；对水、暖、电的施工图作了一般介绍。为了全面了解建筑工程施工图的内容，提高识图能力，书后附有两套较完整的施工图（小学校教学楼和铸工车间）。

此次修订，投影原理部分增补了曲面投影的内容，另外增加了立体表面展开一章；对于本书所引用的各种施工图，也根据国家标准、规范进行了必要的修正。

建筑制图与识图

（第二版）

清华大学建筑系制图组　编

*

中国建筑工业出版社出版、发行(北京海淀三里河路9号)

各地新华书店、建筑书店经销

建工社（河北）印刷有限公司印刷

*

开本：787×1092毫米　1/16　印张：16　字数：386千字

1982年11月第二版　2024年3月第六十次印刷

定价：**28.00**元

ISBN 978-7-112-00366-2

(20983)

重印致读者

在本书修订版重印时向读者说明两点：

1. 本书部分施工图中的做法，有的已然过时，而且全国各地的做法亦常不一样，所以，本书只能供学习参考。读者在工作中如遇有问题，望多与当地设计和施工部门联系解决。

2. 本书自出版以来受到广大读者的热情关切，曾先后提出过不少宝贵意见，其中有的在此次重印时已纳入本书，特此致谢。

作　者

1983年12月

目　录

第一章　工程制图的基本知识

第一节　制　图　工　具

学习制图应首先掌握制图工具的使用方法，以提高制图的质量和速度。下面介绍几种常用工具的使用方法。

一、丁字尺

丁字尺是画水平线用的，在使用时要注意以下几点：

1. 尺头必须沿图板的左边缘滑动使用（图 1-1）。在画同一张图纸时，尺头不得在图板的其它各边滑动，以避免图板各边不成直角时，画出的线不准确（图 1-2）。

2. 只能沿尺身上侧画线，因此要注意保护尺身上侧的平直。

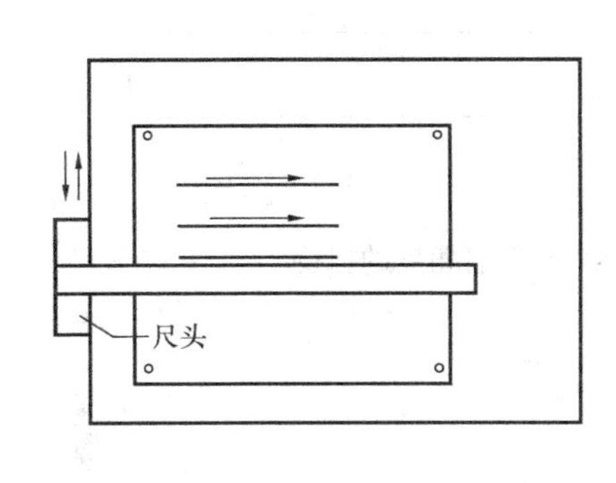

图 1-1　尺头必须在图板左边滑动

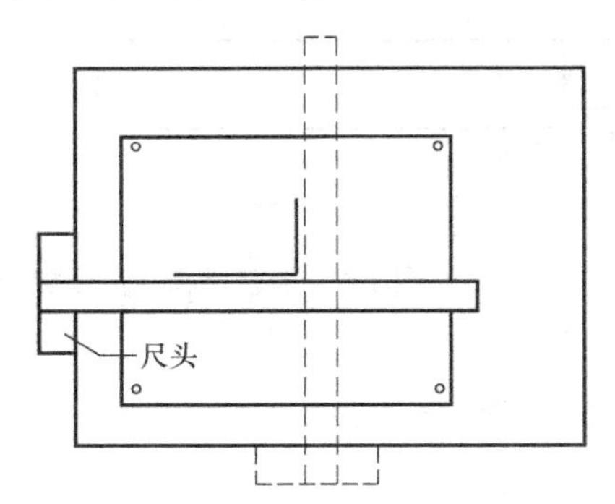

图 1-2　丁字尺不得在图板各边轮换使用

二、一字尺

一字尺也叫平行尺，用滑轮和导绳固定在绘图板上，其作用与丁字尺相同，但比丁字尺使用方便。上下推动时只要用力均匀，就能防止尺身倾斜（图 1-3）。

三、三角板

1. 三角板有 45°和 60°两种。丁字尺与三角板配合使用时，可以画出 15°、30°、45°、60°、75°的斜线和相互平行或垂直的线（图 1-4）。

2. 两个三角板配合使用时，可以画出各种角度的互相平行或垂直的线（图 1-5）。

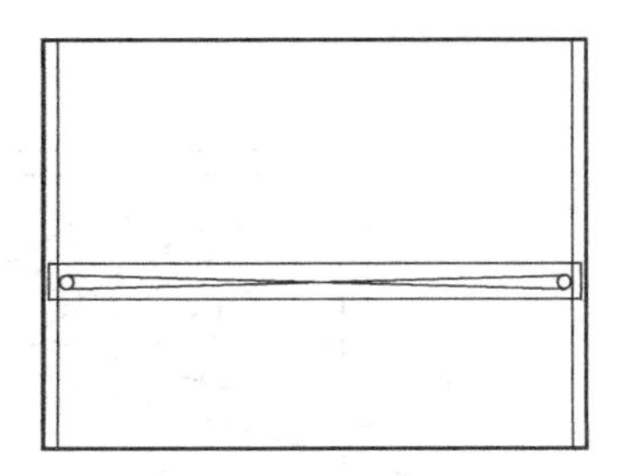

图 1-3　一字尺

四、直线笔（鸭嘴笔）

直线笔是画墨线的工具（图 1-6），在使用时应注意每次注墨不要太多，不要让笔尖的外侧有墨，以免沾污图纸。画线时，两片笔尖间一定要留有空隙，以保证墨水能流出，如笔尖间的空隙已很小，画出的线条仍嫌太粗时，应检查画线笔尖，如已用钝，可用油后磨后再用。

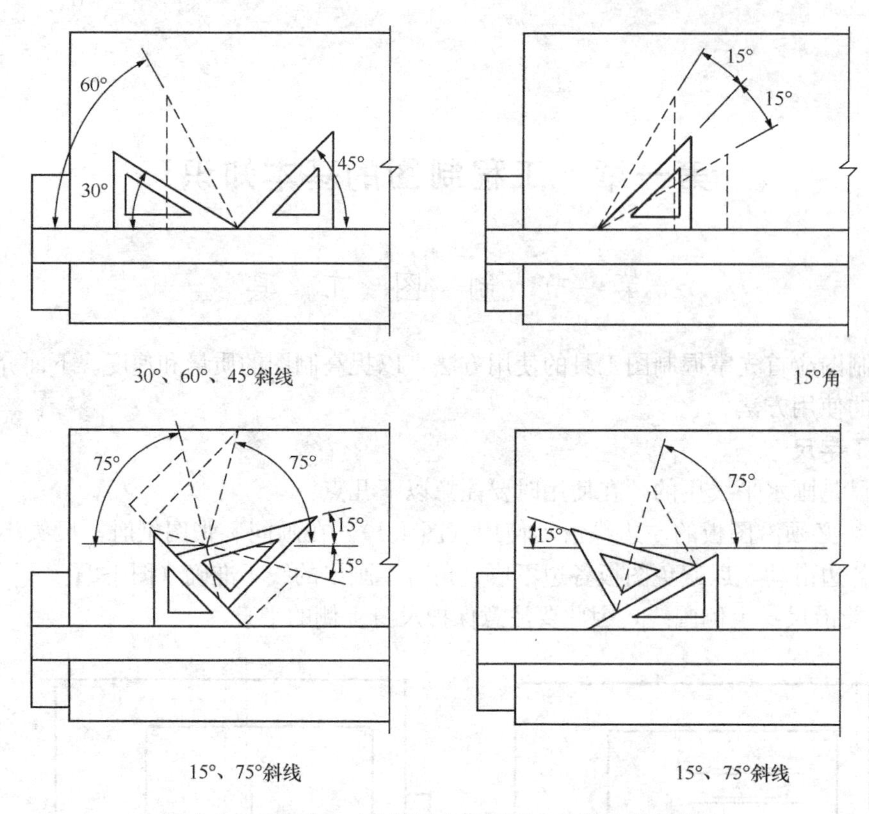

图 1-4　丁字尺和三角板配合使用画出各种角度的斜线

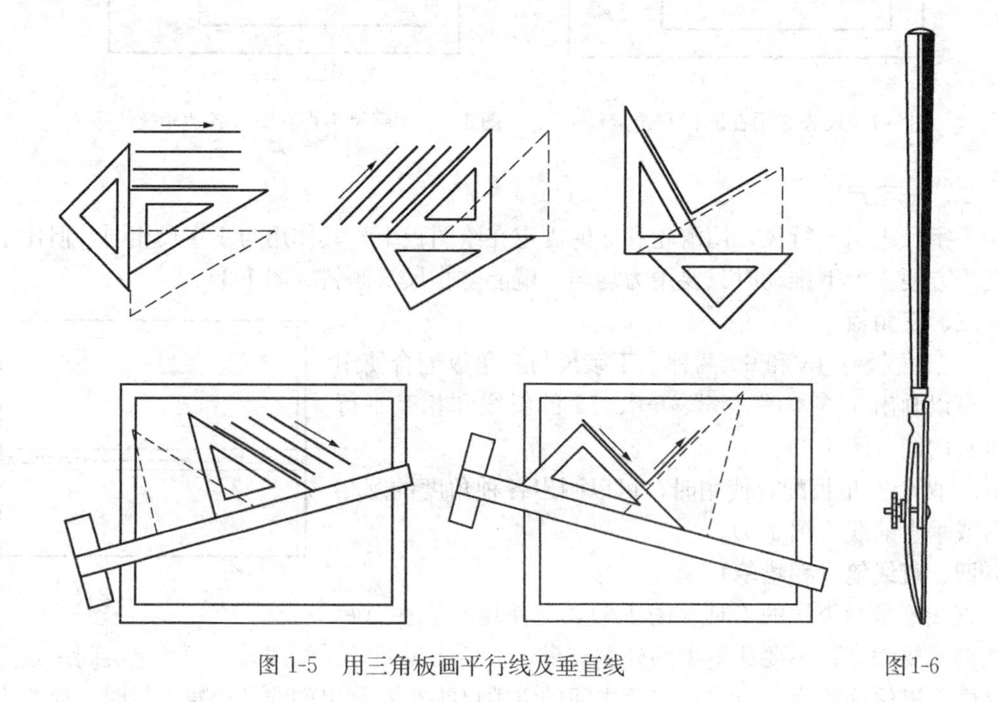

图 1-5　用三角板画平行线及垂直线　　　图1-6

五、绘图墨水笔

绘图墨水笔也叫针管笔，能象普通钢笔一样吸水、储水，并附有0.1～1.2毫米多种粗细不同的笔尖，用它来代替直线笔描图，使用与携带均较方便（图1-7）。

六、圆规

1. 圆规是画圆用的工具（图1-8）。在画圆时，应使针尖固定在圆心上，尽量不使圆心扩大。

2. 要求笔尖与纸的角度接近垂直。如所画圆的半径较大，可将圆规的两插杆弯曲，使它们仍然保持与纸面垂直。

七、分规

分规是截量长度和等分线段的工具（图1-9）。

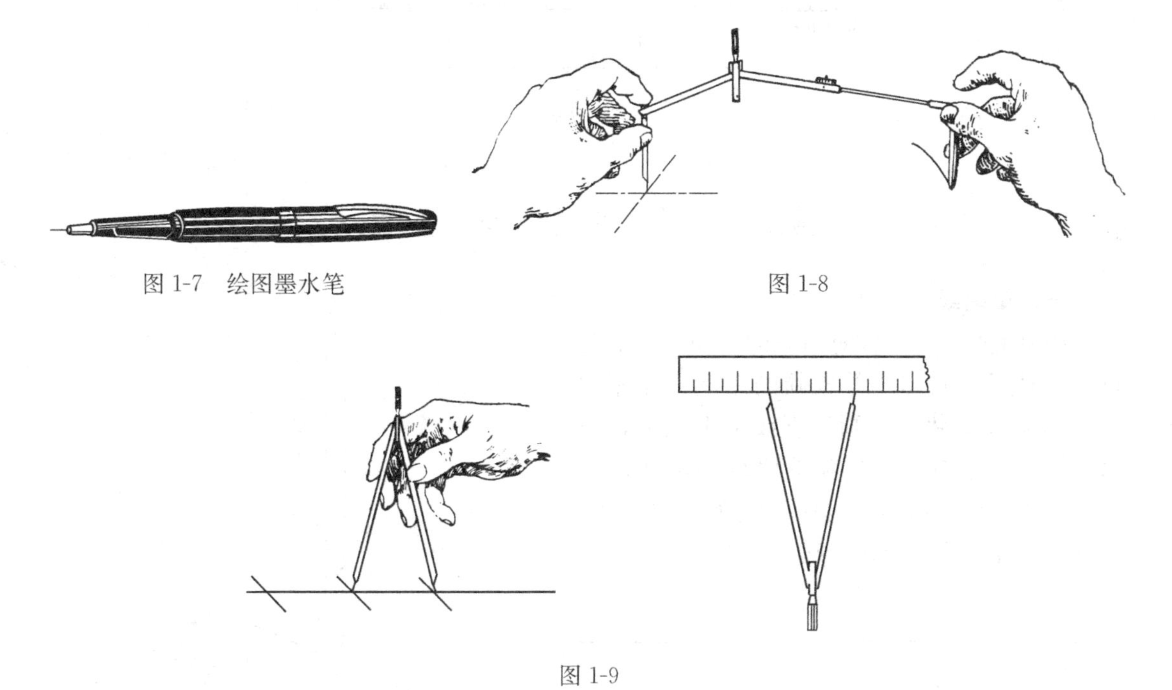

图1-7　绘图墨水笔

图1-8

图1-9

八、比例尺

比例尺是用以放大或缩小线段长度的尺子（图1-10），尺身上有刻着不同比例的尺面，如1：100、1：200、1：300……1：600等。

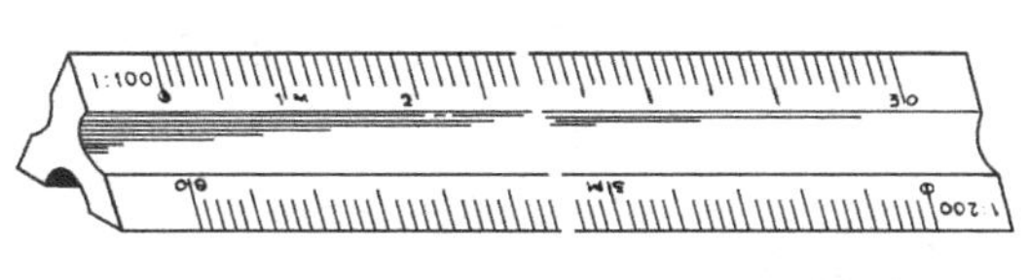

图1-10

在使用比例尺时，要注意放大或缩小比尺和实长的比例关系，例如1米长的构件，画成1：100的图形，即图形为原长的百分之一（即1厘米），画图时用1：100的尺面直接量测。又如1米长的构件，画成1：10的图形，即图形为原长的十分之一（即10厘米），画图时仍可用1：100的尺面，但以尺上刻度10m当1m。

图1-11是用三种比例尺画出的实大为1m×2.1m的门扇的图形。

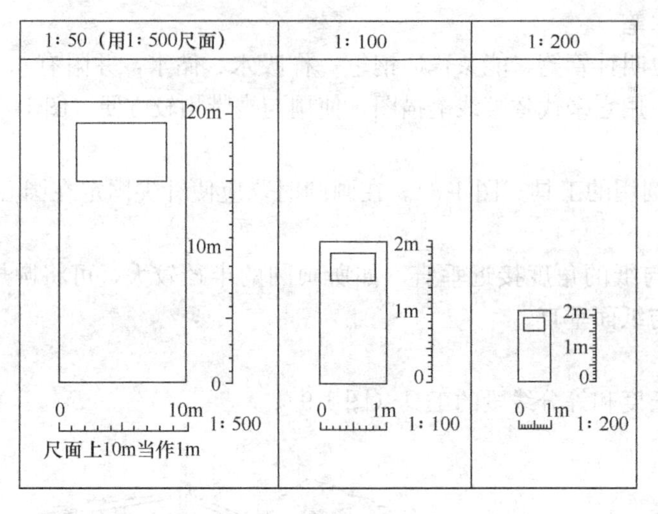

图 1-11

第二节　铅 笔 线 与 墨 线

一、铅笔线

用铅笔画线，要注意铅笔的软硬，一般在打草稿时用 2H、3H 等较硬的铅笔，加深时可用 H 或 HB 铅笔。画垂直线从下往上，画水平线从左往右。用笔轻重要均匀；画长线时，可适当转动铅笔，以保持线条粗细一致。线条接头处须注意交接准确（图 1-12）。

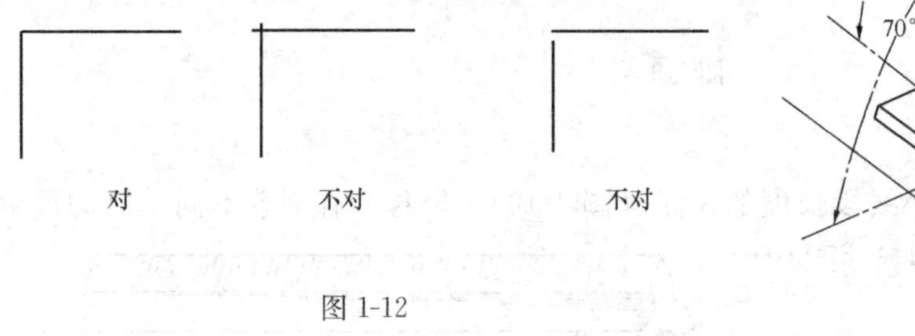

图 1-12

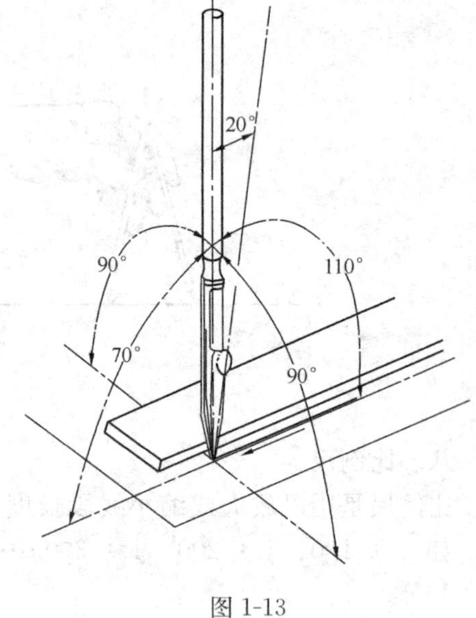

图 1-13

二、墨线

画墨线图之前，应先有清楚准确的铅笔图稿，然后用直线笔描绘墨线。

1. 画墨线时，直线笔须紧靠尺边，并注意笔与纸面的角度，要始终保持一致（图 1-13）。笔的移动速度要均匀，太快则线条会变细，太慢则线条会变粗。一条线最好一次画完，中途不要停笔。如果线太长或画长曲线，需要分几次画成时，应注意使接头准确、圆滑。画粗线时，可分几次画成，以免直线笔尖间空隙太大，流出墨水太多，使纸面起皱，影响画图质量（图 1-14）。

2. 为了提高画图效率，可参考下列画图顺序：

(1) 先画曲线，后画直线，便于连接。

(2) 先画上边，后画下边；先画左边，后画右边，这样不易弄脏图面。

(3) 先画细线，后画粗线；细线容易干，不影响上墨的进度。

(4) 最后画边框和写标题。

(5) 在上墨线时，如果有画错的地方，不要急于修改，等墨线干透后用硬橡皮和擦片擦去，或用锋利的刀片轻轻刮去。

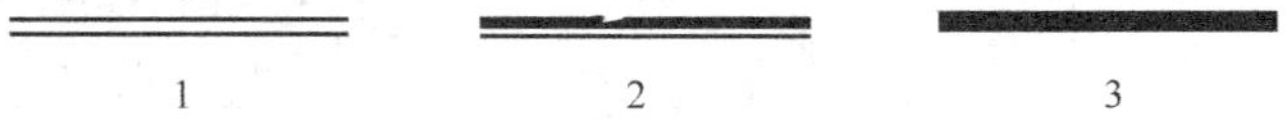

1　　2　　3

图 1-14

3. 图 1-15 是直线笔使用不好时，出现的各种问题举例：

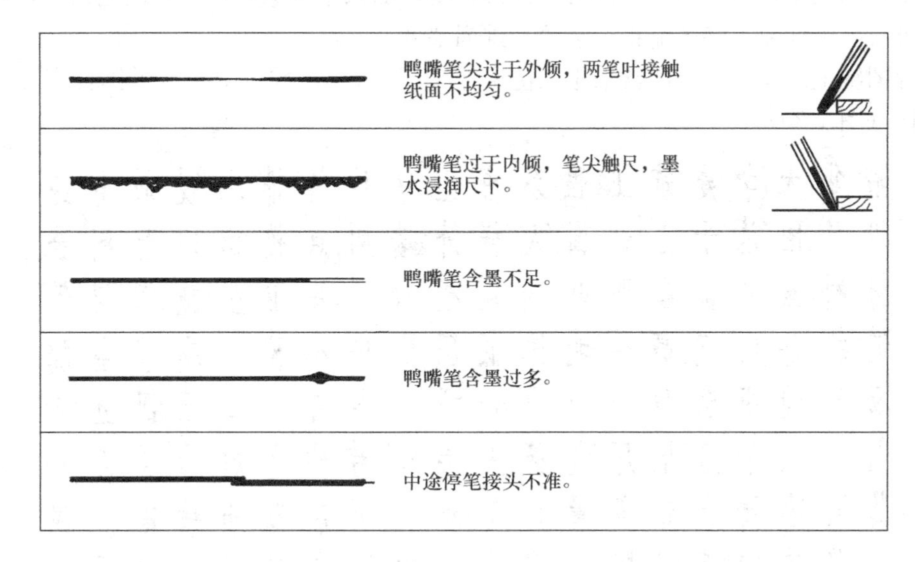

图 1-15

第三节　图 线 的 种 类

一、实线

实线是表示实物的线。为使图形清楚、明确，在制图时经常同时使用几种粗细不同的线。如图 1-16 表示一个被剖开的方盒，就是用三种粗细不同的线来表示的。

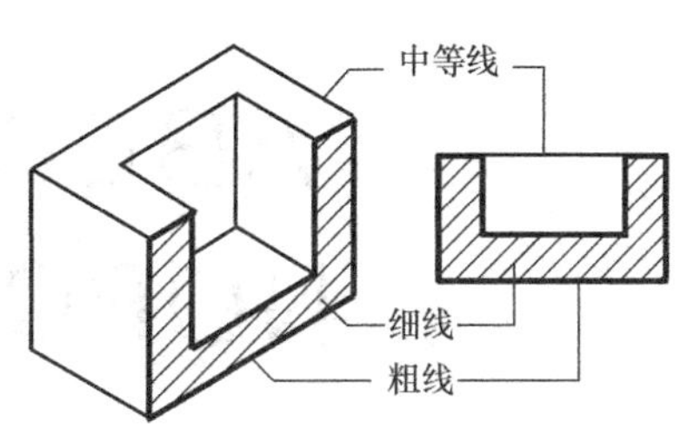

图 1-16

二、虚线

虚线一般有两种情况，一种是实物的线被遮挡，一种是辅助用线（图 1-17）。

三、点划线

点划线表示一物体的中心位置或轴线位置（图 1-18）。

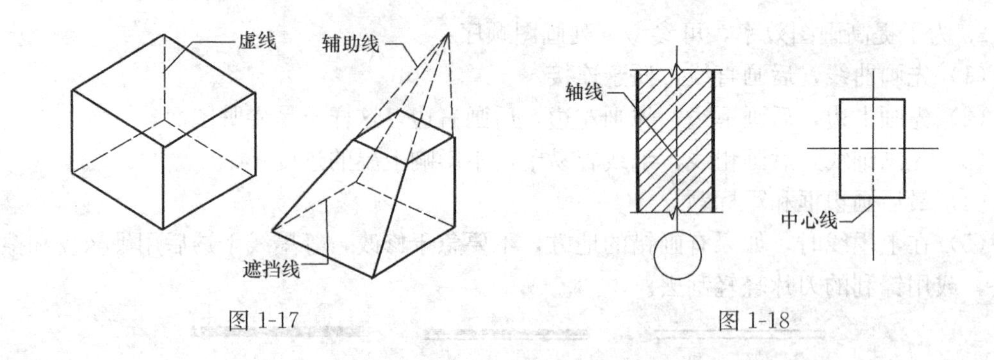

图 1-17　　　　图 1-18

第四节　工 程 字 写 法

在工程图纸中，数字和文字的书写都很重要，如果字迹潦草，容易发生误解，甚至造成工程事故，因此要求字体端正、清楚、排列整齐。

工程图纸上的汉字，一般常采用长仿宋体（图 1-19），数目字和汉语拼音字母多采用等线字体（图 1-20）。

清 华 大 学 建 筑 工 程 系 班 组 结 构 给 排 水 暖 通 电 身
设 计 图 总 平 立 剖 面 人 样 外 墙 厕 点 楼 梯 门 窗 阳 台
材 料 做 筋 说 屋 明 基 础 顶 板 过 梁 法 卫 生 施 钢 架 管
道 统 备 内 气 高 砖 北 医 低 压 配 中 小 校 厂 剧 节 空 院
场 车 间 印 刷 宿 舍 东 西 表 调 住 所 首 一 二 三 四 五 六
七 八 九 十 房 地 厅 混 凝 土 层 作 南 柱 宅 虚 为 及 占 分
凸 凹 冰 发 煤 熟 菱 量 负 责 对 上 下 散 棚 油 毡 焦 渣 泥
砂 浆 垫 伸 缩 沉 降 抗 震 缝 天 雨 防 潮 罩 男 女 编 号 数
量 尺 寸 坡 度 口 长 短 向 统 注 单 元 阶 装 式 标 准 左 右
宽 高 深 瓦 路 风 踢 脚 淋 浴 消 火 栓 箱 办 公 室 书 库 制
现 浇 甲 乙 丙 丁 戊 己 庚 辛 泡 沫 加 温 洞 预 孔 超 积 皮

图 1-19　土建工程图纸中常用字

ABCDEFGHIJKLM
NOPQRSTUVWXYZ

1 2 3 4 5 6 7 8 9 0

图 1-20

写仿宋字的基本要求如下：

1. 字体格式：为了保持字体长宽整齐，书写时应先打好字格。字格高宽比例，一般为3∶2，为了使字行清楚，行距应大于字距（图1-21）。字体的号数即字体的高度（单位为毫米），分为20、14、10、7、5、3.5、2.5，但图纸中常用的为10、7、5三种，一般以不小于4毫米为宜。

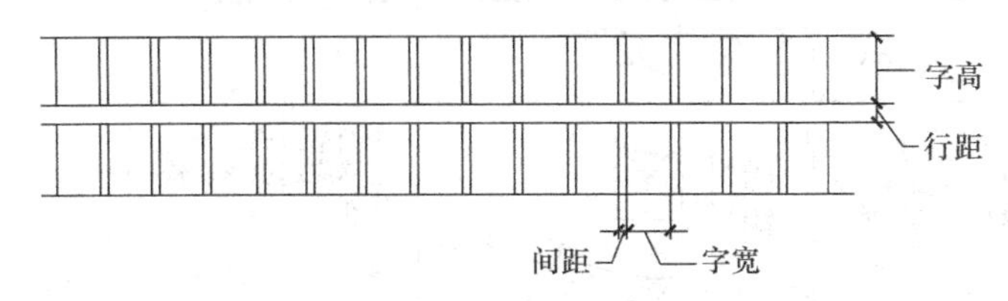

图1-21

2. 笔划写法：仿宋字不论字形繁简，都是由几个基本笔划组成的。所以，只要我们掌握了基本笔划的特点，又能恰当地安排笔划的疏密，就能写好仿宋字（图1-22）。

3. 在写仿宋字时，要注意下列三个要领：

（1）横平竖直，起落有力：指的是写横划时，右边比左边略高，近于水平线，且所有横划都要互相平行；竖划一律写成铅垂线。起笔和落笔时要顿一下，形成小三角形方显有力。

（2）笔锋满格，因字而异：指的是主要笔划要顶着字格，以保证字体大小一律，但又不能笔笔顶格，字字满格，否则从整体上看，反而达不到整齐的效果。图1-23（a）中的“比”、“日”、“月”三字，从整体上看，就显得太大了，再如“号”、“合”、“足”三个字都因“口”字部分太大，显得很不匀称。将图1-23中（a）与（b）相比较，可以看出：在（b）图中，“图”、“号”、“日”、“合”、“足”等字“口”字部分，和“比”、“学”二字都不是笔笔顶格，而是主要笔划顶格，整体上看比较好。

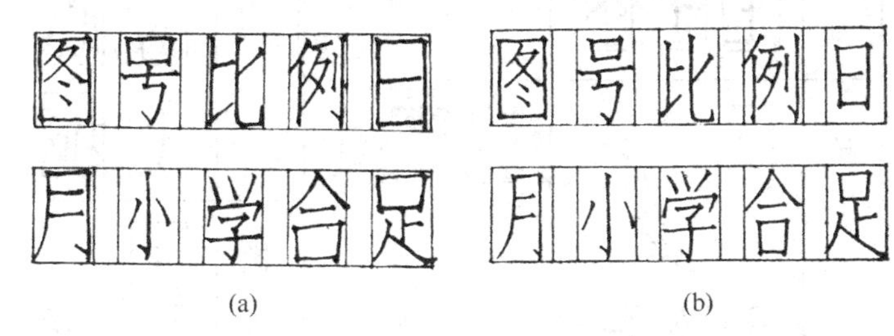

图1-23

（3）排列匀称，组合紧凑：除了从整体上要求字与字间排列匀称外，每个字中的笔划也要求排列匀称，不然则容易出现松紧不匀，或头重脚轻的现象。这样不仅个体不好看，也影响整体的整齐一律。

由几部分组成的字，要注意各部分所占比例，如图1-24上行字所示。但这种比例只能作为参考，不能完全限制在这些比例的范围内。各部分的笔划有时还有所穿插，否则就会显得松散、呆板，如图1-24下行字所示。

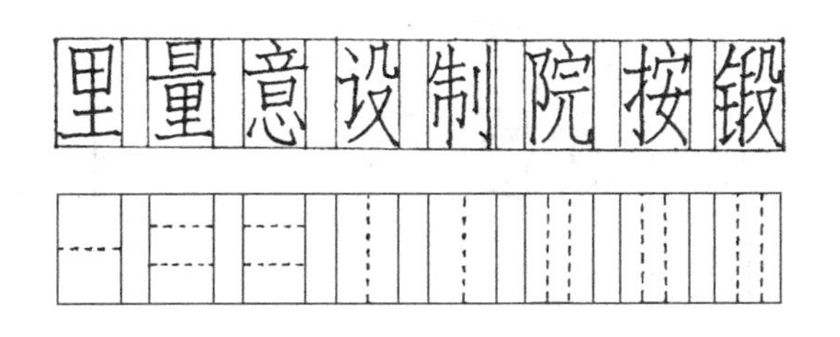

图1-24

几种笔划的写法和特征		
名称	笔　　划	要　　点
横	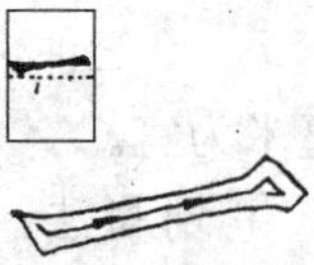 三 平 一	横以略斜为自然，运笔时应有起落，顿挫棱角一笔完成。
竖	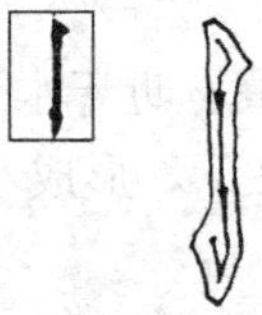 上 十 下	竖要垂直，运笔同横。
撇	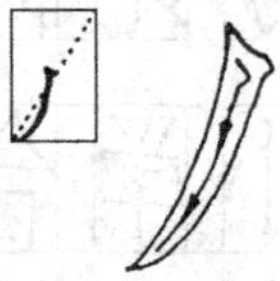 先 今 方	撇应同字格对角线基本平行，运笔时起笔要重，落笔要轻。
捺	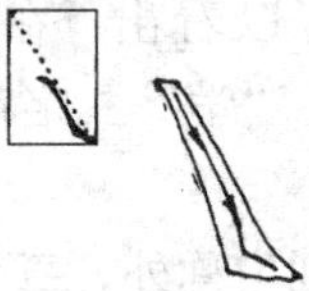 大 来 延	捺也应同字格对角线基本平行，运笔时起笔要轻，落笔要重，与撇正好相反。
竖钩	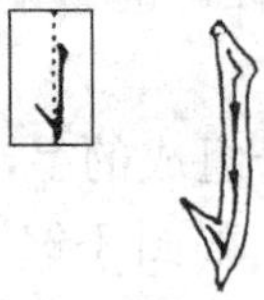 才 剖 倒	竖要挺直，钩要尖细如针。
横钩	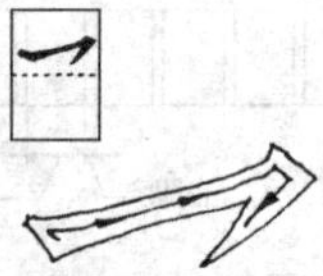 序 安 欠	由两笔组成，末笔笔锋应起重落轻钩尖如针。
弯钩	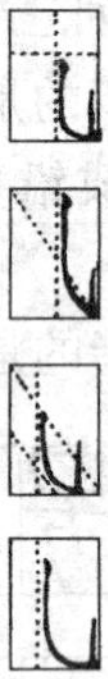 尤 武 心 地	由直转弯，过渡要圆滑。
挑	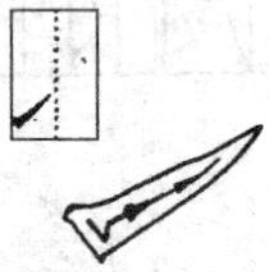 北 求 均	起笔重，落笔尖细如针。
点	 热 沙 立	

图 1-22

第五节　几　何　作　图

按照已知条件，作出所需要的几何图形叫做几何作图。在土建工程中，常常会遇到点、线、面、体组合的图形，因此掌握几何作图的基本方法可以提高工程制图的速度和准确度。

一、基本知识

1. 角

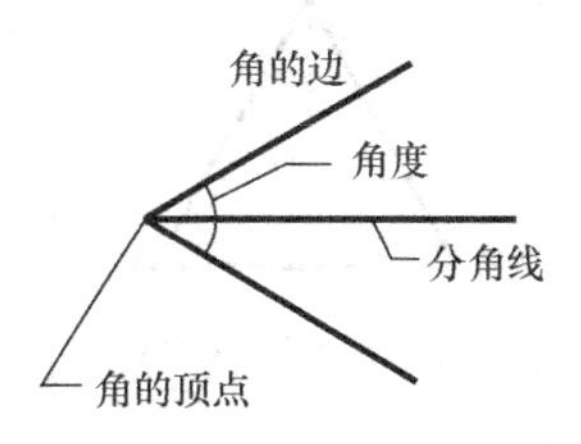

2. 坡度

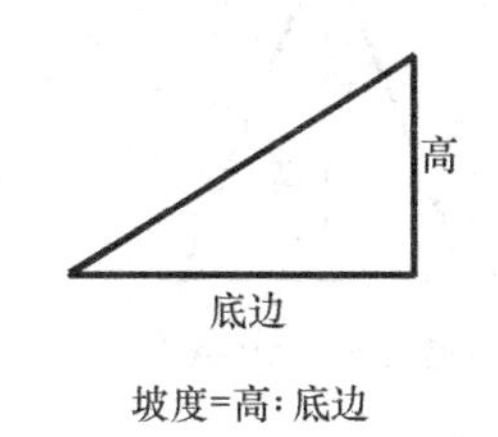

坡度=高∶底边

3. 垂直线

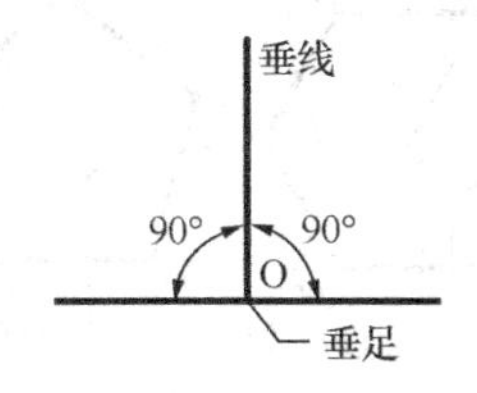

两直线的夹角为90°时，一线即为另一线的垂直线，垂直的符号为“⊥”

4. 平行线

两直线在一平面内永不相交时，一线即为另一线的平行线，平行的符号为“||”

5. 长方形（矩形）

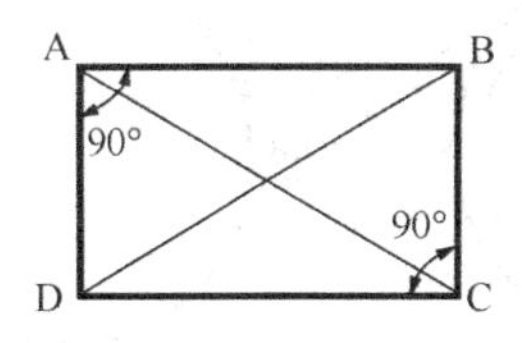

长方形ABCD，各角均为90°，AC、BD为对角线，AC=BD

6. 平行四边形

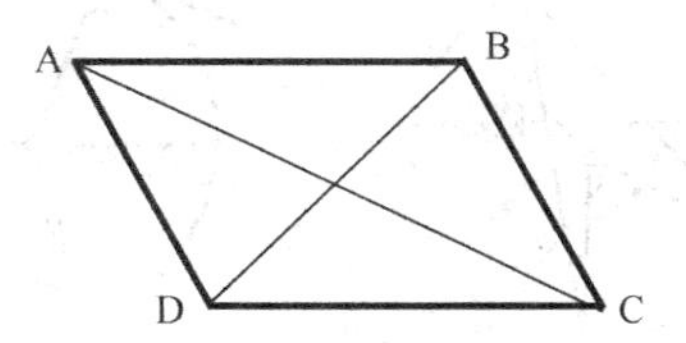

平行四边形ABCD，AB||CD，AD||BC，AC、BD为对角线，对角线互相平分

7. 菱形

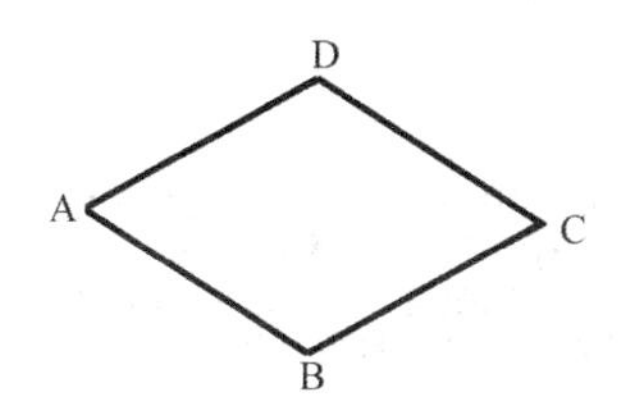

AB||CD，AD||BC，AB=BC=CD=AD

8. 梯形

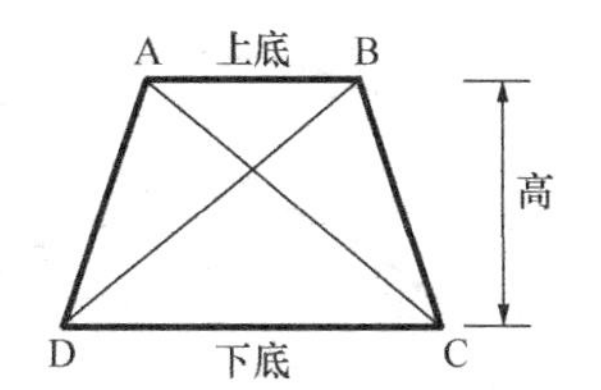

AB||CD，AC、BD为对角线，如AD=BC，则为等腰梯形

9. 三角形

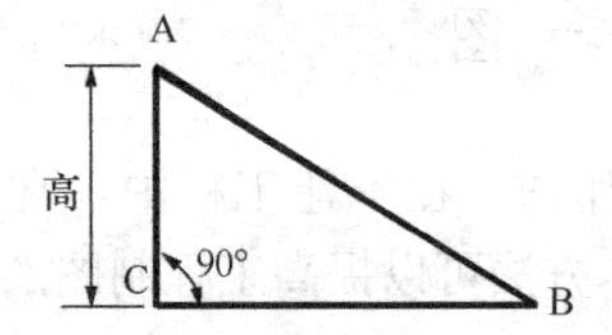

直角三角形 ∠ACB=90°

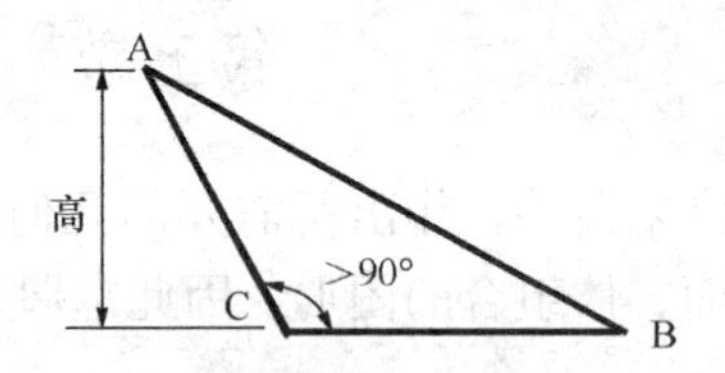

钝角三角形 ∠ACB>90°

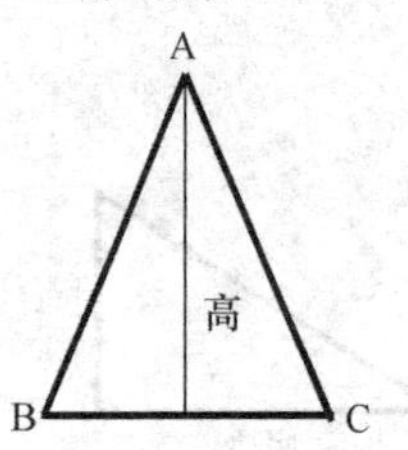

等腰三角形 AB=AC

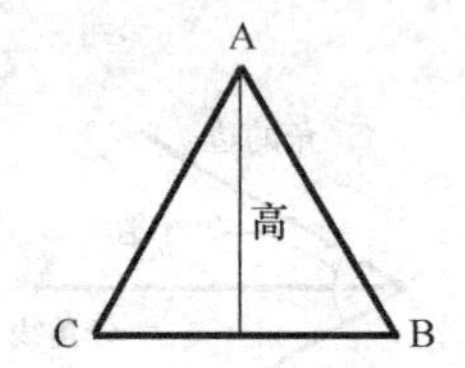

等边三角形 AB=BC=CA

10. 不规则多边形

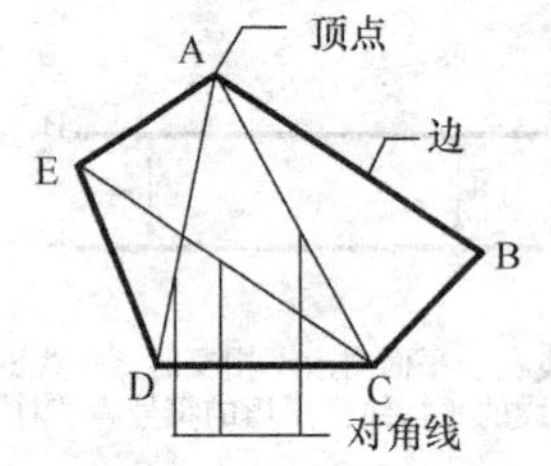

11. 正多边形

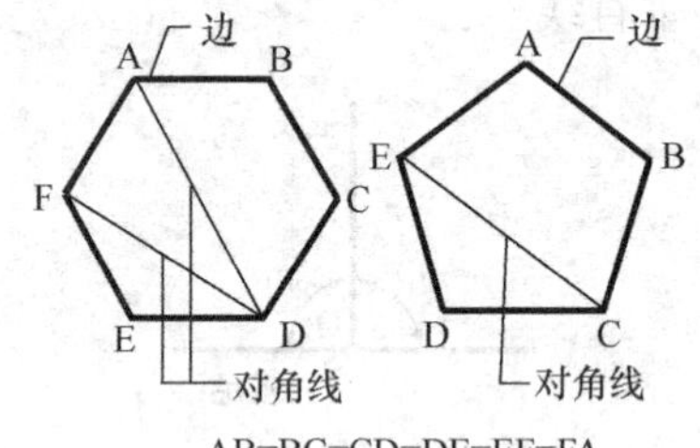

AB=BC=CD=DE=EF=FA

12. 圆

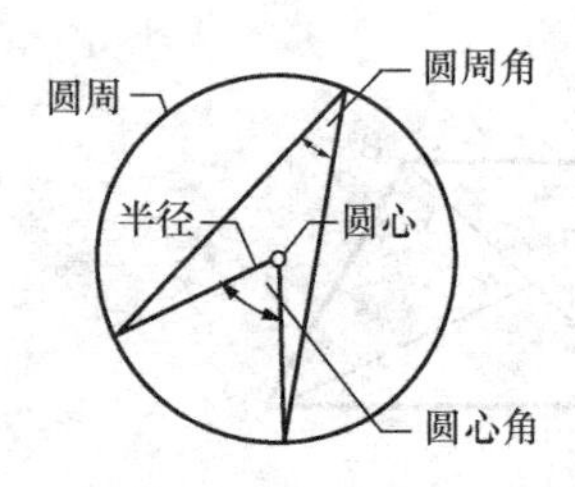

圆心、圆周、半径、圆心角、圆周角

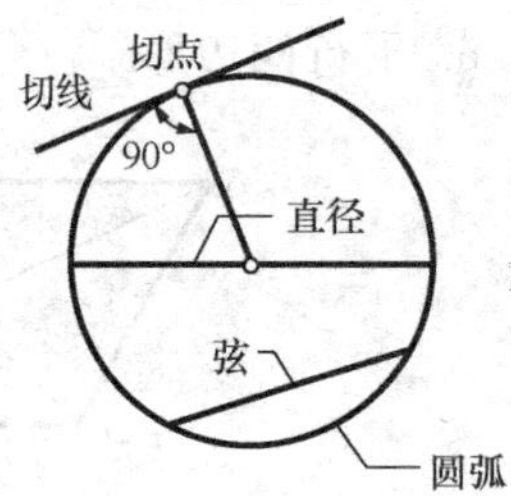

直径、弦、圆弧、切线、切点

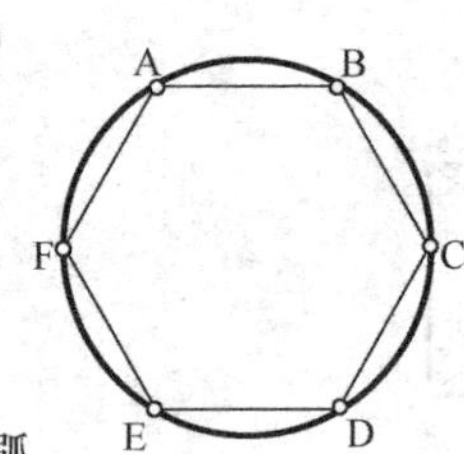

圆内接正多边形

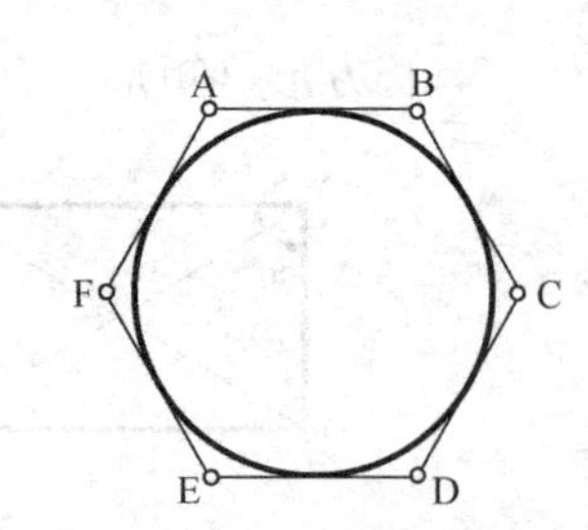

圆内切正多边形

13. 椭圆

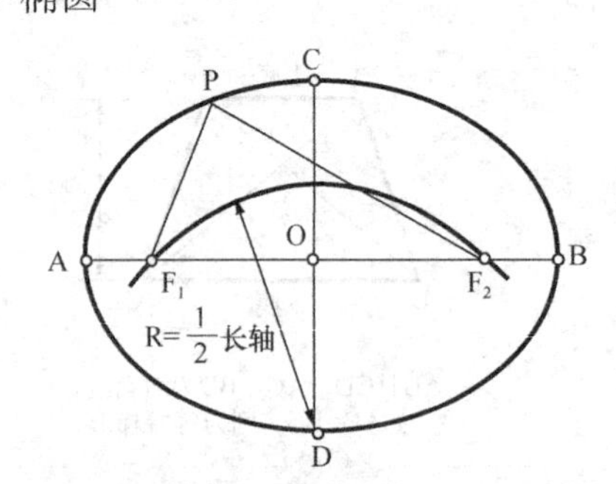

椭圆有长轴（AB）和短轴（CD），两轴互相垂直，互相平分。有两个焦点F_1和F_2，位于长轴上，两焦点与中心O的距离相等。如在椭圆上取任意点P，则$PF_1+PF_2=AB$

14. 一直线与一平面垂直

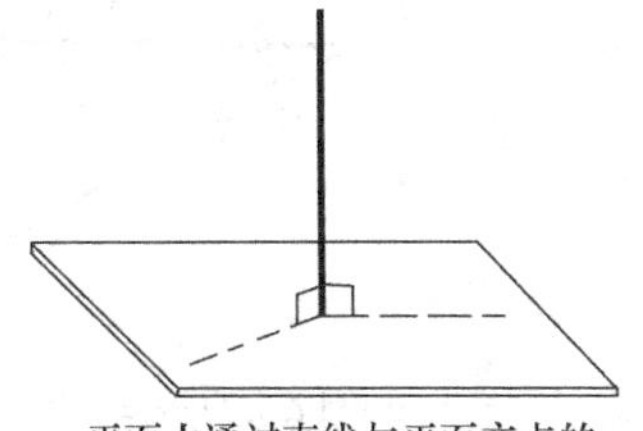

平面上通过直线与平面交点的任何直线都与此直线成90°

15. 一直线与一平面平行

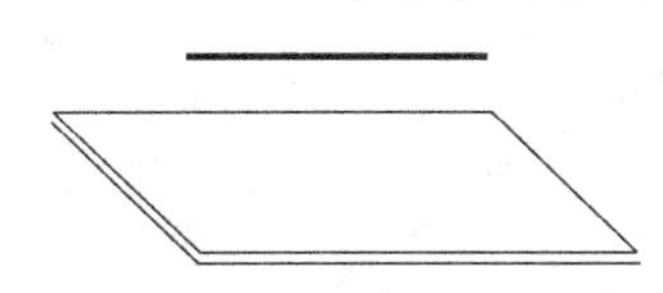

直线上各点与平面的距离都相等，直线与平面永不相交

16. 两平面互相平行

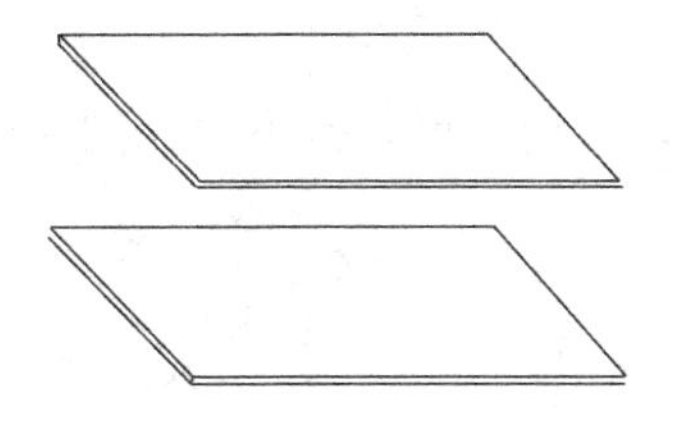

两个平面没有公共点，则此两平面平行

17. 两平面互相垂直

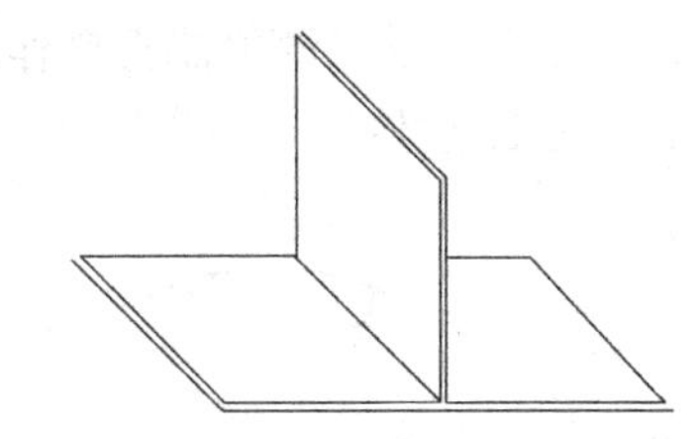

一平面包含另一平面的垂直线，则此两平面垂直

二、几何作图

1. 二等分直线 AB

画法Ⅰ：用圆规及直尺作图。

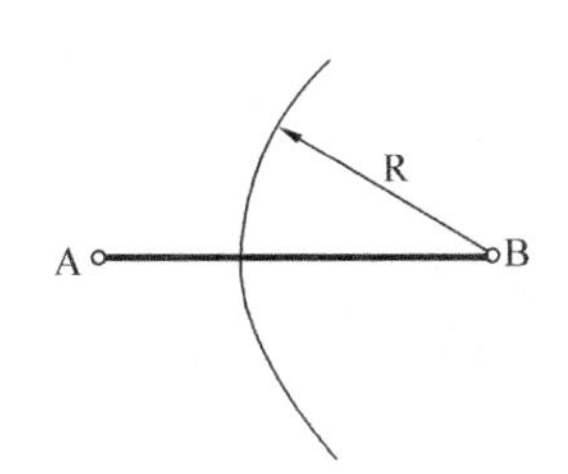

(a) 以B为圆心，大于1/2AB的长度R为半径作弧

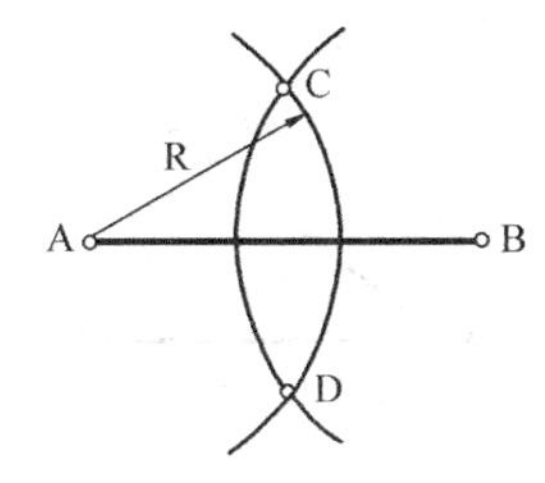

(b) 以B为圆心，以R为半径作弧，两弧交于C、D

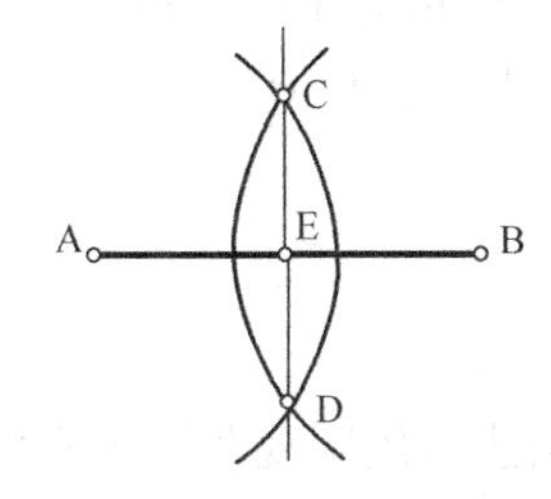

(c) 连CD，交AB于E，E为AB中点，线段CD为AB的垂直平分线

画法Ⅱ：用丁字尺及三角板作图。

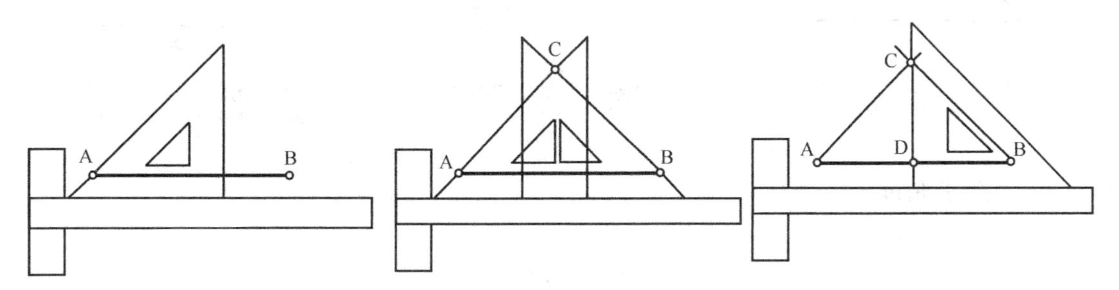

(a) 使丁字尺的尺身上侧与AB平行，将三角板之一直角边靠紧丁字尺，斜边过A点作斜线

(b) 用同法，过B点作斜线，两斜线交于C

(c) 过C点作AB的垂直线，交AB于D，D为AB中点，CD为AB线段的垂直平分线

2. 任意等分直线 AB（设要求六等分）

画法：用三角板作图。

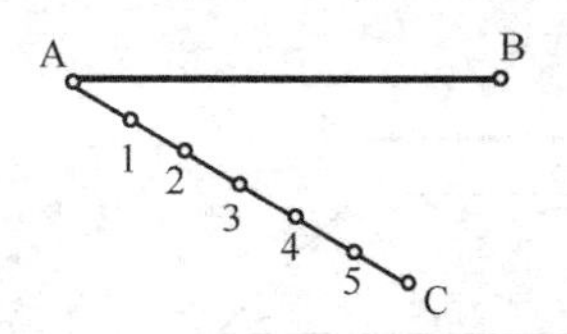

(a) 自A点引一任意直线AC，用比例尺量取为6等段

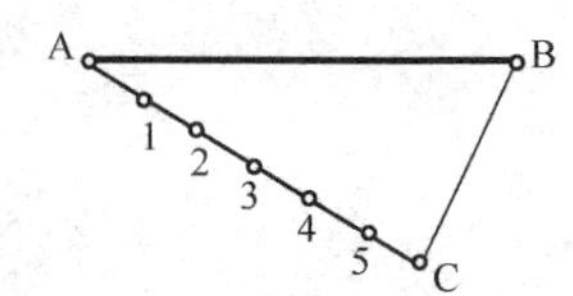

(b) 连CB

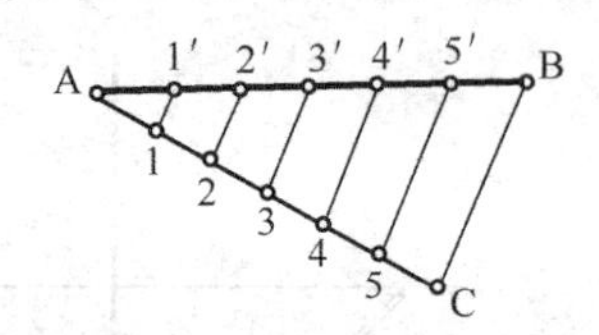

(c) 自各分点1、2、3……作线平行于CB，与AB线相交于1′、2′、3′……即为诸等分点

3. 过A点作直线AB的垂直线

画法Ⅰ：用三角板或量角器直接作出。

画法Ⅱ：在工地放线、放样不用三角板或量角器时，可用直尺，按下述作图法作出。

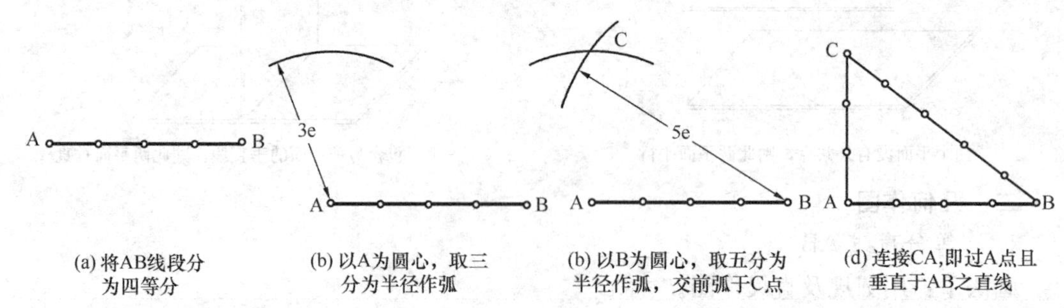

(a) 将AB线段分为四等分　(b) 以A为圆心，取三分为半径作弧　(b) 以B为圆心，取五分为半径作弧，交前弧于C点　(d) 连接CA，即过A点且垂直于AB之直线

4. 作角等于已知角

已知：∠CAB

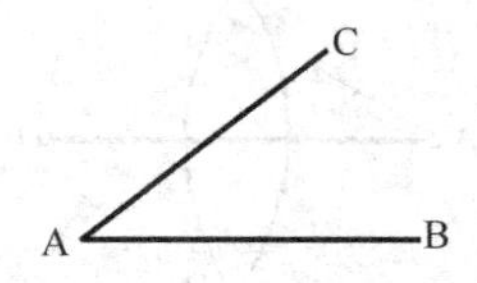

画法：用圆规及三角板作图。

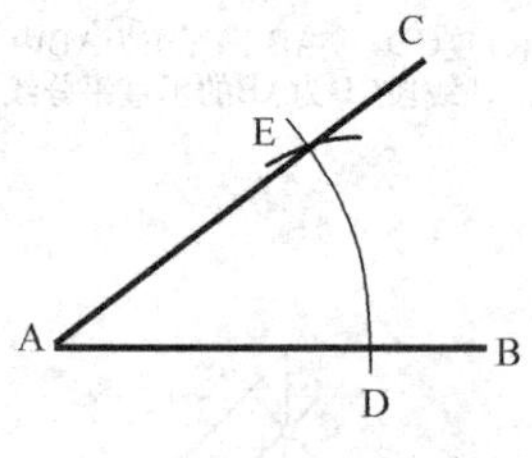

(a) 以A为圆心，任意半径作弧，交AB于D，交AC于E

(b) 作直线A′B′，以A′为圆心，AD为半径作弧，交A′B′于D′

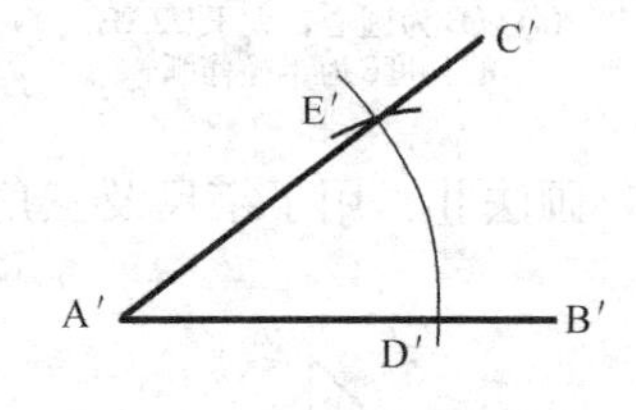

(c) 以D′为圆心，ED为半径作弧，两弧交于E′，连AE′则∠C′A′B′=∠CAB

5. 二等分角度

已知：∠AOB

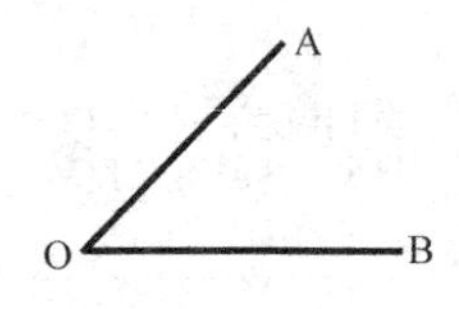

画法：用圆规及三角板作图。

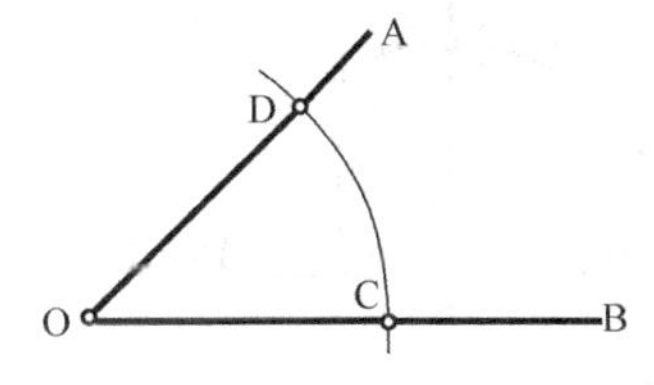

(a) 以O为圆心，任意长为半径作弧，交OB于C,交OA于D

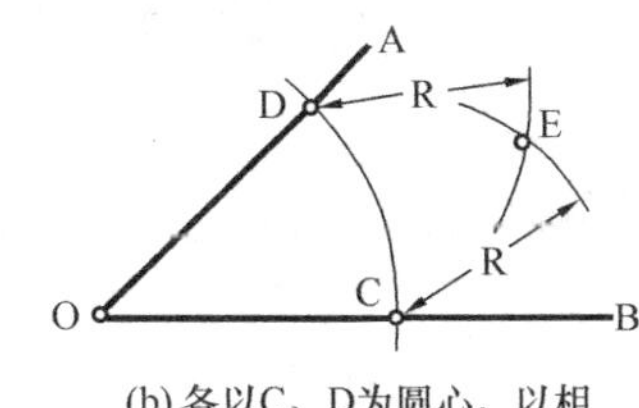

(b) 各以C、D为圆心，以相同半径R作弧，两弧交于E

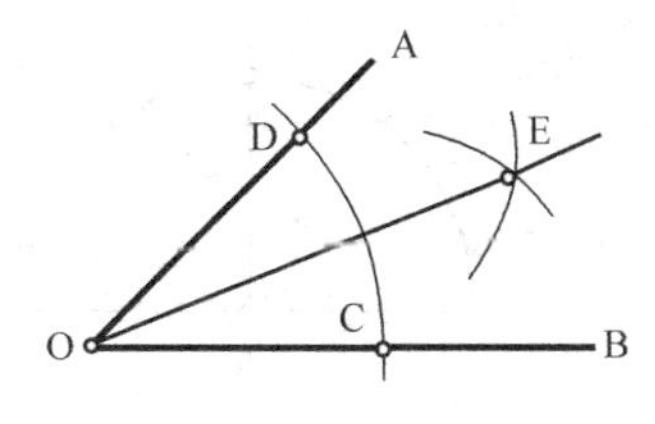

(c) 连OE,即所求之分角线

6. 已知边长求作三角形

已知：三角形三边为 1_1、2_2、1_3

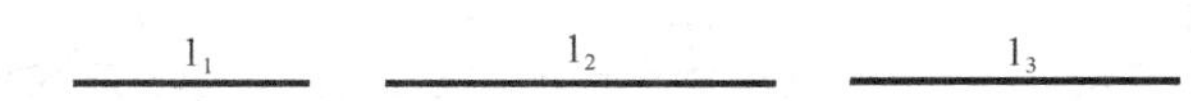

画法：用圆规及三角板作图。

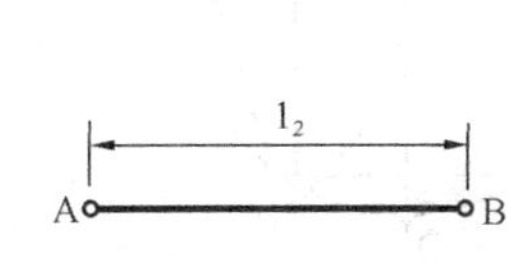

(a) 作直线AB等于任一边长1_2

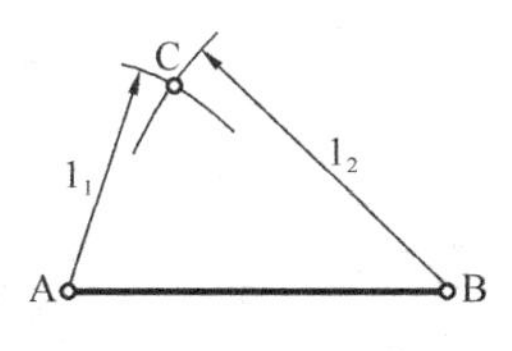

(b) 以A为圆心，1_1为半径作弧，以B为圆心，1_3为半径作弧,两弧交于C

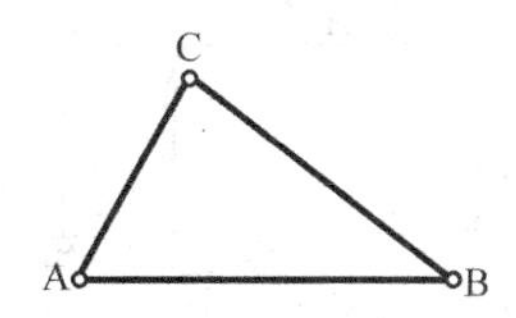

(c) 连AC,BC，则△ABC为所求的三角形

7. 正多边形的近似画法

（1）已知正多边形的外接圆直径为 AB，求作正多边形（设求作正七边形）。

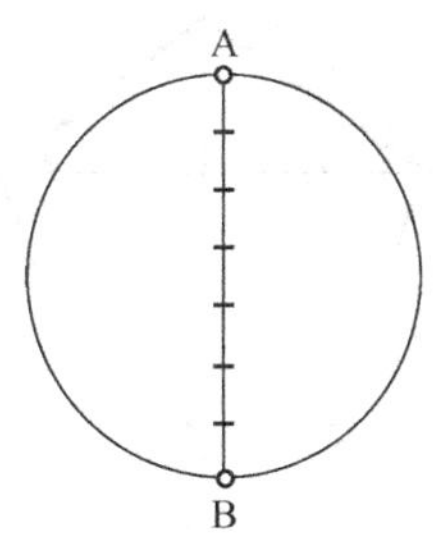

(a) 分AB为七等分

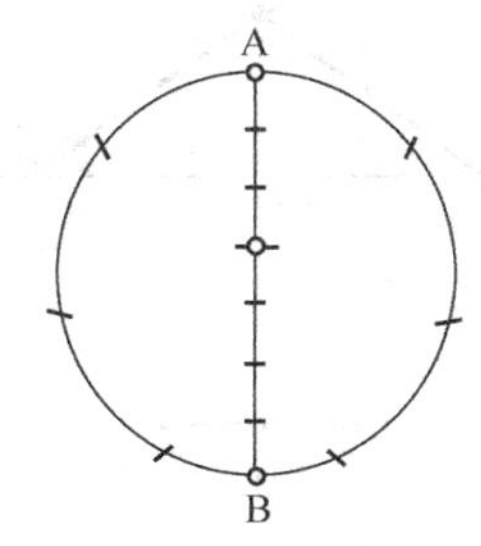

(b) 取3分，此即多边形的边长。以此试截分圆周，然后再根据误差，加以调整

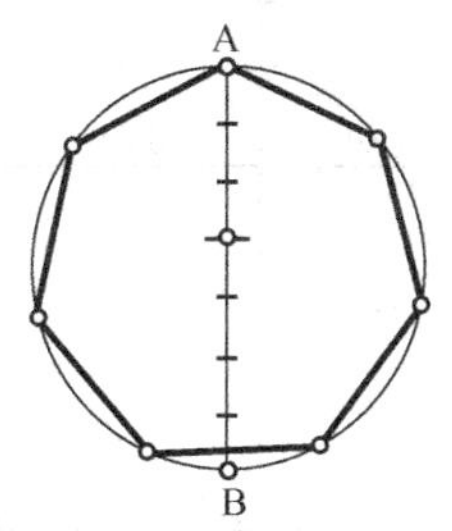

(c) 连圆周上各分点即所求之正七边形

（2）已知正多边形的边长为 ab，求作正多边形（设求作正七边形）。

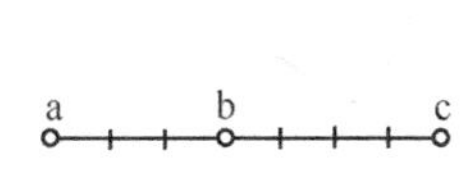

(a) 分ab为三等分并将ab延长至c,使ac长为七分(如作正五边形则使ac长为五分，余类推)

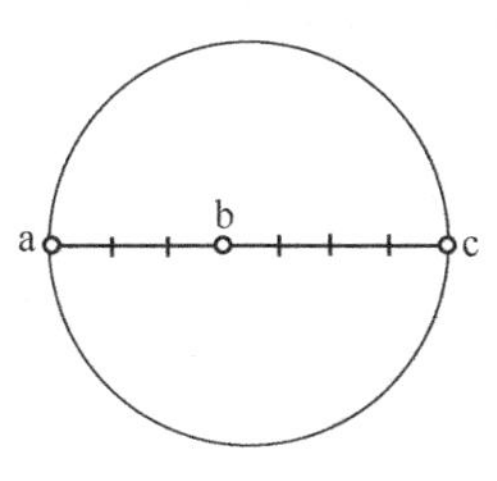

(b) 以ac为直径作圆

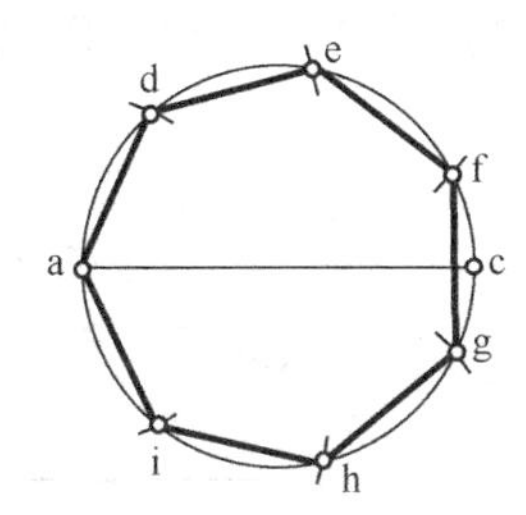

(c) 分ab为边长截分圆周为七等分，连各分点，即为所求之正七边形

（3）已知外接圆求作正五边形。

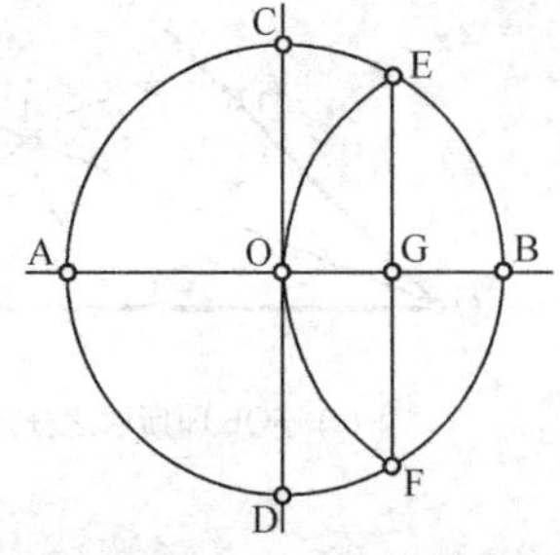

(a) 画出外接圆及相互垂直的直径AB、CD，以B为圆心，OB为半径作弧，交圆周于EF两点，连接EF，交OB于G点

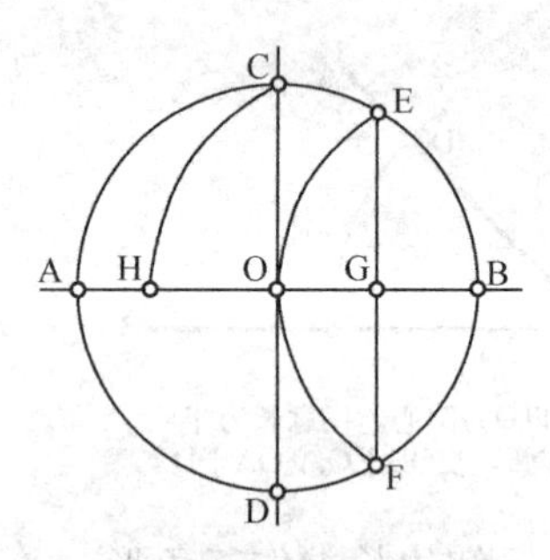

(b) 以G为圆心，GC为半径作弧交OA于H点

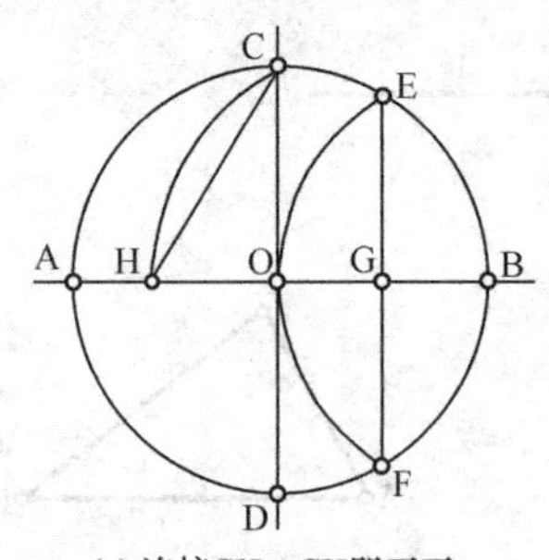

(c) 连接CH，CH即正五边形之边长

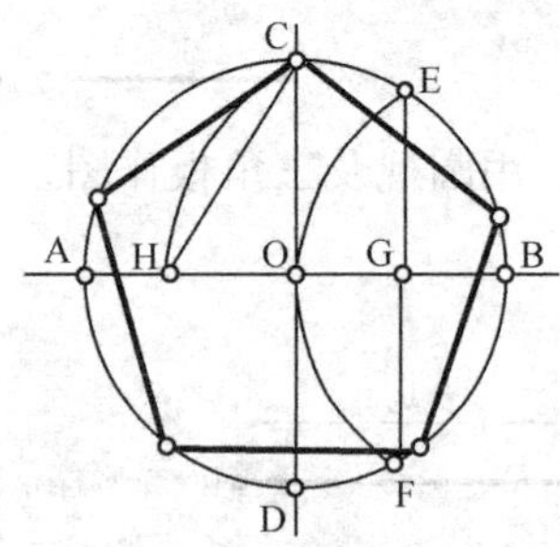

(d) 以CH为边长截分圆周为五等分，依次连接各分点即得圆内接正五边形

(4) 正五边形近似画法。

口诀："九五顶六零，八零两边分"。

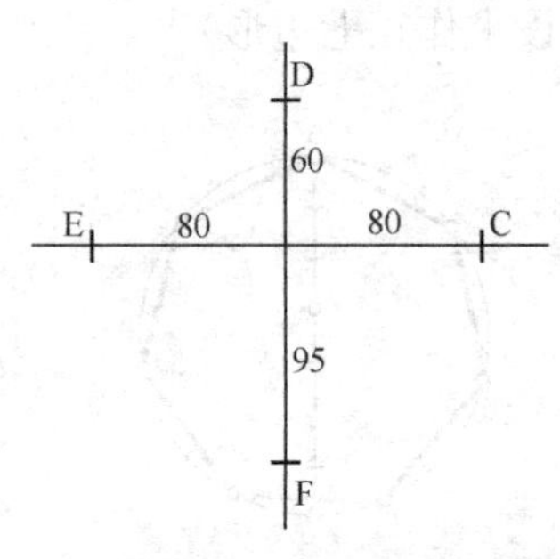

(a) 先画互相垂直的两直线，按已知边长的95%,60%,80%,按图度量，得出C,D,E,F四点

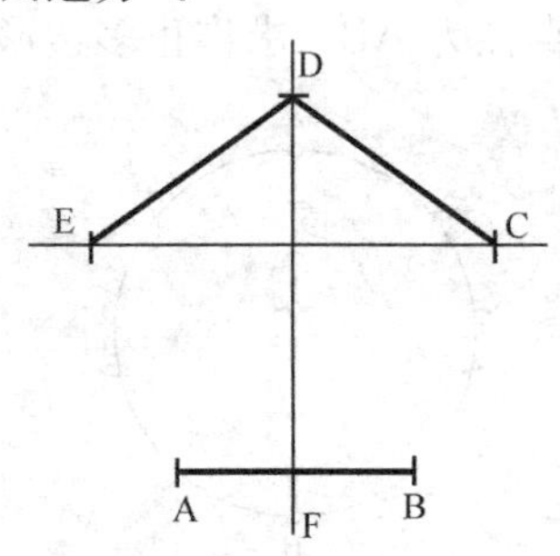

(b) 连接CD,DE,并在F处作水平线使FA=FB=1/2边长

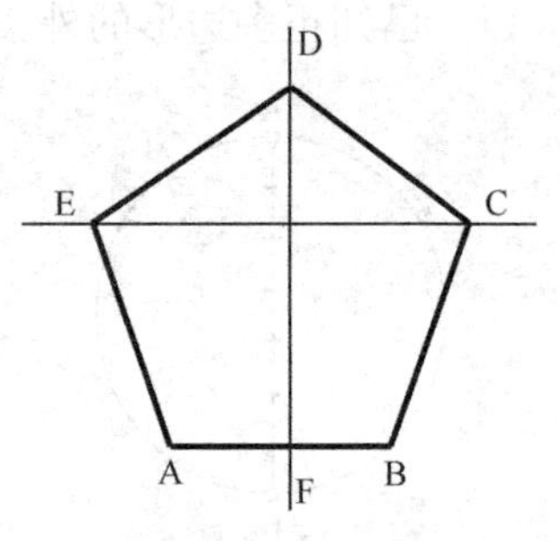

(c) 连接AE,BC,则ABCDE即为所求的正五边形

8. 根据已知半径作圆弧连接两已知直线

(1) 已知两直线 AB、CD 成锐角，连接弧的半径为 R，求作连接圆弧。

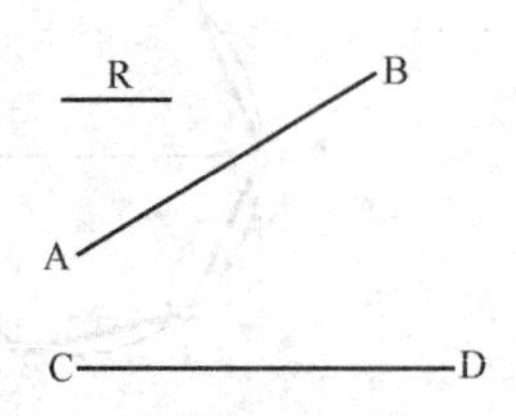

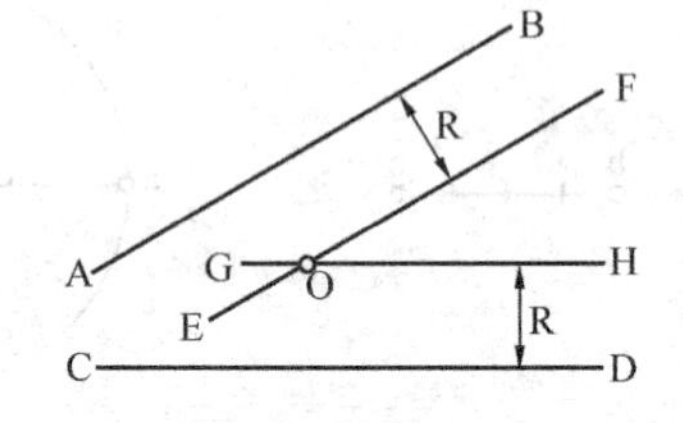

(a) 作两直线EF、GH平行于已知两直线AB、CD，且令距离各等于R，EF与GH交于O点

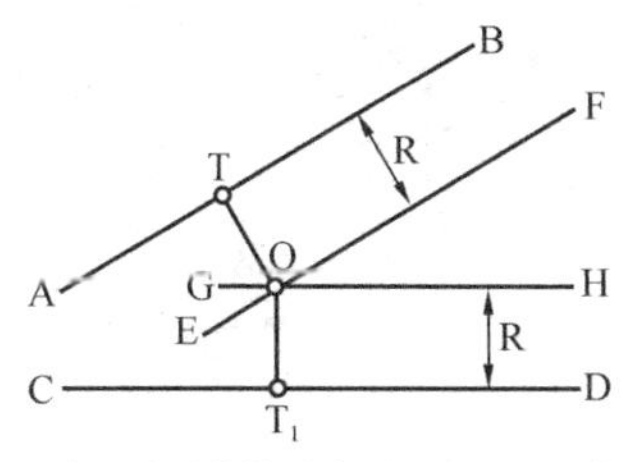

(b) 自O引两直线垂直于AB及CD，得交点T及T_1，即为圆弧与直线的过渡点

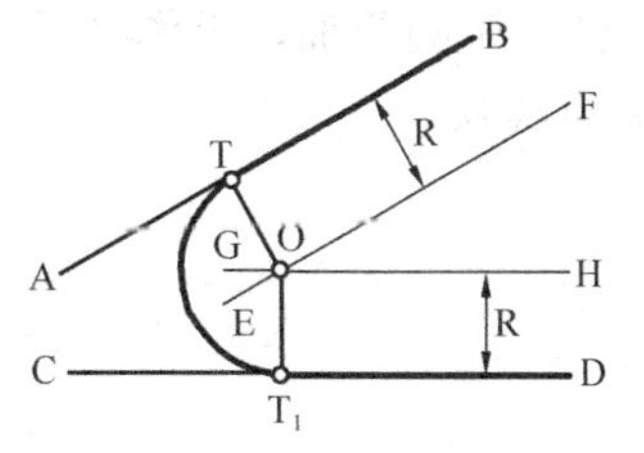

(c) 以O为圆心，R为半径，从T点至T_1点作连接弧

（2）已知两直线 AB、AC 成直角，圆角半径为 R，求作连接圆弧。

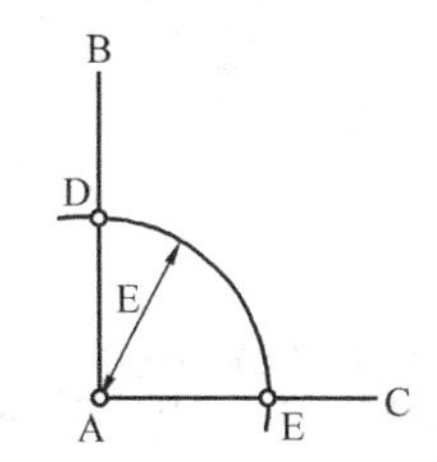

(a) 以A为圆心，R为半径作弧与AB、AC交于D、E两点(过渡点)

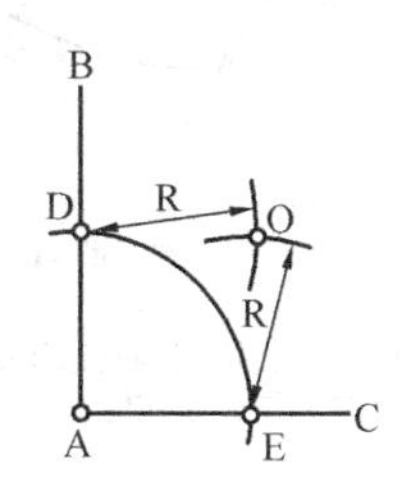

(b) 以D及E为圆心，R为半径各作弧，两弧交于O

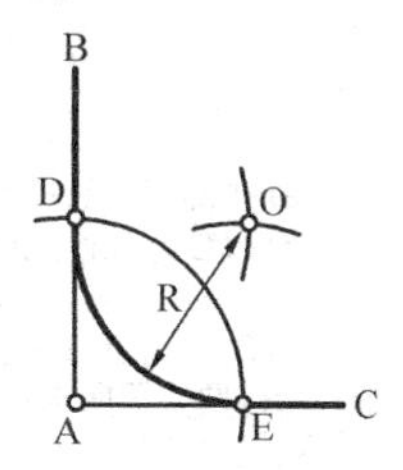

(c) 以O为圆心，R为半径自D至E作圆弧

9. 根据已知半径作圆弧连接两已知圆弧或圆

已知大小两圆，半径为 R 及 R_1，两圆圆心距离为 OO_1，连接圆弧的半径为 R_2，求作连接圆弧。

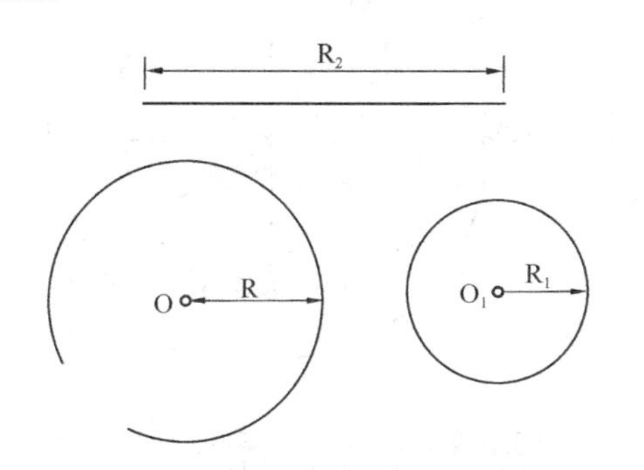

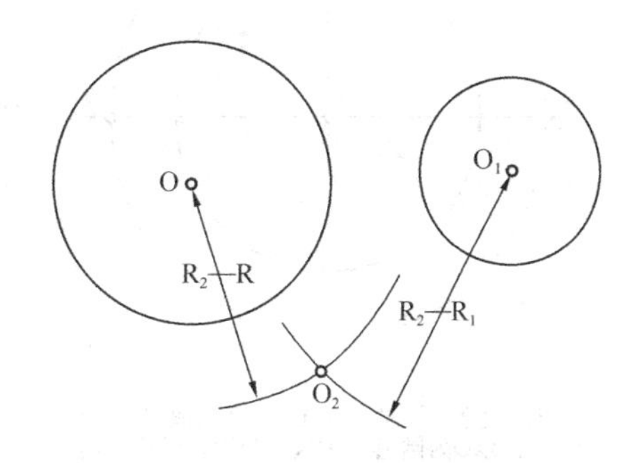

(a) 以O为圆心，R_2—R为半径作弧，以O_1为圆心，R_2—R_1为半径作弧，两弧交于O_2

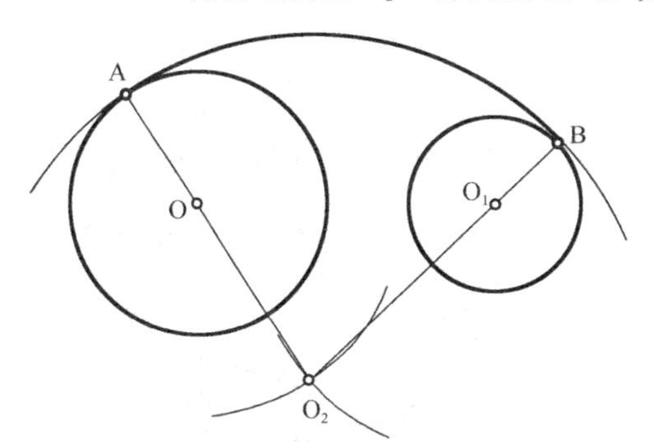

(b) 从O_2点作二直线过圆心O及O_1，此二直线交二圆于A、B两点(过渡点)

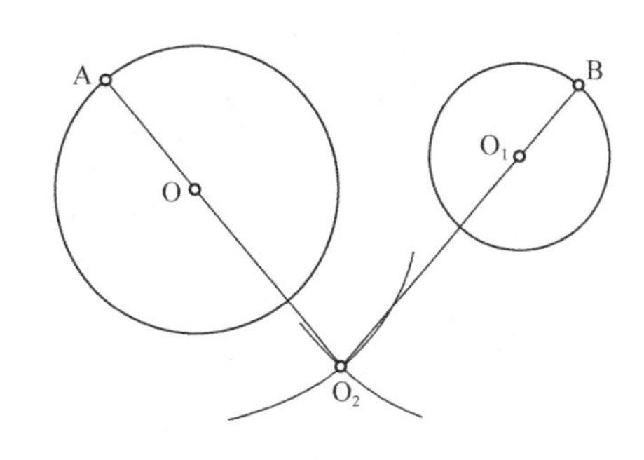

(c) 以O_2为圆心,R_2为半径，从A点至B点作连接弧

10. 已知椭圆两轴，求作椭圆

（1）钉线法。

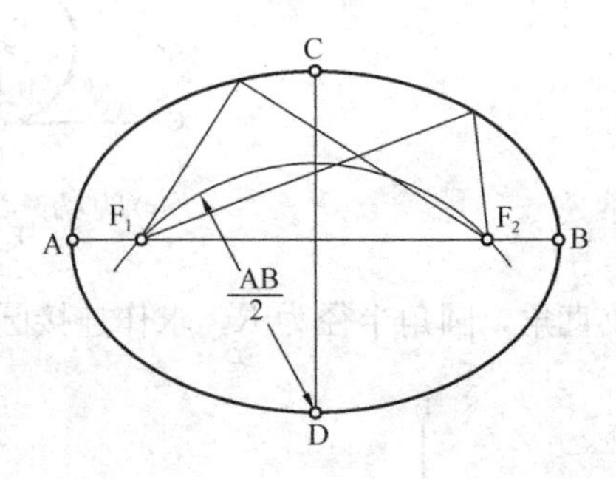

(a) 作椭圆之长短轴AB、CD,互相垂直平分

(b) 以D为圆心，$\frac{AB}{2}$ 为半径作弧交AB于F_1F_2二点，即为此椭圆之焦心

(c) 取一无伸缩性之长线，令其长度等于长轴AB,将线两端固定于两焦点F_1F_2上，用笔扯紧线绳移动，所得曲线即所求之椭圆(此法适于大件工作，如在绿化平面布置时，所做的椭圆形花圃、草地、水池等)

（2）同心圆法。

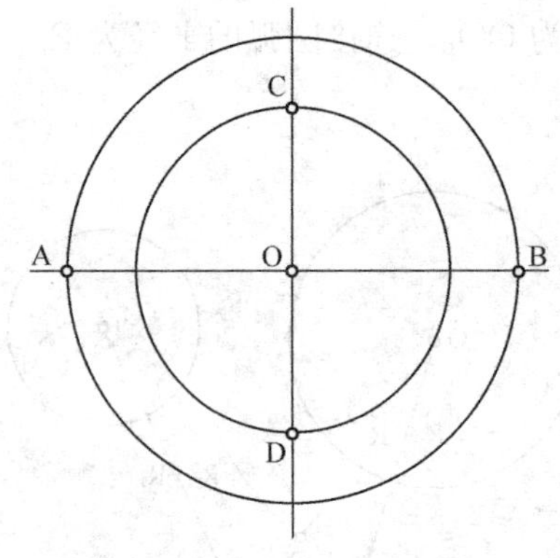

(a) 作椭圆之长短轴AB、CD，互相垂直平分，交点为O，以O为圆心，AB、CD为直径作二同心圆

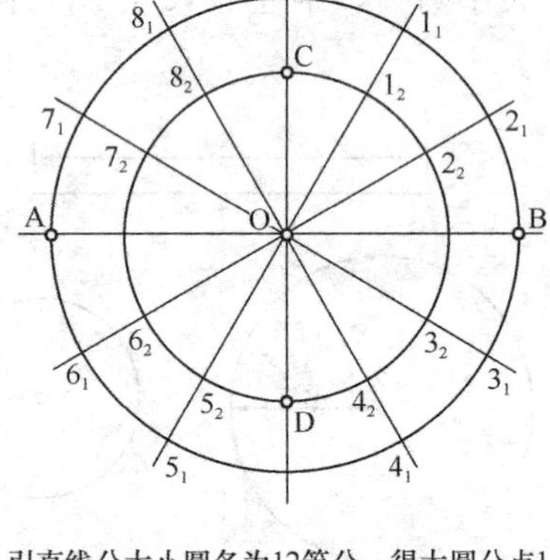

(b) 引直线分大小圆各为12等分，得大圆分点1_1、2_1、3_1、4_1……8_1，小圆分点1_2、2_2、3_2、4_2……、8_2

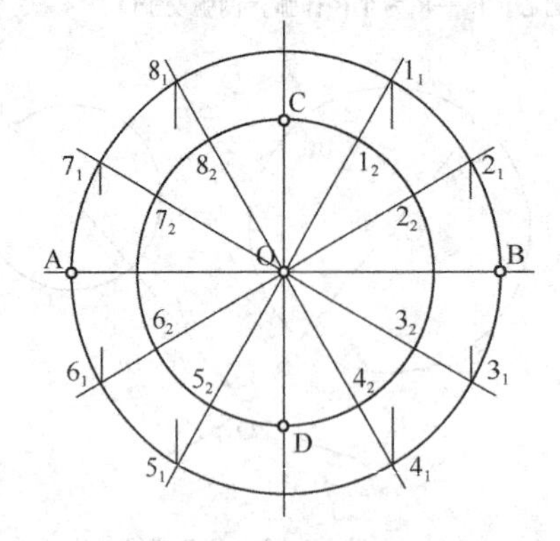

(c) 自大圆上各分点向圆内引直线平行于短轴CD

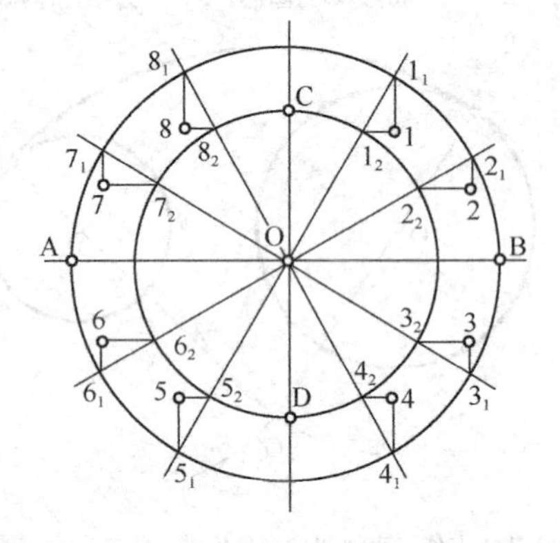

(d) 由小圆各分点引直线平行于长轴AB,与大圆各分点所引直线分别交于1、2、3、4、……8

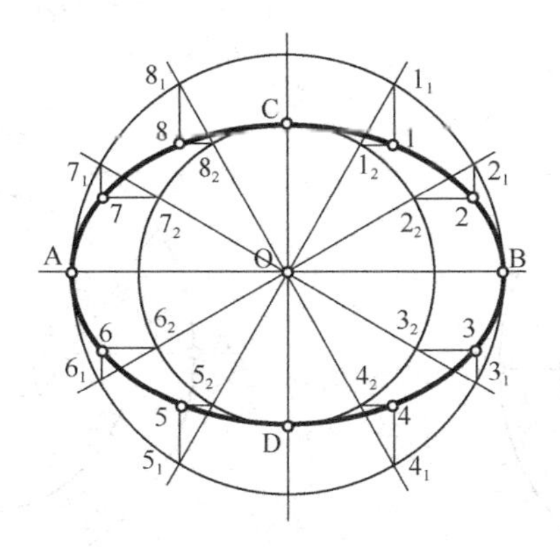

(e) 用曲线连接C、1、2、B、3、……8各点，即所求椭圆

（3）平行四边形法。

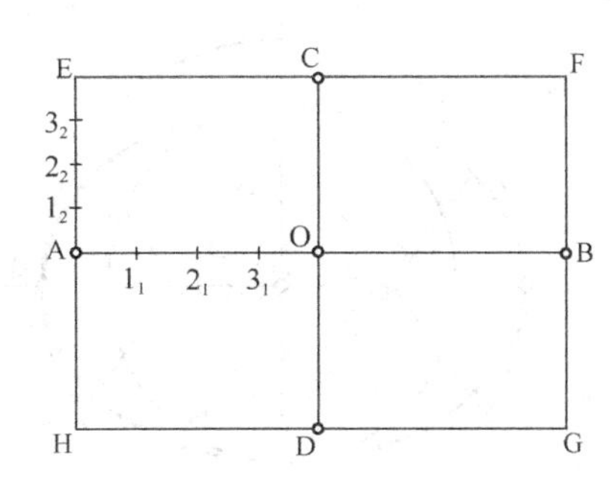

(a) 长轴AB与短轴CD互相垂直平分，其交点为O。过A、B、C、D四点分别作直线平行于AB与CD，交成矩形EFGH。将OA及AE作n(设为4)等分，得出交点1_1、2_1、3_1及1_2、2_2、3_2诸点

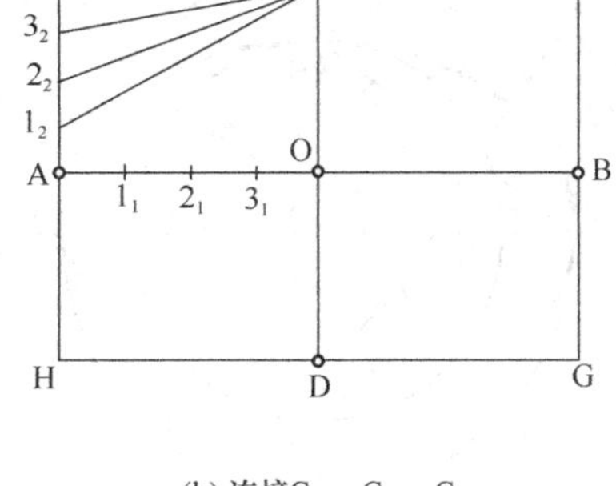

(b) 连接$C1_2$、$C2_2$、$C3_2$

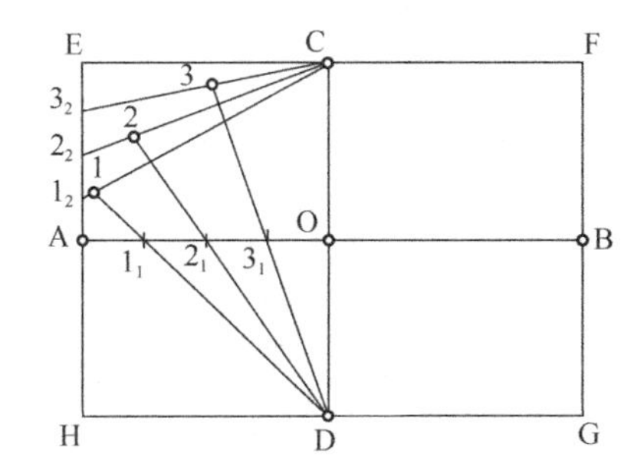

(c) 连接$D1_1$，$D2_1$，$D3_1$与$C1_2$，$C2_2$，$C3_2$交于1、2、3即椭圆上诸点

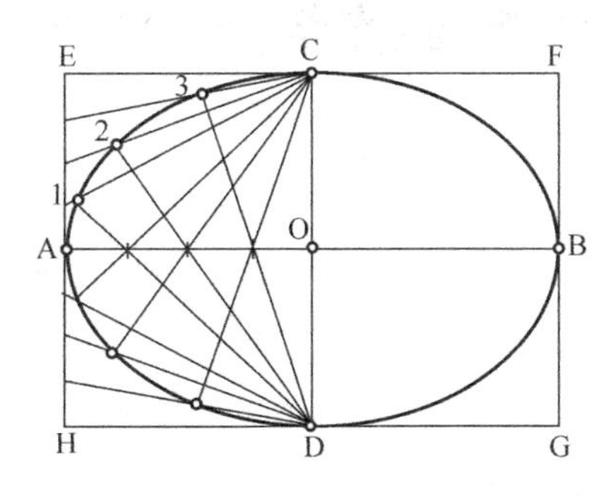

(d) 同理在AH、DH；BF、CF；BG、DG亦以同法作图，得出椭圆上其他各点，依次连接即得所求椭圆

（4）根据长短轴画近似椭圆法。

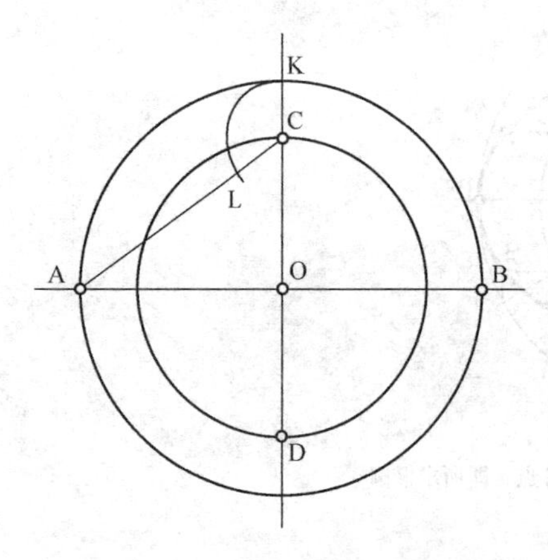

(a) 长轴AB、短轴CD、互相垂直平分，交点为O。以AB、CD为直径作同心圆。连接AC，再以C为圆心，OA–OC=CK为半径作弧，交AC于L点

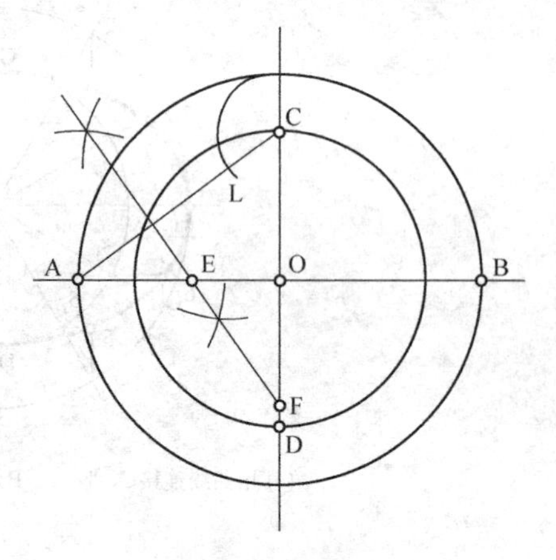

(b) 作AL的垂直平分线，交AB于E，交CD于F

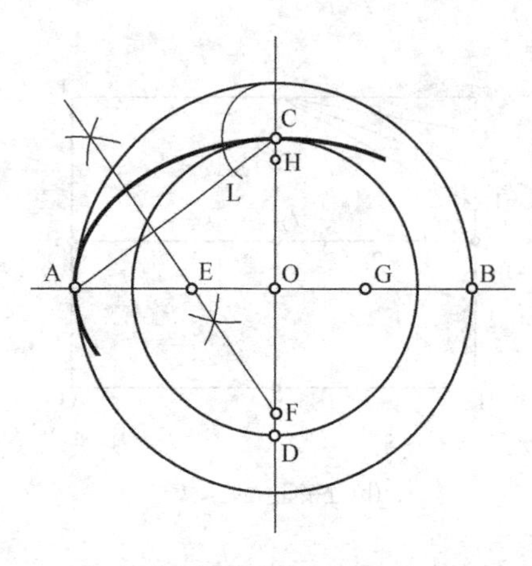

(c) 以F为圆心，FC为半径作弧，再以E为圆心，EA为半径作弧，两弧连接，为所求椭圆的1/4。同理在长轴及短轴上，求得E、F之对称点，G、H两点

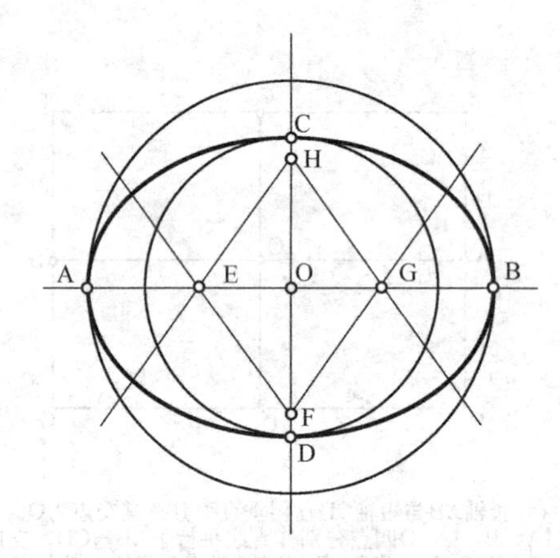

(d) 以H为圆心，HD为半径作弧，以G为圆心，GB为半径作弧，与前两弧连接，即为所求之近似椭圆

第二章　投影概念和正投影图

我们经常看到的图画一般都是立体图（图 2-1），这种图和我们看实际物体所得到的印象比较一致，容易看懂。但是这种图不能把物体的真实形状、大小准确地表示出来，不能满足工程制作或施工的要求，更不能全面地表达设计意图。

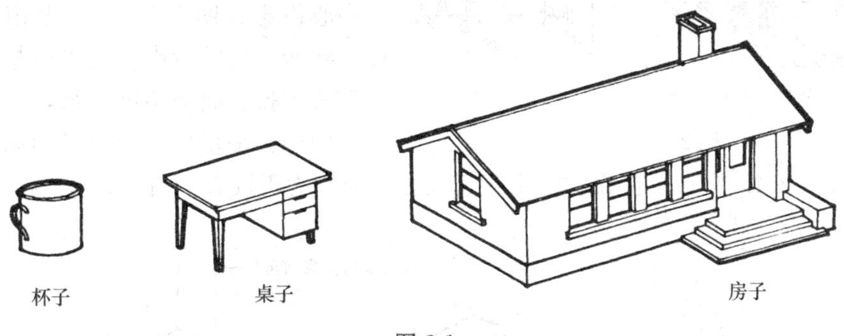

图 2-1

各种工程使用的图纸大多是采用正投影图的画法，用几个图综合起来表示一个物体，这种图能够准确地反映物体的真实形状和大小（图 2-2）。

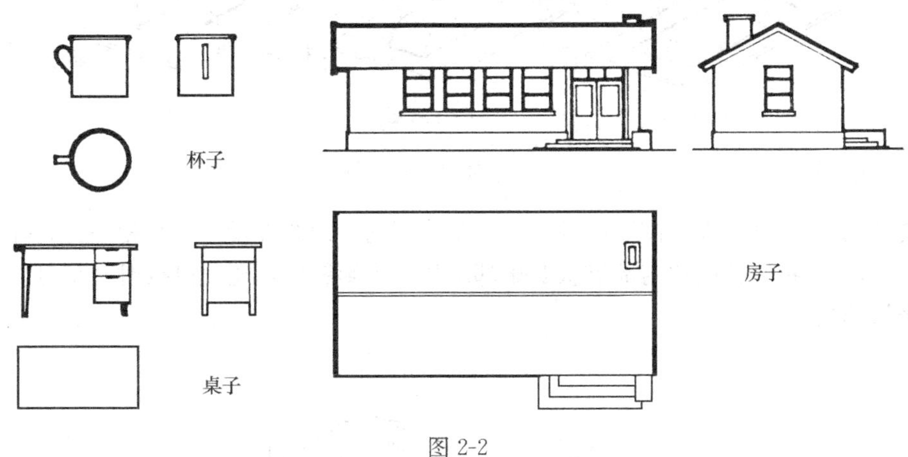

图 2-2

投影原理是绘制正投影图的基础。掌握了投影原理，就容易学会制图。

第一节　制图中的投影概念

光线照射物体，在墙面或地面上产生影子；当光线照射角度或距离改变时，影子的位置、形状也随之改变，这些都是生活中常见的现象。人们从这些现象中认识到光线、物体和影子之间存在着一定的内在联系。例如灯光照射桌面，在地上产生的影子比桌面大（图

2-3，a)，如果灯的位置在桌面的正中上方，它与桌面的距离愈远，则影子愈接近桌面的实际大小。可以设想，把灯移到无限远的高度（夏日正午的阳光比较近似这种情况），即光线相互平行并与地面垂直，这时影子的大小就和桌面一样了（图 2-3，b)。

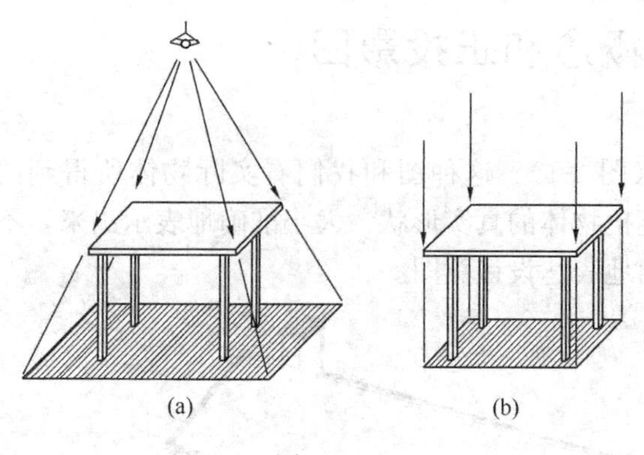

图 2-3

投影原理就是从这些概念中总结出来的一些规律，作为制图方法的理论依据。在制图中把表示光线的线称为投射线，把落影平面称为投影面，把所产生的影子称为投影图。

由一点放射的投射线所产生的投影称为中心投影（图 2-4，a)。由相互平行的投射线所产生的投影称为平行投影。根据投射线与投影面的角度关系，平行投影又分为两种：平行投射线与投影面斜交的称为斜投影（图 2-4，b)；平行投射线垂直于投影面的称为正投影（图 2-4，c)。

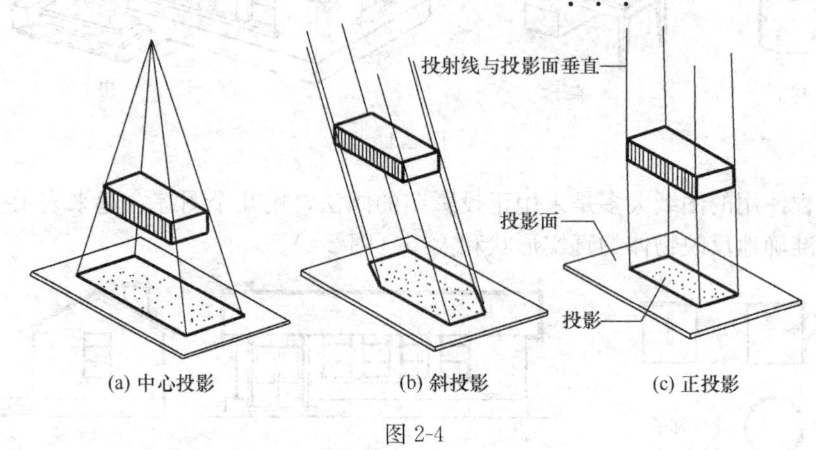

图 2-4

一般的工程图纸，都是按照正投影的概念绘制的，即假设投射线互相平行，并垂直于投影面。为了把物体各面和内部形状变化都反映在投影图中，还假设投射线是可以透过物体的（图 2-5)。

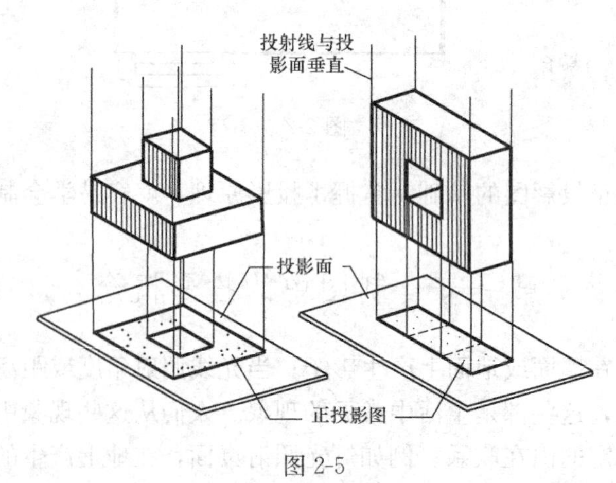

图 2-5

第二节　点、线、面正投影的基本规律

工程制图的对象都是立体的物体，各种物体都可以看成是由点、线、面组成的形体。为了便于说明物体的正投影，首先分析点、线、面的正投影的基本规律。

一、点、线、面正投影的基本规律

1. 点的正投影规律

点的正投影仍是点（图 2-6）。

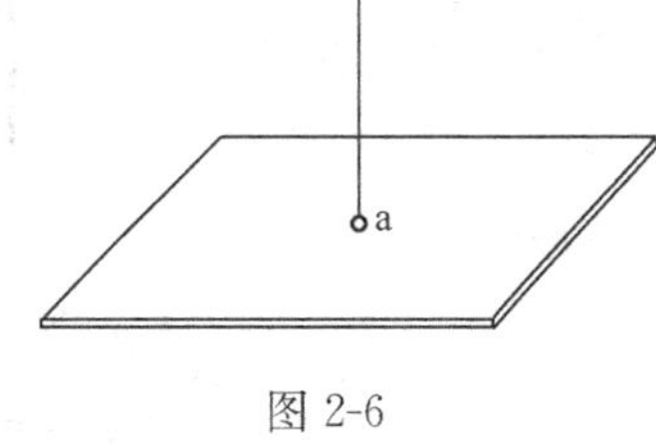

图 2-6

2. 直线的正投影规律

（1）直线平行于投影面，其投影是直线，反映实长（图 2-7，a）。

（2）直线垂直于投影面，其投影积聚为一点（图 2-7，b）。

（3）直线倾斜于投影面，其投影仍是直线，但长度缩短（图 2-7，c）

（4）直线上一点的投影，必在该直线的投影上（图 2-7，a、b、c）。

（5）一点分直线为两线段，其两段投影之比等于两线段之比，称为定比关系。ac∶ab=AC∶AB。

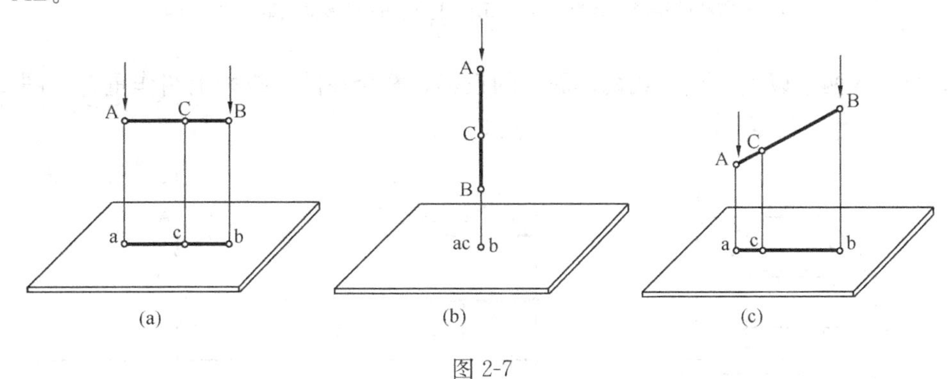

图 2-7

3. 平面的正投影规律

（1）平面平行于投影面，投影反映平面实形，即形状、大小不变（图 2-8，a）。

（2）平面垂直于投影面，投影积聚为直线（图 2-8，b）。

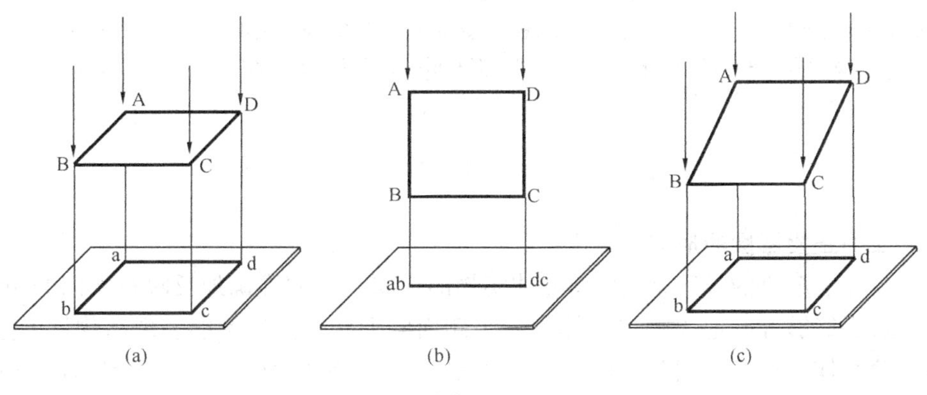

图 2-8

(3) 平面倾斜于投影面，投影变形，面积缩小（图 2-8，c）。

二、投影的积聚与重合

1. 一个面与投影面垂直，其正投影为一条线。这个面上的任意一点或线或其它图形的投影也都积聚在这一条线上（图 2-9，a）。一条直线与投影面垂直，它的正投影成为一点，这条线上的任意一点的投影也都落在这一点上（图 2-9，b）。投影中的这种特性称为积聚性。

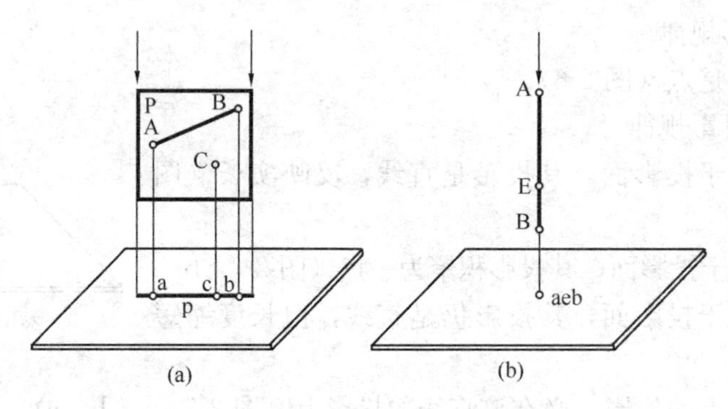

图 2-9

(a) P 面的投影积聚为直线，P 面上的 AB 线和 C 点的投影也都积聚在 P 面的投影上；
(b) AB 直线的投影积聚为一点，AB 线上 E 点的投影也积聚在这一点上

2. 两个或两个以上的点（或线、面）的投影，叠合在同一投影上叫作重合（图 2-10，a、b、c）。

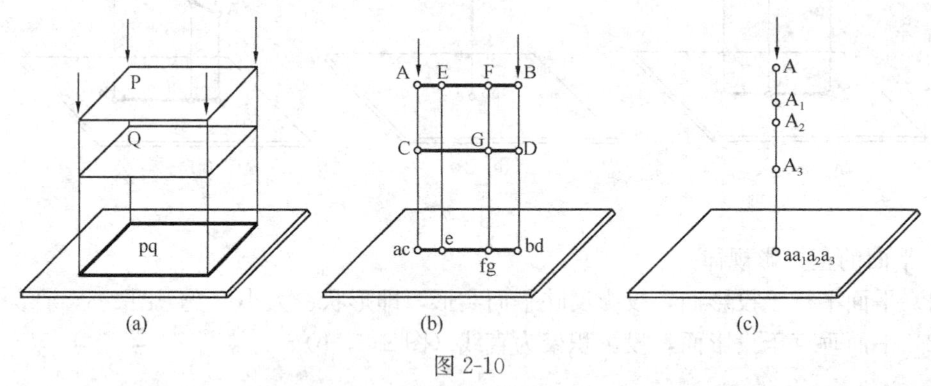

图 2-10

(a) P 面与 Q 面投影重合；(b) AB 直线与 CD 直线的投影 ab 与 cd 重合；E 点的投影与 ab、cd 重合；F 点与 G 点投影重合，并与 ab、cd 重合；(c) 位于一条投射线上任意一点的投影都重合在同一点上

第三节 三面正投影图

一、三面正投影图的形成

制图首先要解决的矛盾是如何将立体实物的形状和尺寸准确地反映在平面的图纸上。一个正投影图能够准确地表现出物体的一个侧面的形状，但还不能表现出物体的全部形状。如果将物体放在三个相互垂直的投影面之间，用三组分别垂直于三个投影面的平行投

射线投影，就能得到这个物体的三个方面的正投影图（图 2-11）。一般物体用三个正投影图结合起来就能反映它的全部形状和大小。

三组投射线与投影图的关系：

平行投射线由前向后垂直 V 面，在 V 面上产生的投影叫做正立投影图；

平行投射线由上向下垂直 H 面，在 H 面上产生的投影叫做水平投影图；

平行投射线由左向右垂直 W 面，在 W 面上产生的投影叫做侧投影图。

三个投影面相交的三条凹棱线叫做投影轴。图 2-11 中，OX、OZ、OY 是三条相互垂直的投影轴。

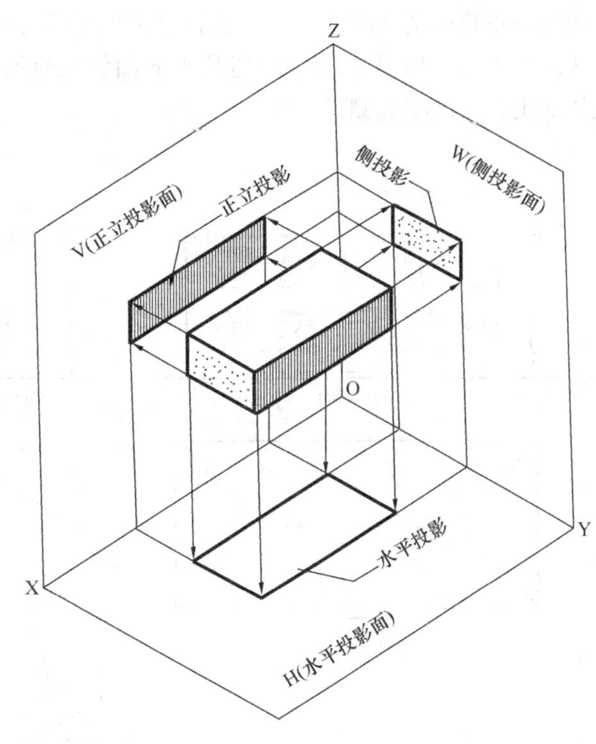

图 2-11

三个投影面中：

正对着我们的叫做正立投影面，简称V面；

下面平放着的叫做水平投影面，简称H面；

侧立着的叫做侧投影面，简称W面

二、三个投影面的展开

图 2-11 中的三个正投影图是分别在 V、H、W 三个相互垂直的投影面上，怎样把它们表现在一张图纸上呢？我们设想 V 面保持不动，把 H 面绕 OX 轴向下翻转 90°，把 W 面绕 OZ 轴向右转 90°，则它们就和 V 面同在一个平面上。这样，三个投影图就能画在一张平面的图纸上了（图 2-12）。

三个投影面展开后，三条投影轴成为两条垂直相交的直线；原 OX、OZ 轴位置不变，原 OY 轴则分成 OY_1、OY_2 两条轴线（图 2-12，c）。

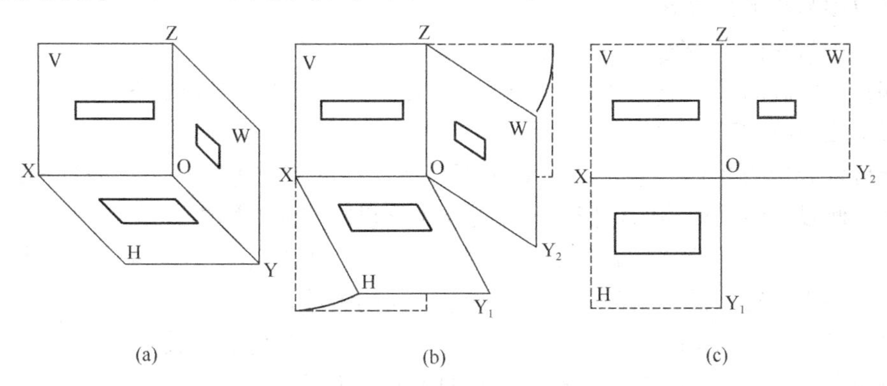

图 2-12　三个投影面的展开

用几个正投影图共同表现一个实物是工程制图的基本表现方法。建筑图纸就是按照这种方法画出来的，如图 2-13 中的屋顶平面图就是建筑物的水平投影图，各个立面图就是建筑物的正立投影图和侧投影图。

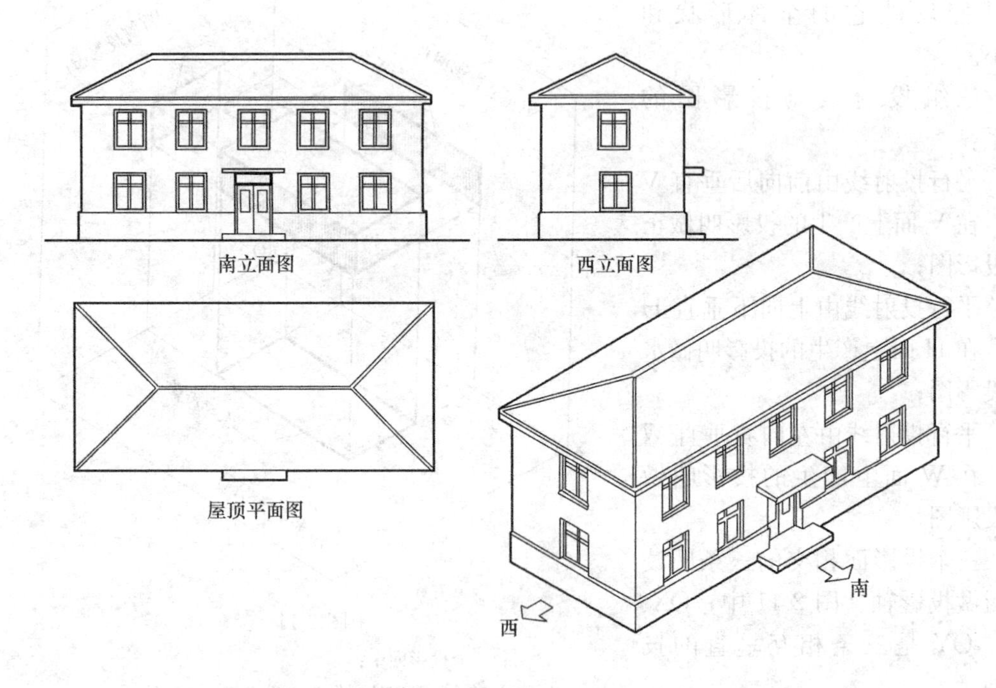

图 2-13

三、三面正投影图的分析

图 2-14 是用三面正投影图表现立体实物的几个例子。

从这些实例可以看出，每个物体用三个投影图分别表示它的三个侧面。所以三个投影图之间既有区别又互相联系。

1. 同一物体的三个投影图之间具有“三等”关系，即：

正立投影与侧投影等高；

正立投影与水平投影等长；

水平投影与侧投影等宽。

例如：一块砖的长度是 24 厘米，宽 11.5 厘米，厚 5.3 厚米，从图 2-15 可以看出三个正投影图之间的“三等”关系。

同样可以分析图 2-14 中各个例子，也都存在这样的“三等”关系。如桌子的宽度在水平投影和侧投影中是相等的，椅子的高度在正立投影和侧投影中也是相等的。

2. 立体的物体都有上下、前后、左右（或长、宽、高）三个方向的形状和大小变化，在三个投影图中，每个投影图都反映其中两个方向的关系，即：

正立投影图反映物体的左、右和上、下的关系，不反映前、后关系；

水平投影图反映物体的前、后和左、右的关系，不反映上、下关系；

侧投影图反映物体的上、下和前、后的关系，不反映左、右关系（图 2-16）。

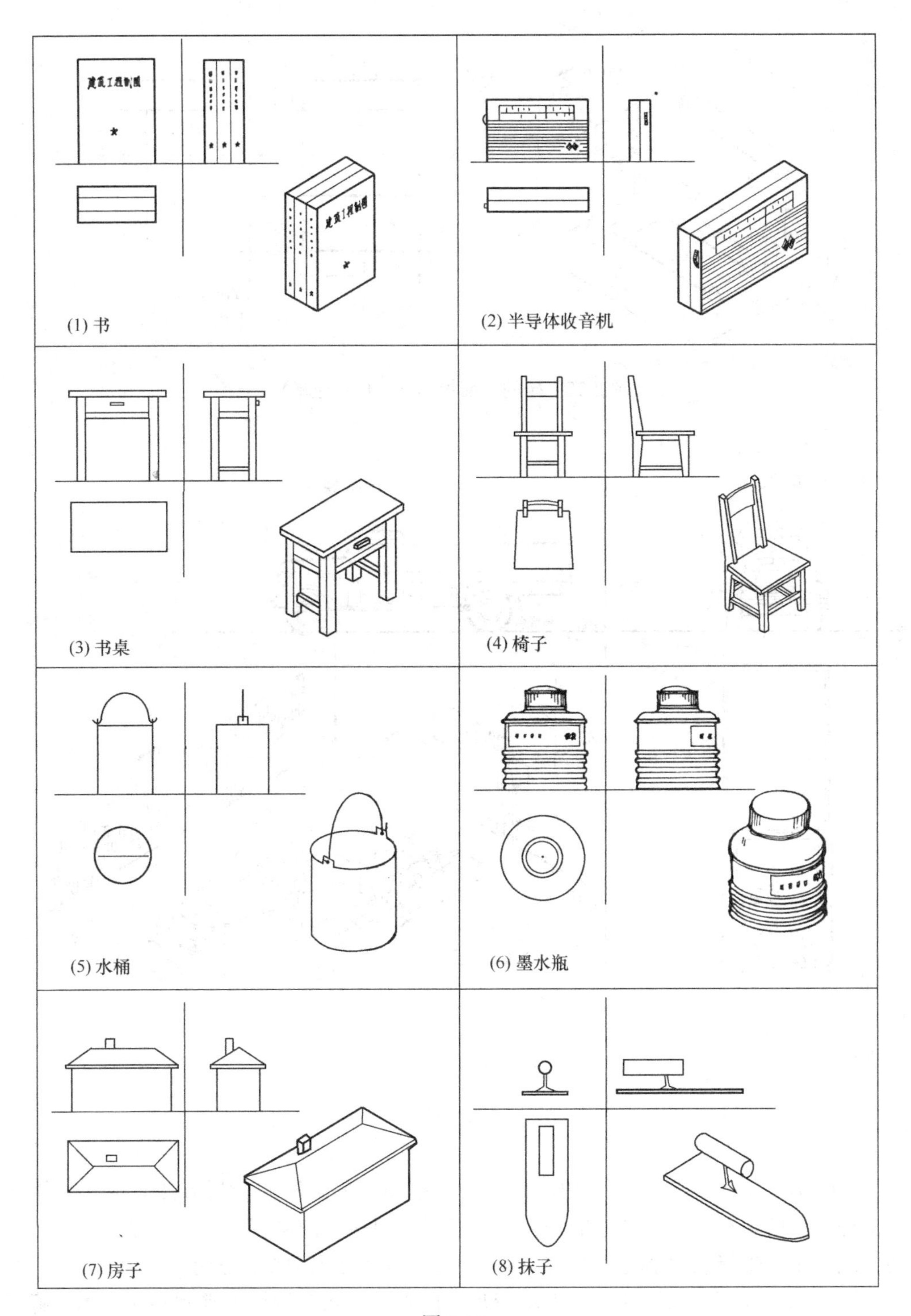

(1) 书　(2) 半导体收音机　(3) 书桌　(4) 椅子　(5) 水桶　(6) 墨水瓶　(7) 房子　(8) 抹子

图 2-14

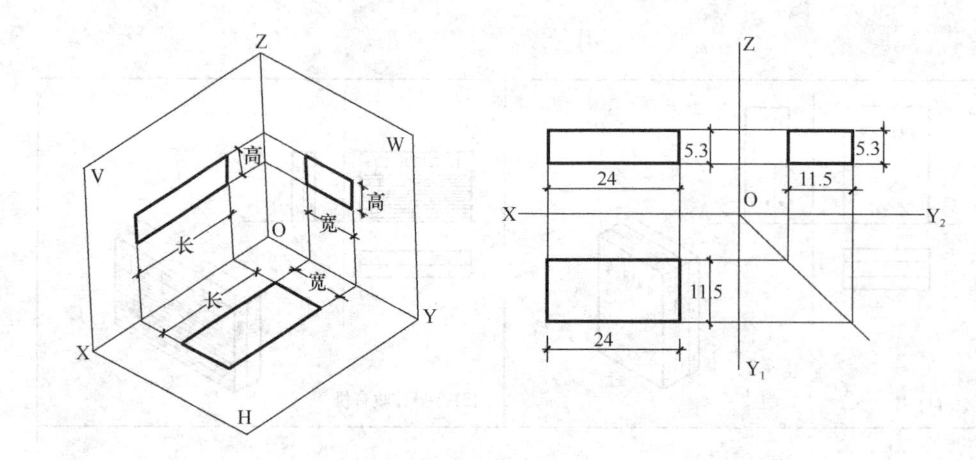

图 2-15　砖的三面投影（单位：厘米）

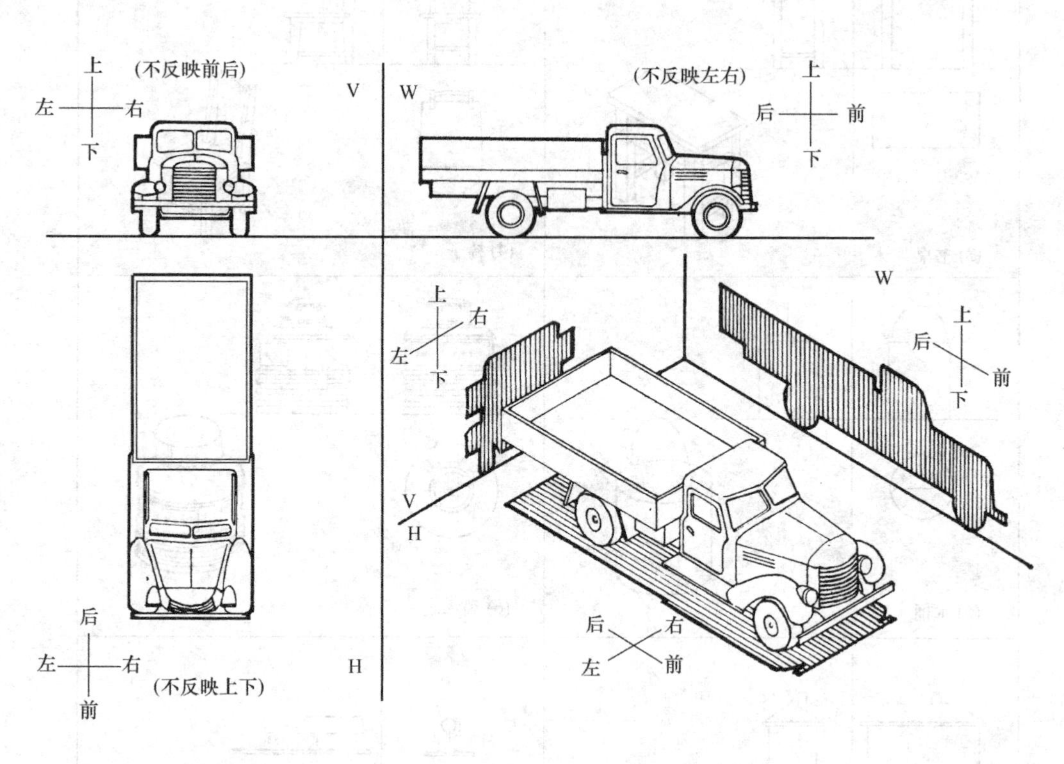

图 2-16

3. 用三面正投影图表示一个物体是各种工程图一般采用的表现方法。但是物体的形状是多种多样的，有些形状复杂的物体，往往需要更多的图来表示，有些形状简单的物体用两个或一个图也能表示清楚。如图 2-17，（a）圆管可用两个图表示，（b）圆柱、圆球用一个图标明直径符号和尺寸就能表示清楚。但须注意两个投影图常常不能准确、肯定地表现一个形体，例如图 2-18（a）和（b）。因此，制图或识图时一般都应当把三个投影图综合对照，当作一个整体来看。

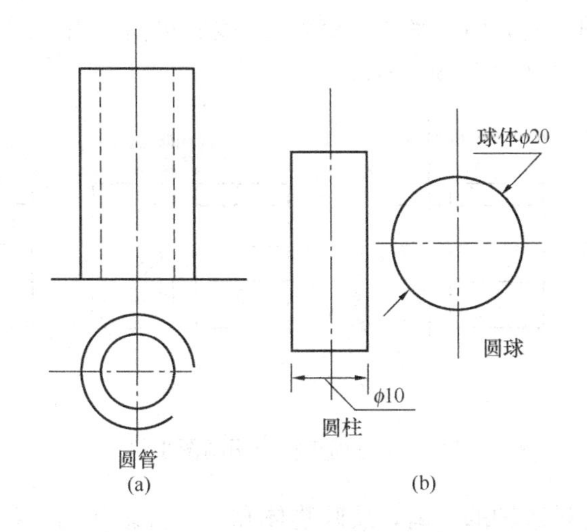

图 2-17　用两个或一个图来表示物体

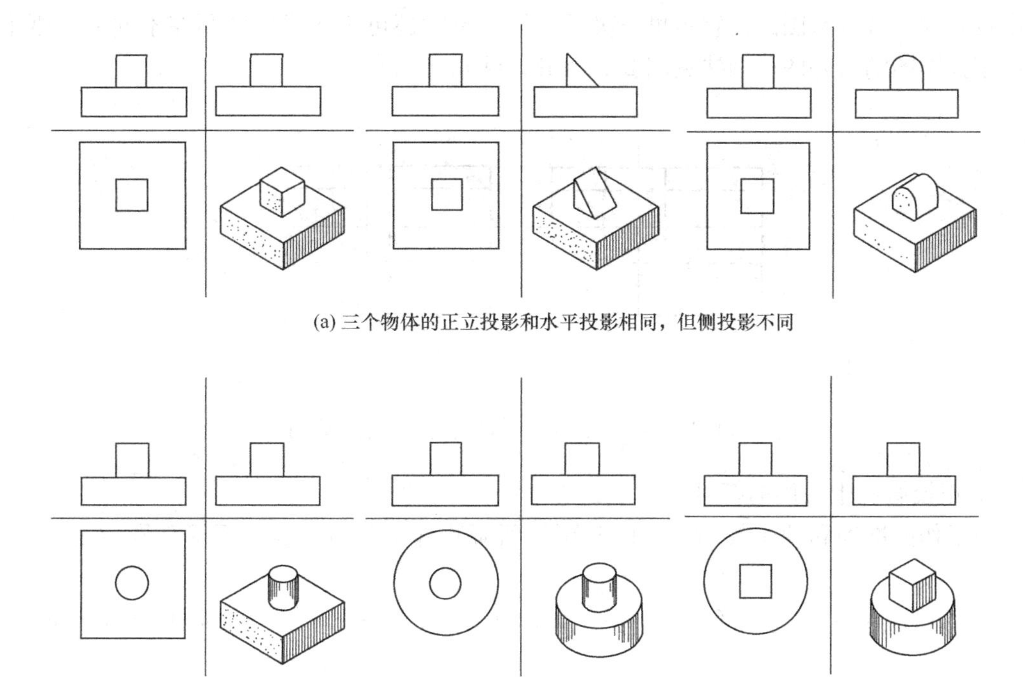

图 2-18　用两个投影图不能肯定表现一种形体

四、三面正投影图的作图法和符号

1. 作图方法与步骤

（1）先画出水平和垂直十字相交线，表示投影轴（图 2-19，a）。

（2）根据“三等”关系，正立投影图和水平投影图的各个相应部分用铅垂线对正（等长）；正立投影图和侧投影图的各个相应部分用水平线拉齐（等高）（图 2-19，b）。

（3）水平投影图和侧投影图具有等宽的关系。作图时先从 O 点作一条向右下斜的 45°

线，然后在水平投影图上向右引水平线，交到 45°线后再向上引铅垂线，把水平投影图中的宽度反映到侧投影中去（图 2-19，c）。

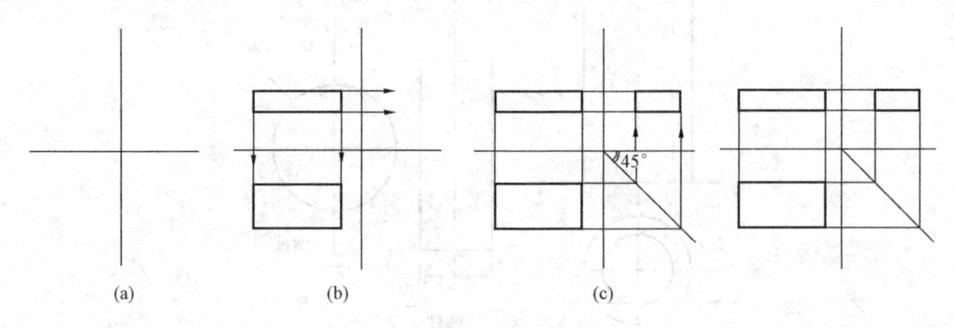

图 2-19　三面正投影图画图步骤

（4）三个投影图与投影轴的距离，反映物体和三个投影面的距离。制图时，只要求各投影图之间的相应关系正确，图形与轴线的距离可以灵活安排。在实际工程图中，一般不画出投影轴，各投影图的位置也可以灵活安排，有时还可将各投影图画在不同的图纸上。三面正投影图的另外两种画法见图 2-20（a）、（b）。

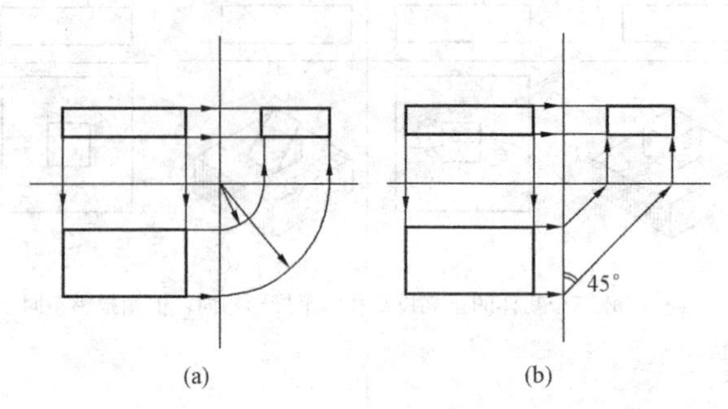

图 2-20　用圆弧或用 45°斜线画三面正投影图

2. 正投影图中常用的符号

为了作图准确和便于校对，作图时可把所画物体上的点、线、面用符号标注（图 2-21）。

实物上的点用 A、B、C、D……，Ⅰ、Ⅱ、Ⅲ、Ⅳ……表示，面向 P、Q、R……表示；

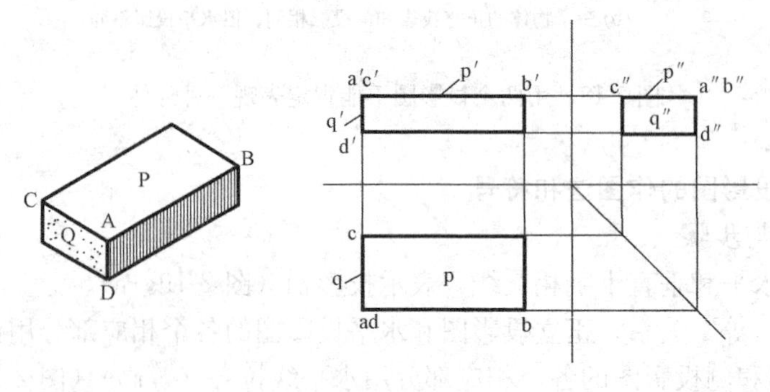

图 2-21

水平投影的点用 a、b、c、d……，1、2、3、4……表示，面用 p、q、r 表示；

正立投影的点用 a′、b′、c′、d′′……，1′、2′、3′、4′……表示，面用 p′、q′、r′……表示；

侧投影的点用 a″、b″、c″、d″……，1″、2″、3″、4″……表示，面用 p″、q″、r″……表示。

直线不另注符号，即用直线两端点的符号，如 AB 直线的正立投影是 a′b′。

小结

1. 正投影的特点是：

(1) 采用平行的投射线。

(2) 投射线垂直于投影面。

(3) 投射线可以透过物体。

2. 用三面正投影图结合起来能反映出物体的形状和尺寸。

3. 三个互相垂直的投影面（V、H、W）要按所规定的方法展开。要注意展开后各投影图所表示实际物体的上下、前后、左右关系。

4. 三个投影图共同表示一个物体，它们之间具有“三等”关系。

第三章　平面体的投影

在建筑工程中，经常会遇到各种形状的物体，它们的形状虽然复杂多样，但是加以分析，都可以看作是各种简单几何体的组合（图 3-1）。学习制图，首先要掌握各种简单形体的投影特点和分析方法。

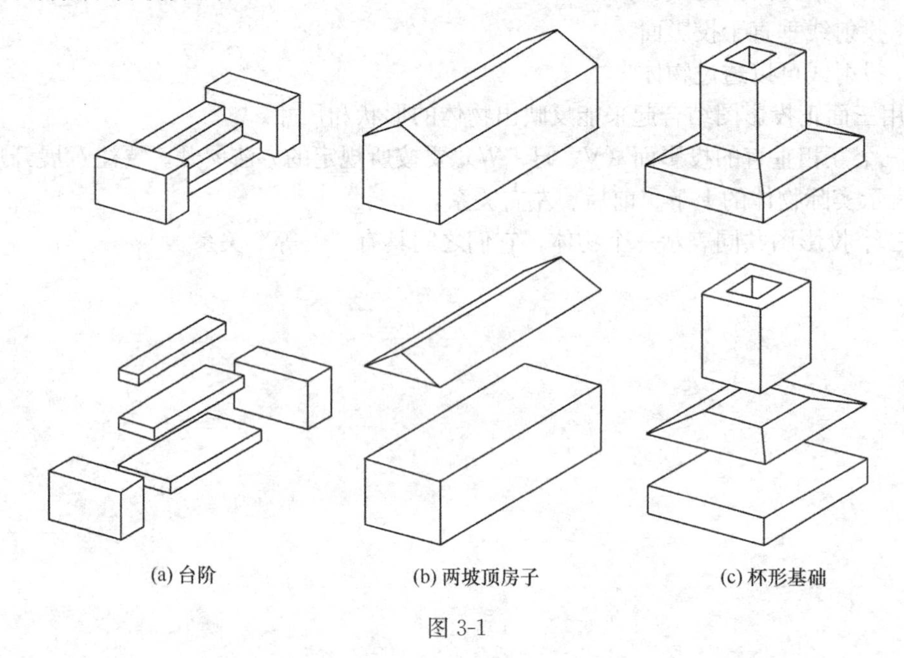

图 3-1

我们将经常遇到的几种形体，按其不同的投影特点，分为平面体和曲面体两部分。

物体的表面是由平面组成的称为平面体。建筑工程中绝大部分的物体都属于这一种。组成这些物体的简单形体有：正方体、长方体（统称为长方体）；棱柱、棱锥、棱台（统称为斜面体）。见图 3-2。

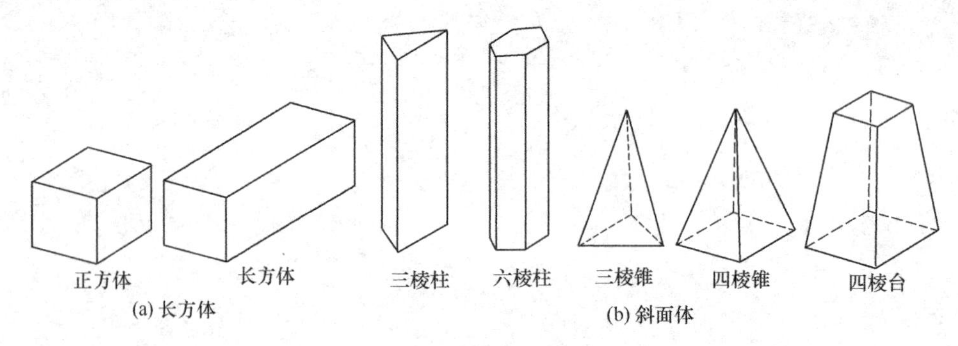

图 3-2

第一节　长方体的投影

一、长方体

长方体的表面是由六个正四边形（正方形或矩形）平面组成的，面与面之间和两条棱线之间都是互相平行或垂直。例如一块砖就是一个长方体，它是由上下、前后、左右三对互相平行的矩形平面组成的，相邻的两个平面都互相垂直，棱线之间也都是互相平行或垂直（图 3-3）。

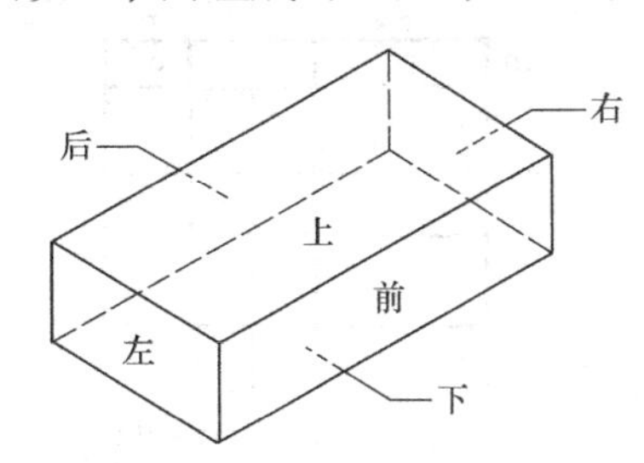

图 3-3

建筑工程中的各种梁、板、柱和图 3-1 中的台阶等等，大部分都是长方体的组合体（图 3-4）。

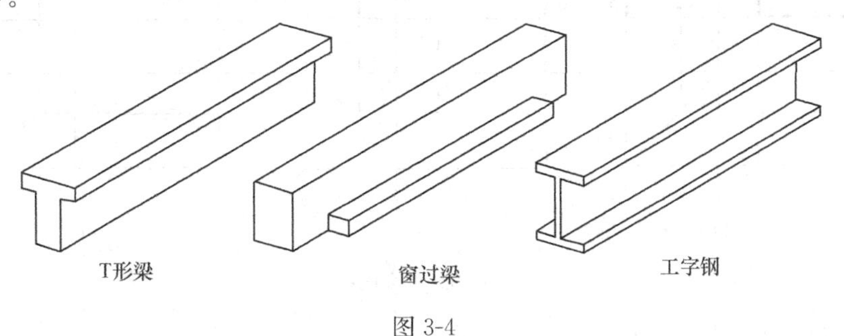

图 3-4

二、长方体的投影

把长方体（例如砖）放在三个相互垂直的投影面之间，方向位置摆正，即长方体的前、后面与 V 面平行；左、右面与 W 面平行；上、下面与 H 面平行。这样所得到的长方体的三面正投影图，反映了长方体的三个方面的实际形状和大小，综合起来，就能说明它的全部形状（图 3-5）。

下面分析它的投影：

1. 面的投影分析

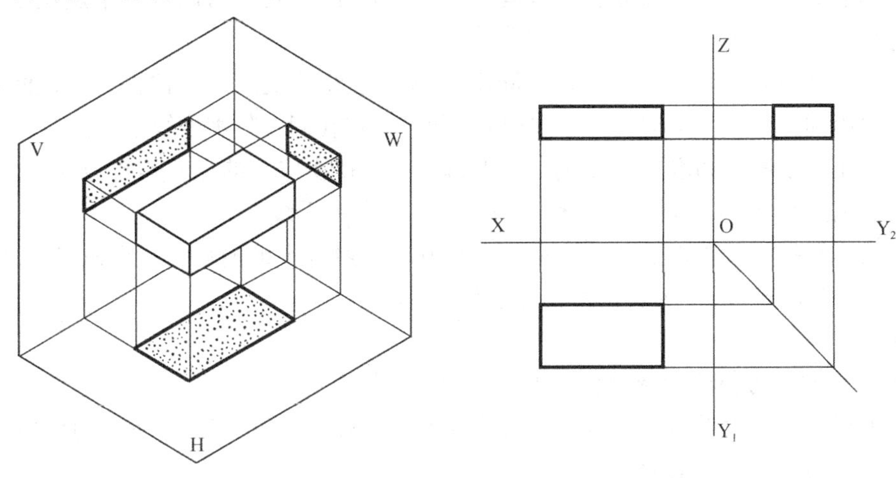

图 3-5

以长方体的前面即P面为例，P面平行于V面，垂直于H面和W面。其正立投影p'反映P面的实形（形状、大小均相同）。其水平投影和侧投影都积聚成直线（图 3-6，a）。长方体上其它各面和投影面的关系，也都平行于一个投影面，垂直于另外两个投影面。各个面的三个投影图都有一个反映实形，两个积聚成直线（图 3-6）。

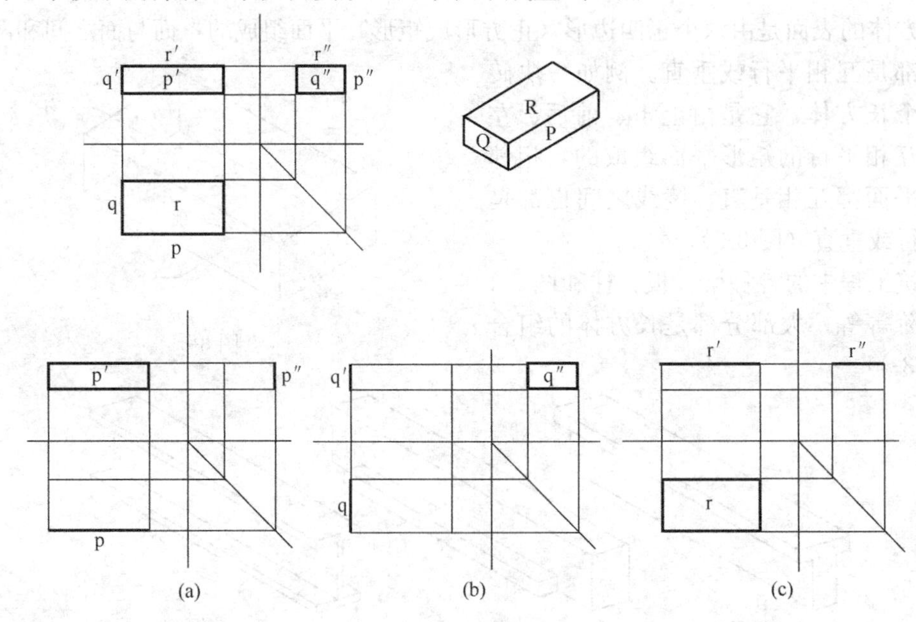

图 3-6　面的投影分析

2. 直线的投影分析

长方体上有三组方向不同的棱线，每组四条棱线互相平行，各组棱线之间又互相垂直。当长方体在三个投影面之间的方向位置放正时，每条棱线都垂直于一个投影面，平行于另外两个投影面。以棱线AB为例，它平行于V面和H面，垂直于W面，所以这条棱线的侧投影积聚为一点，而正立投影和水平投影为直线，并反映棱线实长（图 3-7）。同时可以看出，互相平行的直线其投影也互相平行。

3. 点的投影分析

长方体上的每一个棱角都可以看作是一个点，从图 3-8 可以看出每一个点在三个投影图中都有它对应的三个投影。例如A点的三个投影为a、a'、a''。

A点的正立投影a'和侧投影a''，共同反映A点在物体上的上下位置（高、低）以及A点与H面的垂直距离（Z轴坐标），所以a'和a''一定在同一条水平线上。

A点的正立投影a'和水平投影a，共同反映A点在物体上的左右位置以及A点与W面的垂直距离（X轴坐标），所以a和a'一定在同一条铅垂线上。

A点的水平投影a和侧投影a''，共同反映A点在物体上的前后位置以及A点与V面的垂直距离（Y轴坐标），所以a和a''一定互相对应。

小结

1. 从上面对长方体的投影分析，可以得到下列规律：

（1）平行于一个投影面的平面，必然垂直于另外两个投影面。该平面一个投影反映平面的实形，另两个投影积聚为直线。

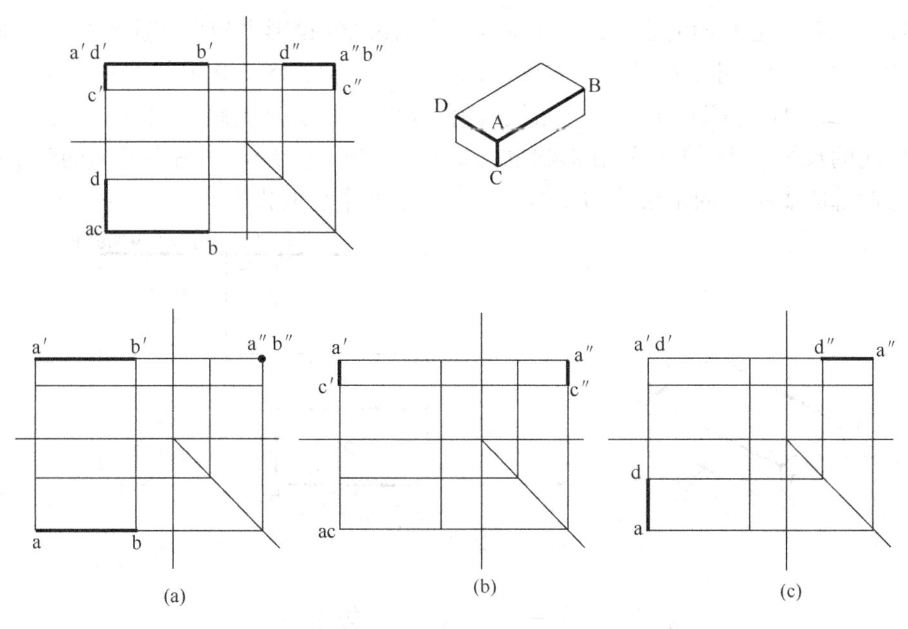

图 3-7　直线的投影分析

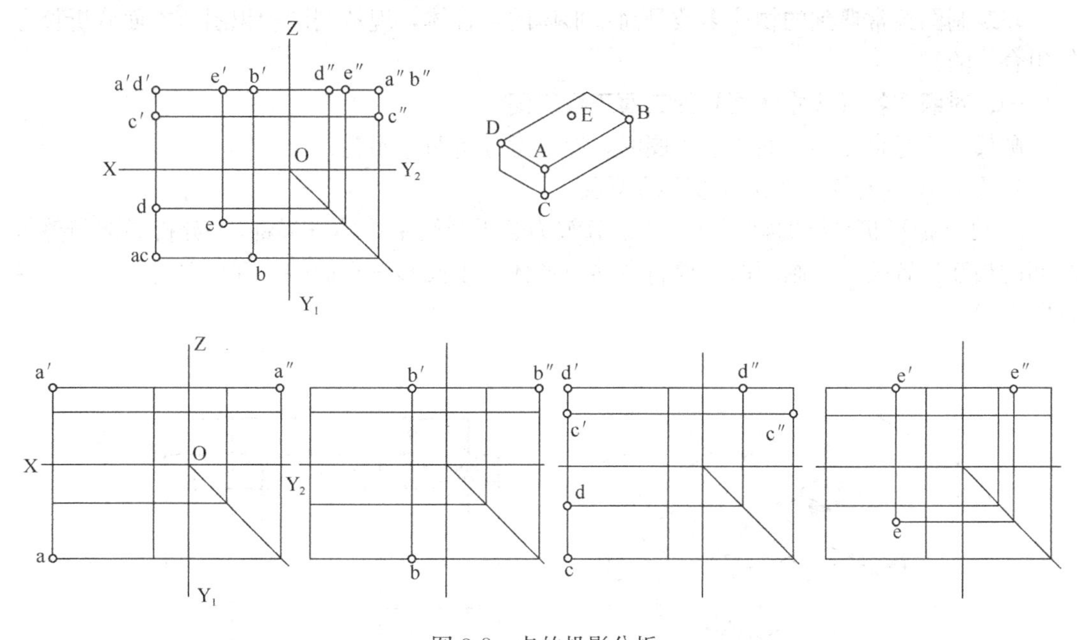

图 3-8　点的投影分析

（2）垂直于一个投影面的直线，必然平行于另外两个投影面。该直线一个投影积聚为一点，另两个投影反映直线的实长。

（3）一点的三个投影，共同反映它在物体上的实际位置，同时也反映它与三个投影面的距离。

2. 从上面对长方体的投影分析可以看出，在制图或识图时必须认真进行分析，判明投影图中每一图形、每一条线或每一个点表示了物体上哪一部分的投影，这样才能够画得正确，看得明白。例如图 3-9 正立投影中的一条线，它既是 AB 棱线的投影，又是 CD 棱线的投影，同时还是P面的投影。AD和BC两条棱线的投影也积聚在这条线的两端点上。

3. 从上述分析还可以看出：长方体的每个平面，例如图3-9中的P面，可看作是由四条棱线（AB、BC、CD、DA）组成的。因此在作图时如果能确定四点的投影，就能确定四条棱线的投影，P面的位置和形状也就能随之确定。同理，从图中P面的三个投影可以看出它们都既表示了四条棱线的投影，也表明了四个点的投影。

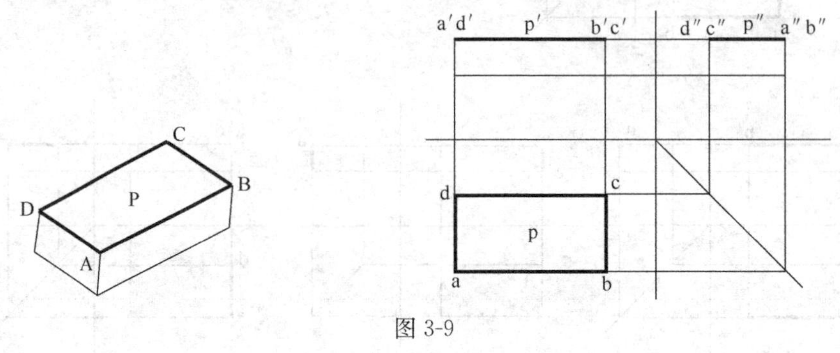

图3-9

第二节　长方体组合体的投影

建筑制图经常遇到的物体多数是简单形体的组合体，现从制图和识图两方面分析长方体组合体的投影。

一、对照实物（或立体图）画三面正投影图

画长方体组合体的三面正投影图时，应注意分析两个问题：

1. 分析物体上各个面和投影面的关系。

2. 可以把形状复杂的物体（整体）分解为若干个简单形体（局部），分析局部与整体之间的相互位置关系。画图时只要将各简单形体的正投影按它们的相互位置连接起来即成（图3-10）。

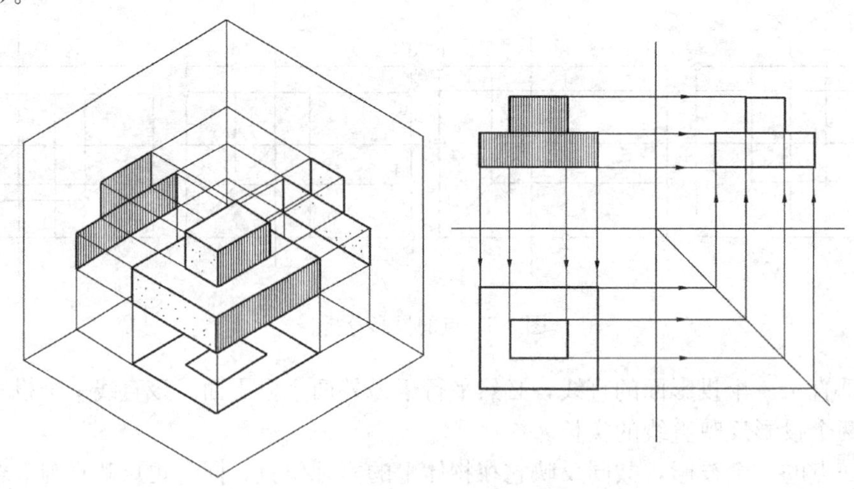

图3-10

画图步骤：

1. 先画正立投影（或水平投影），物体上的正面与V面平行，投影反映实形。朝上的

面和朝左的面在V面上的投影积聚成直线。

2. 根据正立投影与水平投影长相等的关系画出水平投影（或正立投影）。

3. 根据"三等"关系画出侧投影图。

二、从三面正投影图想象物体的形状

学习制图不仅要学会用三面正投影图表示实物，而且要能够从三面正投影图看出实物的立体形状。识图时应注意下列要点：

1. 识图时必须将三个图形综合分析，用"三等"关系找出它们的内在联系。

2. 先看大体形，再看细部。

3. 投影图中每个封闭的图形都表示一个面，对照三个投影图看出每个面和投影面的关系以及各个面之间的相互关系。

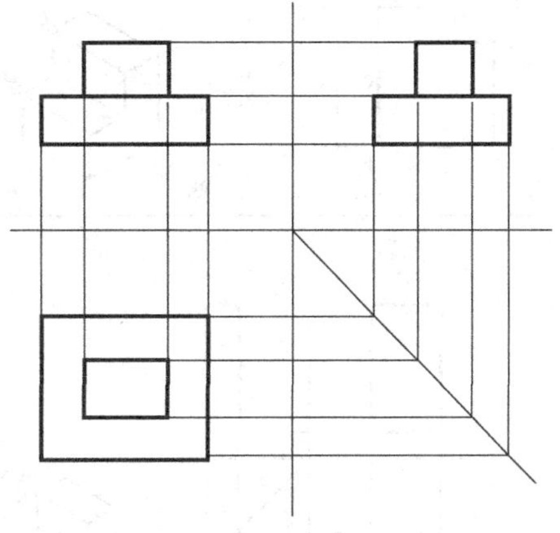
图 3-11

例如图 3-11：

(1) 三个投影图中每个图都有大小两个矩形，按照"三等"关系，三个大矩形都能互相对应，三个小矩形也能互相对应，因此可以看出这是大小两个长方体组合而成的形体。

(2) 从正立投影可以看出两个封闭图形代表两个面，但是前后不分（同样，水平投影中两个面则上下不分），只有对照三个投影，才能看出各个面的前后、上下、左右关系。

三、交线与不可见线

分析组合体的投影须注意交线与不可见线。

1. 两个简单形体连接在一起，它们之间就产生交线。交线是两个形体表面上的共有线。当两个平面相接成一个平面时，它们之间没有交线（图 3-12，a、b）。

2. 被遮挡的线称为不可见线，在投影图中用虚线表示。如图 3-12（b）的正立投影图中就有不可见线，它是被前面平面遮挡的CD线的投影。

又如图 3-12（a），正立投影中c′d′也是不可见线，但是它与可见线a′b′重合，所以仍画成实线。

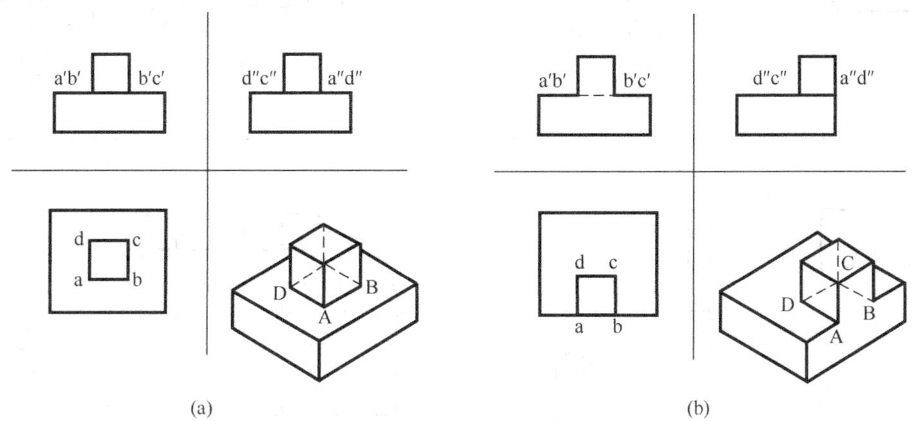

图 3-12 交线与不可见线
(a) 大小两个长方体组合在一起就产生AB、BC、CD、DA四条交线；
(b) 大小两个长方体组合在一起，有两个平面相接成一个平面，A、B两点之间就没有交线

习 题 一

1 在三面正投影图中注明 A、B、C 点的三个投影

2 在三面正投影图中注明 P、Q、R 面的三个投影

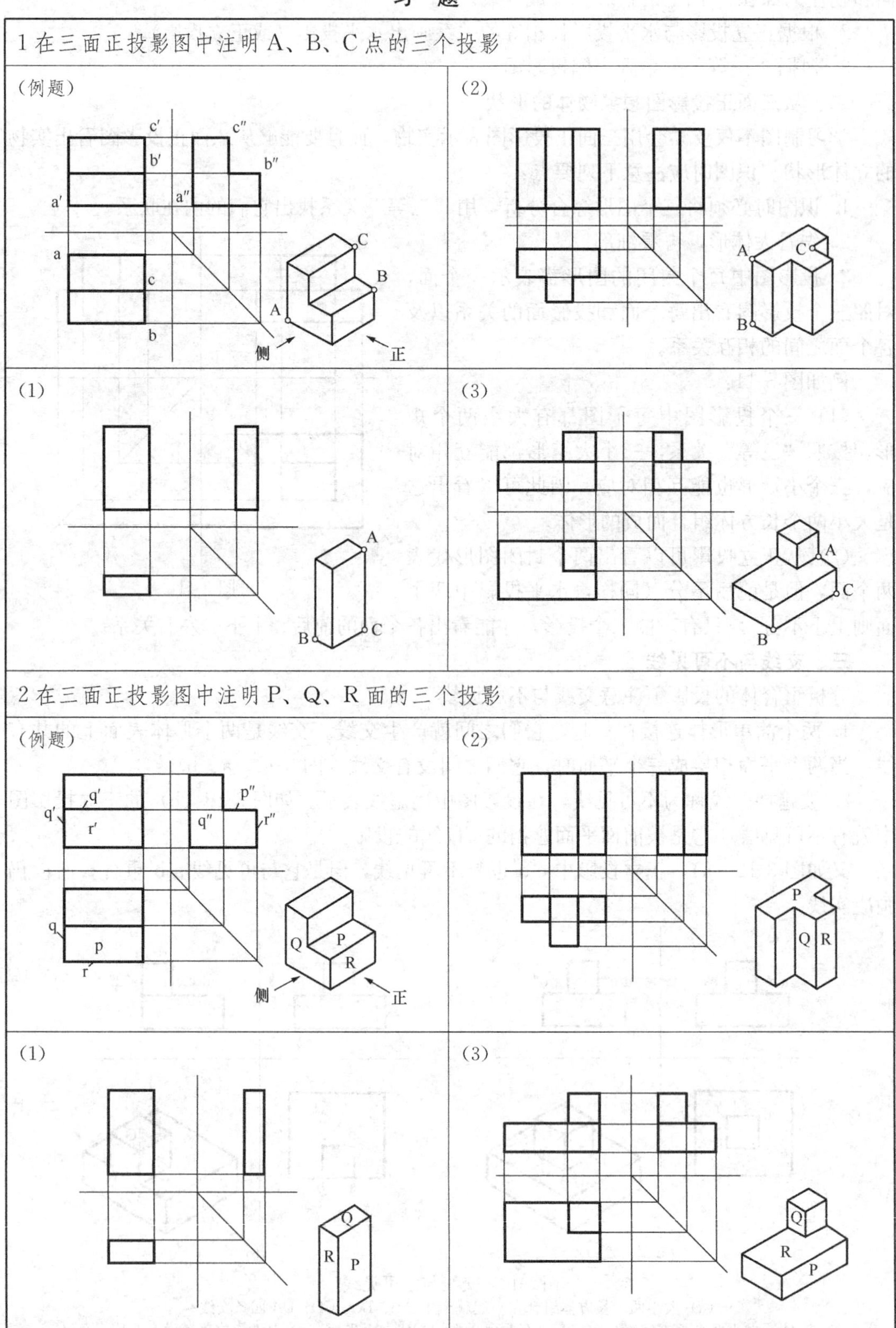

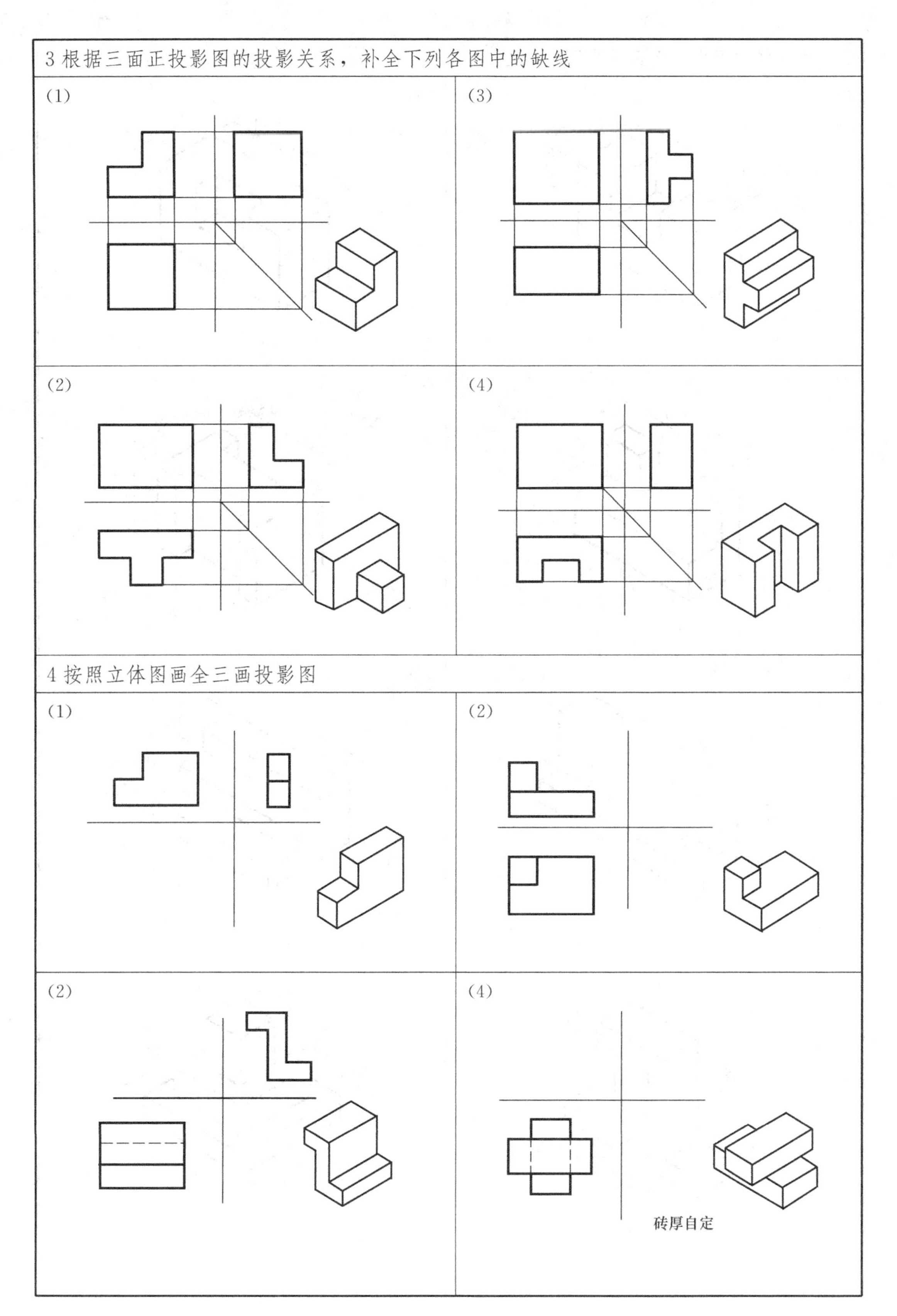
3 根据三面正投影图的投影关系，补全下列各图中的缺线
(1)
(3)
(2)
(4)
4 按照立体图画全三画投影图
(1)
(2)
(2)
(4)
砖厚自定

5 按照立体图画出三面正投影图	
(1)	(5)
(2)	(6)
(3)	(7)
(4)	(8)

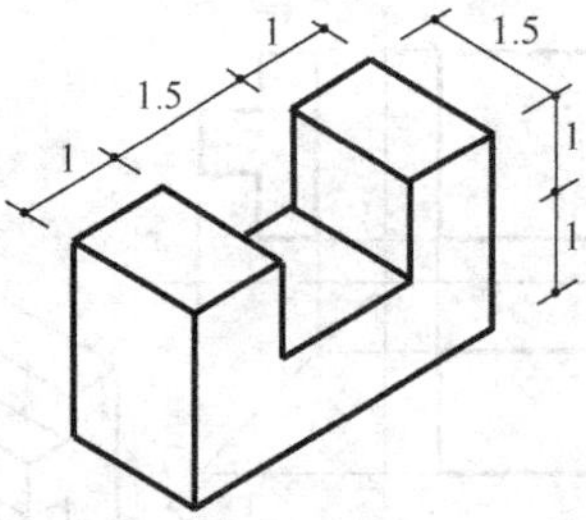

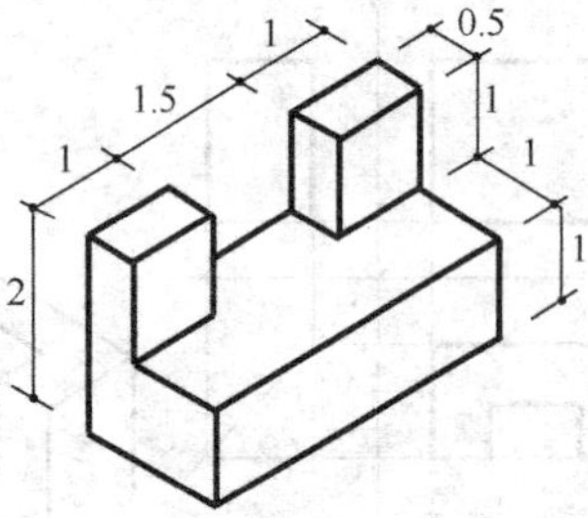

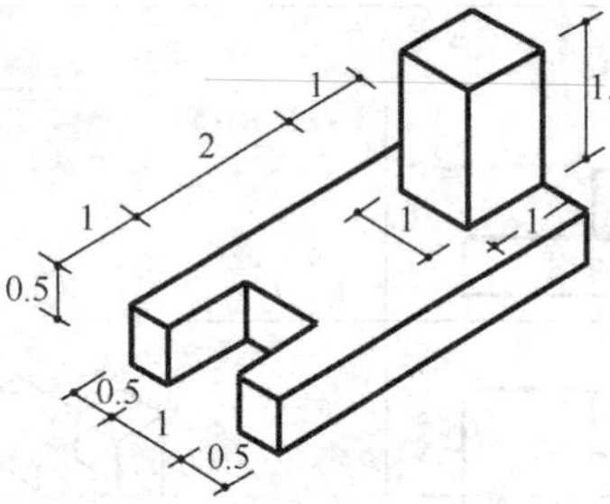

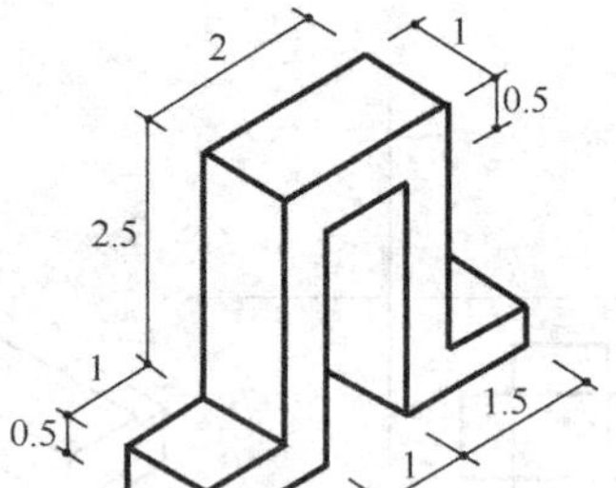

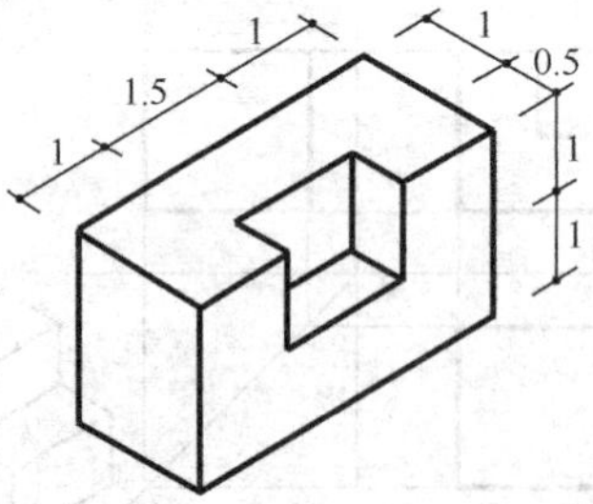

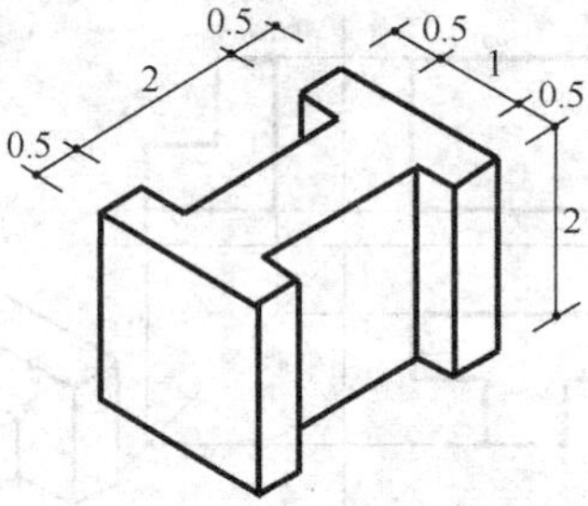

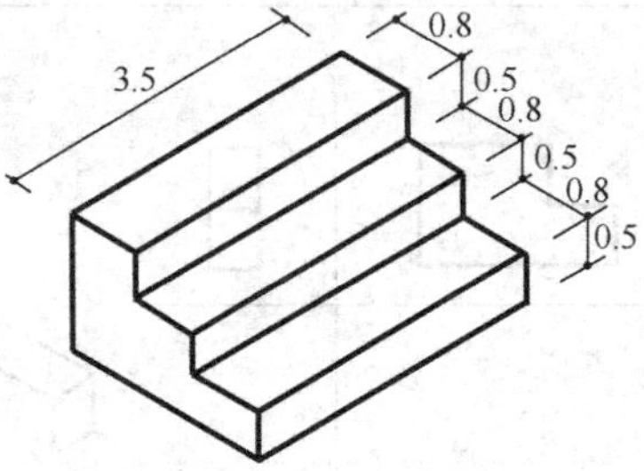

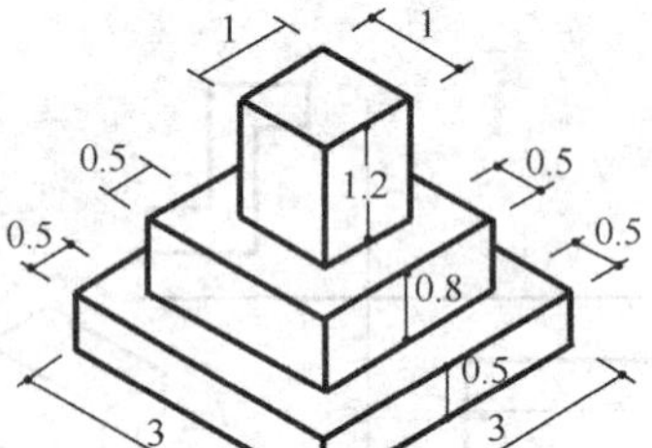

第三节 斜面体的投影

一、斜面体

凡是带有斜面的平面体，统称为斜面体。

棱柱（不包括四棱柱）、棱锥、棱台……（图 3-2，b）都是斜面体的基本形体。

建筑工程中，有坡顶的房子，有斜面的构件（图 3-1，b，c）都可看作是斜面体的组合体。

二、斜面和斜线

斜面和斜线都是对一定的方向而言的。在制图中斜面、斜线是指物体上与投影面倾斜的面和线。分析一个斜面体，首先须明确物体在三个投影面之间的方向和位置，才能判断哪些面或线是斜面或斜线。例如同一个木楔子，按图 3-13（a）位置，就只有一个斜面两条斜线，按图 3-13（b）位置，就有两个斜面四条斜线。

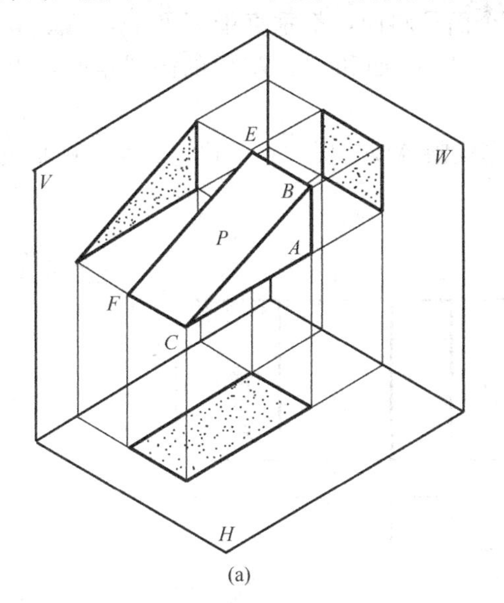

(a)

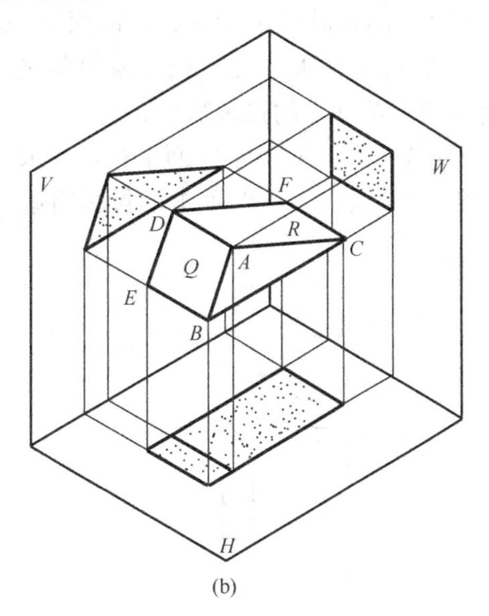

(b)

图 3-13

斜面的形状及倾斜的方向、角度（坡度）虽然有各种不同情况，但按其与投影面的关系可以归纳为两种：一种是与两个投影面倾斜，与第三投影面垂直，叫做斜面；另一种是与三个投影面都倾斜，称为任意斜面。

斜线也可以归纳为两种：一种是与两个投影面倾斜，与第三投影面平行，叫做斜线；另一种是与三个投影面都倾斜，称为任意斜线。

三、斜面体的投影

【例 1】木楔的正投影图（图 3-14）。

P 面是一个斜面，它与 V 面垂直，投影积聚为一条线，与 H、W 面倾斜、投影形状缩小。

AB 是一条斜棱线，它与 V 面平行，投影反映 AB 实长和倾斜角度；与 H、W 面倾斜，投影缩短。

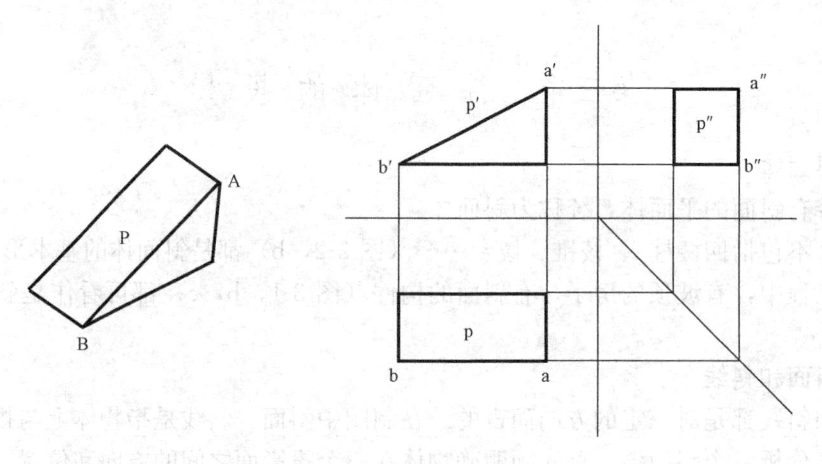

图 3-14

【**例 2**】三棱柱的正投影图（图 3-15）。

三棱柱的背面与 V 面平行，前面 P、Q 两个面是斜面，都垂直于 H 面，与 V、W 面倾斜。P、Q 面的水平投影积聚为两条线，反映 P、Q 面和 V、W 面的倾斜角度，P、Q 二面在 V、W 面上的投影缩小。

AB 是一条斜线，与 H 面平行，其水平投影反映 AB 实长，并反映它与 V、W 面的倾斜角度。AB 线在 V、W 面上的投影缩短。

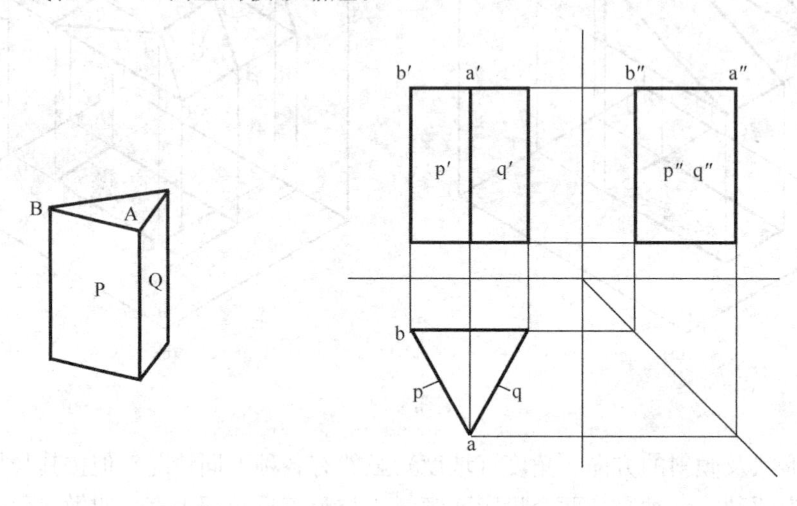

图 3-15

【**例 3**】四棱台的正投影图（图 3-16）。

四棱台的上、下底面都与 H 面平行，前、后、左、右四个面都是斜面。

前、后两个面与 W 面垂直，其侧投影积聚为直线；与 H、V 面倾斜，投影缩小。

左、右两个面与 V 面垂直，其正立投影积聚为直线；与 H、W 面倾斜，投影缩小。

四根斜棱线都是与三个投影面倾斜的任意斜线，其投影都不反映实长。

从上述三例可以看出：

1. 垂直于一个投影面的斜面，在该投影面上的投影积聚为直线，并反映斜面与另两个投影面的倾斜角度，此斜面的其余两个投影形状缩小。

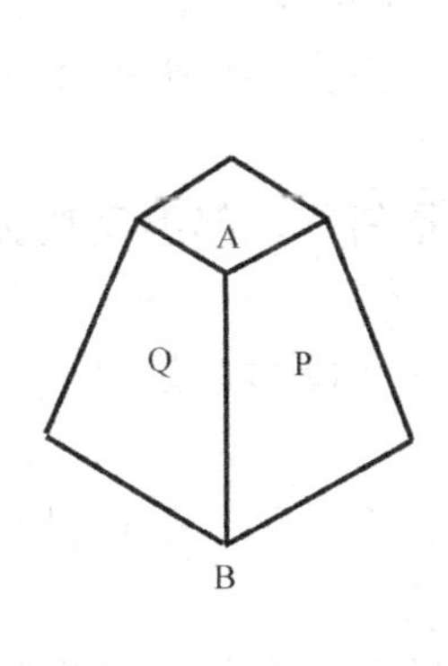

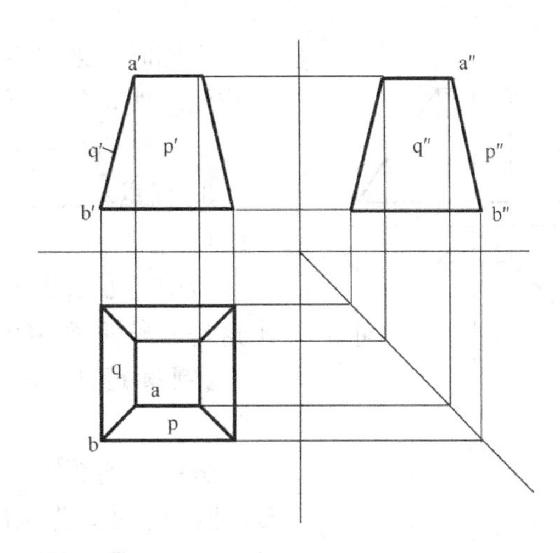

图 3-16

看图时如果出现一个投影是斜线，另外两个投影是封闭图形，就可看出这是一个斜面，它垂直于一个投影面，与另外两个投影面倾斜（图 3-17，a，b，c）。

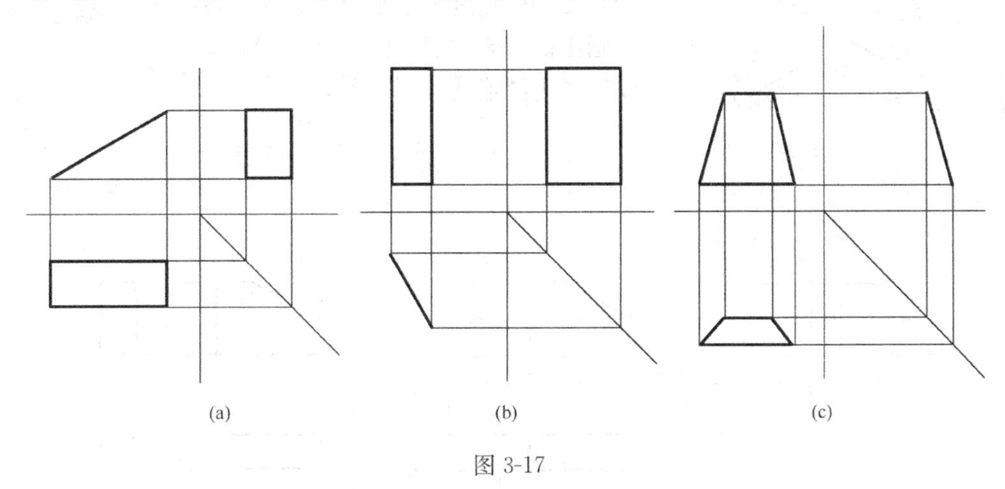

图 3-17

2. 平行于一个投影面的斜线，在该投影面上的投影反映实长，并反映斜线与另外两个投影面的倾斜角度，此斜线的其余两个投影变短（图 3-18，a，b，c）。

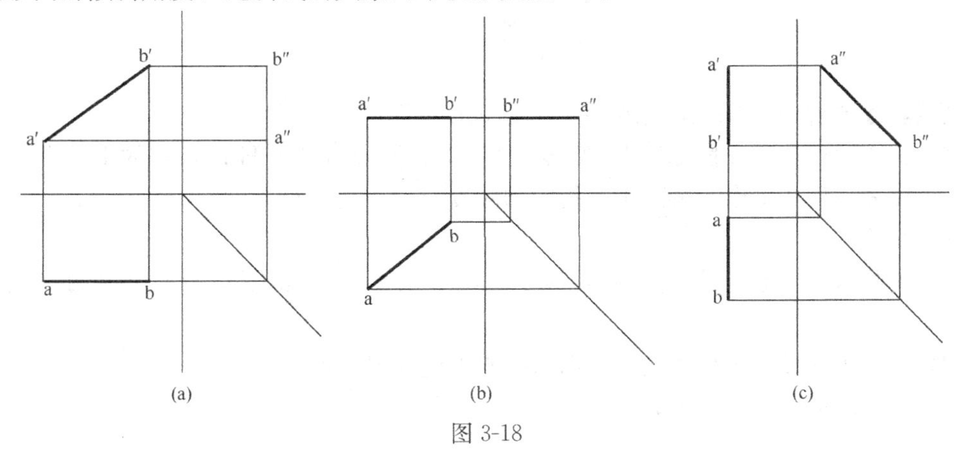

图 3-18

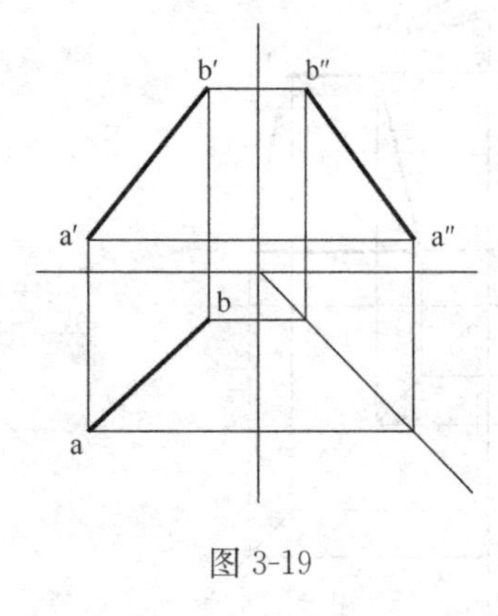

图 3-19

看图时如果出现一个投影是斜线，另两个投影是水平线或铅垂线，就可看出这是一条斜线，它平行于一个投影面，与另外两个投影面倾斜。

3. 任意斜线的三个投影都是斜线，都不反映实长（图 3-19）。

看图时如果出现一条线的三个投影都是斜线，就可看出这是一条任意斜线。

【例题 1】根据立体图画出斜面体的三面正投影图（图 3-20）。

分析：斜面体的正面平行 V 面，它的正立投影反映实形，根据尺寸，先画出正立投影。

画图步骤：

(1) 先画出正立投影，向下引铅垂线，向右引水平线（图 3-20，a）；

(2) 按物体宽度画水平投影，并向右引水平线至 45°线，转向上画出侧投影宽度（图 3-20，b）；

(3) 加重图形线（图 3-20，c）。

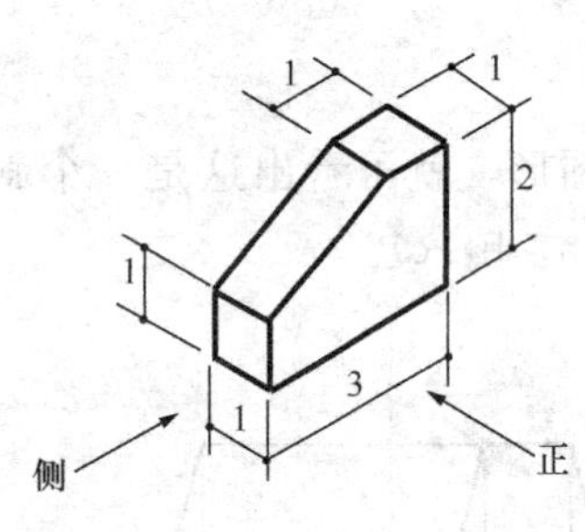

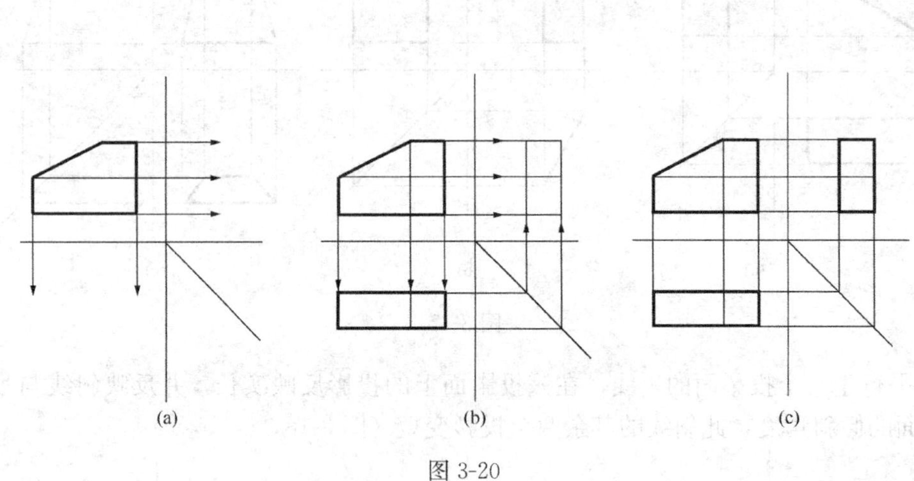

图 3-20

【例题 2】根据立体图画出六棱柱的三面正投影图（图 3-21）。

分析：六棱柱的每边长度为 1，高度为 2，上、下底面平行 H 面，它的水平投影反映实形，可以先按尺寸画出，再画正立投影和侧投影。

画图步骤：

(1) 先画水平投影，向上引铅垂线，向右引水平线至 45°线，转向上引铅垂线（图 3-21，a）。

(2) 画出正立投影上物体高度，向右引水平线（图 3-21，b）。

(3) 加重图形线（图 3-21，c）。

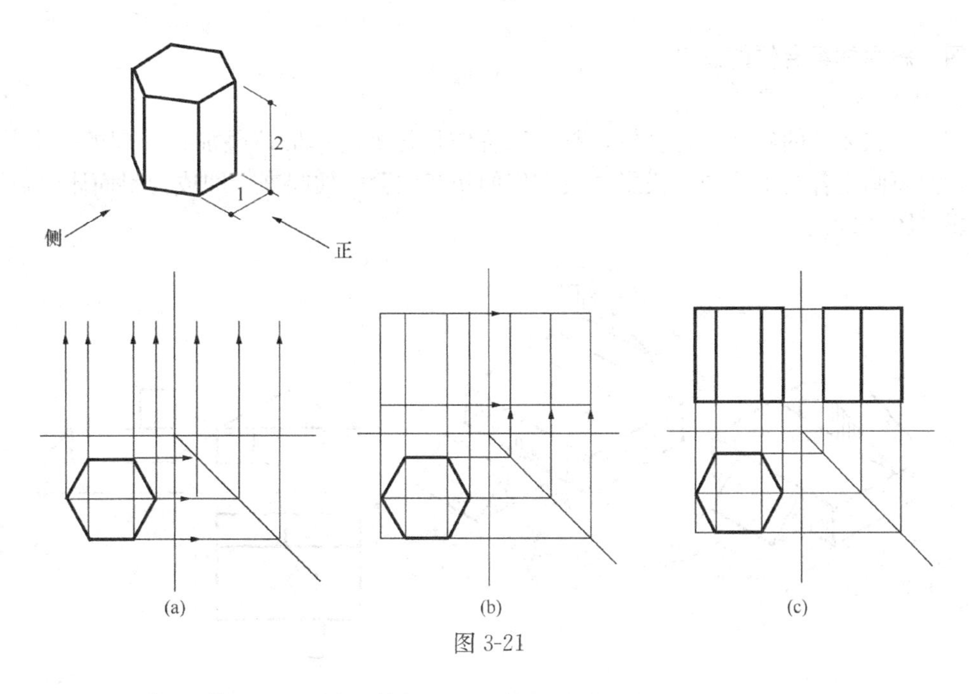

图 3-21

【例题 3】根据立体图画出斜面体的三面正投影图（图 3-22）。

分析：已知斜面体上 P 面垂直于 V 面，与 H 面倾斜，夹角为 30°。由于物体的上、下前、后方向的几个面都垂直于 W 面，其侧投影都有积聚性；P 面的边线也都在这些面上，因此其侧投影与这些面的侧投影重合。

画图步骤：

（1）先作斜面体的侧投影，依此向 V 面求出其正立投影（图 3-22，a）。

（2）作出正立投影及侧投影就可以根据“三等”关系画出水平投影（图 3-22，b）。

（3）分析斜面体上每条棱线的水平投影并加重图形线（图 3-22，c）。

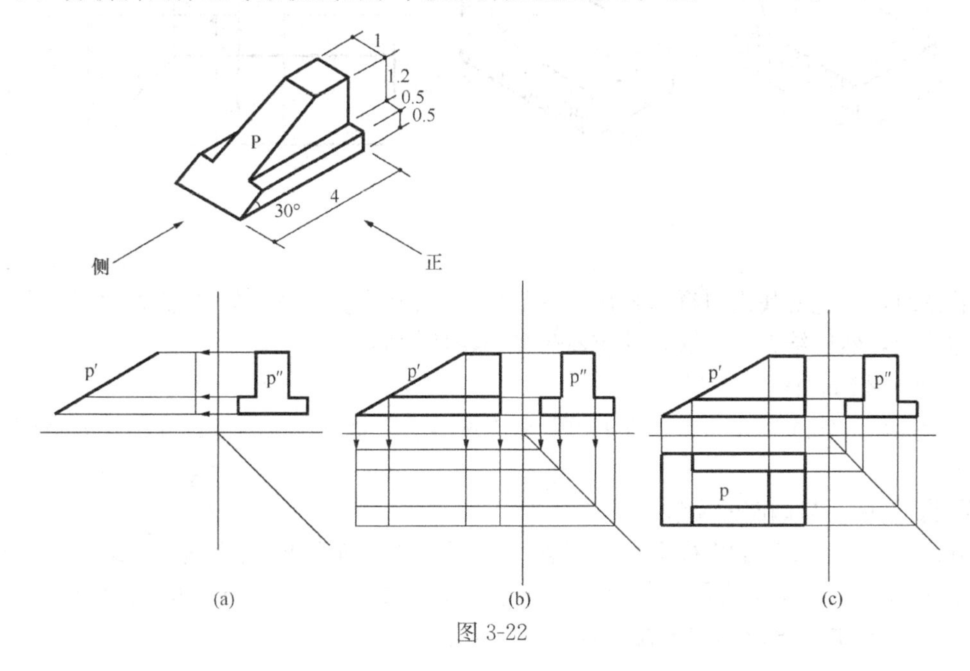

图 3-22

四、斜面体组合体的投影

1. 基本形体的叠加

多数形状复杂的斜面体组合体，都可以看作是几个简单形体叠加在一起的一个整体。因此，只要画出各简单体的正投影，按它们的相互位置叠加起来，即成为斜面体组合体的正投影（图 3-23）。

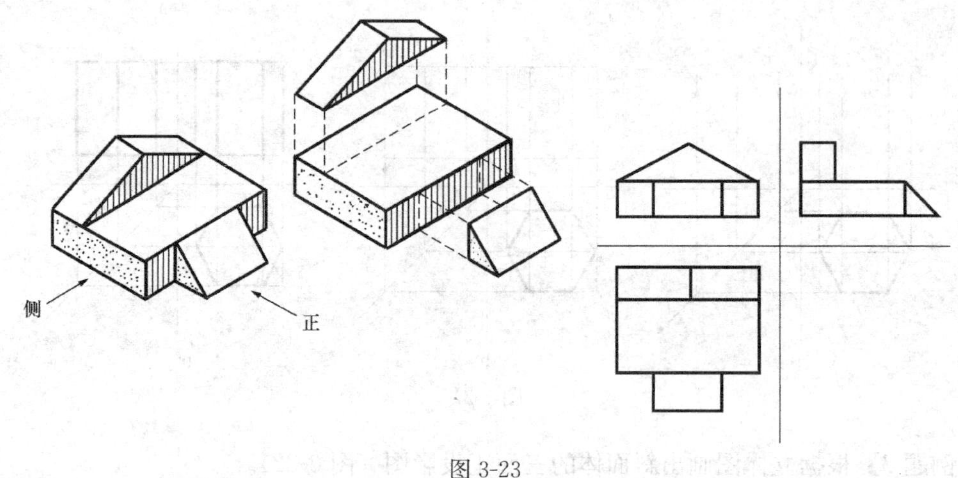

图 3-23

斜面体组合体的投影也有不可见线、交线等。两个简单体上的平面，组合后相接成一个平面时，它们之间没有交线（图 3-24）。

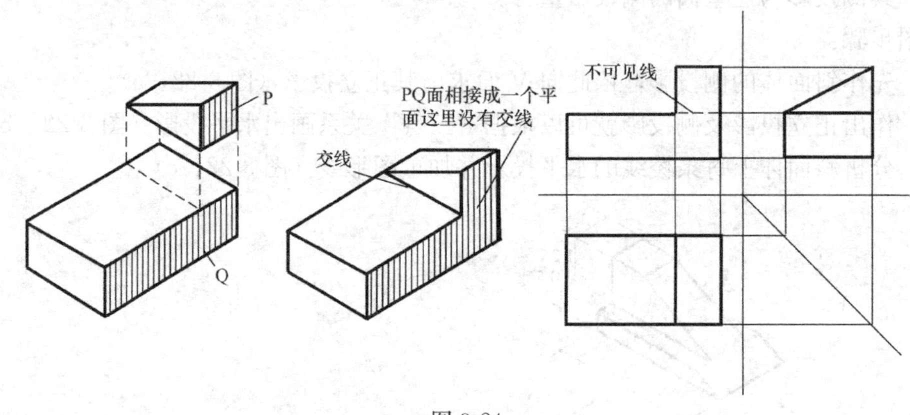

图 3-24

看图时，首先要找出组合体各部分（简单体）相应的三个投影，综合起来看出各部分的立体形状，然后结合在一起，就容易想象出整体的形状。

2. 斜面体组合体上的交线

两个简单形体连接在一起，它们这间就有交线。下面我们介绍建筑工程中常遇到的一个例子。

【例】 坡层面与烟囱的交线。

分析：从图 3-25 可以看出，坡屋面（P 面）和烟囱的四条交线是 AB、BC、CD、DA，这四条交线的水平投影与烟囱的水平投影完全重合，AB 和 DC 的侧投影积聚为两点，AD 和 BC 的侧投影都积聚在 P 面的侧投影上。

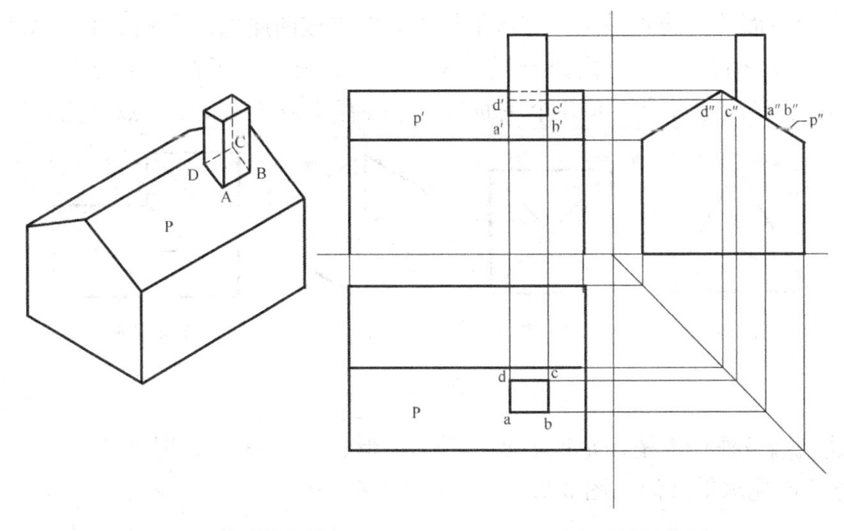

图 3-25

作图：(1) 交线的正立投影不能直接画出来，可根据“三等”关系，从水平投影和侧投影找出 A、B、C、D 四点的正立投影，连接起来即成。DC 在烟囱后面是不可见线，所以 a′c′应画作虚线。

(2) 当没有侧投影时，可根据点在线上、线在面上的原理，过 ac 画一辅助线与屋面上二直线相交，求出其正投影得 a′、c′，过 a′、c′分别作两条水平线得 b′、d′，a′b′为实线，c′d′为虚线（图 3-26）。

五、同坡屋顶的投影

当屋面由几个与水平面倾角相等的平面所组成时，就叫同坡屋顶。同一建筑往往可以设计成多种形式的屋顶，如两坡顶，四坡顶，歇山屋顶等等。其中最常用、最基本的形式是屋檐高度相等的同坡屋顶。其投影规律如下：

1. 相邻两屋面相交，其交线的水平投影必在两屋檐夹角水平投影的分角线上（一般夹角为 90°时，画 45°线即可）。当屋面夹角为凸角时，交线叫斜脊；夹角为凹角时，交线叫天沟或斜沟（图 3-27）。

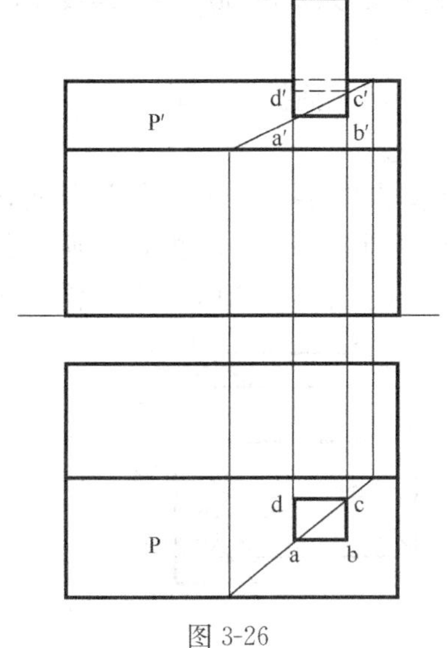

图 3-26

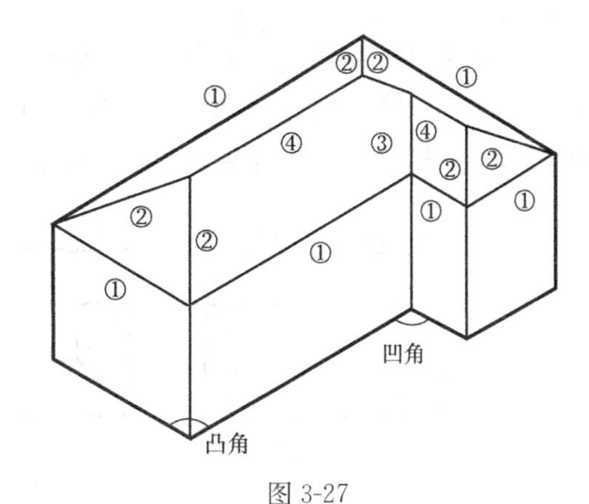

图 3-27

①屋檐；②斜脊；③天沟（斜沟）；④平脊

2. 相对两屋面的交线叫平脊。其水平投影必在与该两屋檐距离相等的直线上。

3. 在水平投影上，只要有两条脊线（包括平脊、斜脊或天沟）相交于一点，必有第三条脊线相交。跨度相等时，有几个屋面相交，必有几条脊线交于一点（图 3-28）。

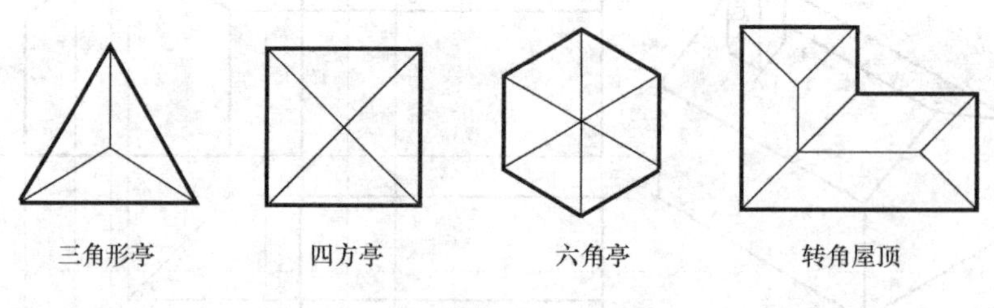

图 3-28

4. 当建筑墙身外形不是矩形时，如∟形、⊓形、山形……，屋面要按一个建筑整体来处理，避免出现水平天沟（图 3-29）。

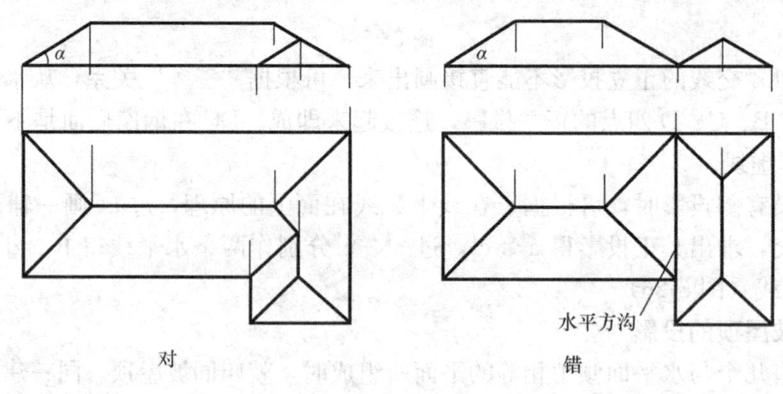

图 3-29

5. 在正投影和侧投影图中，垂直于投影面的屋面，能反映屋面坡度的大小（图 3-29）。空间互相平行的屋面，其投影线也互相平行。建筑跨度越大，屋顶越高。跨度小的屋面插在跨度大的屋面上。

【例】已知屋檐的 H 投影及同坡屋顶的坡度为 30°，画出其三面投影（图 3-30）。

作图：

(1) 先按投影规律画出屋顶的 H 投影。由于屋檐的水平夹角都是 90°，故见角就画 45°线。左端两斜脊相交于 a 点，右下端两斜脊相交于 b 点（图 3-30，a），过 a、b 两点分别作相对两屋檐的平行线得两平脊，左边平脊与斜脊相交于 c 点、右下边平脊与天沟相交

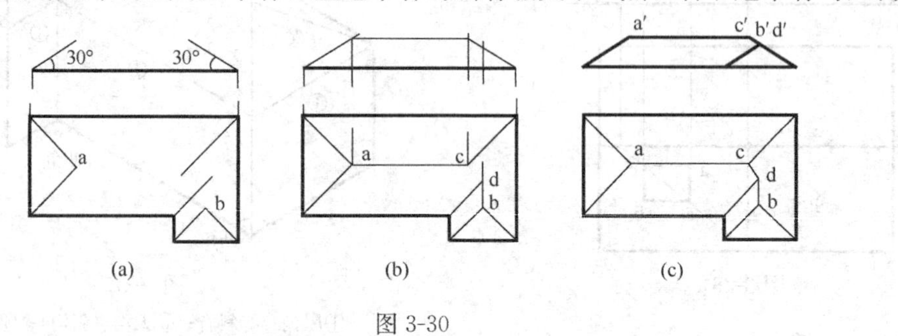

图 3-30

于 d 点（图 3-30，b）。连 c、d 为直线即为所求（图 3-30，c）。

（2）画 V、W 面投影

先画出檐口位置，由其两端向内画 30°线（图 3-30，a 上）。由水平投影将 a、b、c、d 各点向上引铅垂线与 30°线相交，得 a′、b′、c′、d′（图 3-30，b 上），顺序连接各有关点，即为 V 投影（图 3-30，c 上）。

由 H 及 V 投影求 W 投影（略）。

【例】已知屋檐的 H 投影及同坡屋顶坡度为 30°角，画出其三面投影（图 3-31）。

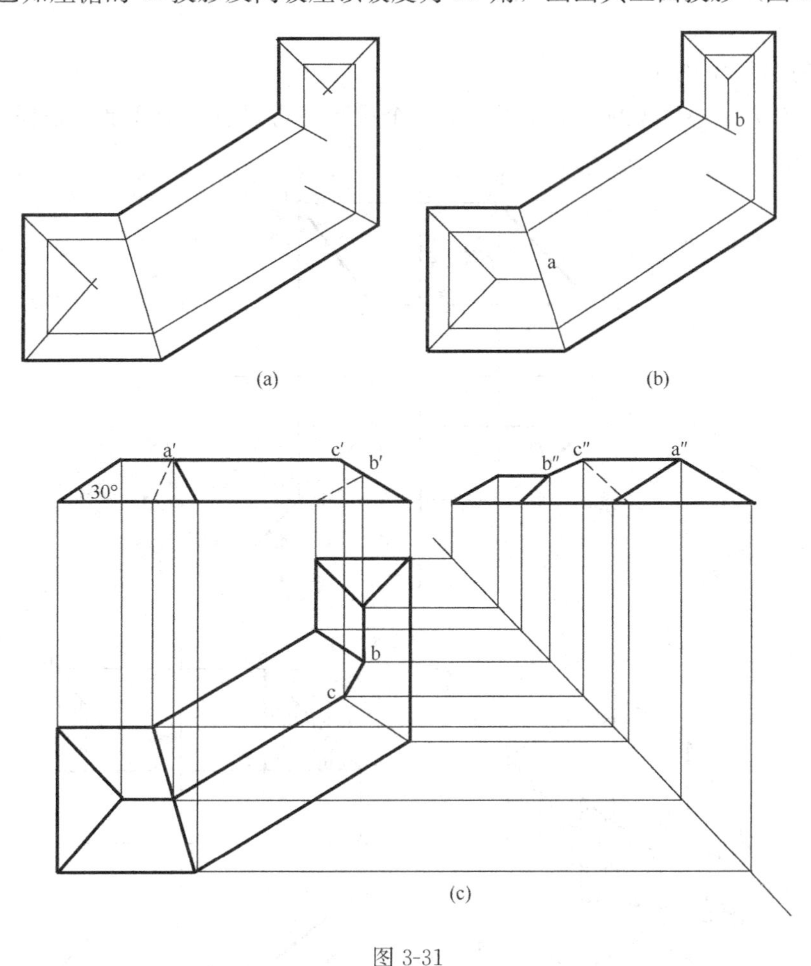

图 3-31

分析：

从平面看出屋檐转角处并非全是 90°，为作图方便，可用等高线法直接求出各分角线（由于坡度相同，与屋檐距离相等的位置高度一样）。

作图：

（1）画 H 投影

沿屋檐向内任选一段距离，画各边的平行线，各线的交点分别与相邻屋檐的交点相连，即为各角的分角线（图 3-31，a）。

由两端分角线交点画两侧屋檐的平行线，与中间分角线相交于 a、b 两点（图 3-31，b）。

同理，过 a 点作两侧屋檐平行线交分角线于 c 点，连 b、c 即完成 H 投影（图 3-31，c）。

（2）画 V、W 投影（图 3-31，c）。

方法与上题同，但要注意区分可见性。

六、求任意斜线的实长和斜面的实形

任意斜线的三个正投影都不反映实际长度，斜面的三个投影也不反映斜面的实际形状和大小。用图解法从投影图找出任意斜线的实长或画出斜面的实形是实践中经常会遇到的问题。

1. 求任意斜线的实长

图 3-32（a）是 AB 线的三个投影。从三个投影图可以看出 AB 是一条任意斜线，三

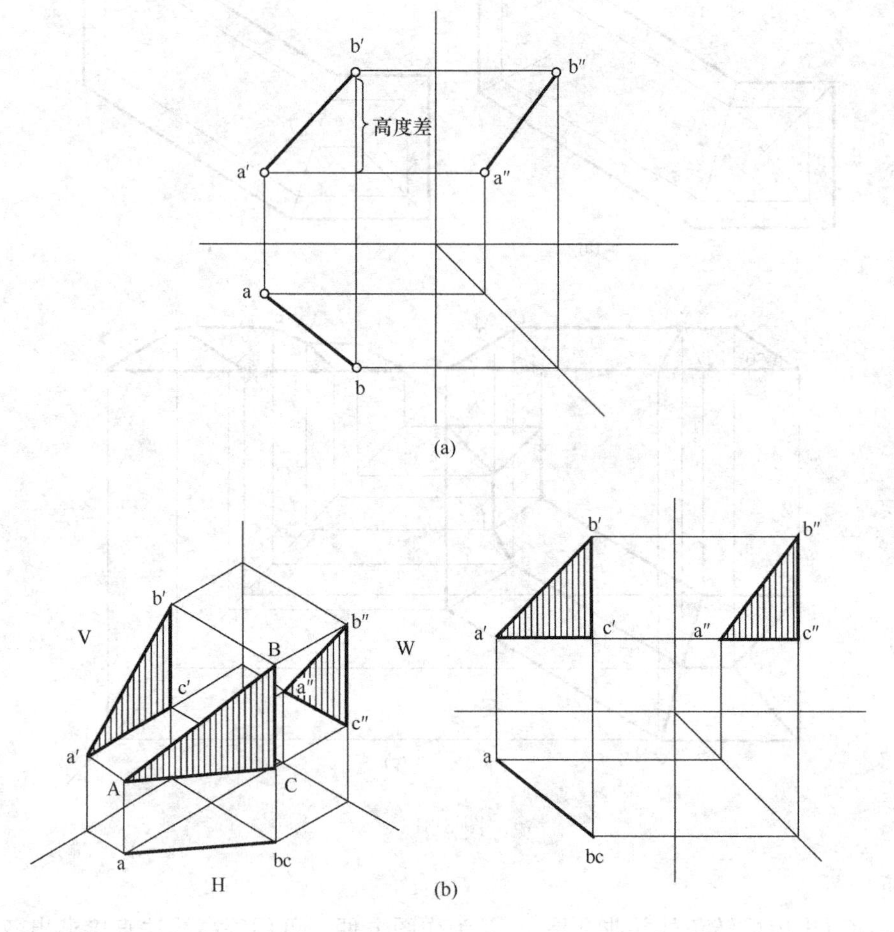

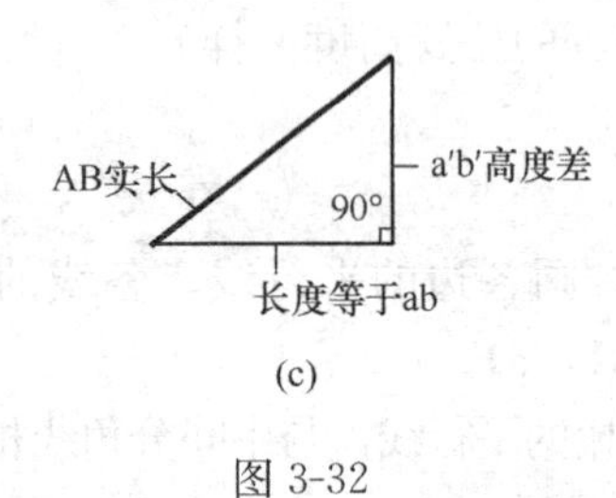

图 3-32

个投影都不反映实长。

如果把AB线看作是一个垂直于H面的直角三角形ABC的斜边（C角是直角（图3-32，b)，就可以看出AB的水平投影ab与AC（直角三角形的底边）等长。AB的正立投影上a′、b′两点之间的高度差b′c′与BC（三角形上直角的邻边）等长。有了直角三角形的两条直角边，就能作出斜边，这就是AB的实长（图3-32，c)。

2. 求斜面的实形

图3-33（a）是四坡顶的投影图。

分析：前后两个屋面（等腰梯形）与V、H面倾斜，与W面垂直，都不反映屋面实形；左右两个屋面（等腰三角形）与W、H面倾斜，与V面垂直，也不反映屋面实形。从三个投影图可以看出屋顶四条边线（BE、ED、DC、CB）和正屋脊（AF）的实长。

作图：

(1) Q面的三个投影都不反映实形，a′b′和ab都不反映AB的实长，但a′b′反映Q面（等腰三角形ABC）的高——立体图中AG的实长，有了底边和高就能画出Q面的实形（图3-33，b)。

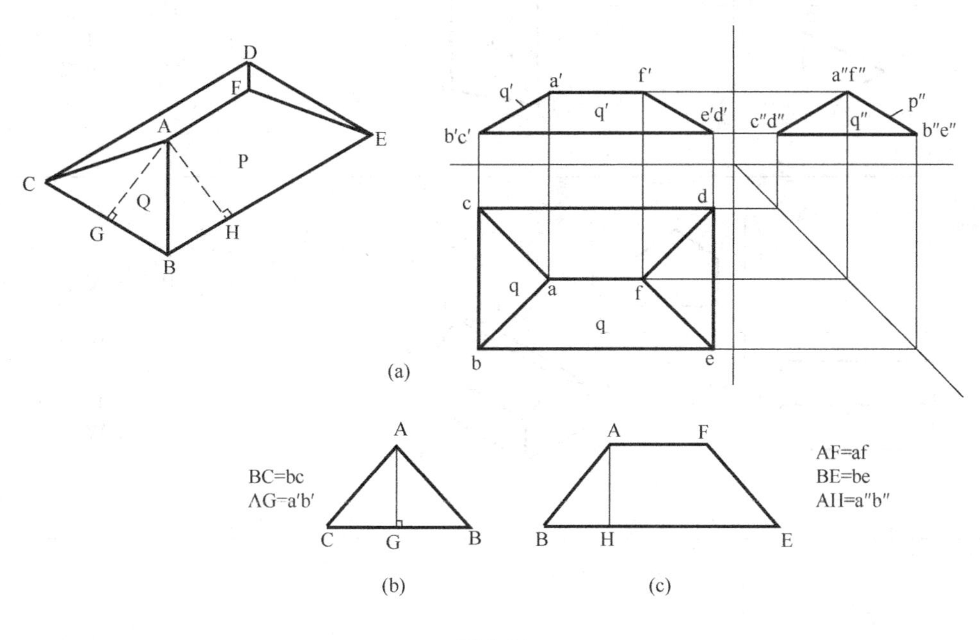

图3-33

(2) P面的三个投影都不反映实形，P面的侧投影积聚为一条线p″，它不反映AB的实长，但反映P面（等腰梯形ABEF）的高——立体图中AH的实长，有了上、下底边和高，就能画出P面的实形（图3-33，c)。

习　题　二

1 按照立体图完成三面正投影图；注明各点、面的三个投影；说明斜面、斜线与投影面的关系

（例题）

P 面与 V 面（垂直）
与 H 面（倾斜）
与 W 面（倾斜）
AC 线与 V 面（平行）
与 H 面（倾斜）
与 W 面（倾斜）

(1)

P 面与 V 面（　　）
与 H 面（　　）
与 W 面（　　）
BC 线与 V 面（　　）
与 H 面（　　）
与 W 面（　　）

(2)

P 面与 V 面（　　）
与 H 面（　　）
与 W 面（　　）
CE 线与 V 面（　　）
与 H 面（　　）
与 W 面（　　）

(3)

P 面与 V 面（　　）
与 H 面（　　）
与 W 面（　　）
Q 面与 V 面（　　）
与 H 面（　　）
与 W 面（　　）
SA 线与 V 面（　　）
与 H 面（　　）
与 W 面（　　）

2 按照立体图完成三面正投影图

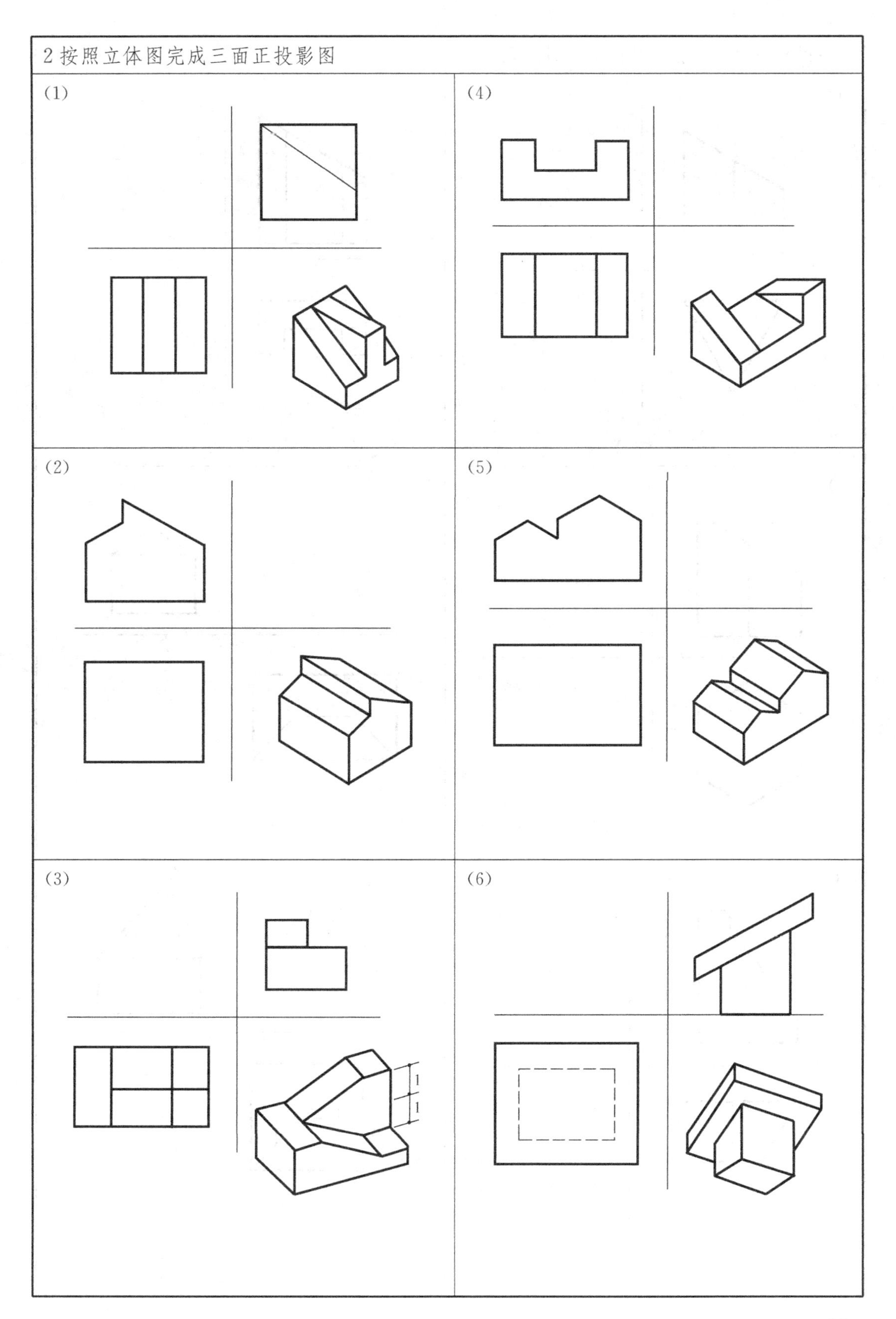

3 根据两个已知投影，画出第三投影图

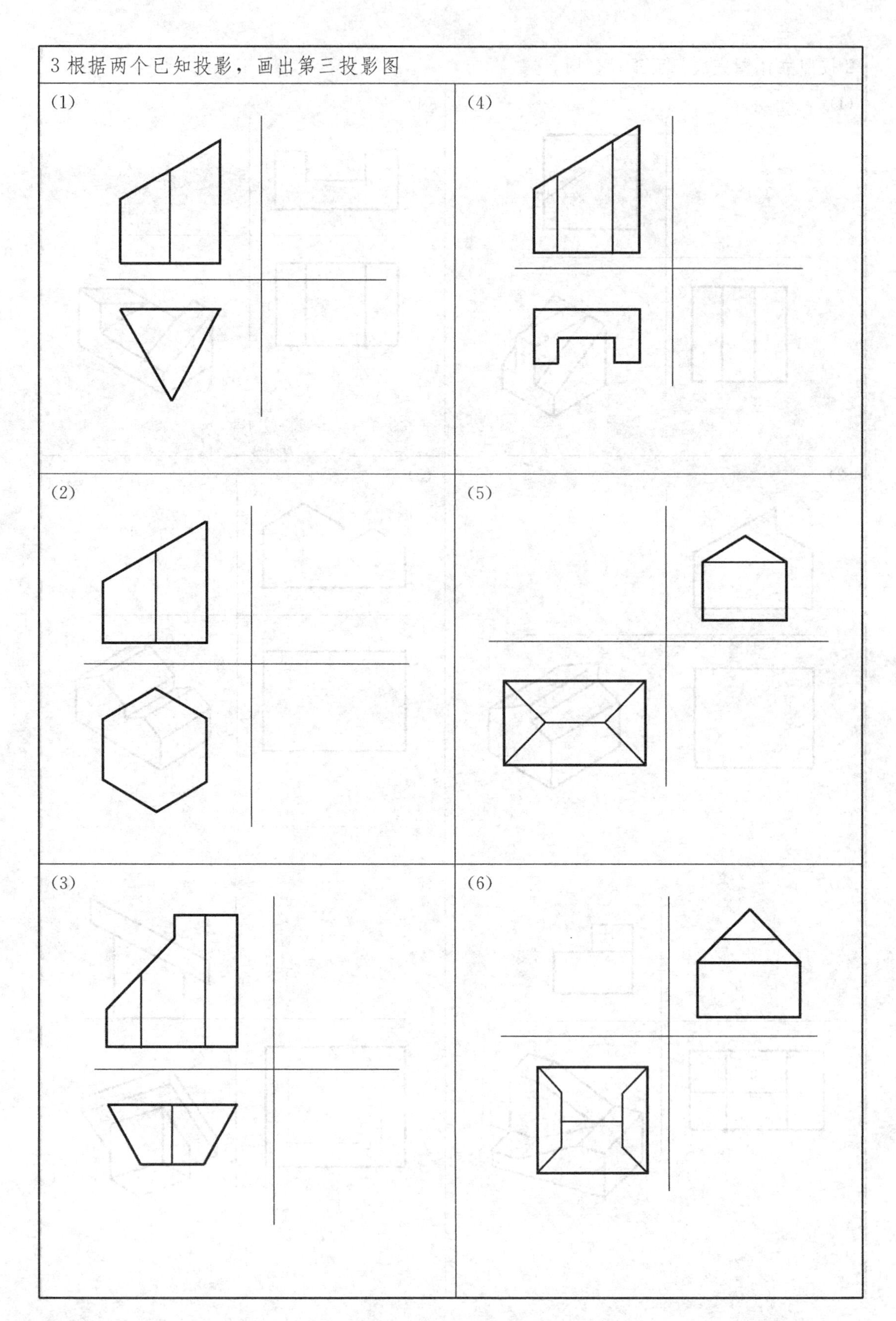

4 根据两个已知投影，画出第三投影图（不画不可见线）

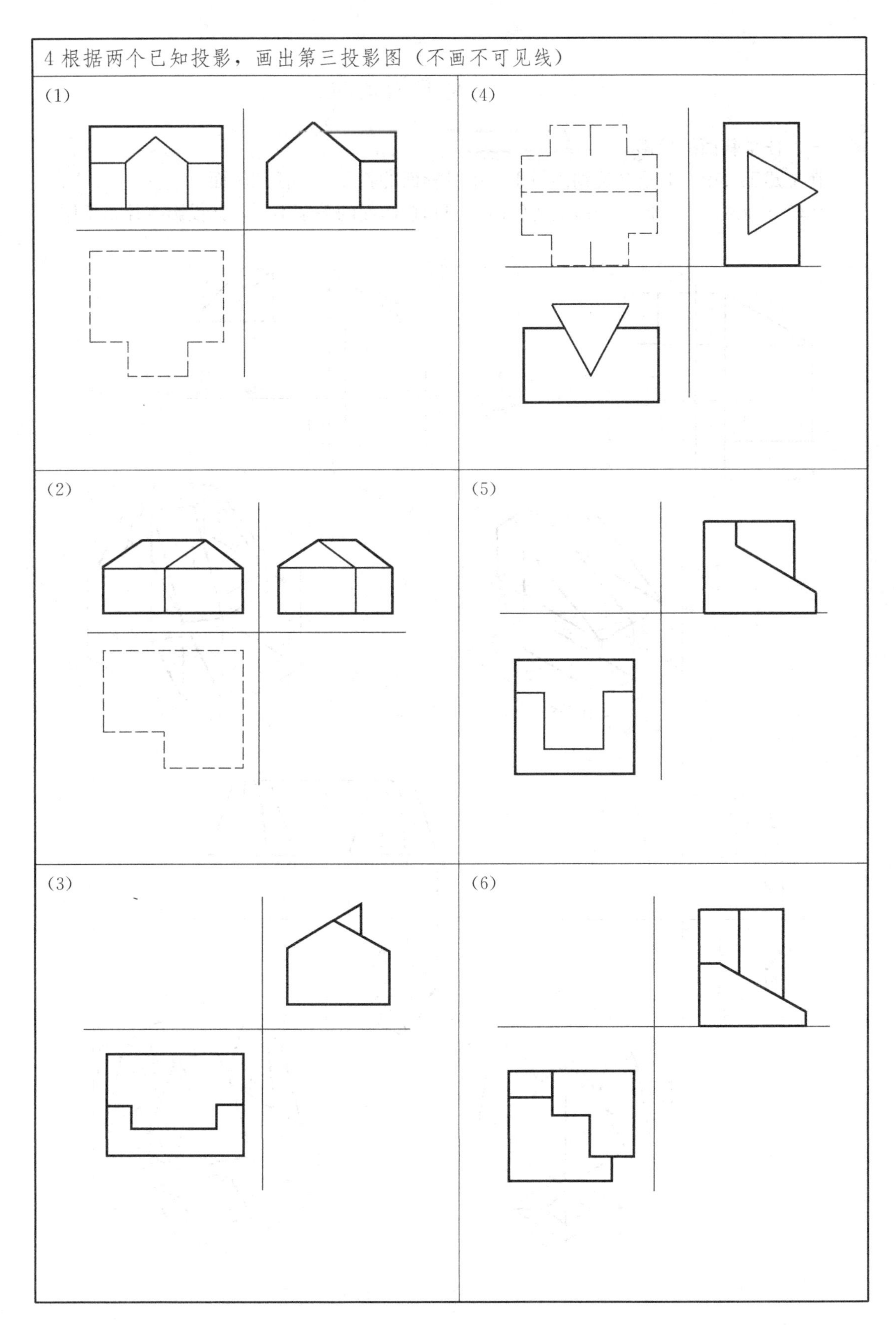

第四节　任意斜面的投影

一、任意斜面的投影

在土建工程中有时还会遇到倾斜于三个投影面的斜面——任意斜面。

比较下面两组图中同一物体上的斜面，因和投影面的关系不同，其投影有什么不同?

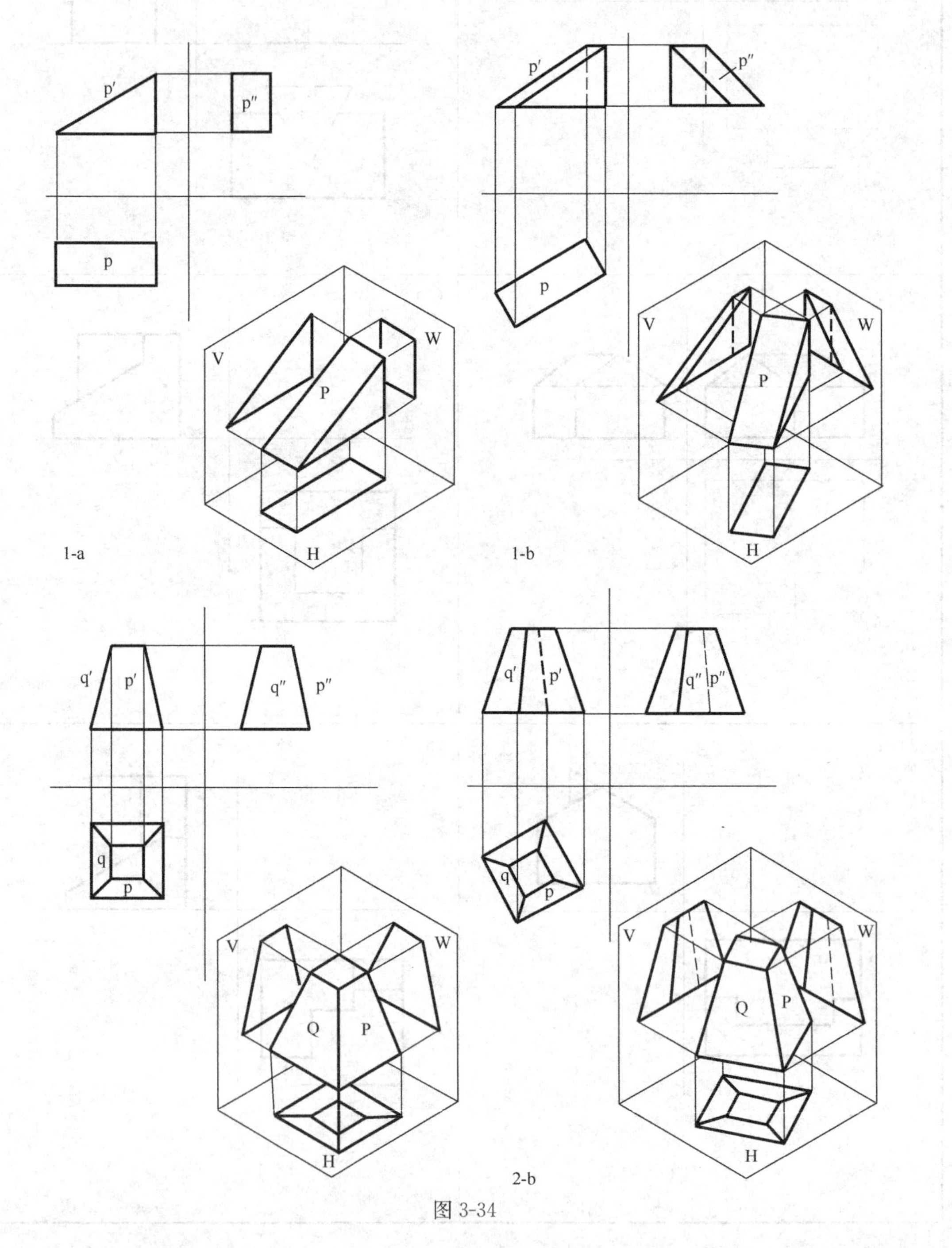

图 3-34

图 3-34（1-a）、（2-a）中的 P、Q 斜面都是垂直于一个投影面，对其它两个投影面倾斜，都有一个投影积聚为直线，另两个投影是封闭的图形，不反映实形。

图 3-34（1-b）、（2-b）中的 P、Q 斜面都是对三个投影面倾斜的斜面，各斜面的三个投影都是封闭的图形，都不反映斜面的实形。

从上面几个图可以看出：

任意斜面是对三个投影面倾斜的斜面，它的三个投影都是封闭的图形，都不反映斜面的实形。

在一个物体的三个投影图中，如果有一个面的三个投影都是封闭的图形，就可以看出这是一个任意斜面。

下面分析三棱锥上的四个面和三个投影面的关系（图 3-35）。

△ABC 在 V、W 面上的投影都是直线，所以它与 V、W 面垂直，平行于 H 面，其水平投影反映实形。

△SAC 在 W 面上的投影是直线，在 V、H 面上的投影都是封闭图形，都不反映实形。所以它与 W 面垂直，倾斜于 V、H 面。

△SAB、△SBC 的三个投影都是封闭的图形，它们的三个投影都不反映实形，所以都是任意斜面。

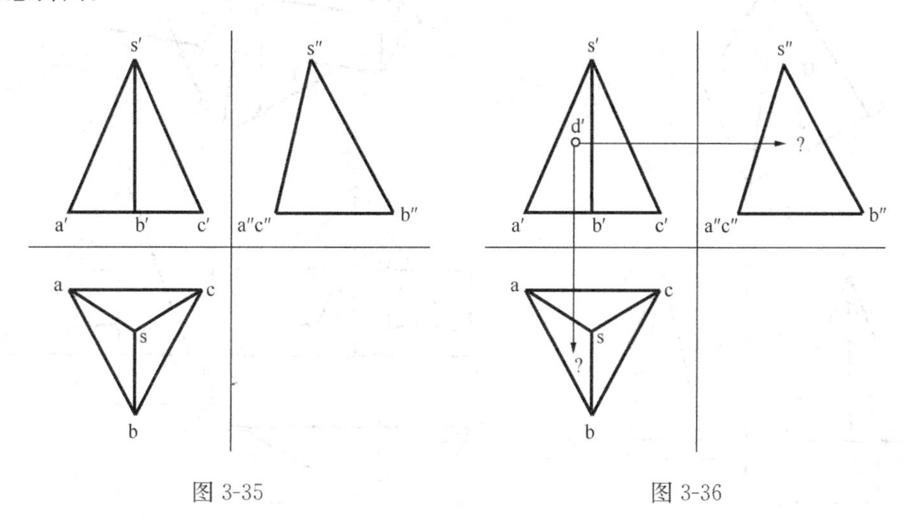

图 3-35　　图 3-36

二、任意斜面上点的投影

已知任意斜面上一点的一个投影，如何找出另两个投影？

由于任意斜面的三个投影都是不反映实际形状的封闭图形，因此不能从点的一个投影利用“三等”关系直接画出另两个投影。如已知三棱锥的 SAB 面上一点 D 的正立投影 d′，不能直接画出 d 和 d″（图 3-36）。

为求出 d 和 d″，需采用辅助线法：

根据“直线上一点的投影，必在该直线的投影上”这一规律，可以从已知直线上一点的一个投影，画出该点的另两个投影。设想过 D 点作一直线（辅助线），如能求出此直线的三个投影，则位于此直线上的 D 点的投影也就可以求出。

【例题】已知三棱锥的 SAB 面上 D 点的正立投影 d′，求 d、d″（图 3-37）。

作图：

假设过锥顶 S 点及 D 点作辅助线 SI。

(1) 在正立投影图中过 s′及 d′作直线与 a′b′相交于 1′，s′1′即辅助线 SI 的正立投影。

(2) 分别求出辅助线的水平投影 s1 及侧投影 s″1″。

(3) 已知 D 点在 SI 线上，则 d、d″必然在 s1、s″1″上。

三、任意斜面上交线的投影

在建筑工程中也会遇到带有任意斜面的构件相互搭接的情况，制图时须掌握任意斜面上交线的投影画法。

【例题】求正三棱锥与长方体交线的投影。

分析：

(1) 从图 3-38 可以看出 SAB、SBC 是锥体上两个任意斜面，这两个面与长方体相交。它们的交线可以看作是几个相应的平面之间的交线。两个平面的相交线一定是一条直线。

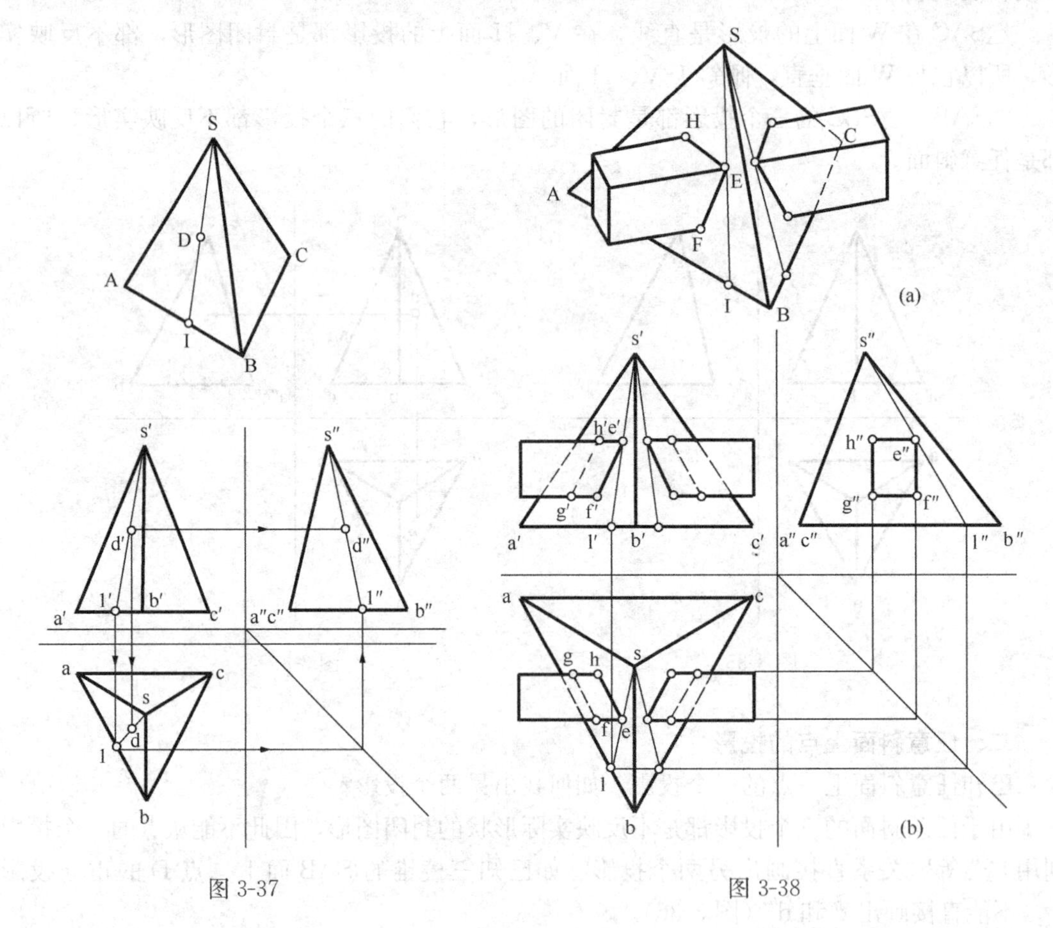

图 3-37　　　　　　　　　　图 3-38

(2) 从三个正投影图可以看出，侧投影中的 e″f″g″h″是交线的已知投影。SAB 面和 SBC 面上的两组交线，在侧投影中完全重合。需求出这两组交线的正立投影和水平投影。

作图 1——辅助线法

(1) 求交线的正立投影和水平投影（以 SAB 面上的交线为例）要从已知投影 e″f″g″h″着手。以 E 点为例，过 s″、e″作直线与 a″b″交于 1″，s″1″即辅助线 SI 的侧投影，再分别求出

s1、s′1′。

已知E点在SI上，则e在s1上，e′在s′1′上。

(2) 同样方法可求得f、g、h和f′、g′、h′，再依次连线即成。连线时须分清可见线与不可见线。

(3) 同样方法可求得SBC面上的交线投影（图3-38）。

作图2——辅助面法

(1) 用水平辅助面——沿e″h″和f″g″作两个水平辅助面，这两个面的水平投影都是△abc的相似三角形，各边与相应的锥体底边平行，交线EH和FG的水平投影就是这两个三角形上相应的线段。再利用交线的水平投影作出交线的正立投影（图3-39）。

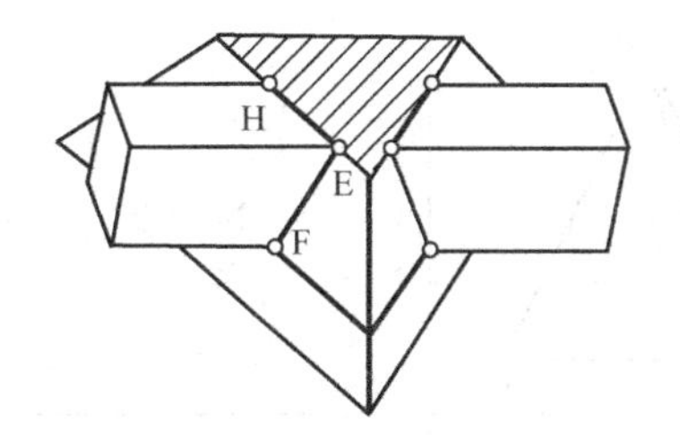

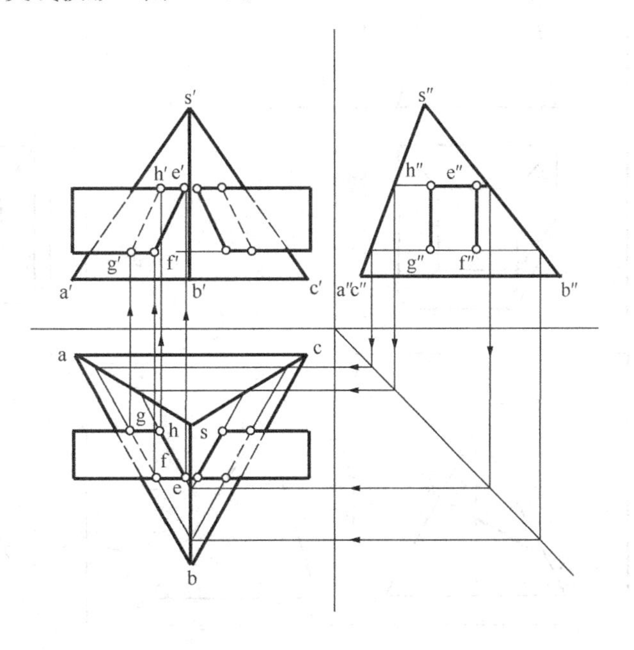

图 3-39

(2) 用垂直辅助面——沿e″f″和g″h″作两个垂直辅助面（垂直于W、H面），它们的水平投影和侧投影都是直线。由这两个投影可以作出辅助面的正立投影（是两个等腰三角形），交线EF、GH的正立投影就是这两个三角形上相应的线段。两利用交线的正立投影作出交线的水平投影（图3-40）。

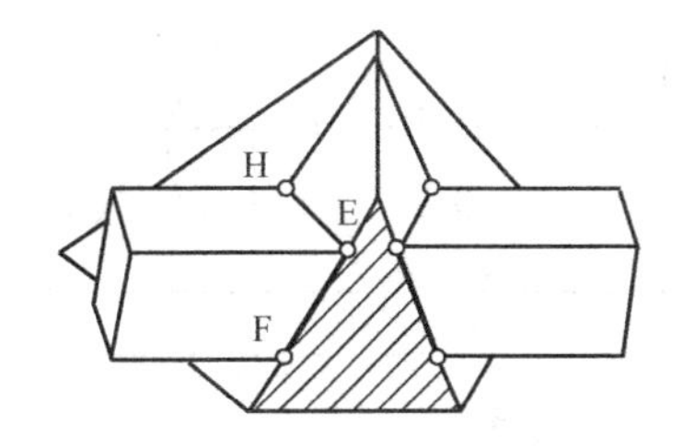

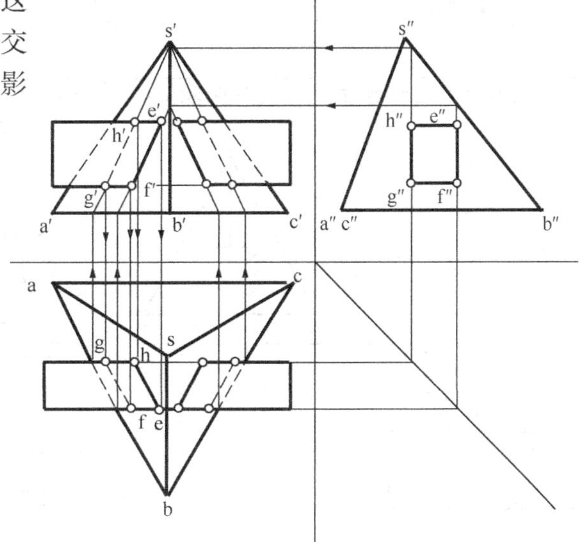

图 3-40

习 题 三

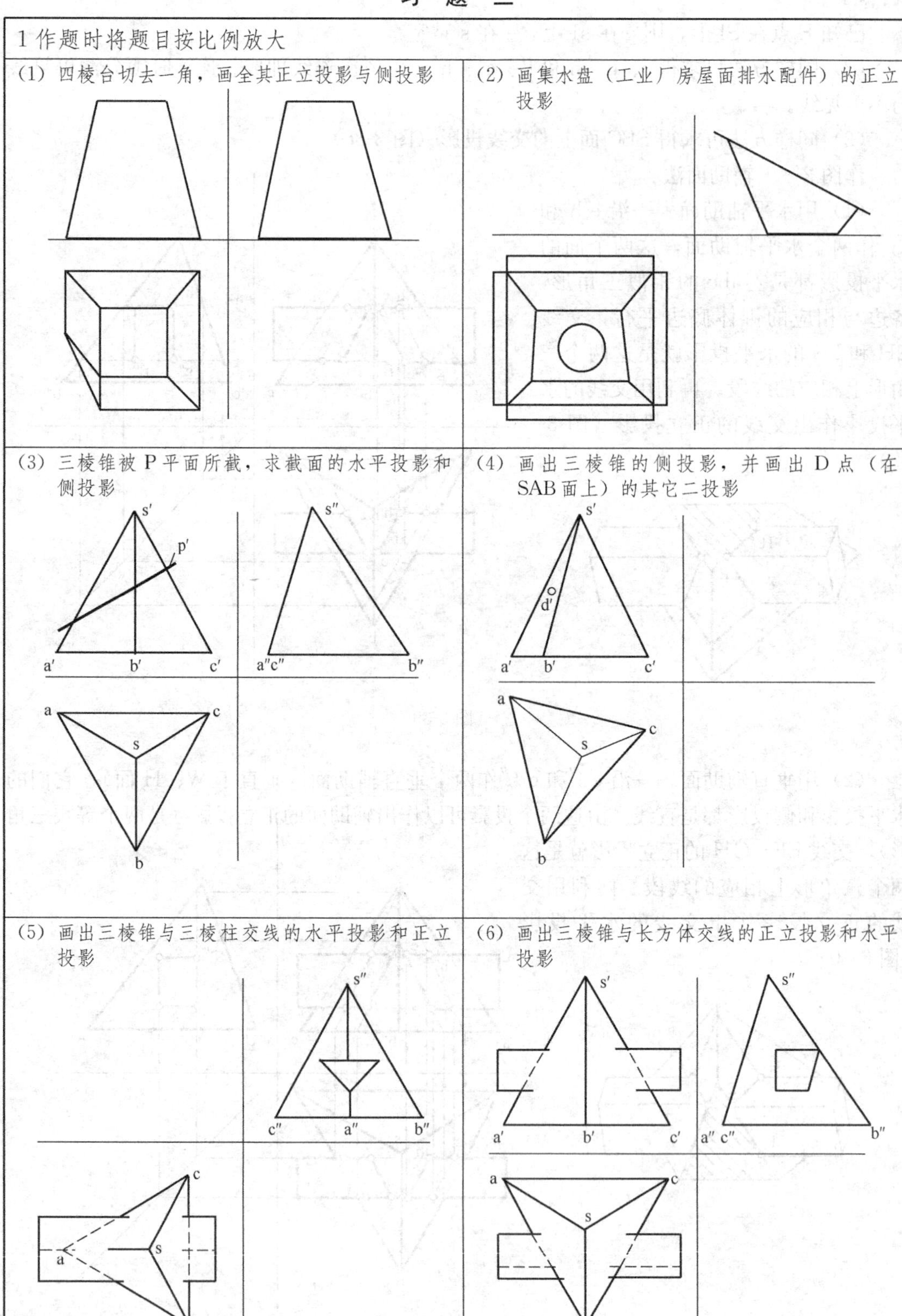
1 作题时将题目按比例放大
(1) 四棱台切去一角，画全其正立投影与侧投影
(2) 画集水盘（工业厂房屋面排水配件）的正立投影
(3) 三棱锥被 P 平面所截，求截面的水平投影和侧投影
s′
p′
a′
b′
c′
s″
a″c″
b″
a
c
s
b
(4) 画出三棱锥的侧投影，并画出 D 点（在 SAB 面上）的其它二投影
s′
d′
a′
b′
c′
a
c
s
b
(5) 画出三棱锥与三棱柱交线的水平投影和正立投影
s″
c″
a″
b″
c
a
s
b
(6) 画出三棱锥与长方体交线的正立投影和水平投影
s′
a′
b′
c′
s″
a″ c″
b″
a
c
s
b

2 按照立体图画出三面正投影图

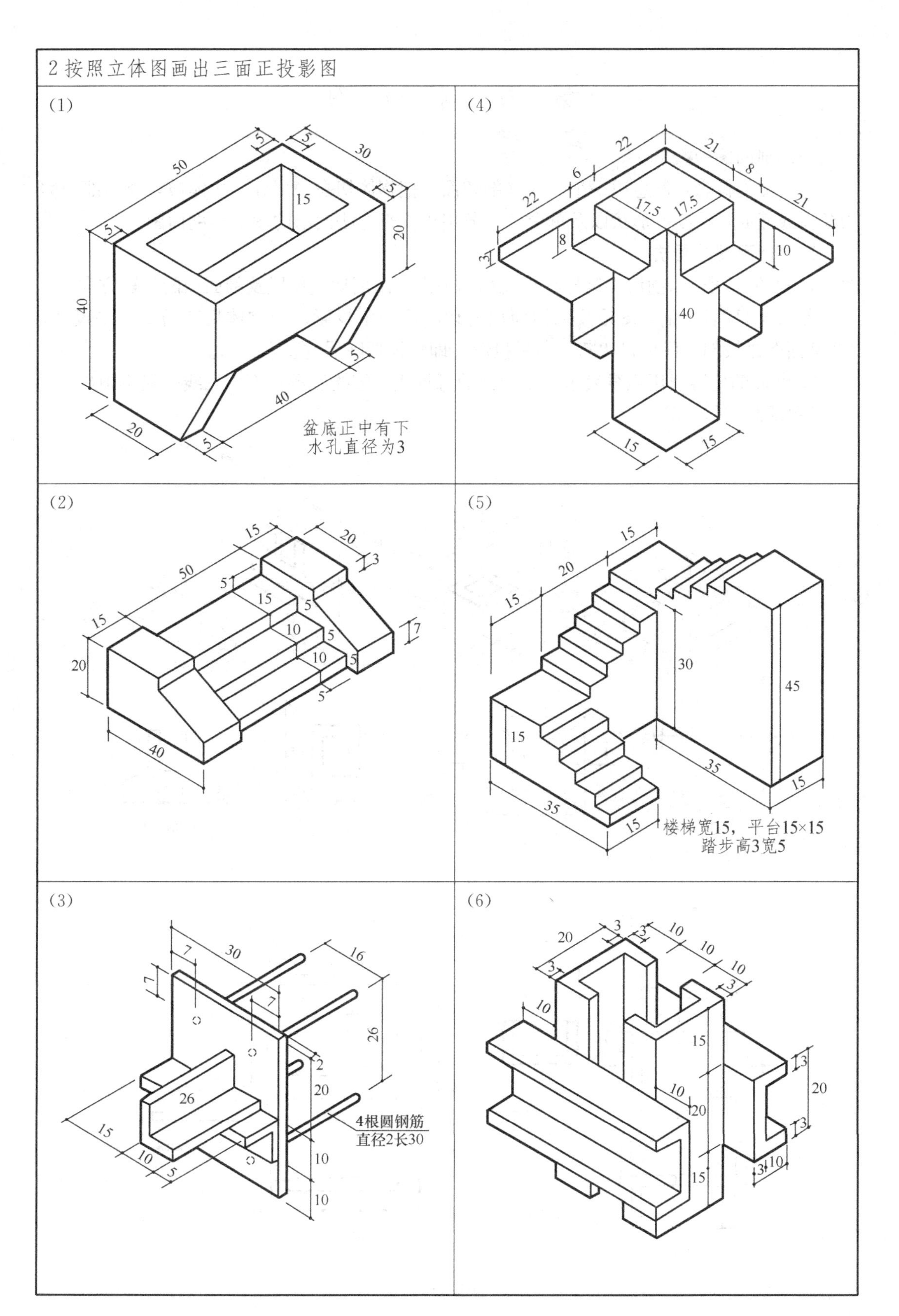

第五节　剖　面　图

一、剖面图的概念

剖面图的概念是假想用一个平面（剖切面）把物体切去一部分，物体被切断的部分称为断面或截面，把断面形状以及剩余的部分用正投影方法画出的图就是剖面图。

二、剖面图的画法

1. 画剖面图须用剖切线符号在正投影图中表示出剖切面位置及剖面图的投影方向。

如图 3-41，1-1 剖面图是按剖切面位置切断后向下投影，即物体切断后的水平投影；2-2 剖面图是按剖切面位置切断后向后投影，即物体切断后的正立投影。

2. 断面的轮廓线用粗线表示，未切到的可见线用细线表示，不可见线一般不画出。

【例题】（图 3-42）

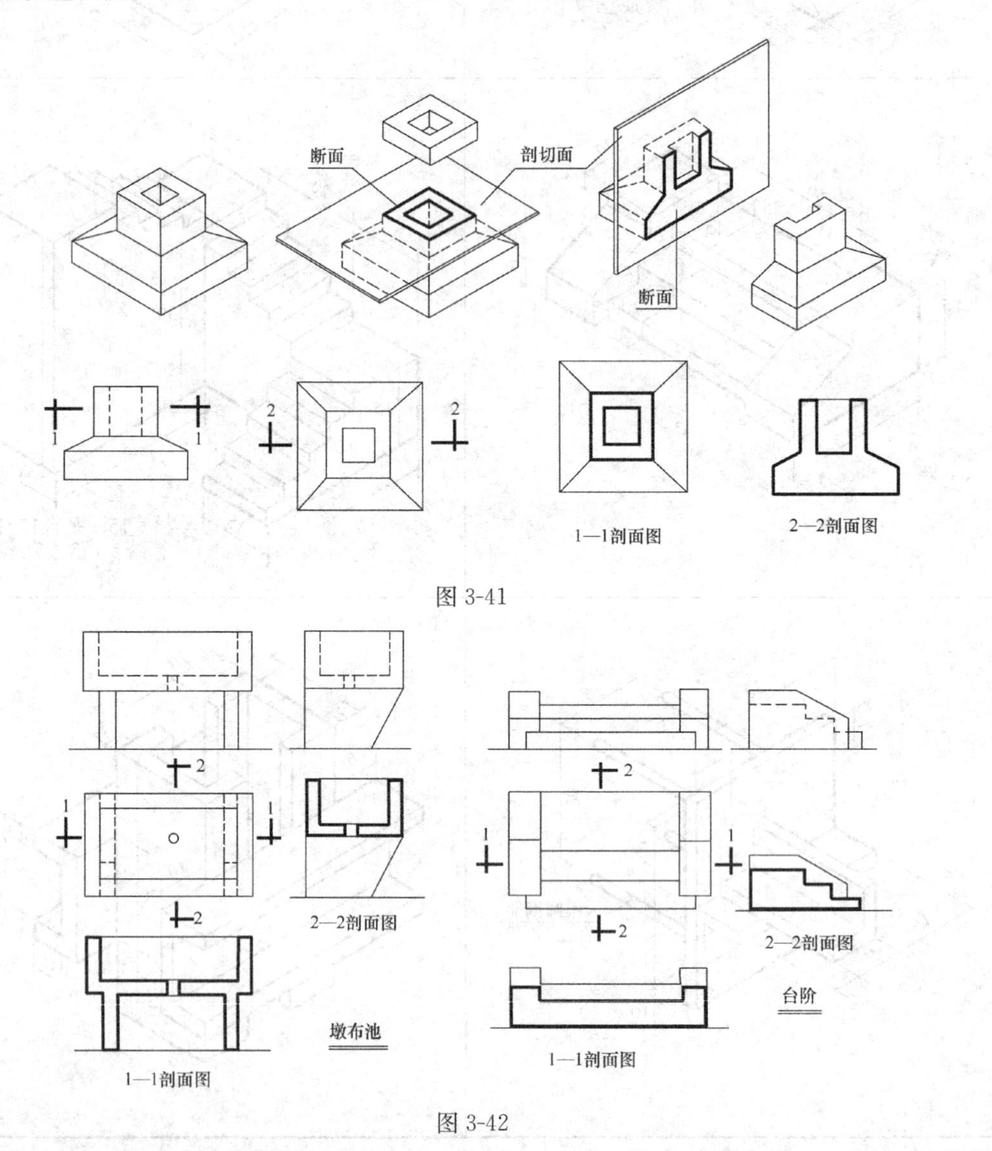

图 3-41

图 3-42

习　题　四

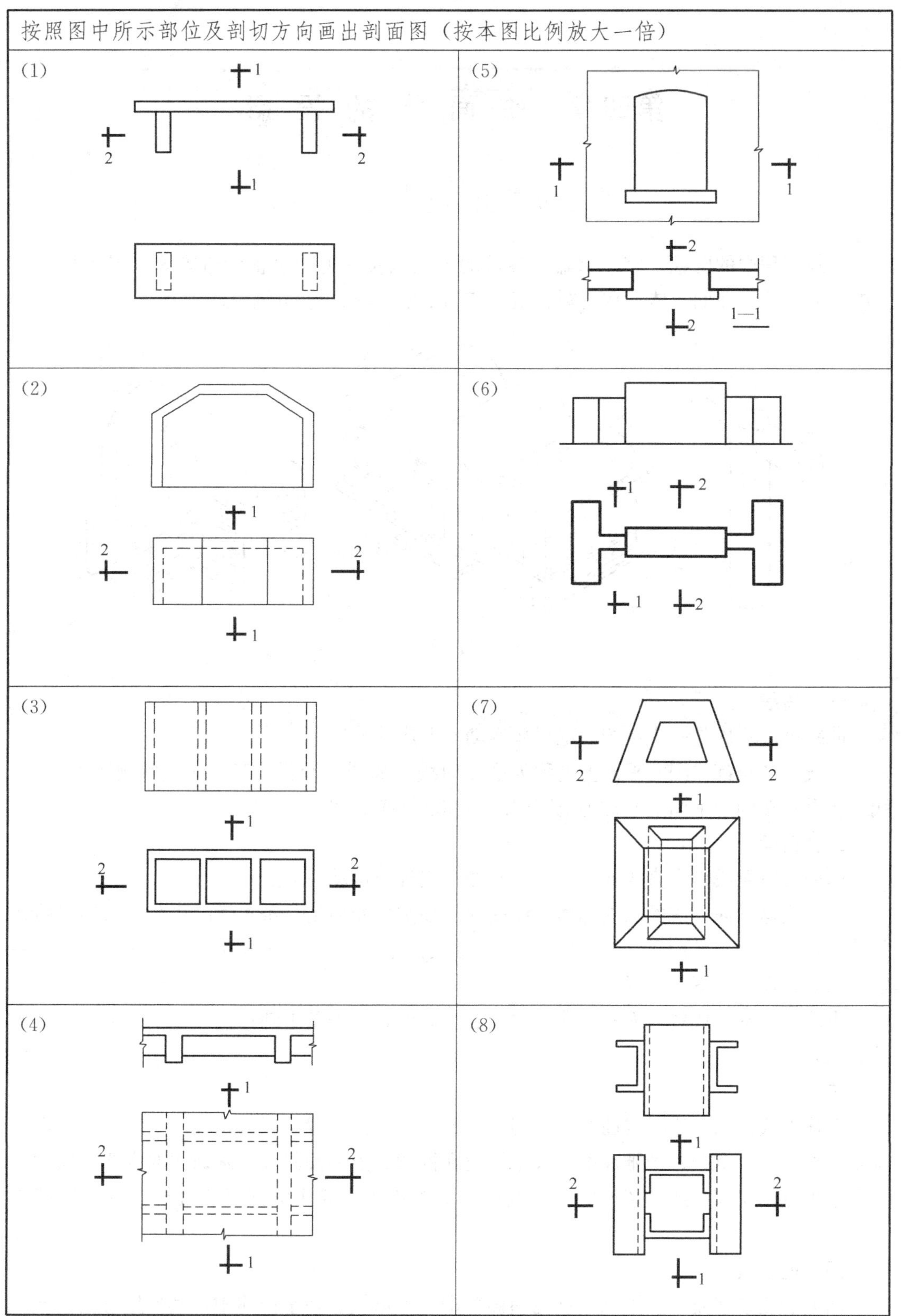

第四章　曲面体的投影

第一节　曲线和曲面

建筑工程中的圆柱、完体屋盖、隧道的拱顶以及常见的设备管道等等（图 4-1），它们的几何形状是曲面立体。在制图、施工和加工中应熟悉它们的特性。

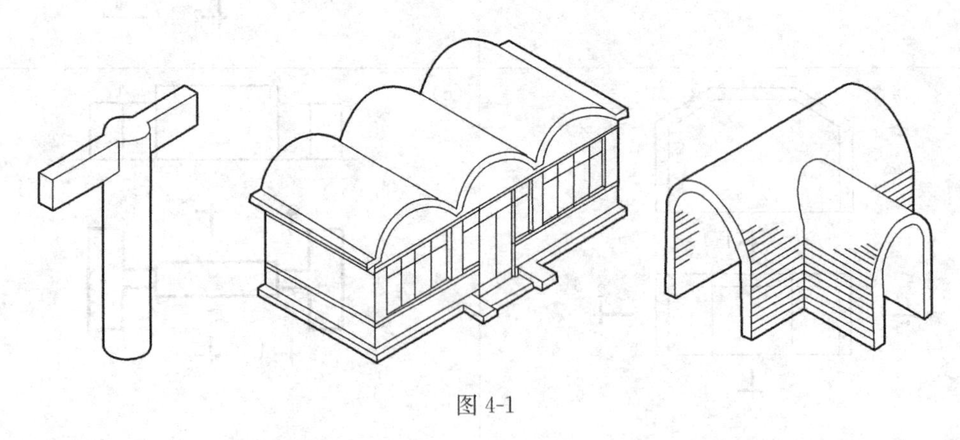

图 4-1

一、曲线

曲线可以看成是一个点按一定规律运动而形成的轨迹。

曲线上各点都在同一平面上的称为平面曲线（如圆、椭圆、双曲线、抛物线等）；曲线上各点不在同一平面上的称为空间曲线（如图柱螺旋线等）。

二、曲面

曲面可以看成是由直线或曲线在空间按一定规律运动而形成。

由直线运动而形成的曲面称为直线曲面。如圆柱曲面是一条直线围绕着一条轴线始终保持平行和等距旋转而成（图 4-2，a)。圆锥曲面是一条直线与轴线交于一点始终保持一定夹角旋转而成（图 4-2，b)。

由曲线运动而成的曲面称为曲线曲面。如球面是由一条半圆弧线以直径为轴旋转而成（图 4-2，c)。

三、素线

上述形成曲面的直线或曲线，它们在曲面上的任何位置都叫做素线。如圆柱体的素线都是互相平行的直线；圆锥体的素线是汇集在锥顶 S 点的倾斜线；圆球体的素线是通过球体上下顶点的半圆弧线（图 4-2)。在圆柱和圆锥面上，除了素线是直线外，其它线都不是直线。

四、轮廓线

曲面的轮廓线是指投影图中确定曲面范围的外形线。在平面体中，其外形总是由某些

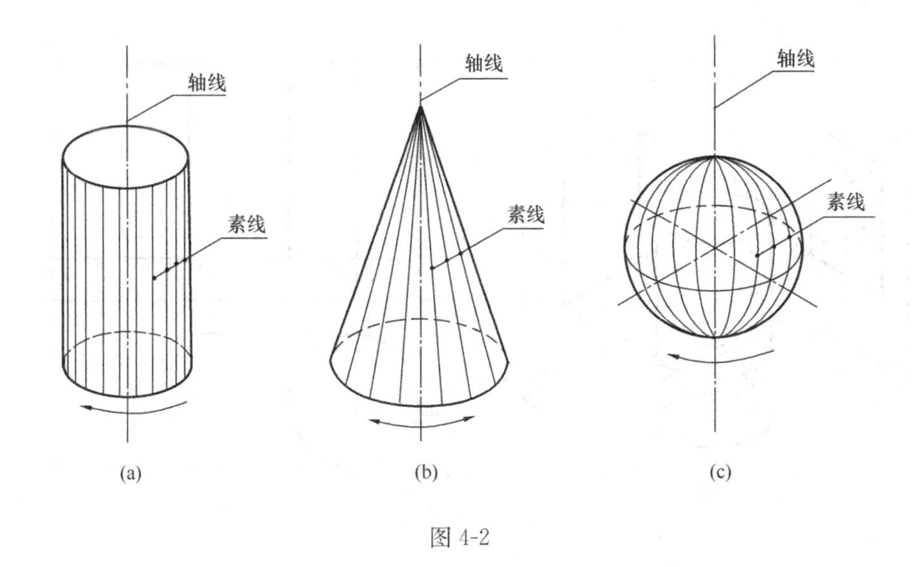

图 4-2

棱线的投影表示出来（图 4-3，a）。由于曲面上并不存在棱线，所以在投影图中要用轮廓线表明曲面的范围（图 4-3，b，c）。

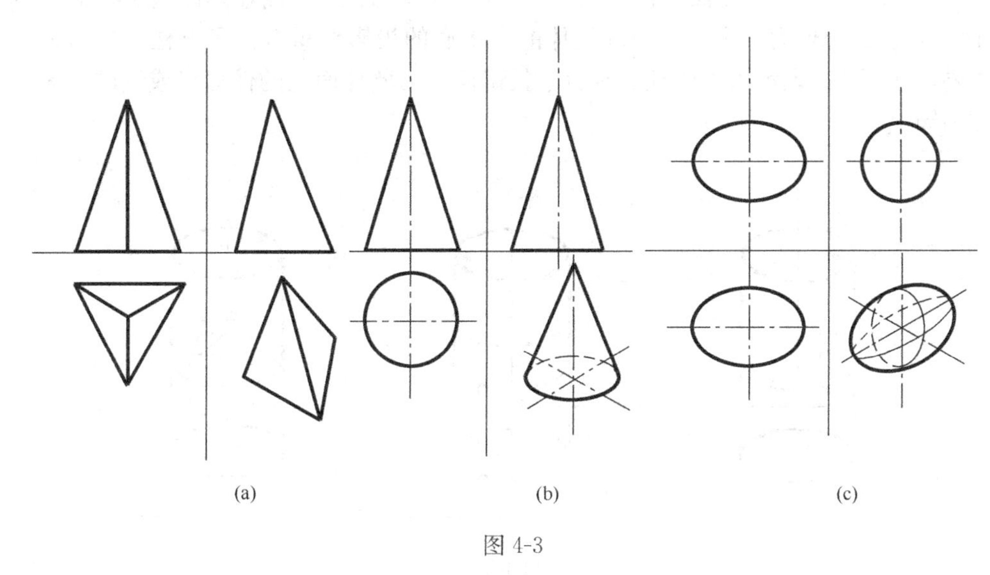

图 4-3

第二节　曲面体的投影（一）

建筑中常见的曲面体通常为以下三种，即圆柱体、圆锥体和球体。它们都是由直线或曲线围绕轴线旋转产生的，统称为旋转体。画旋转体的投影时，应首先画出它们的轴线（用点划线表示）。

一、圆柱体的投影

以柱轴线垂直于 H 面的圆柱为例（图 4-4）。

1. 柱面在 V 面和 W 面的投影是它的轮廓线的投影。如：

在 V 面上的投影是由正面轮廓 AB 和 CD 产生的；

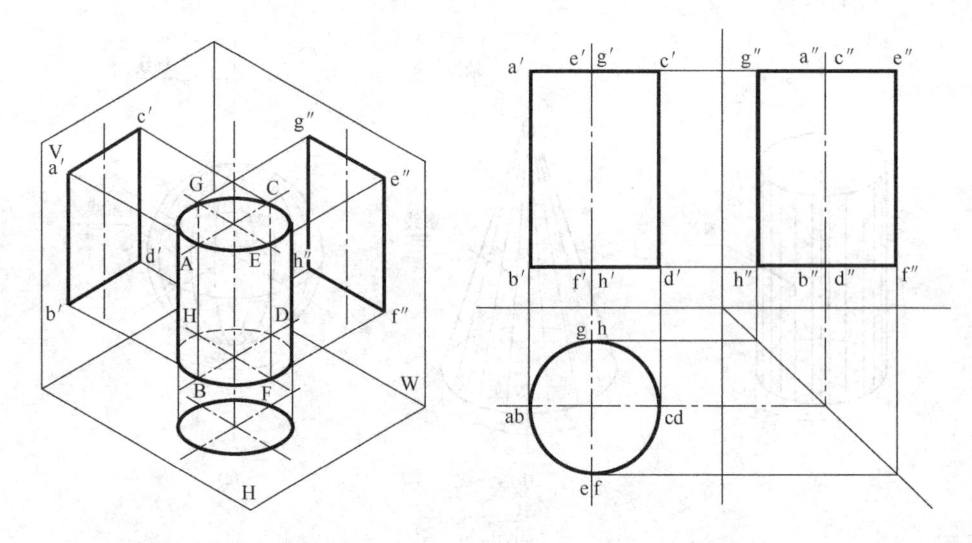

图 4-4

在 W 面上的投影是由侧面轮廓 EF 和 GH 产生的。

2. 圆柱面是一个直线曲面。柱面上的所有素线都垂直于 H 面，因此整个柱面也垂直于 H 面，其投影积聚为一个圆，与圆柱体的上下底的投影相重合。了解柱面投影的积聚性很重要，如图 4-5 表示出由于柱面垂直于投影面，因此柱面上的任何点或线的投影也都积聚在圆周上。

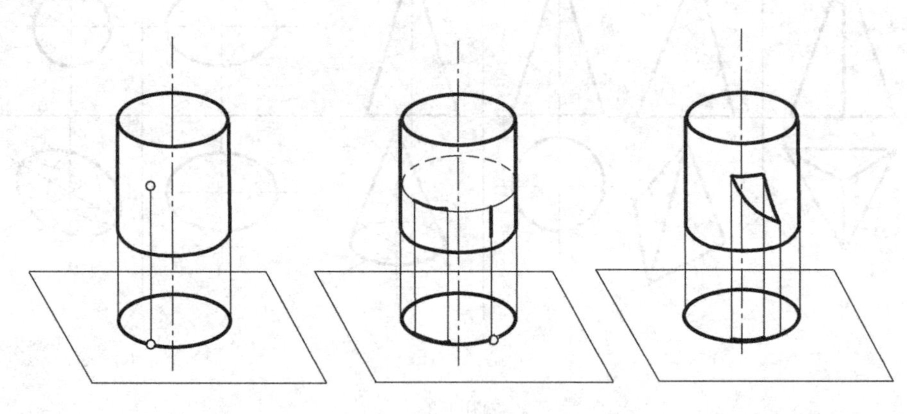

图 4-5

3. 求圆柱面上点的投影

素线法：可以把圆柱看成是由许多直线沿圆密集排列而成，这些直线就是素线。圆柱上的任一点（A）一定在某一条素线（BC）上，因此只要求出该素线的投影，即可求出该点的投影（图 4-6）。

【例题】已知圆柱上前面一点 A 的投影 a′，求 a 及 a″（图 4-7）。

（1）过 a′作素线的正立投影 b′c′；

（2）求出其水平投影 bc（积聚为一点）及侧投影 b″c″，A 点的水平投影 a 与 bc 重合；

（3）根据 a 及 a′求出 a″，且 a″必在 b″c″上。

4. 圆柱面上等距离的素线，在水平投影中表现为等距离的点，在正立投影和侧投影中表现为距离不等的直线（图 4-8）。

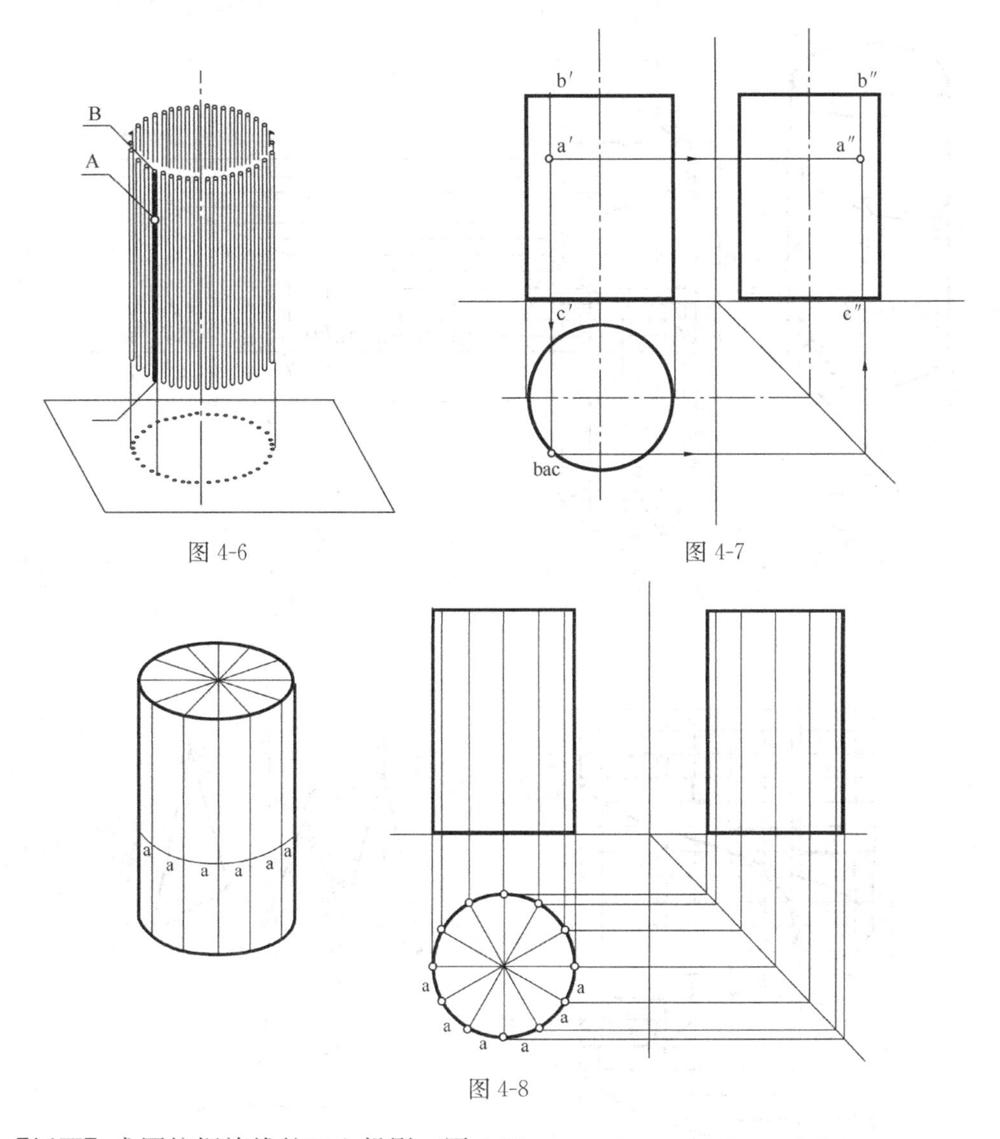

图 4-6

图 4-7

图 4-8

【例题】求圆柱螺旋线的正立投影（图 4-9）。

圆柱螺旋线可看做是一个贴于圆柱表面的直角三角形的斜边。将三角形分成等距离的若干段，每段高度为 H_1、H_2、H_3…等。将各段长度量至圆柱的水平投影上，各段高度投到相应的正立投影上。将正立投影中所得各点连接为光滑曲线，即为螺旋线的正立投影。

根据圆柱螺旋线的投影可以画出建筑中旋转楼梯的投影图（图 4-10）。

二、圆锥体的投影

1. 圆锥面在 V 面和 W 面的投影由 SA、SB 和 SC、SD 这四条素线产生，SA、SB 和 V 面平行，SC、SD 和 W 面平行（图 4-11）。

2. 圆锥体的锥面也是直线曲面，锥面上的素线都和 H 面成一定角度，因此圆锥的水平投影图（为一圆形）不但是锥底的投影，同时也是锥面的投影。圆心 S 点是锥顶的投影。

3. 求圆锥面上点的投影

素线法：设想圆锥面是由许多素线组成的。圆锥面上任一点必然在过该点的素线上，因此只要求出过该点的素线投影，即可求出该点的投影。

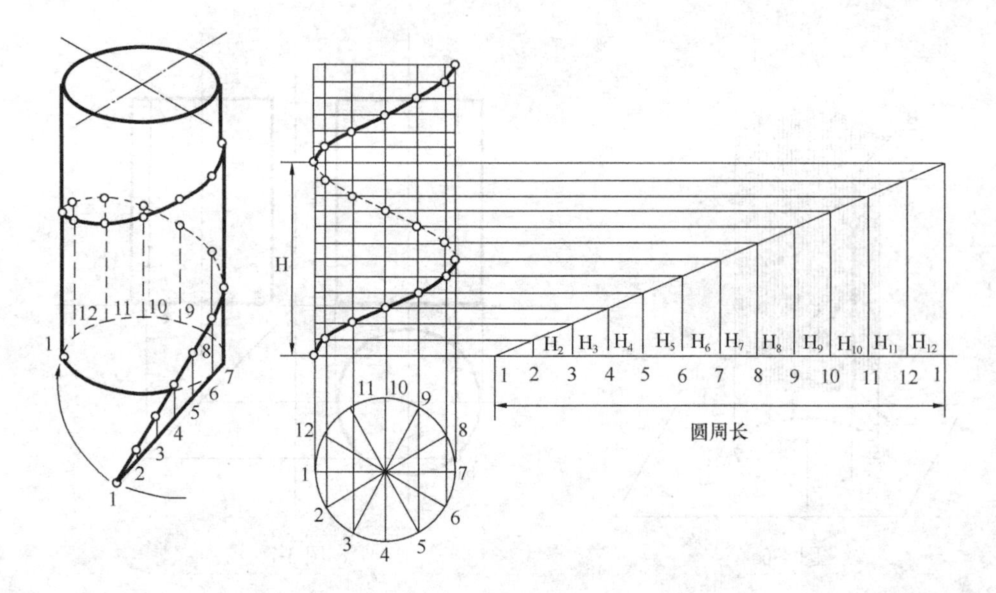

图 4-9

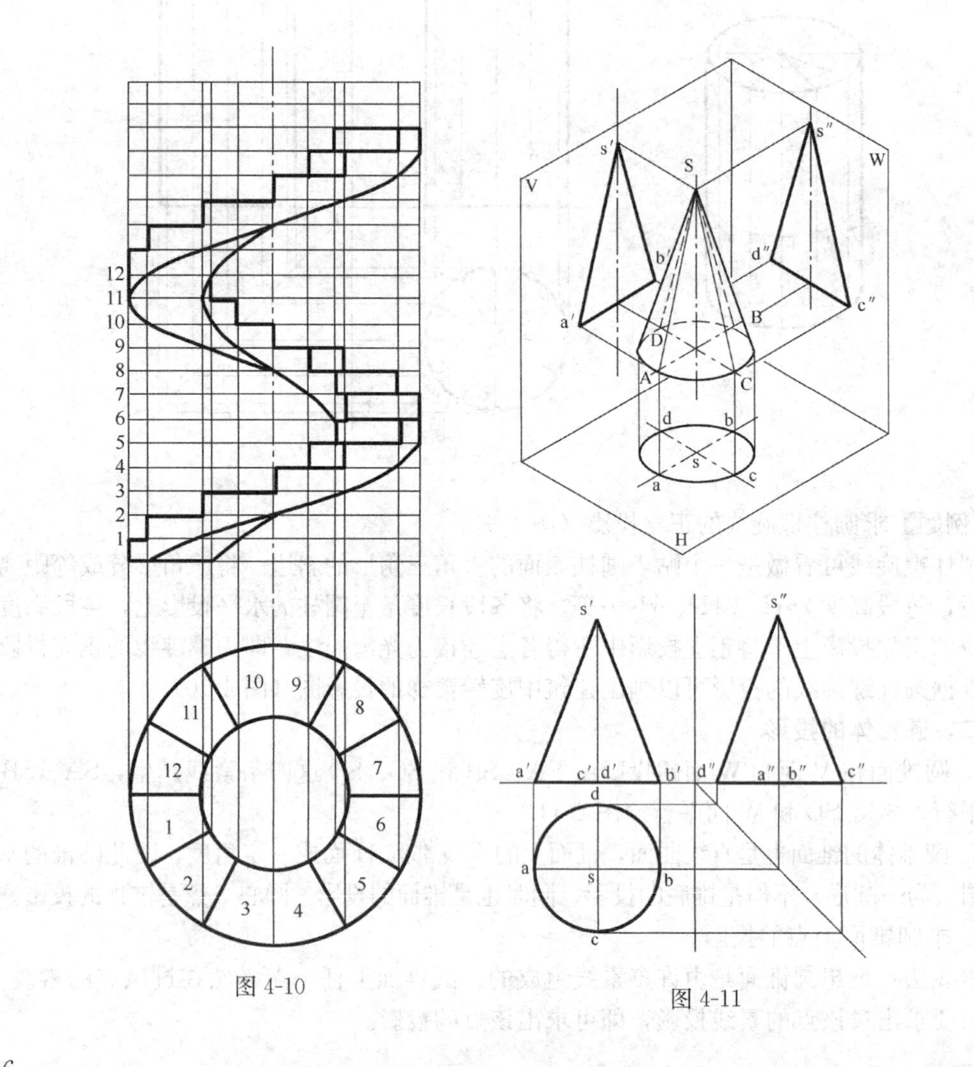

图 4-10

图 4-11

【例题】已知圆锥面上前面一点 A 的投影 a′，求 a、a″（图 4-12）。

（1）过 a′作素线 SI 的正立投影 s′1′；

（2）由 s′1′求出 s1；

（3）求 a′求出 a，由 a′及 a 求出 a″。

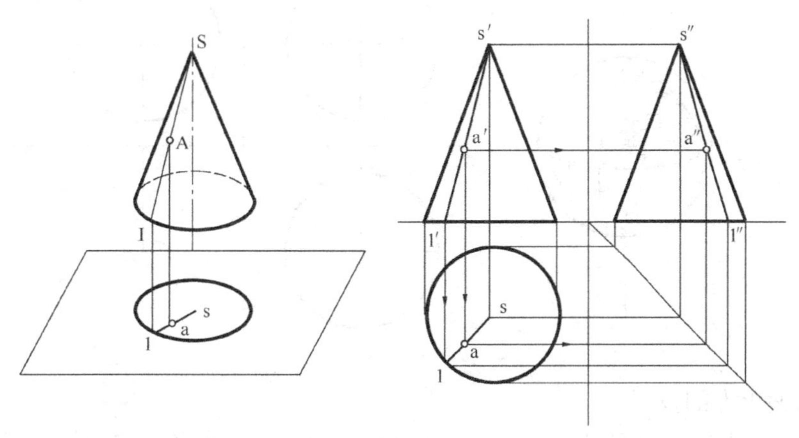

图 4-12

纬圆法：设想将锥面沿水平方向切成许多圆，每个圆都平行于 H 面，称为纬圆。锥面上任一点必然在与其高度相同的纬圆上，因此只要求出过该点的纬圆投影，即可求出该点的投影。

【例题】同上题（图 4-13）。

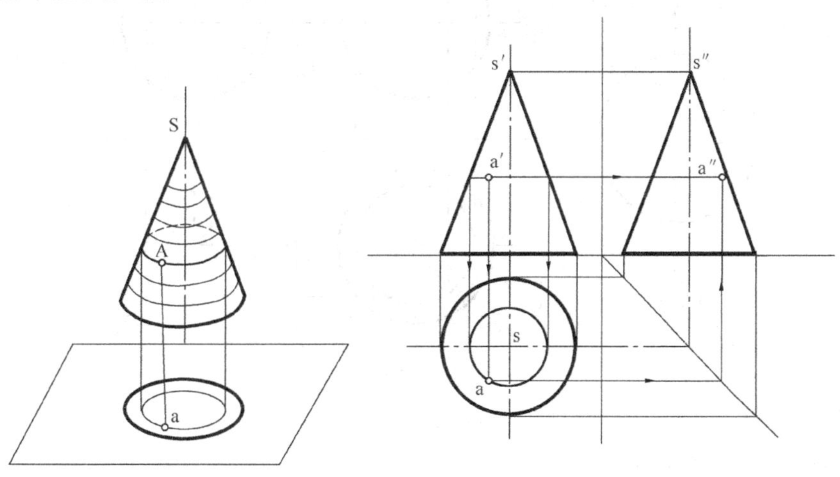

图 4-13

（1）过 a′作纬圆的正立投影（为一直线）；

（2）画出纬圆的水平投影；

（3）由 a′求出 a，由 a 及 a′求出 a″。

由上述两种作图法可看出，当 A 点的任一投影为已知时，均可用素线法或纬圆法求出它的其余两投影。

三、球体的投影

1. 球面是由半圆的弧线旋转而成的，是一种曲线曲面，球面上的素线是半圆弧线。

2. 球体的三个投影都是圆，是球体上与三个投影面分别平行并过球心的圆的投影（图 4-14）。

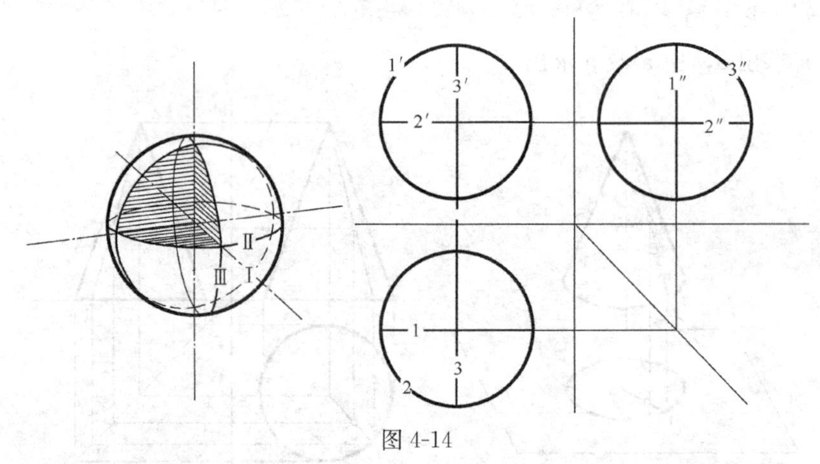

图 4-14

3. 求球面上点的投影

设将球面沿水平方向切成许多圆，即纬圆。球面上任一点必然在与其高度相同的某一纬圆上，因此只要求出过该点的纬圆投影，即可求出该点的投影。

【例题】 已知球面上一点 A 的投影 a′，求 a 及 a″（图 4-15）。

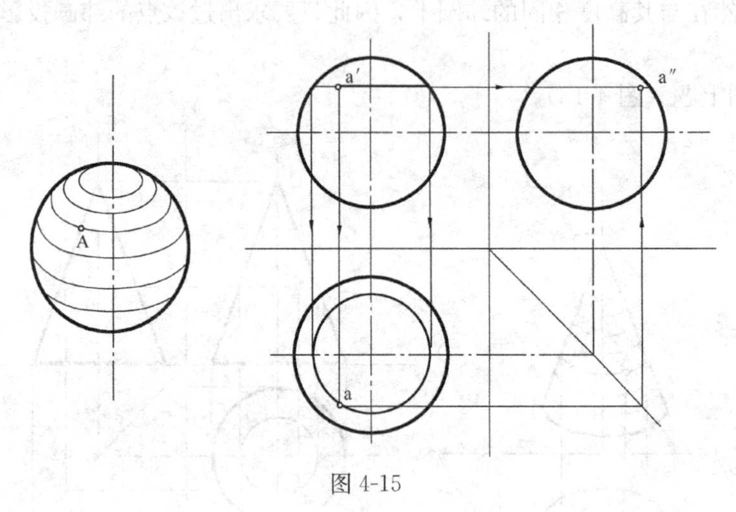

图 4-15

（1）过 a′作纬圆的正立投影（为一直线）；

（2）求出纬圆的水平投影；

（3）由 a′求出 a，由 a′及 a 求出 a″。

小结

求曲面上点的投影的方法主要有素线法和纬圆法两种，在采用这两种方法时应着重弄清以下概念：

1. 一点在曲面上，则它一定在该曲面的素线或纬圆上。

2. 求一点投影时，要先求出它所在的素线或纬圆的投影。

3. 为了熟练地掌握在各种曲面上作素线或纬圆的投影，必须了解各种曲面的形成规律和特性。

习 题 五

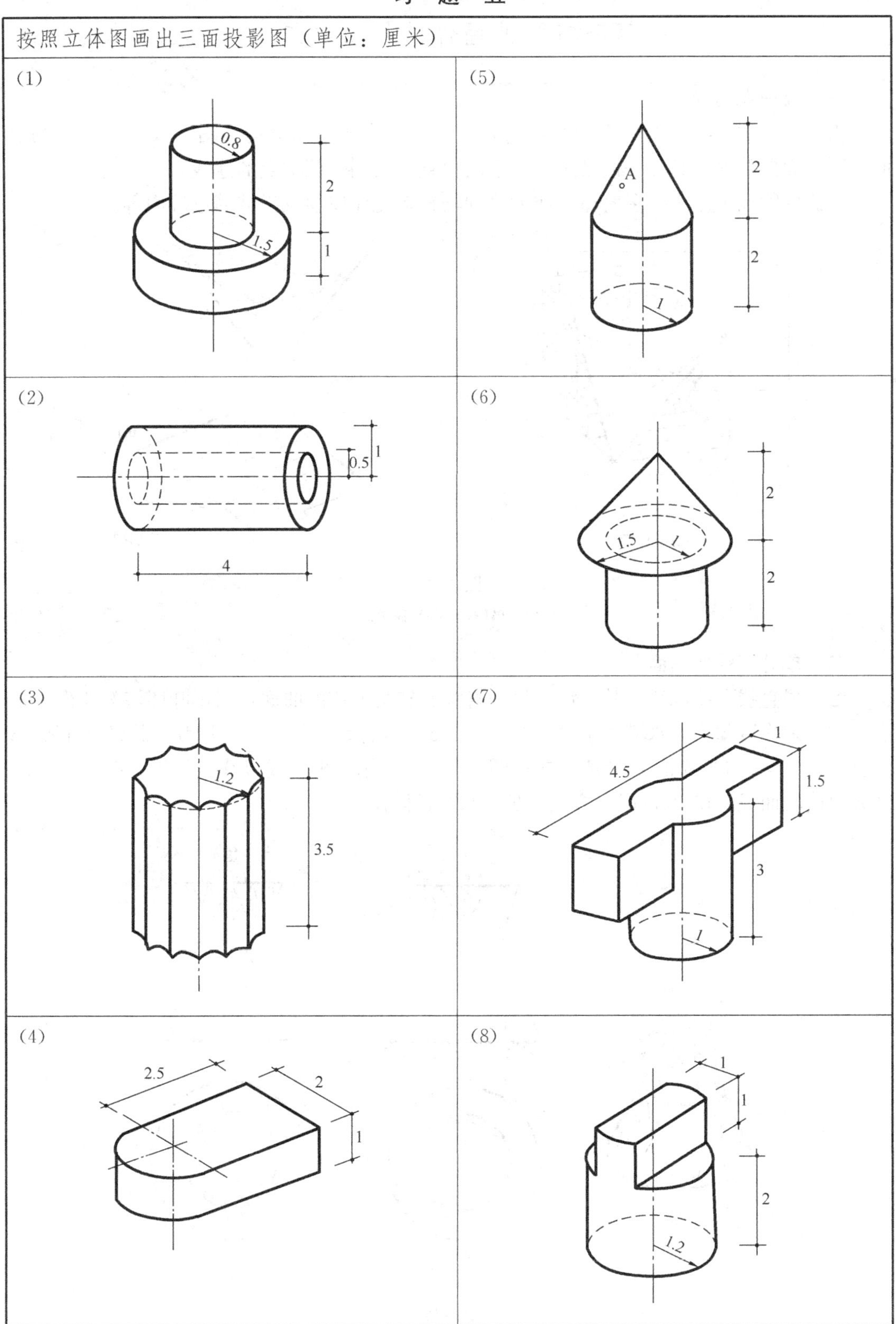
按照立体图画出三面投影图（单位：厘米）
(1)
0.8
2
1.5
1
(5)
A
2
2
1
(2)
1
0.5
4
(6)
2
1.5
1
2
(3)
1.2
3.5
(7)
4.5
1
1.5
3
1
(4)
2.5
2
1
(8)
1
1
2
1.2

第三节　曲面体的投影（二）

一、双曲抛物面

由一根直线母线沿两根直导线，同时平行于一个导平面运动（图 4-16）所形成的曲面，叫双面抛物面。其导平面必须平行于两根直导线同一侧端点的连线。

双曲抛物面多用来作多跨屋顶或大跨的马鞍形壳体屋顶及岸坡的过渡面等。

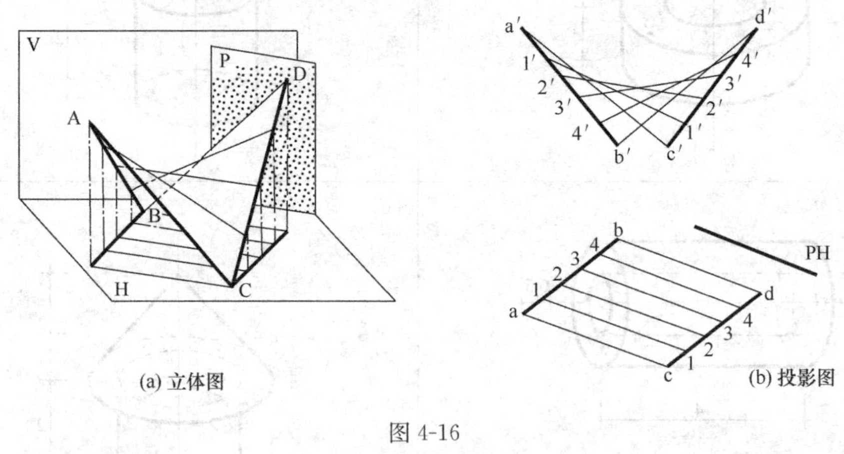

图 4-16

（a）立体图；（b）投影图

二、单叶回转双曲面

由一根直线母线围绕与其交错的另一直线旋转所形成的曲面，叫单叶回转双曲面。工程中常用来作冷却塔及水塔支架等。图 4-17，a 为立体图，图 4-17，b 为一根直线母线 IA 沿反时针方向绕 OO 轴线旋转所形成。图 4-17，c 为用两根直线母线分别沿顺时针及反时针方向旋转而成。IA 为反时针方向，IG 为顺时针方向。

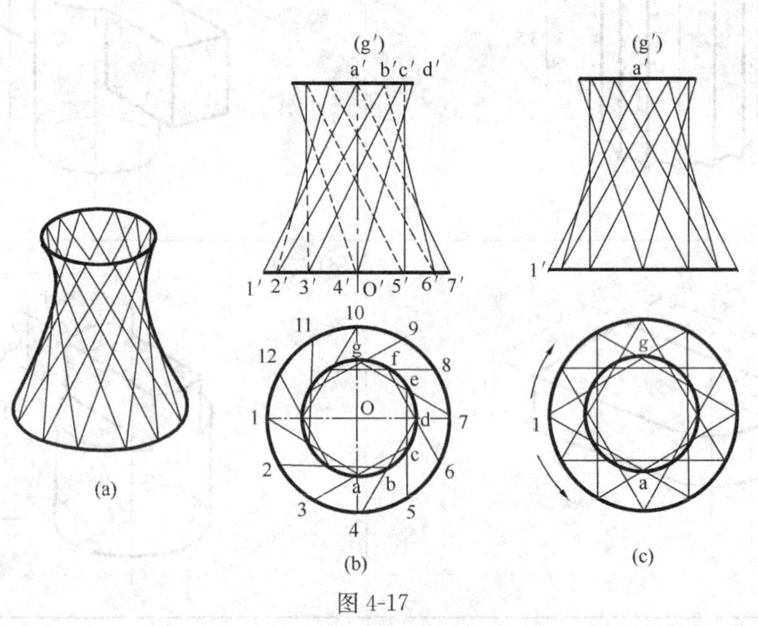

图 4-17

三、柱状面

一根直线母线沿两条曲导线，同时平行于一个导平面移动所形成的曲面，叫柱状面（图 4-18，4-19）。常用来作壳体屋顶，隧道拱及管子接头等。

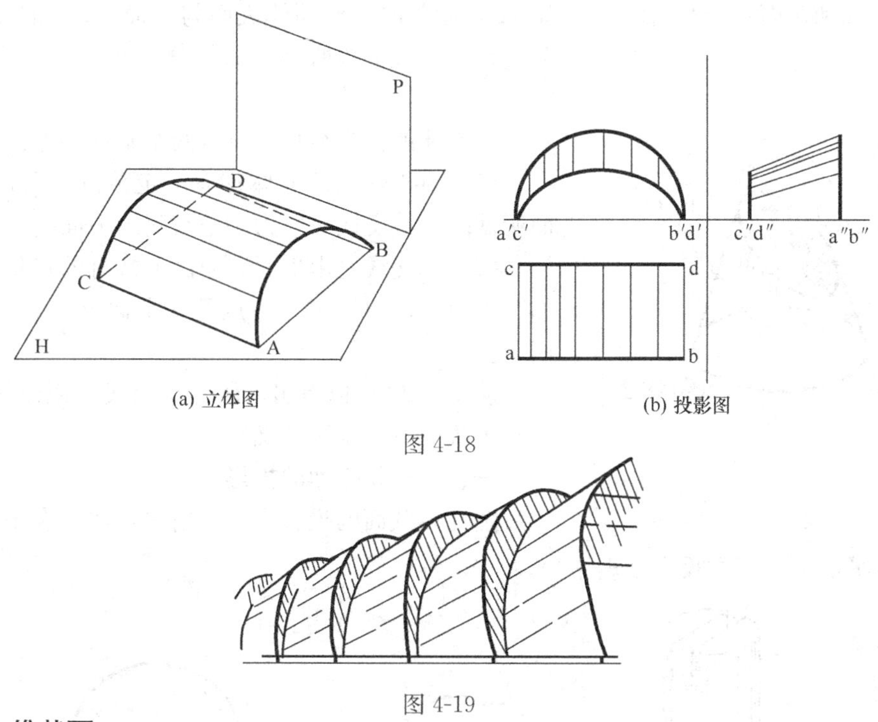

(a) 立体图　　(b) 投影图

图 4-18

图 4-19

四、锥状面

由一根直线母线沿一条直导线和一条曲导线，同时平行于一个导平面移动所形成的曲面，叫锥状面。多用于壳体屋顶及带直螺旋面的物体（图 4-20，a、b、c）。

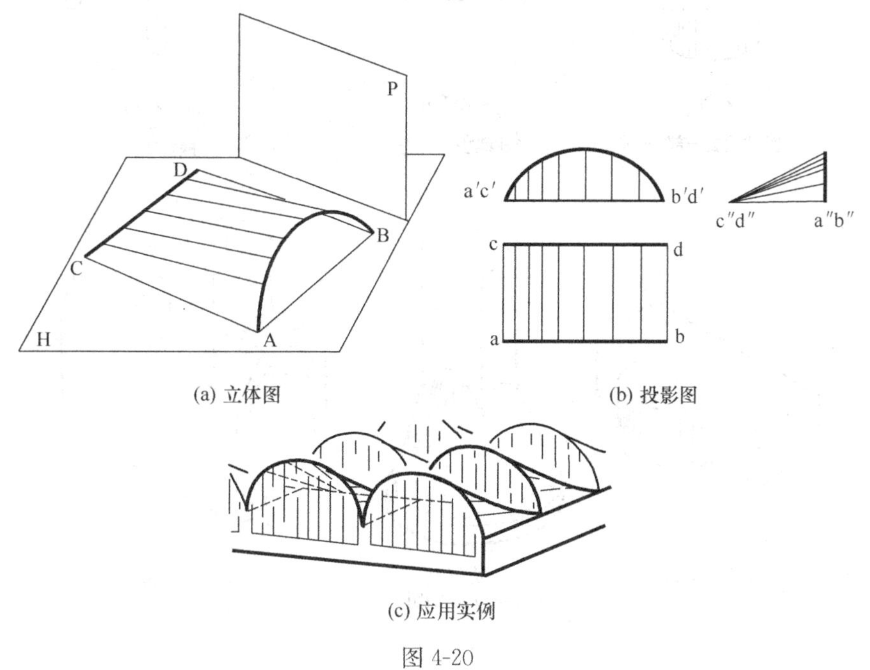

(a) 立体图　　(b) 投影图

(c) 应用实例

图 4-20

第四节 曲面体的截面

截交线和截面：当曲面体被平面（P）截割时，曲面体表面与平面（P）的交线称为截交线，由截交线所围的那部分平面称为截面（图 4-21）。

图 4-21

曲面体的截交线具有以下两个基本特点：

(1) 由于任何曲面体都有一定范围，所以它被平面所截时，截交线一般为一条封闭的平面曲线。

(2) 截交线是由平面和曲面上共有的点集合而成，如图中 A、B、C、D…各点既在平面 P 上，又在圆锥面上。

从图 4-22 可以看出，研究截交线和截面的投影在土建工程中具有实际意义。

一、圆柱体截面的投影

圆柱体截面的投影有三种情况，详见表 4-1。表中 P-P 代表平面 P 的正立投影（表 4-1）。

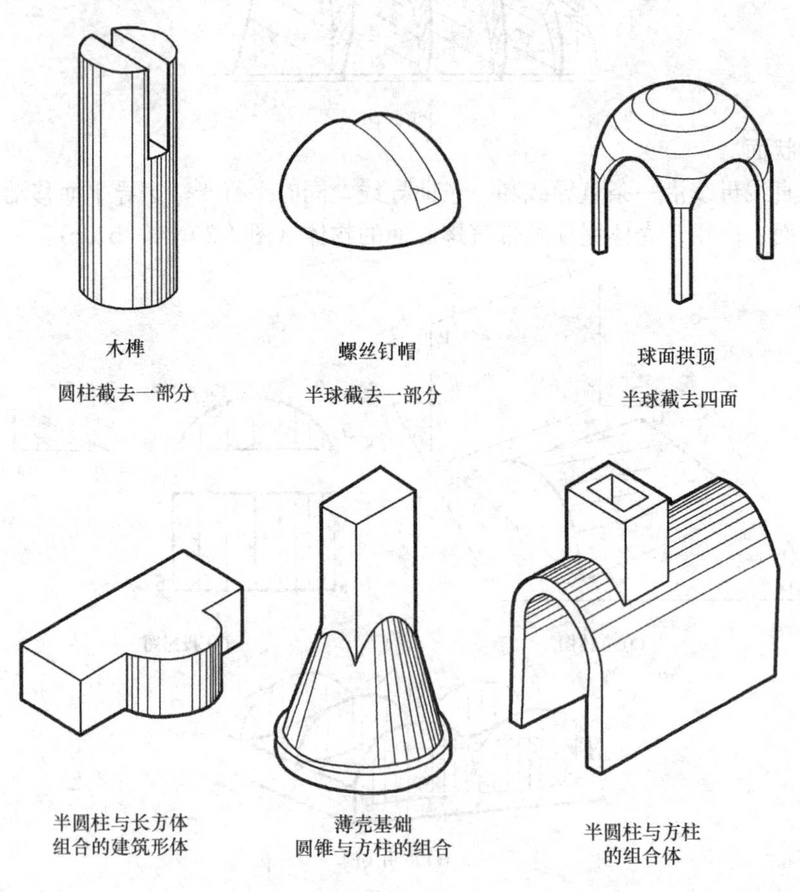

图 4-22

圆柱体的截面形状　　　　**表 4-1**

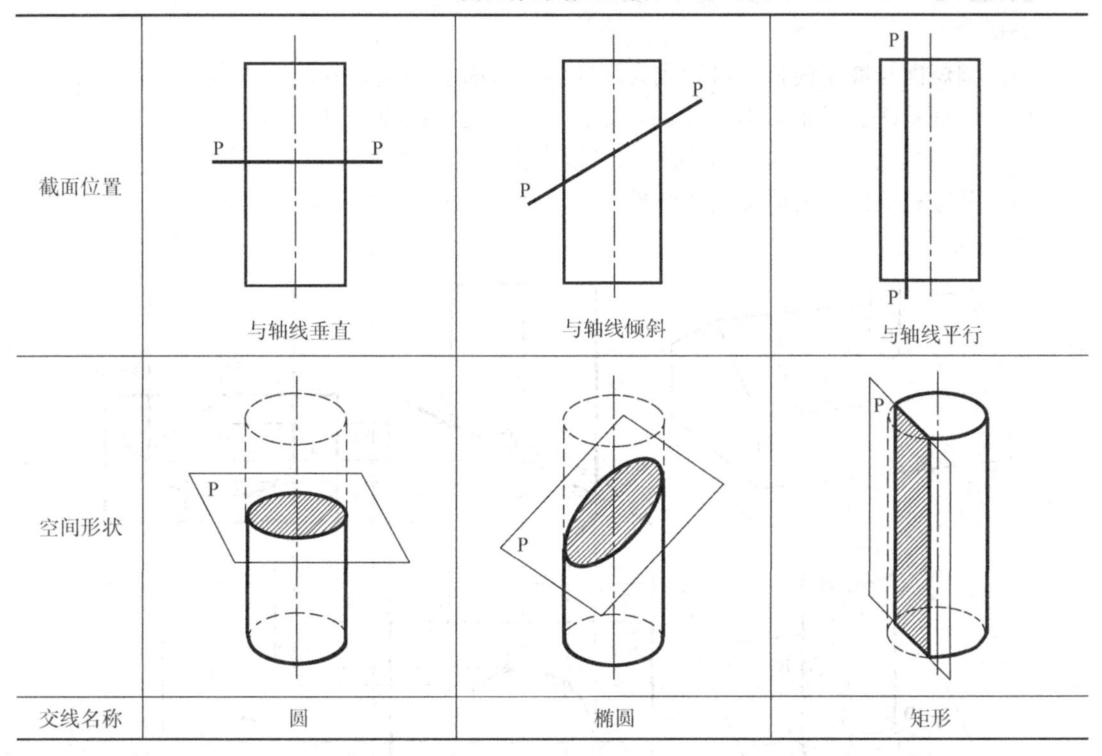

截面位置	与轴线垂直	与轴线倾斜	与轴线平行
空间形状			
交线名称	圆	椭圆	矩形

【例题 1】圆柱体被切去一部分，画出其三面投影（图 4-23）。

（1）从立体图可以看出圆柱体被切去一块是由 P、Q 两个平面所截出。

（2）P 面平行于 W 面，因此其侧投影 p″是矩形，反映截面的实形。其正立投影 p′和水平投影 p 都是直线。

（3）Q 面平行于 H 面，因此其水平投影 q 是圆的一部分，反映截面的实形。其正立投影 q′和侧投影 q″都是直线。

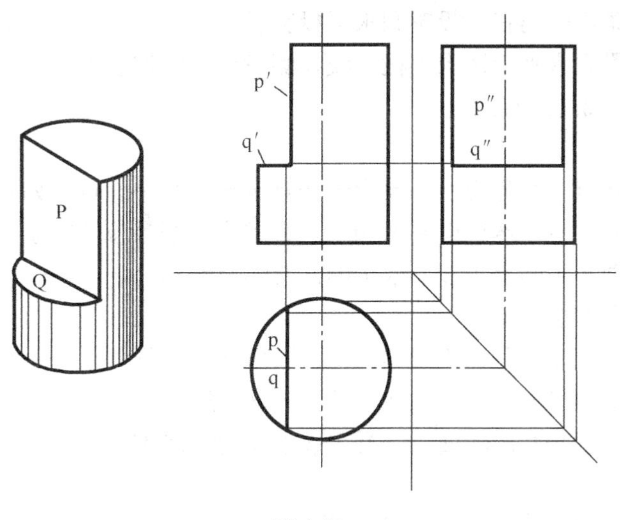

图 4-23

【例题 2】画出坡屋面与圆烟囱相交线的投影（图 4-24）。

分析：

（1）圆烟囱与坡屋面相交可看成为圆柱体与斜面 P 相交，其截交线为一椭圆。

（2）P 面垂直于 V 面，截交线的正立投影积聚为一段直线（a′b′）。

（3）柱面垂直于 H 面，截交线的水平投影积聚在圆周上。

（4）关键是如何求出截交线的侧投影（初步判断为一椭圆）。

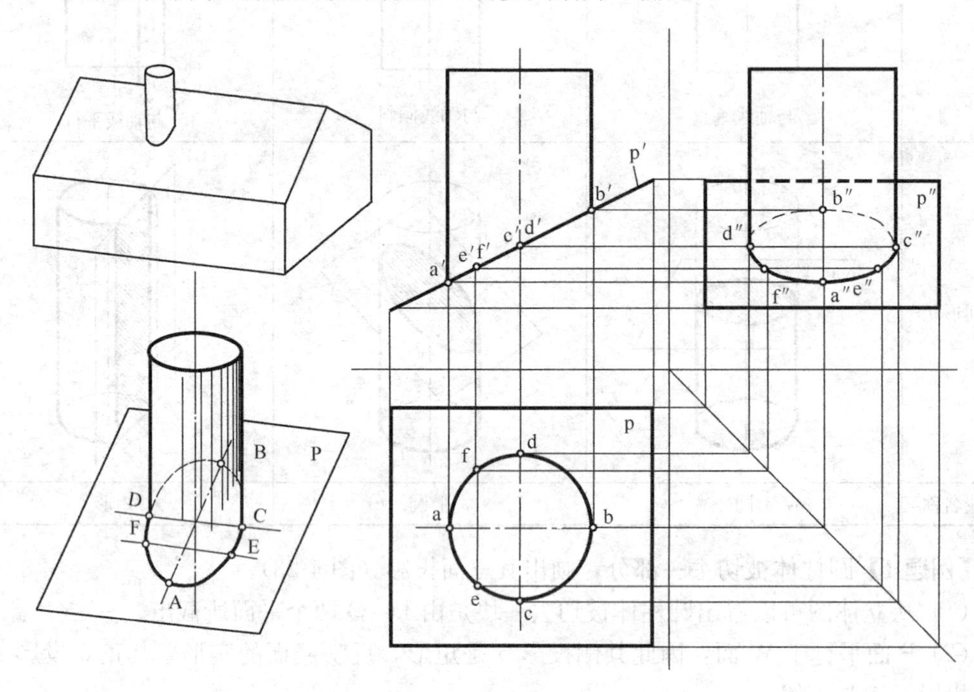

图 4-24

作图：

（1）根据已知条件画出正立投影和水平投影。

（2）由正立投影和水平投影求出截交线在侧投影中的控制点：

a″、b″是椭圆短轴的两端点；

c″、d″是椭圆长轴的两端点。

（3）求出各中间点：可先由水平投影中任意选定一些中间点，如 e、f，再求出这些中间点的正立投影（e′、f′），然后由 e、f 和 e′、f′求出侧投影 e″和 f″。连接各点成一椭圆，即为截交线的侧投影。中间点愈多，求出的截交线愈精确。

二、圆锥体截面的投影

表 4-2 说明圆锥体与平面 P 相交的五种不同情况及其所截出的不同形状的截面。确定截面形状的决定因素是平面和圆锥轴线间的夹角 θ（表 4-2）。

【例题】已知 P 面垂直于 H 面，平行于 V 面，求圆锥体被 P 面所截的截交线投影。

分析：

（1）截交线为一双曲线。它既在 P 平面上，又在圆锥面上。

（2）截交线的水平投影和侧投影均积聚为直线。

圆锥体的截面形状 **表 4-2**

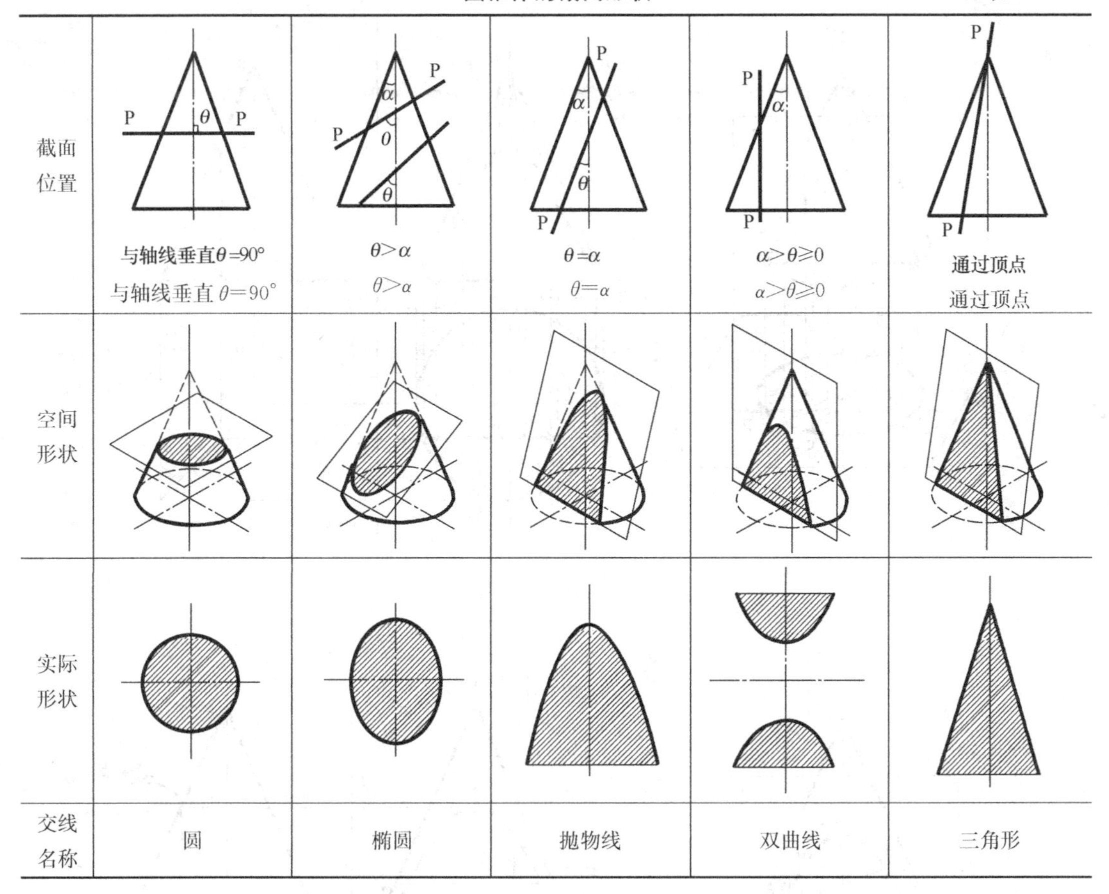

截面位置	与轴线垂直 $\theta=90°$ 与轴线垂直 $\theta=90°$	$\theta>\alpha$ $\theta>\alpha$	$\theta=\alpha$ $\theta=\alpha$	$\alpha>\theta\geqslant0$ $\alpha>\theta\geqslant0$	通过顶点 通过顶点
空间形状					
实际形状					
交线名称	圆	椭圆	抛物线	双曲线	三角形

(3) 截交线的正立投影为双曲线，反映截交线的实形。本题的关键是画出截交线的正立投影。作图时可采用素线法或纬圆法。

素线法：

在圆锥面上作素线 SA、SB、SC……，各素线与 P 平面的交点分别为Ⅰ、Ⅱ、Ⅲ……各点，这些点既在 P 面上，又在圆锥面上，因此它们的连线就是截交线（图 4-25）。

作图：

(1) 根据水平投影和侧投影求出截交线的控制点（最高、最左、最右）。

(2) 在水平投影中作 sa、sb、sc 等与 P 面的水平投影交于 1、2、3……点。

(3) 在正立投影中，根据 sa、sb、sc 画出 s′a′、s′b′、s′c′。

(4) 将 1、2、3 投向 s′a′、s′b′、s′c′得出 1′、2′、3′……，并连成光滑曲线即为截交线正立投影。

纬圆法：

在锥面上作若干纬圆，每个纬圆与平面 P 产生两个交点（Ⅰ和Ⅱ，Ⅲ和Ⅳ，……）它们既在锥面上，又在 P 面上，因此可利用纬圆的投影求出各交点的正立投影（1′和 2′，3′和 4′）（图 4-26）。

作图：

(1) 先求出控制点。

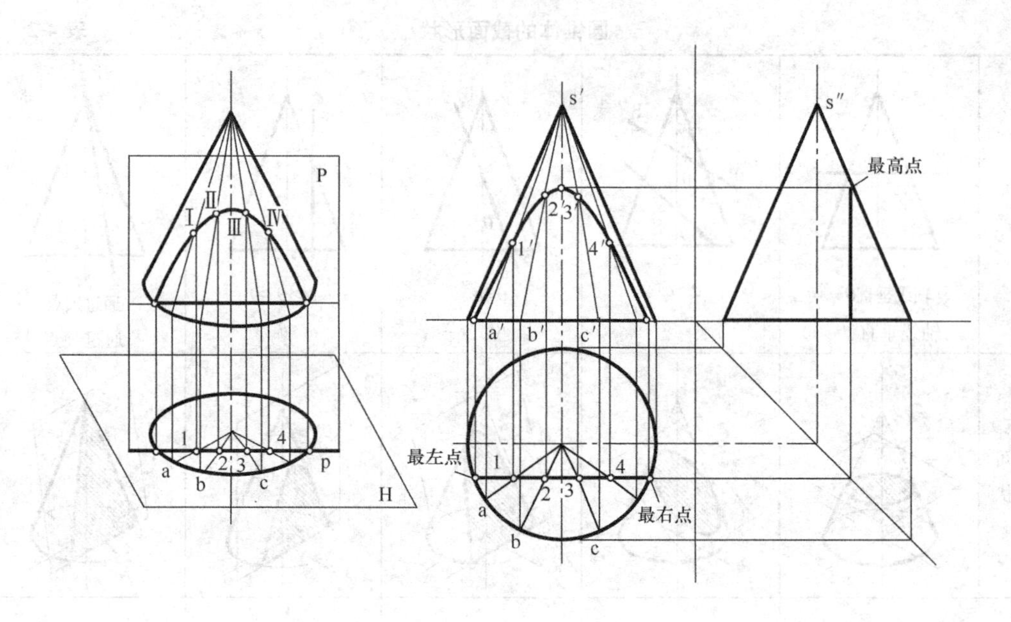

图 4-25

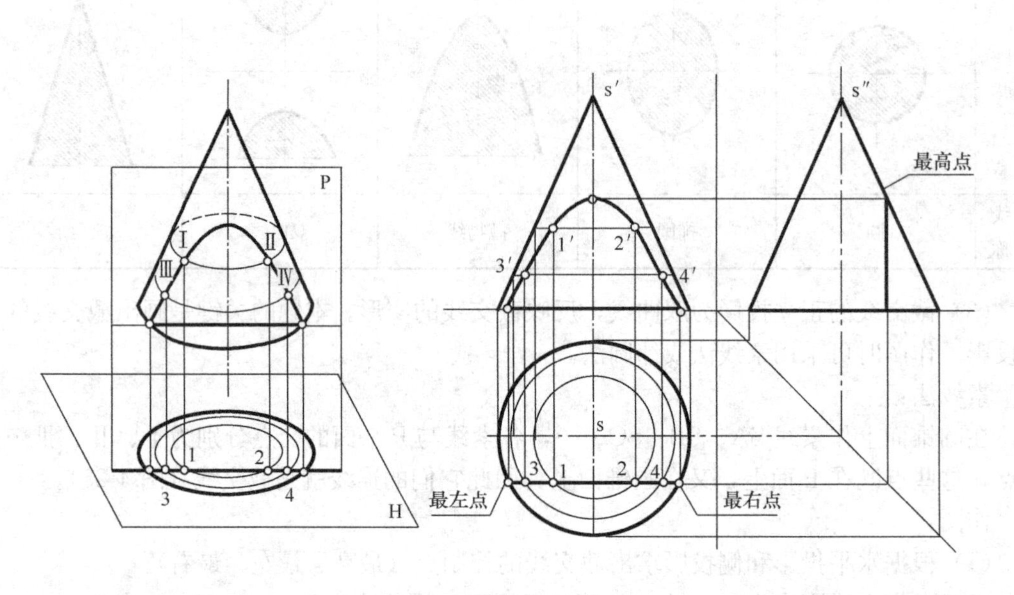

图 4-26

(2) 在截面高度内作出若干纬圆的水平投影（为圆）和正立投影（为水平线）。

(3) 将水平投影中各纬圆与P面的交点（1和2，3和4）投到正立投影中，得出1′和2′，3′和4′（各点要分别投至与水平投影相应的纬圆上）。

(4) 连接1′、2′、3′、4′……为一光滑双曲线即为截交线正立投影。

【例题】 已知P面垂直V面，倾斜于H面。求圆锥体被P面所截后截交线的H投影(图4-27)。

分析：

截交线的V投影积聚为一直线，可作已知条件。截交线的H、W投影均为椭圆。关键是找出椭圆上长、短轴的两端点及中间点，然后可用素线法或纠圆法，求出其各相应的投影，也可综合运用。

作图：

（1）先求出控制点的投影，Ⅰ、Ⅱ点为 H、V 面最左、最右点，也是 W 面最低、最高点。在 1′2′的中点找出 3′4′点，求出 H 面最前、最后点，即 W 面最左、最右点Ⅲ、Ⅳ。

（2）求 W 轮廓线与 P 面的交点Ⅴ、Ⅳ。

（3）再任意找一对中间点，即能连成椭圆形截交线。

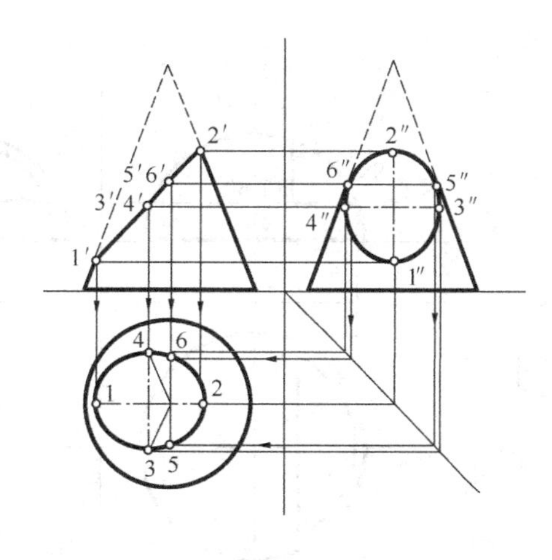

图 4-27

三、球体截面的投影

1. 球体上的截面不论是水平、垂直或任何倾斜角度，其形状都是圆。截面和球体中心的距离决定截面（圆）的大小，最大的截面是经过球心的截面。

2. 当截面与水平投影面平行时，其水平投影是圆，反映截面实形，其正立投影和侧投影都积聚为一条水平直线（图 4-28）。当截面与 V 面（或 W 面）平行时，则截面在该

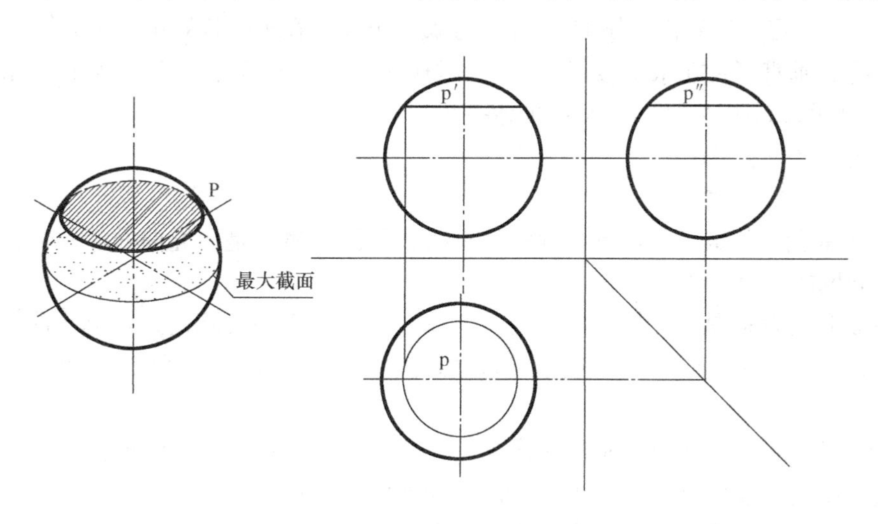

图 4-28

投影面上的投影是圆，截面的其它两投影是直线。如截面倾斜于投影面，则在该投影面上的投影为椭圆。

【例题】半球体被切去一部分，画出其水平投影及侧投影（图 4-29）。

分析：从立体图和正立投影可以看出半球体上切去一部分的缺口是由平面 P、Q 组成的，P 面平行于 W 面，Q 面平行于 H 面。它们都是圆的一部分，p″和 q 都反映截面实形，p、p′，q′、q″都是直线。

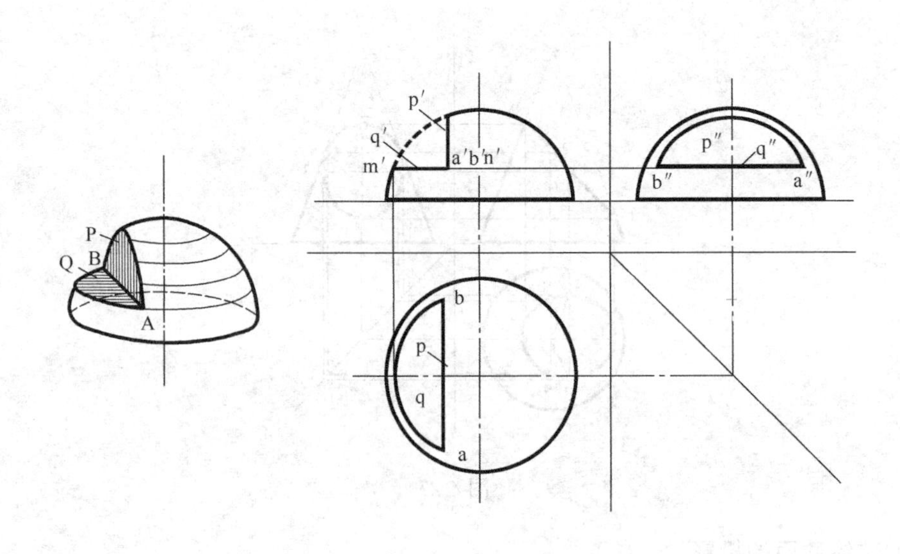

图 4-29

作图：

（1）先作 P 和 Q 的水平投影。已知 Q 的水平投影为圆的一部分，需要找出这个圆的半径。从正立投影可以看出 m′n′即为 Q 面圆弧的半径。在水平投影中，用 m′n′为半径画圆弧。再将 p′垂直延长在水平投影上，垂线与圆弧交于 ab 两点，ab 即为 P 的水平投影 p，ab 直线与圆弧所围之弓形即为 Q 的水平投影 q。

（2）用同样方法可画出 p″、q″。

小结

1. 了解曲面的形成及其特点，特别是素线和纬圆的概念是研究曲面体的截面和曲面体相交等问题的必要准备。

2. 曲面体的截面是曲面体投影中的一个重要内容，它的实际用途是解决曲面与平面的相交问题，如圆烟囱与坡屋面相交，或圆管道斜穿墙面等，其交线问题均可简化为求圆柱体的截交线。

3. 求截交线的主要关键是求出交线上点的投影，本章重点介绍了两种方法：

素线法：是用素线为 P 面（截割平面）的交点求截交线。

纬圆法：是用纬圆与 P 面（截割平面）的交点求截交线。

习 题 六

作题时将题目按比例放大。截交线的投影除控制点外，还应求出中间点

（1）画出斜截圆柱的正立投影

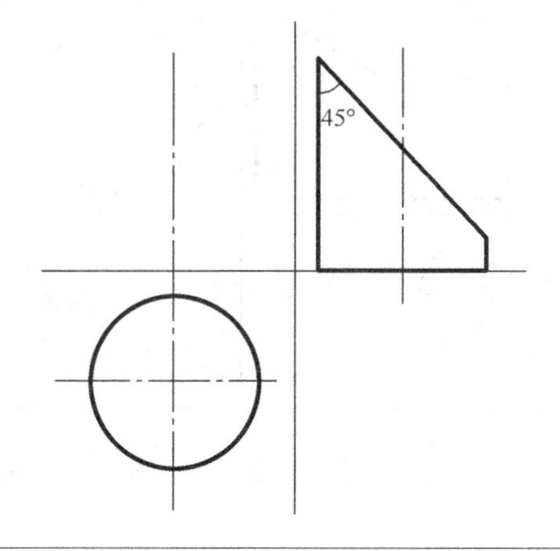

（2）画出斜面体及圆孔的正立投影

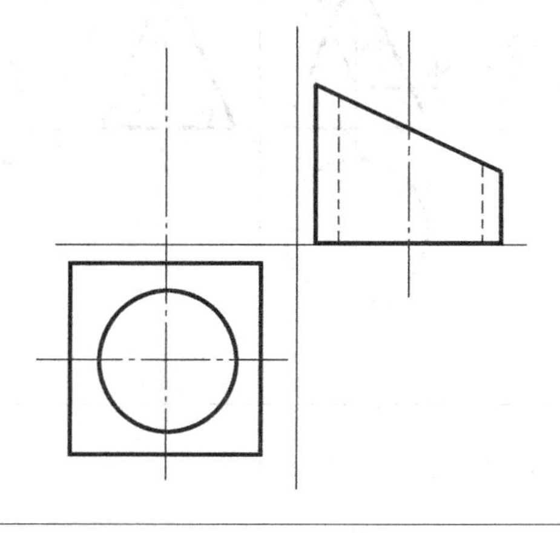

（3）圆锥被 P、Q 两平面截割，画出截交线的投影

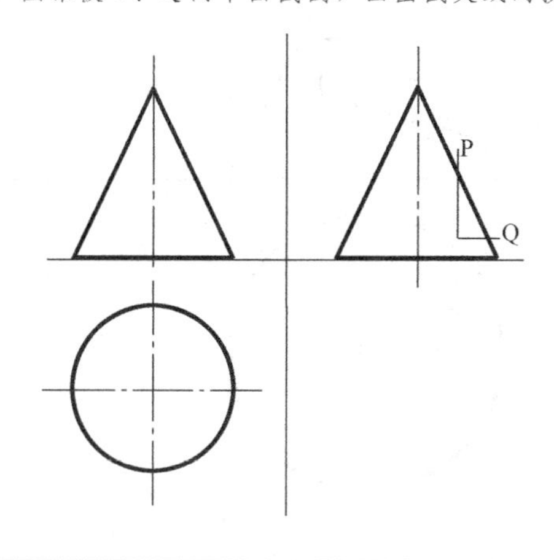

（4）圆锥被 P 平面截割，画出其截交线的投影

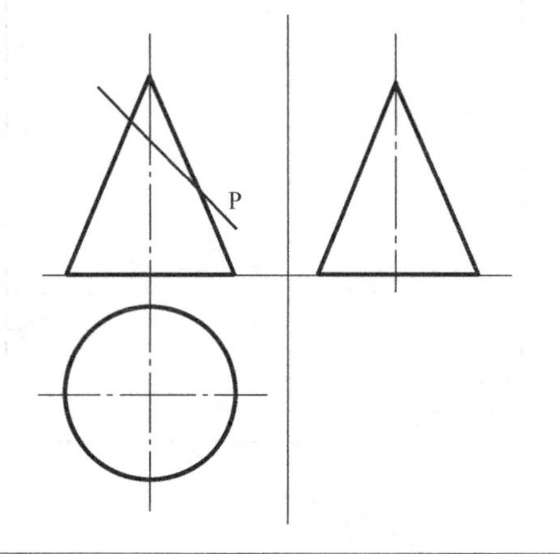

（5）半球切去四块，画出其正立投影及侧投影

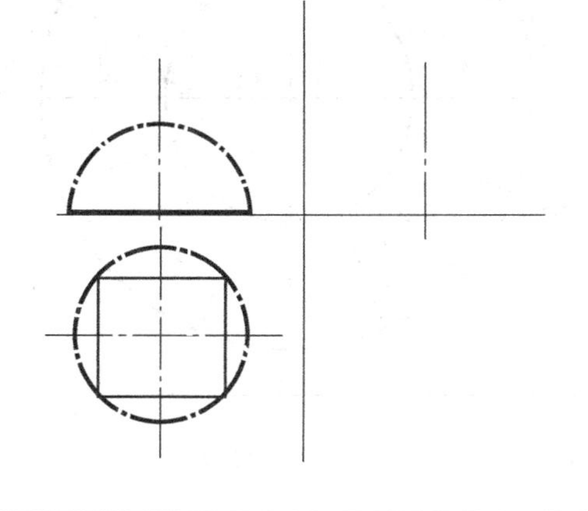

（6）画出开槽半球的水平投影及侧投影

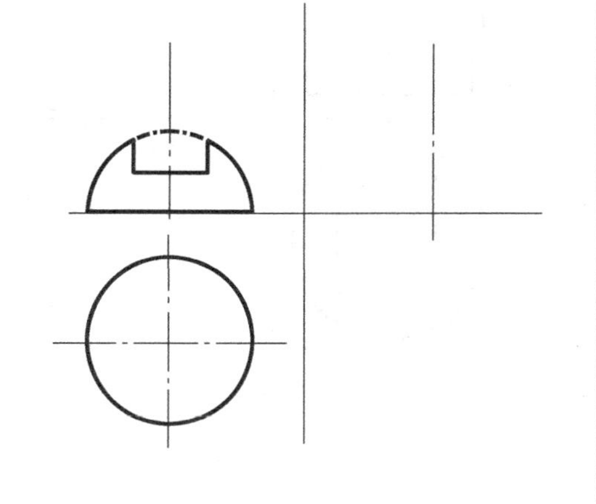

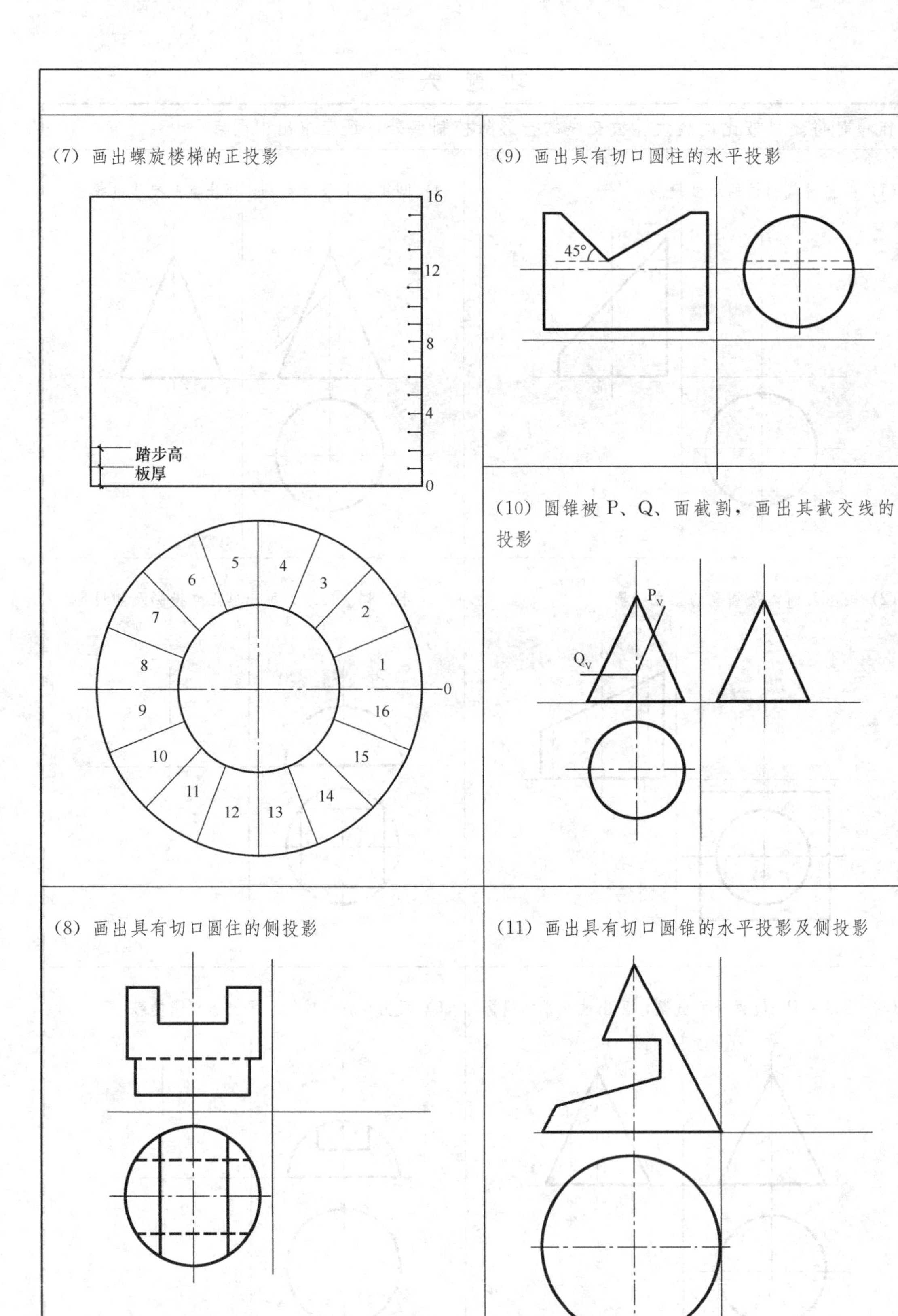
(7) 画出螺旋楼梯的正投影
16
12
8
4
0
踏步高
板厚
1
2
3
4
5
6
7
8
9
10
11
12
13
14
15
16
0
(9) 画出具有切口圆柱的水平投影
45°
(10) 圆锥被 P、Q、面截割，画出其截交线的投影
P_V
Q_V
(8) 画出具有切口圆住的侧投影
(11) 画出具有切口圆锥的水平投影及侧投影

第五节　曲面体的相交线

曲面体的相交线有两种，即曲面体与平面体的相交线和曲面体与曲面体的相交线。

曲面体的相交线有以下特点：

（1）曲面体与平面体相交，其相交线一般为平面曲线，或为直线及平面曲线组成（图4-30，a）；曲面体与曲面体相交，其相交线一般为空间曲线（图4-30，b）。

（2）相交线一定是封闭的图形。

（3）相交线是两个立体所共有的，即相交线上的各点既在立体甲上又在立体乙上，如图中A、B、C……各点。因此，求出这些共有点的投影，依次连接成线就是相交线的投影。

（4）当相交线的投影有两个为已知时，可直接用求点的方法，作出其第三投影；当只有一个投影是已知时，则需采用素线法或纬圆法求其它两个投影。

一、曲面体与平面体相交线的投影

1. 圆柱体与平面体相交线的投影

【例题】 求半圆柱与方柱相交线的投影。

分析1（图4-31）：

相交线为半圆柱与方柱所共有。在侧投影图中和水平投影图中的粗线部分实际就是相交线的侧投影和水平投影。因此只要找出对应的点的投影就能画出交线的正立投影。

作图：先找出特殊点（最高、最低点）A、B、C、D点的投影，再从已知投影中（水平或侧投影），选几个中间点，按照“三等”关系画出各点的正立投影，连成光滑曲线即成。

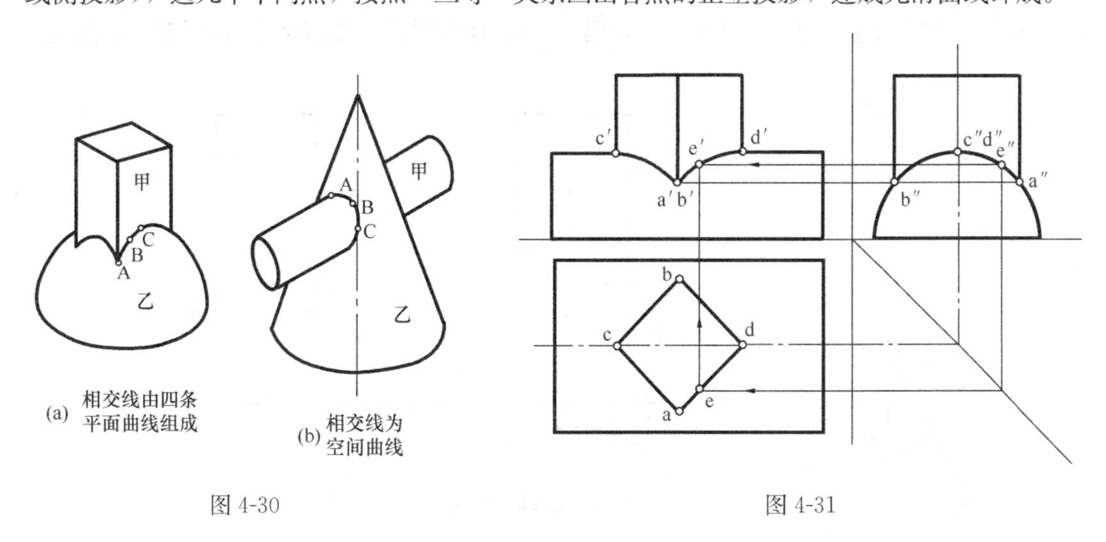

图4-30　　　　图4-31

分析2（图4-32）：

进一步分析这一交线的性质，方柱上P_1平面与正立投影面成45°倾斜，这一段相交线$\overset{\frown}{AD}$就是半圆柱体被P_1平面延伸所截出的截交线$\overset{\frown}{MN}$上的一部分。半圆柱体的斜截面是半个椭圆，它和正立投影面成45°倾斜，因此它的正立投影是半圆。相交线的这一段正立投影$\overset{\frown}{a'd'}$就是半圆上的一段圆弧。

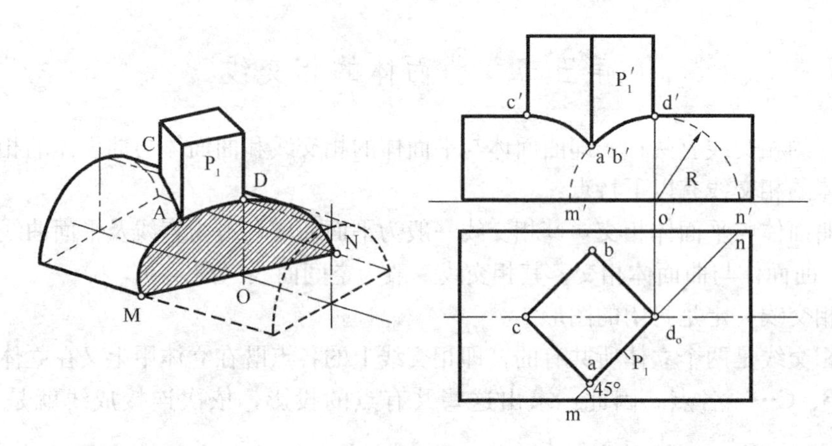

图 4-32

作图：找出这个半圆的半径和圆心在正立投影上的位置，即可画出这一段相交线的正立投影。如：由椭圆中心点的水平投影 o 求出其正立投影 o′，由长轴 mn 求出 m′n′，以 o′m′（或 o′n′）为半径作出的半圆即为半圆柱体上的截交线。半圆上的弧线段$\overset{\frown}{a'd'}$即为 P_1 平面与半圆柱的交线的正立投影。其余各段的截交线作法相同，有$\overset{\frown}{a'd'}$与$\overset{\frown}{b'd'}$重合，$\overset{\frown}{a'c'}$与$\overset{\frown}{b'c'}$重合。

2. 圆锥体与平面体相交线的投影

【例题】求圆锥与方柱相交线的投影（图 4-33，4-34）。

分析：本题只有水平投影上的相交线为已知，因此无法用点的投影直接求出相交线的其它两投影，而需采用素线法或纬圆法作图，即看作是圆锥面被四个平面所截，四个平面（P_1、P_2、P_3、P_4）的性质是相同的（都平行于某一投影面），因而其作图方法与曲面体截交线一节中的圆锥例题相同（参见图 4-25，图 4-26）。作图时需注意相交线的最高点与最低点。

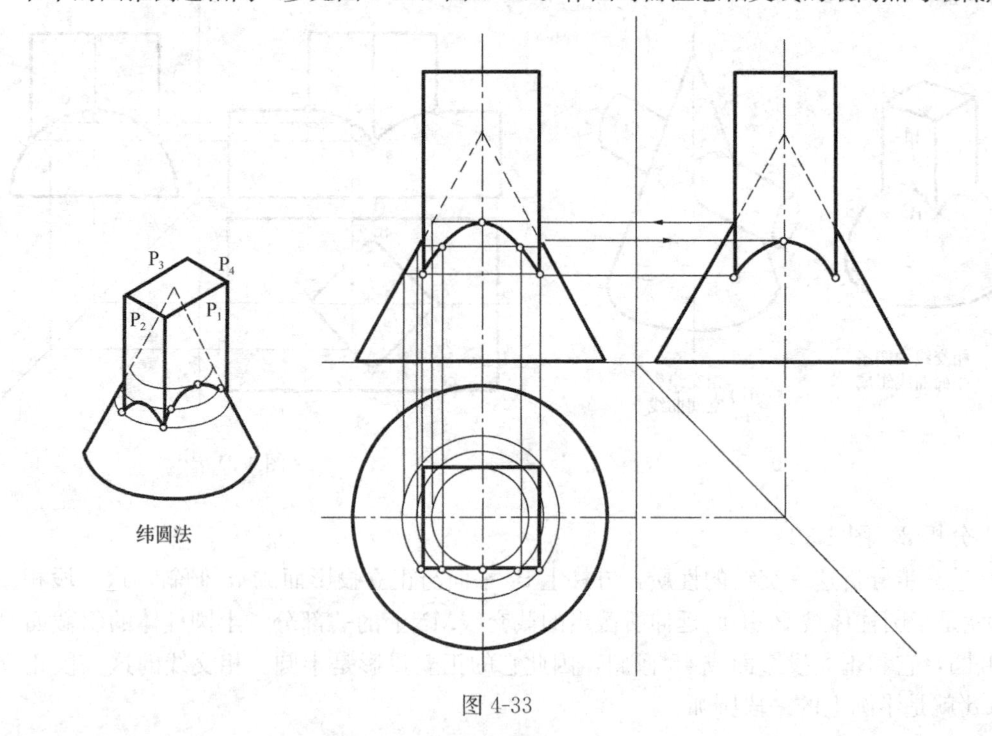

图 4-33

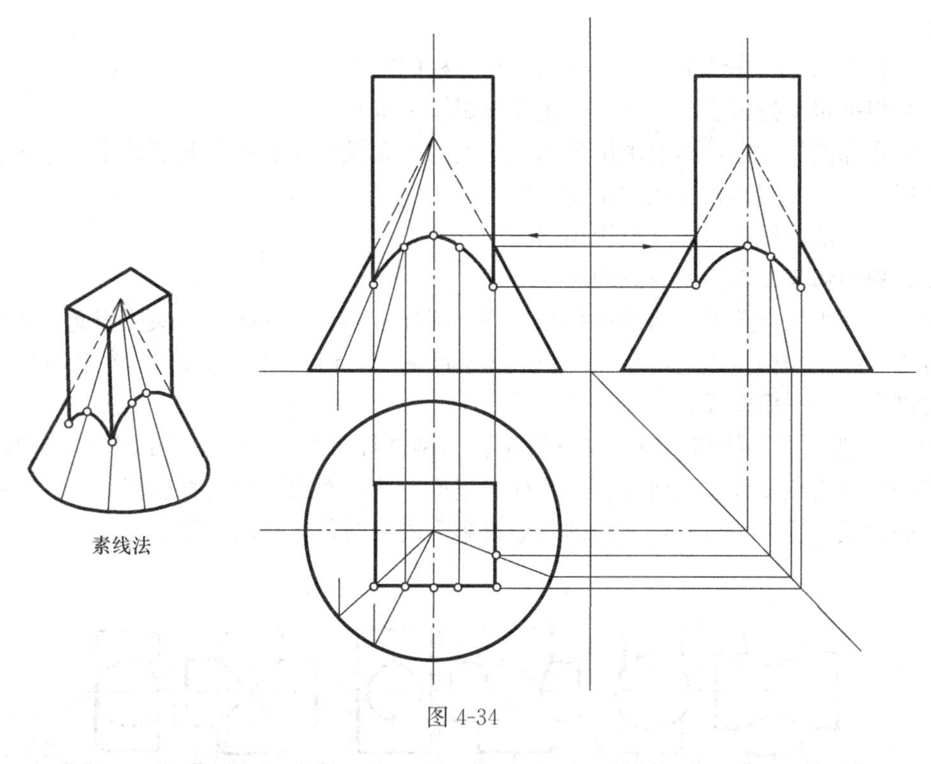

图 4-34

3. 圆球体与平面体相交线的投影

【例题 1】 求半圆球与方柱相交线的投影（图 4-35）。

分析：圆球体的任何截交线都是圆，本题可看作半圆球被四个平面所截，由于平面平行于投影面，其截交线的投影都是半圆弧的一段。

半圆弧的直径 mn 可以从水平投影中找出，相交线的侧投影与正立投影相同。

【例题 2】 求半圆球与方柱相交线的投影（图 4-36）。

分析：本题只有水平投影上的相交线是已知的，因此需要采用辅助方法。由于方柱平面与 V、W 面倾斜，故与球体交线的正立投影和侧投影都是两段椭圆曲线，作图困难，故用平行于 H 面的纬圆法较为方便。

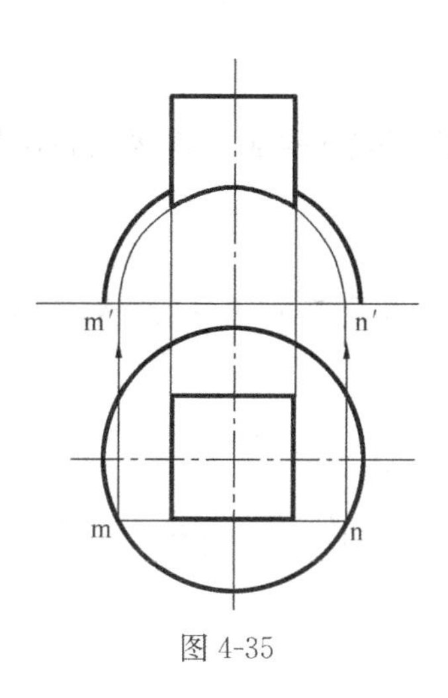

图 4-35

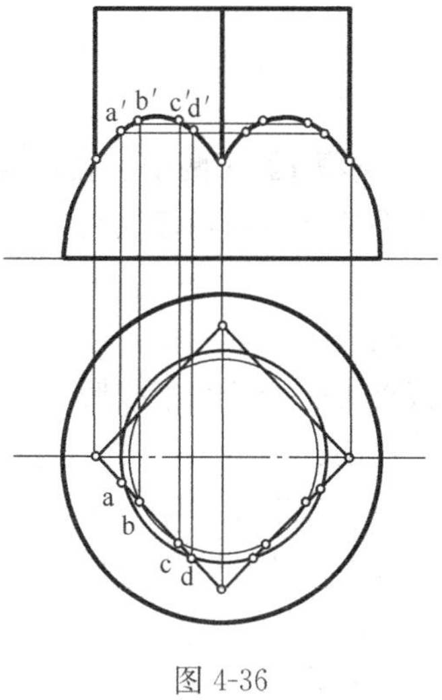

a′ b′ c′d′

a
b
c
d

图 4-36

作图：

(1) 在半球体上作纬圆，其水平投影与方柱的交点为 a、b、c、d 各点。

(2) 根据水平投影求出各纬圆的正立投影（为水平线）。

(3) 在纬圆的正立投影上求出各相应交点的正立投影 a'、d'与 b'、c'等，将各点正立投影连成光滑曲线即为相交线的正立投影。

(4) 交线的侧投影与正立投影相同。

二、曲面体与曲面体相交线的投影

建筑工程中经常遇到的曲面体相交是两个圆柱体相交，例如两个拱顶相交，两个管道相交等等。两个圆柱体相交，相交线一般为空间曲线；但当两个圆柱体直径相等、中轴线相交时则交线为平面曲线。

图 4-37 为两圆柱体相交线的三种情况。当两圆柱直径不等时，交线是空间曲线，在投影图中可看出相交线总是向大直径圆柱的里面弯曲；而当两圆柱直径相等时，交线是由两条平面曲线（椭圆）组成，它们的正立投影表现为两条交叉的直线。

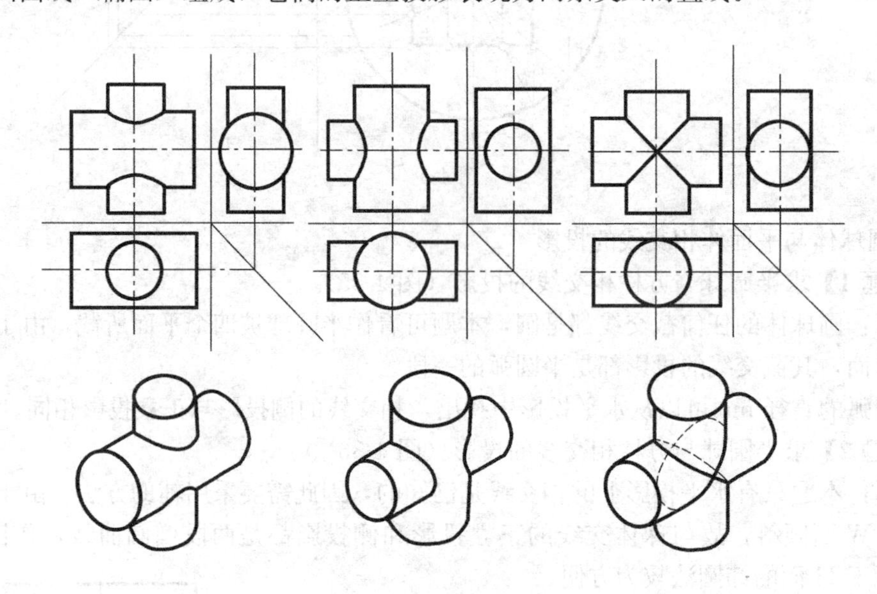

图 4-37

【例题 1】求两个直径不同，拱脚同高的半圆拱顶相交线的投影（拱脚是指圆柱面与其下部的垂直面相接处）。

分析 1：

从三个投影图中可以看出相交线的正立投影和侧投影是已知的，可根据对应点的投影直接求出交线的水平投影（图 4-38）。

作图：

(1) 先求出控制点 A、B、C 的水平投影 a、b、c。

(2) 在正立投影（或侧投影）中任选中间点 d'、e'（或 d''、e''）……，并求出水平投影 d、e……。

(3) 连接 a、b、c、d、e 各点成光滑曲线即成。

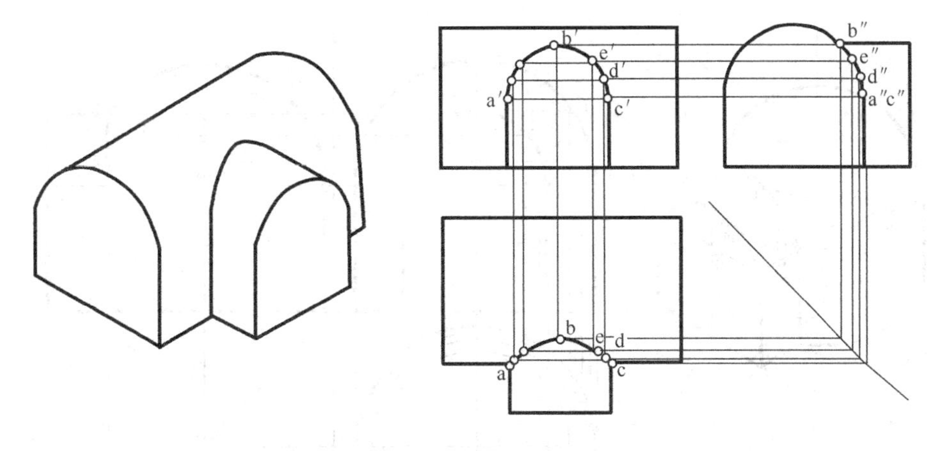

图 4-38

分析 2：

从立体图可看出，相交线上的任一点是两个拱顶上同一高度的两条素线的交点。因此如能将大、小拱顶上各相同高度的素线的水平投影画出，即可求得交线的水平投影（图 4-39）。

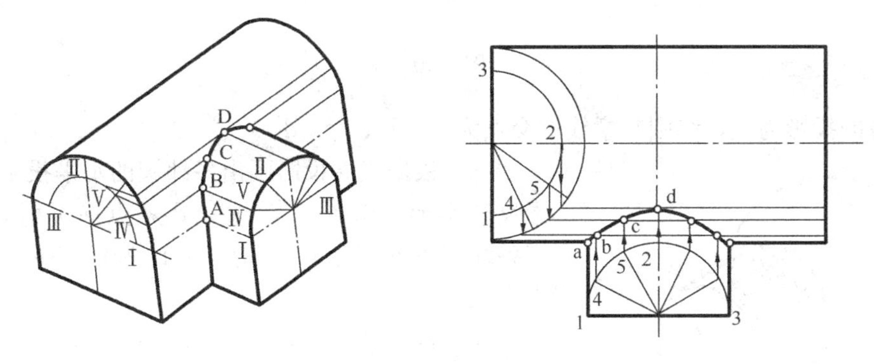

图 4-39

作图：

（1）为简化作图，只用水平投影图求交线的水平投影。

（2）在大拱的一侧，按大、小拱的直径分别画两半圆；在小拱的下侧，按小拱直径也作半圆。

（3）将小拱的两个半圆对应等分，各得 1、2、3……等点，然后按图中箭头所示，找出两个拱顶上同一高度的两条素线的交点 a、b、c……，连接各交点成光滑曲线即成。

【例题 2】求球面穹顶与半圆拱顶的相交线投影。

分析 1：

已知相交线的正立投影。设想用水平的平行面（Ⅰ、Ⅱ、Ⅲ、Ⅳ……）切割球面和半圆拱顶，则在球面上切出若干相应的纬圆，在拱面上切出若干相应的素线。从立体图中可以看出同一高度上的纬圆与素线的交点 A、B、C……就是相交线上的各点，因为它们既在球面的纬圆上又在拱面的素线上（图 4-40）。

作图：

（1）作正立投影图中各纬圆与素线的投影，此时纬圆的投影为水平线（1′、2′、3′、

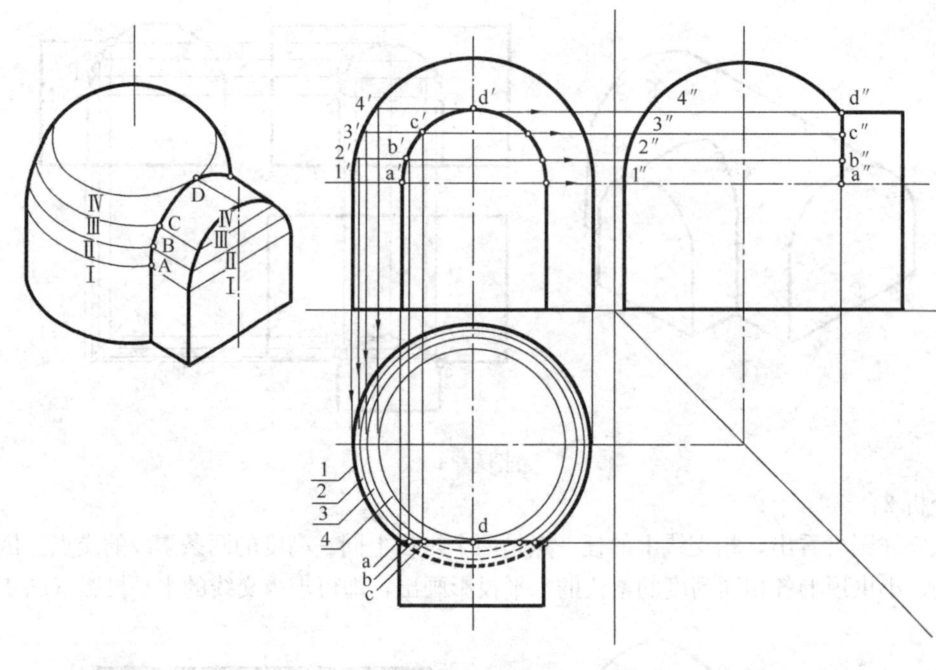

图 4-40

4′)，素线的投影为点，纬圆与素线的交点为 a′、b′、c′、d′。

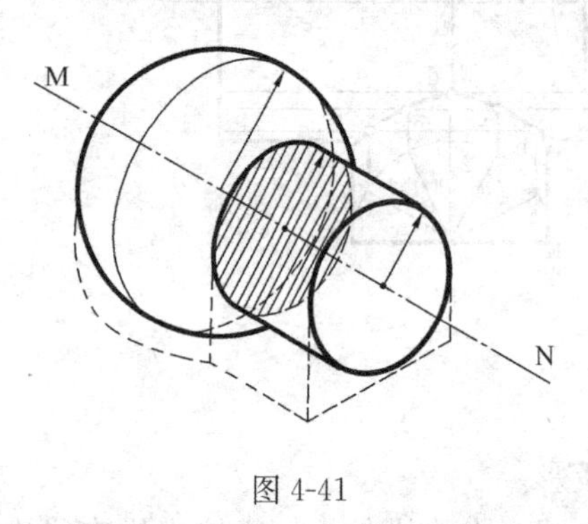

图 4-41

(2) 根据正立投影画出各纬圆的水平投影，其投影反映实形，由 a′、b′、c′、d′各点向下引垂直线，交各纬圆于 a、b、c、d 等，此即为相交线上各点的水平投影。

(3) 根据已知的 a′、b′、c′、d′及 a、b、c、d 求出侧投影中的 a″、b″、c″、d″。

(4) 分别连 a、b、c、d 及 a″、b″、c″、d″，可知相交线的水平投影及侧投影均为直线。

分析 2：

由图 4-41 可以看出，圆球和圆柱都是围绕着同一轴线 MN 旋转而形成的旋转面，二者的交线必然为一与 MN 轴相垂直的圆，且此圆的圆心必在 MN 上。

根据以上分析，可以直接判定例题 2 交线的正立投影有一部分为半圆，交线的水平投影及侧投影均为直线。

小结

1. 相交线是两个物体表面共有的线。

2. 当相交线的投影有两个为已知时，用球点的作图法可直接求出第三投影；当相交线的投影只有一个为已知时，需采用素线法或纬圆法等辅助方法。

3. 当曲面体与平面体相交时，可简化为曲面体被几个平面所截。

4. 当曲面体与曲面体相交时，常常利用辅助面求相交线。辅助面的位置应选择恰当，使所得到的素线或纬圆能在投影图上直接画出。

习 题 七

作题时将题目按比例放大。第2、3、5题可用简化作图法

(1) 求作大拱道与小拱道的相交线投影

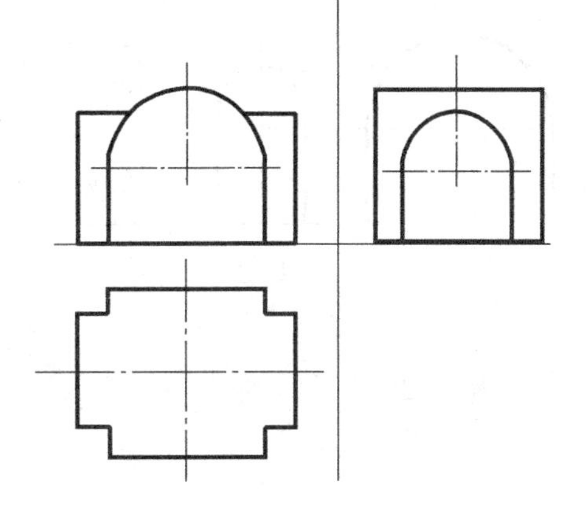

(4) 求作方柱与圆锥的相交线投影

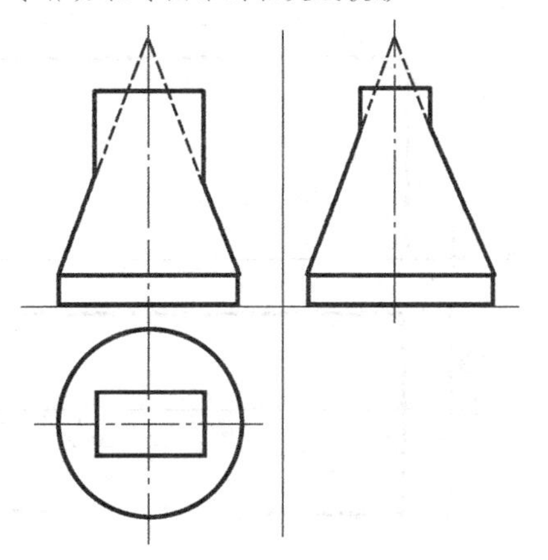

(2) 求作方柱与圆柱的相交线投影

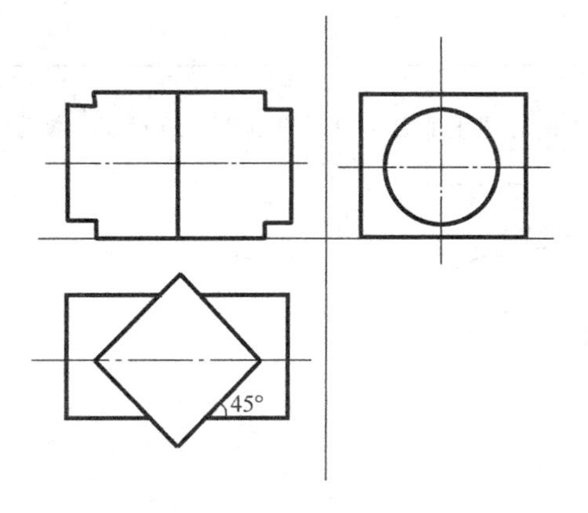

(5) 求作方柱与半圆柱的相交线投影

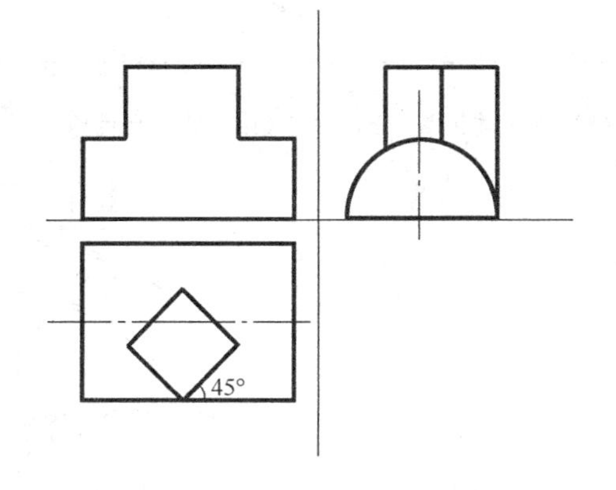

(3) 求作方柱与锥台的相交线投影

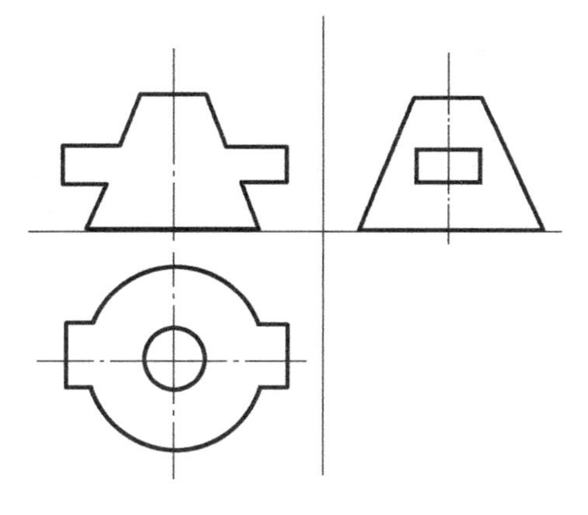

(6) 求作圆柱与半圆球的相交线投影

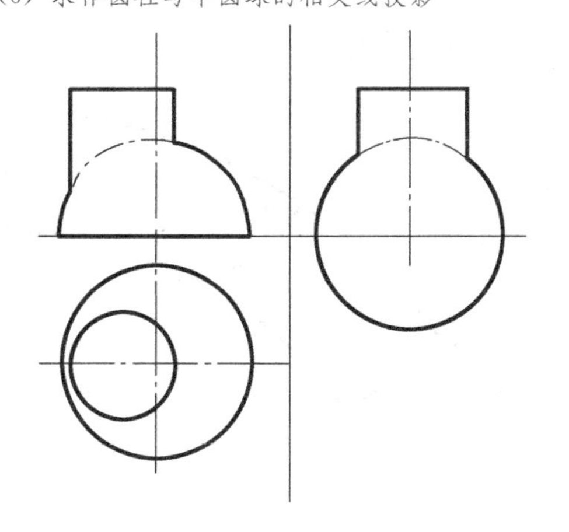

(7) 二半圆拱道45°斜交，求其相交线的三面投影（单位：厘米）

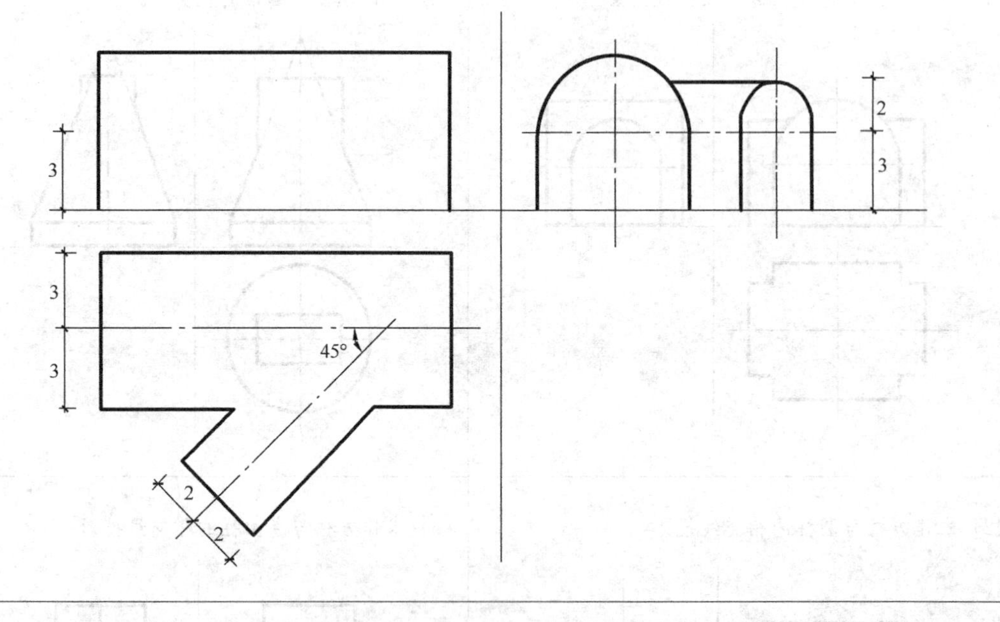

(8) 汽车坡道宽4m，高3.5m，其侧墙的水平投影为二同心圆上的弧线段，求其正立投影及侧投影

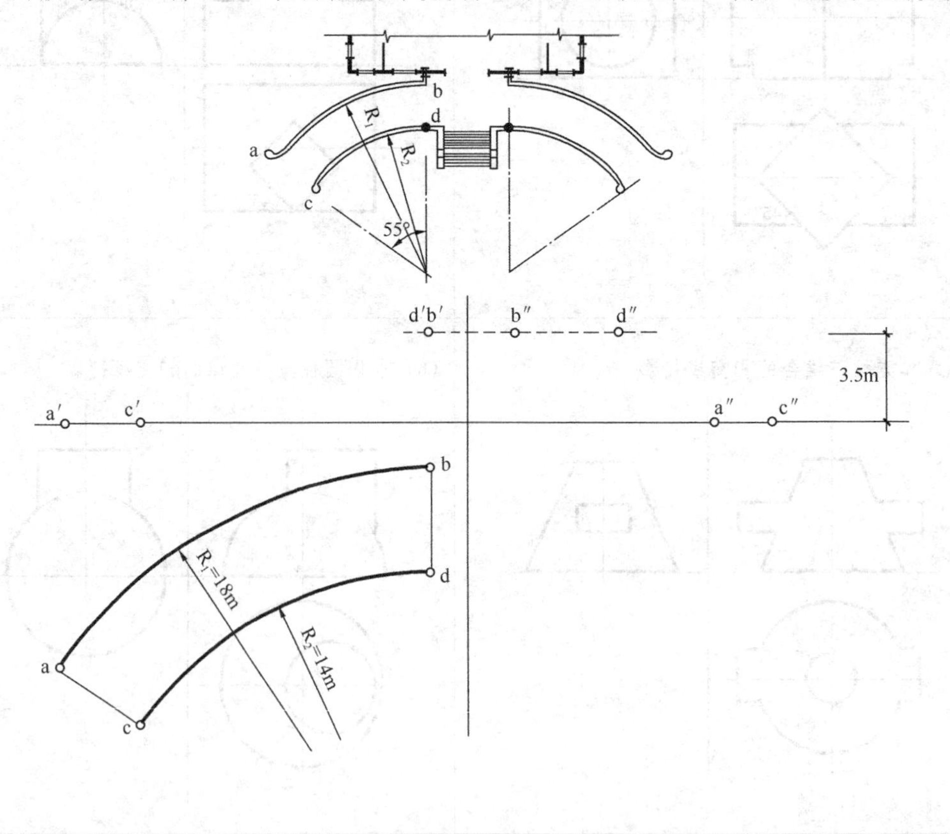

第五章　轴测投影图

第一节　轴测投影图的基本概念

一、什么是轴测投影图

轴测投影图是一种画法比较简单的立体图，简称轴测图。

前面几章所讲的三面正投影图是用水平投影、正立投影、侧投影三个图形共同反映一个物体的形状，比较不易看懂。而轴测图则是用一个图形直接表示物体的立体形状，有立体感，比较容易看懂。前面几章插图中的立体图就是轴测图。

可是轴测图常常不能准确地反映物体的真实形状和比例尺寸。如图 5-1，桌面实际是矩形，但在轴测图中表现为平行四边形，90°角表现为钝角或锐角；茶杯口和杯底实际都是圆形，在轴测图中却表现为椭圆形。所以轴测图在建筑工程图纸中一般只作为辅助图，用以表示建筑构件或局部的立体形状。

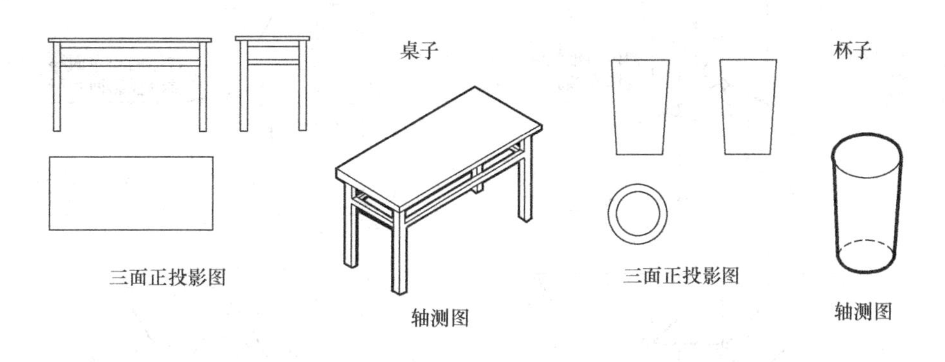

图 5-1

二、轴测投影图的形成

三面正投影图是将物体放在三个相互垂直的投影面之间，用三组分别垂直于各投影面的平行投射线进行投影而得到的。轴测投影图则是用一组平行投射线将物体连同三个坐标轴[1]一起投在一个新的投影面上得到的。在轴测投影图中，物体三个方向的面都能同时反映出来（图 5-2）。

要想使物体相互垂直的三个面在一个投影面上同时都有投影，有两种办法：

第一种办法就是将物体三个方向的面及其三个坐标轴与投影面倾斜，投射线垂直投影面，称为轴测正投影，简称正轴测（图 5-3）。

第二种办法就是将物体一个方向的面及其两个坐标轴与投影面平行，投射线与投影面

[1] 坐标轴是在空间交于一点相互垂直的三条直线，用以确定物体在空间上下、左右、前后的位置和尺寸。

斜交，称为轴测斜投影，简称斜轴测（图 5-4）。

这两种方法都只用一个投影面，称为轴测投影面，三个坐标轴在轴测投影面上的投影称为轴测轴（简称轴），三个轴测轴之间的夹角称为轴间角（图 5-2、5-3、5-4）。

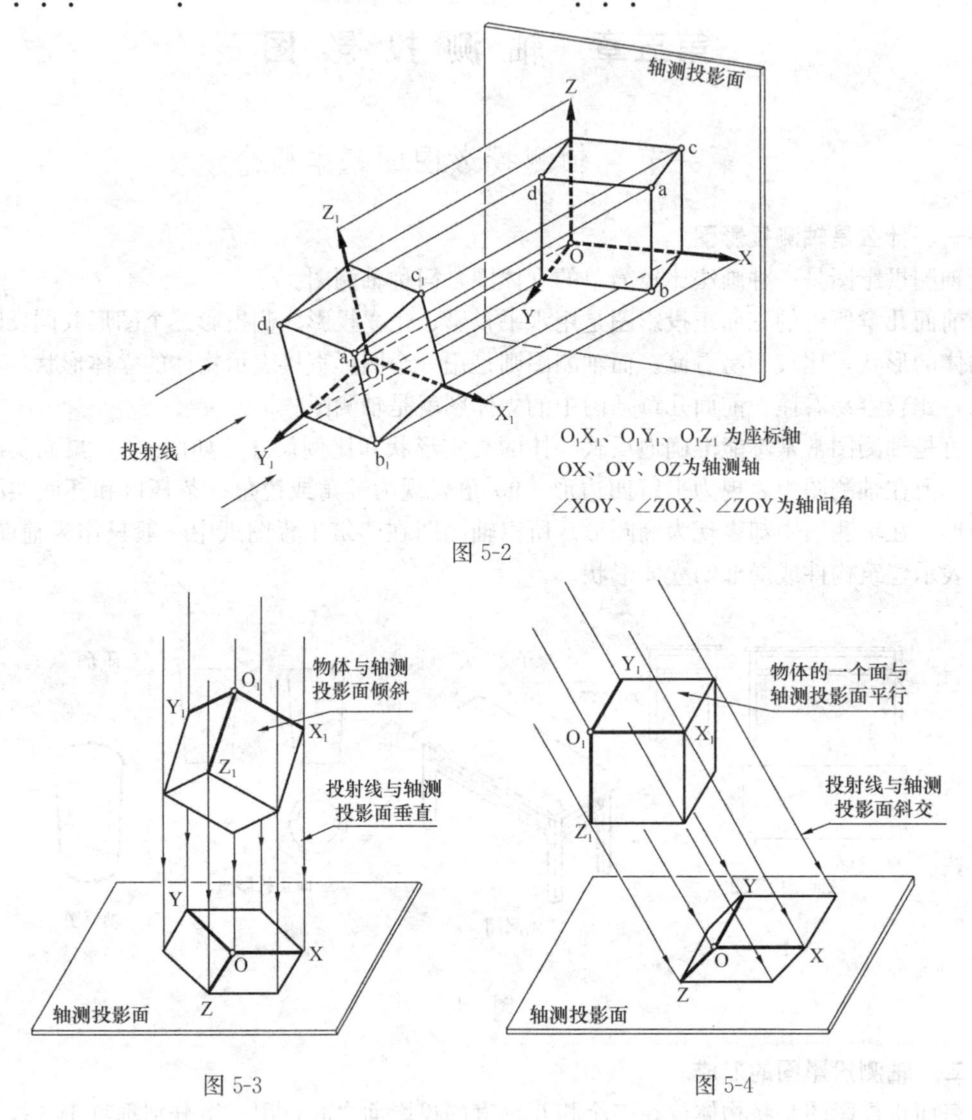

图 5-2

图 5-3

图 5-4

三、轴测投影图的特点

1. 在正轴测（图 5-3）中，由于物体各面对轴测投影面的倾斜角度不同，或在斜轴测（图 5-4）中投射线与轴测投影面的倾斜角度不同，同一物体可以画出无数个不同的轴测图。不同的轴测图，它们的三个轴测轴的方向与轴间角都不同。

2. 因轴测图系用平行投射线进行投影，所以在任何轴测图中，凡互相平行的直线其轴测投影仍平行；一直线的分段比例在轴测投影中比例仍不变。

3. 任何轴测图，凡物体上与三个坐标轴平行的直线尺寸，在轴测图中均可沿轴的方向量取；和坐标轴不平行的直线，其投影可能变长或缩短，不能在图上直接量取尺寸，而要先定出该直线的两端点的位置，再画出该直线的轴测投影。

4. 一条直线与投影面倾斜，该直线的投影必然缩短，所以任一坐标轴如与轴测投影面倾斜，则此坐标轴上单位长度的投影缩短，它的投影长度和其实长之比，称为轴向变形系数（简称变形系数或缩短系数）。如果三个坐标轴与轴测投影面倾斜角度不同，则三个轴测轴的变形系数也就不同。在实际作图中，由于按变形系数作图比较麻烦，一般只选用简化变形系数或不必考虑变形系数的轴测投影。

第二节　几种常用的轴测投影

一、轴测正投影

1. 三等正轴测（或称正等测）

三等正轴测是轴测图中最常用的一种。

以正立方体为例，投射线方向系穿过正立方体的对顶角，并垂直于轴测投影面。正立方体相互垂直的三条棱线，也即三个坐标轴，它们与轴测投影面的倾斜角度完全相等，所以三个轴的变形系数相等，三个轴间角也相等（均为120°）（图 5-5）。

作图时，经常将其中 X、Y 轴与水平线各成30°夹角，Z 轴则为铅垂线。因三个轴的变形系数相等，故作图时可不考虑变形系数，但所得轴测图比物体实际的轴测投影略为放大。

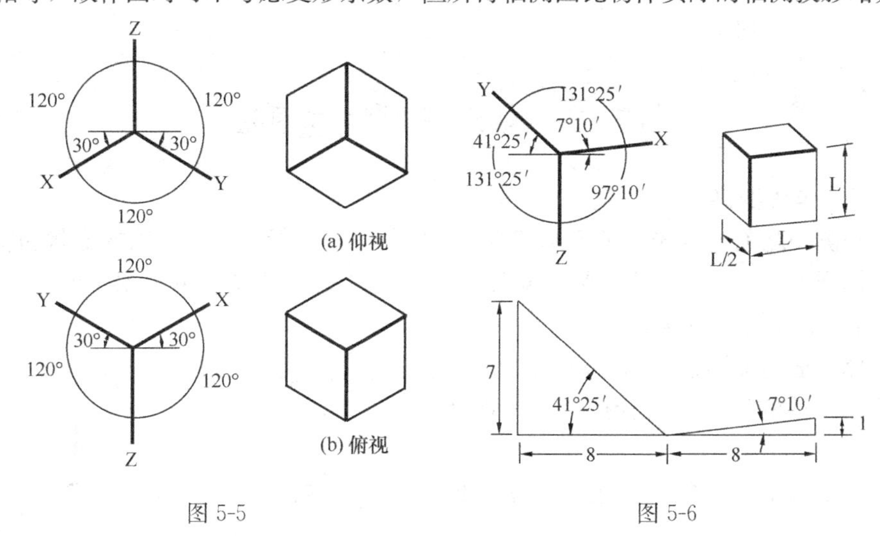

图 5-5　　　　图 5-6

2. 二等正轴测（或称正二测）

二等正轴测的特点是：三个坐标轴中有两个轴与轴测投影面的倾斜角度相等，因此这两个轴的变形系数相等，三个轴间角也有两个相等。

图 5-6 所示是二等正轴测中的一种，Z 轴为铅垂线，X 轴与水平线夹角为 7°10′（可用 1∶8画出），Y 轴与水平线夹角为 41°25′（可用 7∶8 画出）。Y 轴的轴向变形系数可简化为 0.5，Z、X 两轴的变形系数可不考虑。图中正立方体的轴测图即按此关系画出。图形直观效果较好，但作图略繁。如使用较多时，可作一个专用的绘图模板，配合丁字尺使用。

二、轴测斜投影

在斜轴测中投射线与轴测投影面斜交，使物体的一个面与轴测投影面平行，这个面在图中反映实形。在正轴测中，物体的任何一个面的投影均不能反映其实形。所以凡物体有一个面形状复杂，曲线较多时，画斜轴测比较简便。

1. 水平斜轴测

水平斜轴测的特点是：物体的水平面平行于轴测投影面，其投影反映实形；X、Y 轴平行轴测投影面，均不变形，为原长，它们之间的轴间角为 90°，它们与水平线夹角常用 45°，也可自定。Z 轴为铅垂线，其变形系数可不考虑，也可定为 3/4，1/3 或 1/2（图 5-7）。

2. 正面斜轴测

正面斜轴测的特点是：物体的正立面平行于轴测投影面，其投影反映实形，所以 X、Z 两轴平行轴测投影面，均不变形，为原长，它们之间的轴间角为 90°。Z 轴常为铅垂线，X 轴常为水平线。Y 轴为斜线，它与水平线夹角常用 30°、45°或 60°，也可自定，它的变形系数可不考虑，也可定为 3/4、2/3 或 1/2（图 5-8）。

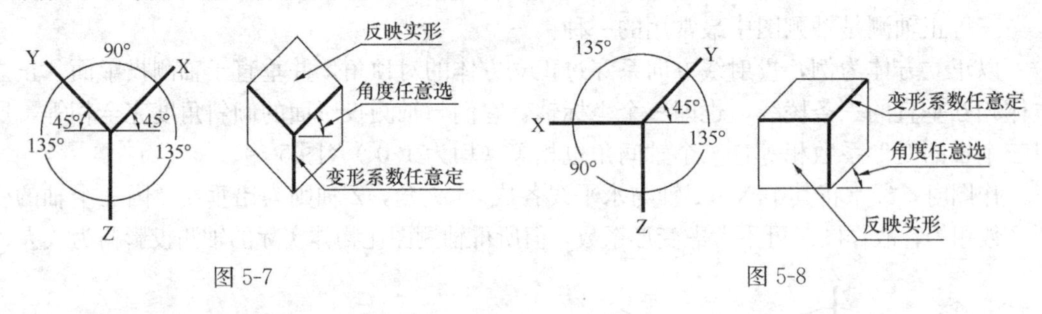

图 5-7　　　　图 5-8

第三节　轴测投影的作图法

一、基本作图步骤

1. 作轴测图之前，首先应了解清楚所画物体的三面正投影图或实物的形状和特点。

2. 选择观看的角度，研究从哪个角度才能把物体表现清楚，可根据不同的需要而选用俯视、仰视、从左看或从右看。

3. 选择合适的轴测轴，确定物体的方位。

4. 选择合适的比尺，沿轴按比尺量取物体的尺寸。

5. 根据空间平行线的轴测投影仍平行的规律，作平行线连接起来。

6. 加深图形线，完成轴测图。

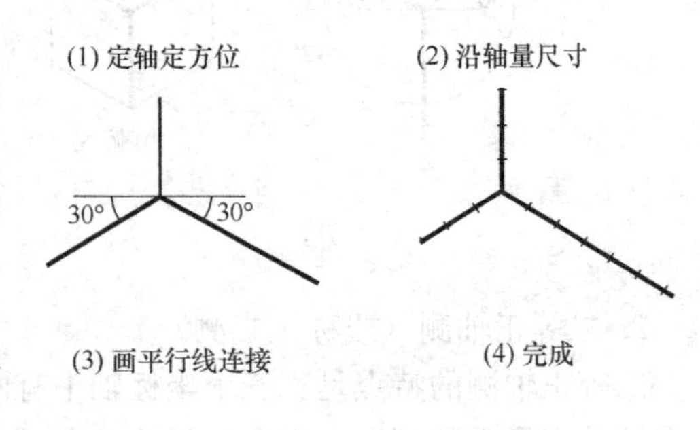

【例题】 根据木楔的三面正投影图画出它的轴测图（图 5-9）。

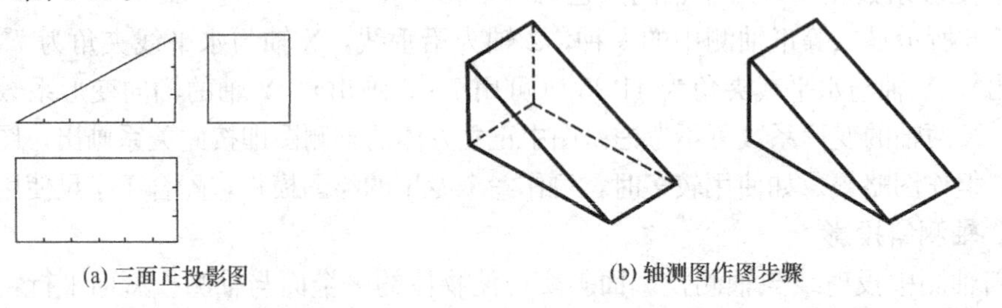

图 5-9

二、几种作图方法

1. 直接作图法

凡体形简单的平面立体，可以直接选轴，并沿轴量尺寸作图。

【例题 1】 用三等正轴测画槽形零件（图 5-10）。

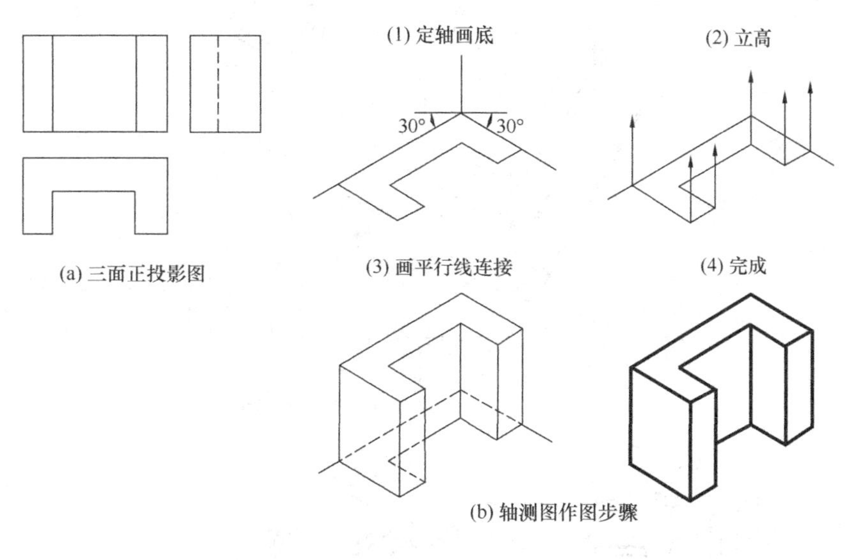

图 5-10

【例题 2】 用正面斜轴测画垫块（图 5-11）。

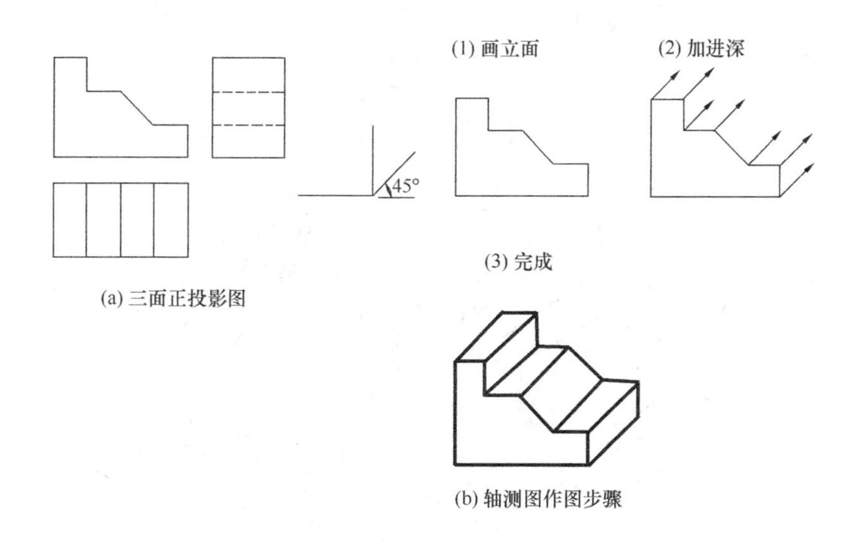

图 5-11

【例题 3】 用建筑平面图作水平斜轴测，表示房间配置情况。可直接将平面图转动一定角度，立高，作出水平剖面的轴测图（图 5-12）。

【例题 4】 用水平斜轴测画建筑群的鸟瞰图（图 5-13）。

（1）建筑群的规划平面图。

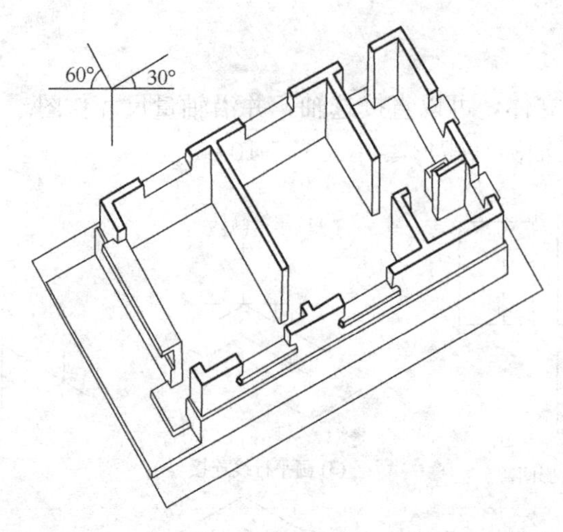

图 5-12

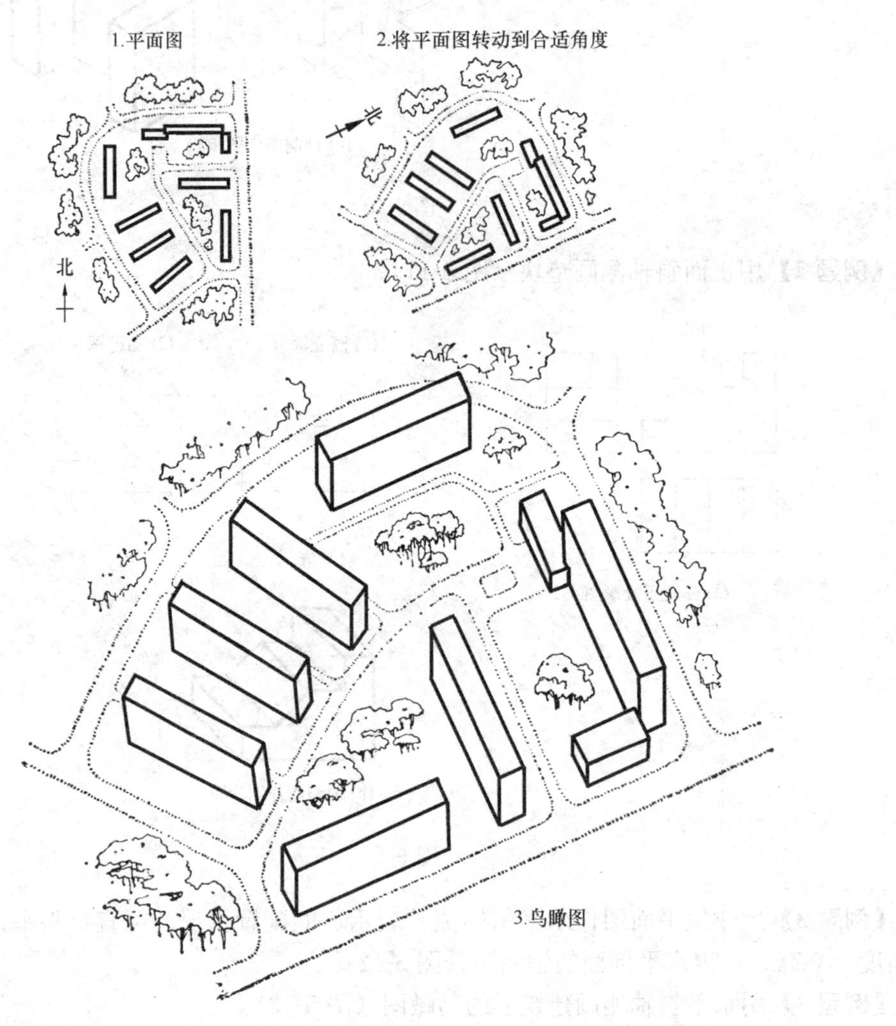

图 5-13

(2) 将平面图转动到合适的角度，使各种不同角度的房屋在轴测图中都能看见三个面。

(3) 在平面图上直接立高，完成鸟瞰图。

2. 分块叠加作图法

凡体形复杂的物体，可以把它看作是若干简单形体的组合，先从它的基本部分开始画起，再将其余部分依次“添”上去或“挖掉”。

【例题】用三等正轴测画杯形柱础构件，可分三块依次添上去（图 5-14）。

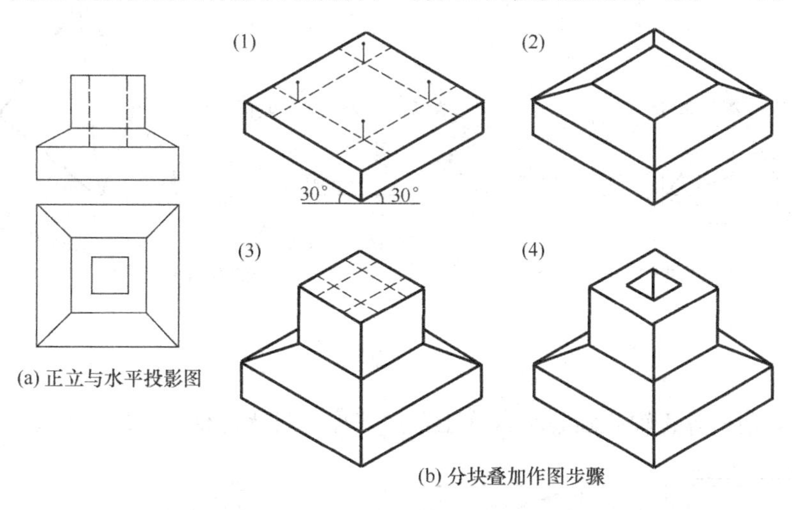

图 5-14

3. 剖面画法

如需表示物体内部形状，则须作剖面轴测图。在轴测图上画剖面，可根据需要任意切掉物体的一部分，并可先画外形，后画剖面。

【例题】将杯形柱础切掉 1/4，作其剖面轴测图（图 5-15）。

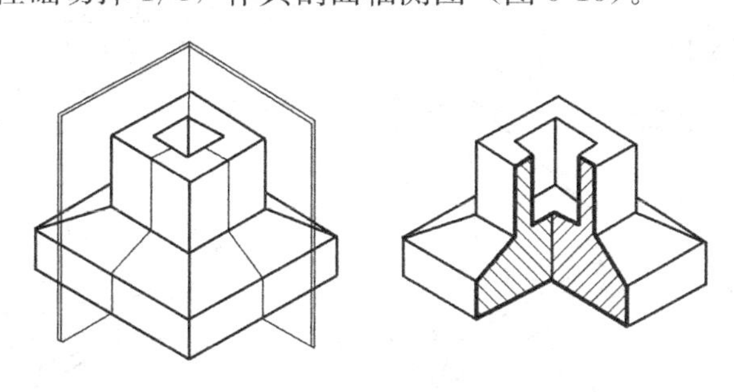

图 5-15

4. 装箱法

凡物体有任意斜面、曲面，或有不规则体形，或有三个方向的面互相不垂直等情况，可用装箱法作图。因为画轴测图只能在轴或与轴平行的线上才能量取尺寸，不能直接量取斜线。所以画这类物体的轴测图，可想象先把物体装在一个箱子中，先画出箱子的轴测图，然后根据物体各顶点在箱子各面上的位置，连接各顶点，将其余部分“挖”去或“添”上。

【例题 1】用三等正轴测画三角锥体（图 5-16）。

（1）在正投影上加“箱子”，分析锥体各顶点位置。

（2）先画箱子（虚线），沿箱子各棱量取锥体各顶点。

（3）连接各点成立体。

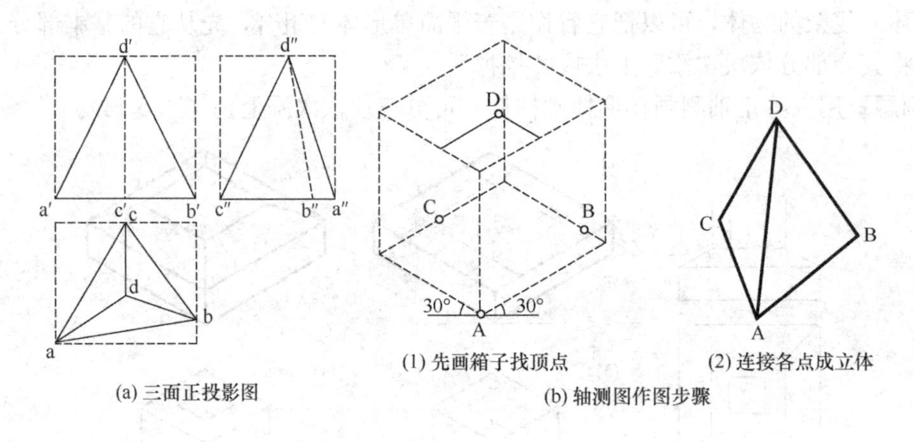

图 5-16

【例题 2】用三等正轴测画集水盘（工业厂房屋面排水配件）（图 5-17）。

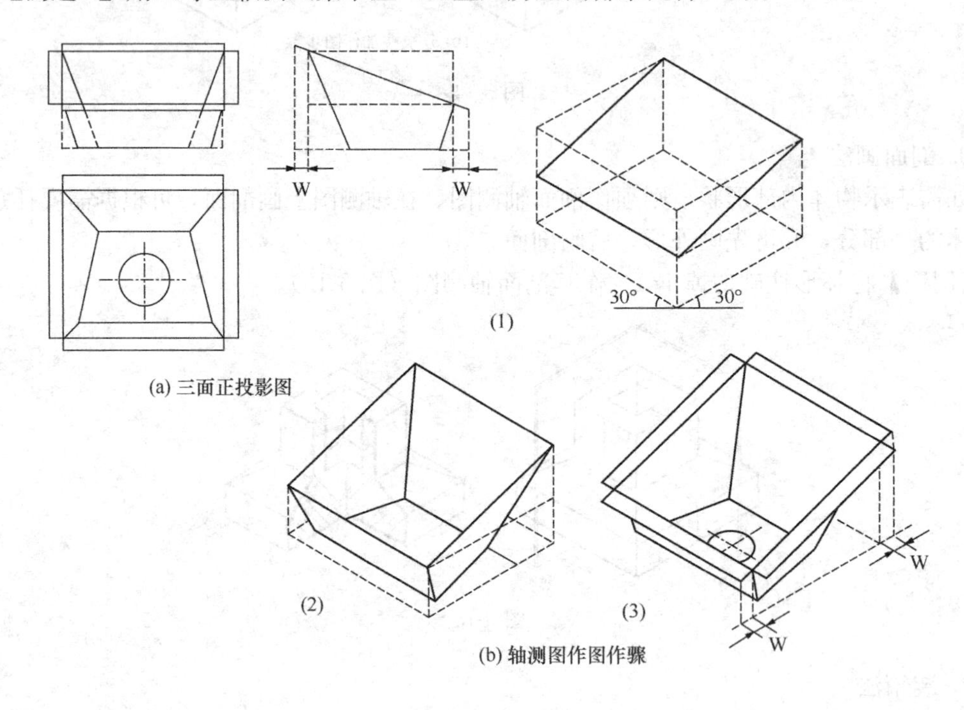

图 5-17

5. 辅助格网法

不规则的曲面体，可用辅助格网定曲线位置，再在格网的轴测图上画出曲线。

【例题】用三等正轴测及正面斜轴测画建筑零件（图 5-18）。

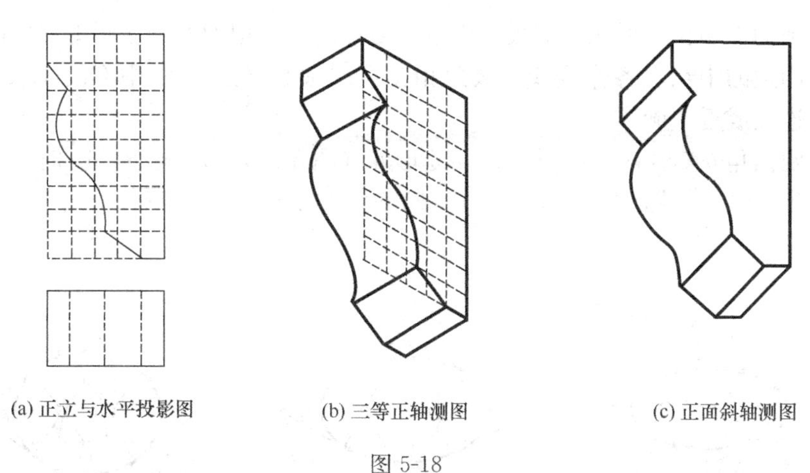

(a) 正立与水平投影图　　(b) 三等正轴测图　　(c) 正面斜轴测图

图 5-18

（a）在正投影图上画辅助格网；（b）画三等正轴测，必须先在格网的轴测图上找曲线，再加厚度；（c）画正面斜轴测较简便，可直接在正立投影图上加厚度

6. 圆的轴测图画法

在轴测图中，当圆与轴测投影面倾斜时，其轴测投影是一个椭圆。作图时，一般均作圆的外切正方形作为辅助线，先求得外切正方形的轴测图，然后用四心圆法作近似椭圆，或用八点圆法作椭圆。

（1）当圆的外切正方形在轴测投影中成为平行四边形时，可用八点圆法作椭圆。

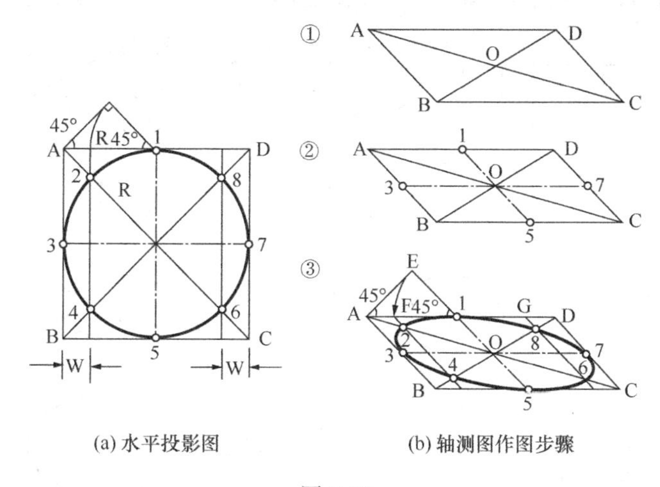

(a) 水平投影图　　(b) 轴测图作图步骤

图 5-19

图 5-19（a）中，1、3、5、7 为圆与外切正方形的四个切点；2、4、6、8 为圆与外切正方形两对角线之四个交点。

图 5-19（b）为作图步骤：

① 先作平行四边形 ABCD 及对角线，得交点 O。

② 过 O 点作两线分别平行 AB、BC，得交点 1、3、5、7。

③ 过 A、1 二点作 45°线相交于 E，以 1 为圆心，1E 为半径画圆弧与 AD 相交得两个交点 F、G，过此二交点作辅助线平行 AB，与对角线交于 2、4、6、8。连接八点即为椭圆。

（2）当圆的外切正方形在轴测投影中成为菱形时，可用四心圆法画近似椭圆。

在菱形四边的中点上各作垂线，彼此相交得四圆心（图 5-20 中 O_1、O_2、O_3、O_4），分别作圆弧连接成近似椭圆。

当菱形两内角 $\theta<60°$时，O_1 与 O_3 在菱形外（图 5-20，a）；当 $\theta=60°$时，O_1 与 O_3 与菱形上下两顶点重合（图 5-20，b）；当 $\theta>60°$时，O_1 与 O_3 在菱形内（图 5-20，c）。

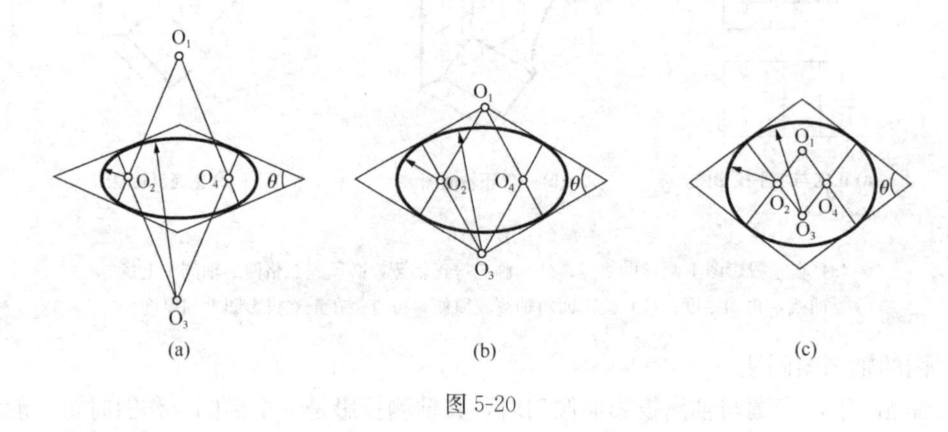

图 5-20

【例题 1】用三等正轴测画圆柱体（图 5-21）。

（1）在 Z 轴上截圆柱高 H，上下两点分别作 X、Y 轴。

（2）在上底的 X、Y 轴上截取圆柱直径作菱形。

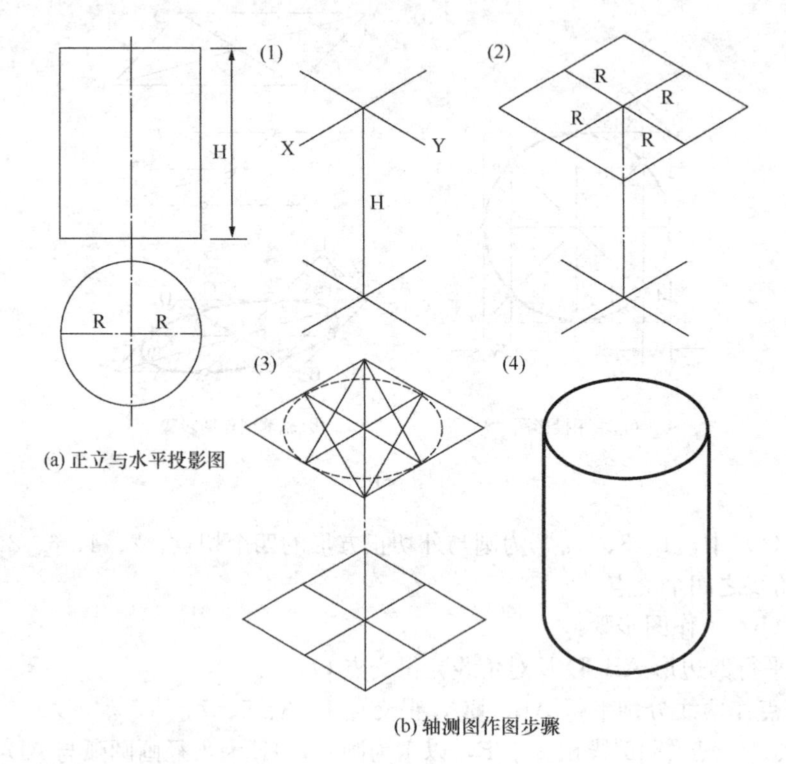

图 5-21

（3）过菱形四边中点各作垂线，得四交点为圆心，作四心近似椭圆。

（4）用同样方法画下底椭圆，过两椭圆最大轮廓线作切线即成。

【例题 2】用八点圆及四心圆作椭圆法画零件的轴测图（图 5-22）。

（1）先在正立投影及水平投影图上作辅助线（虚线），求得 1～11 各点位置。

（2）根据八点圆法，在轴测图上找出 1～11 各点，再从 1～4 各点作 Y 轴平行线，各截取厚度 L；从 6～10 各点作铅垂线，各截取厚度 H，得相应各点，分别连成曲线，再画其它直线成图。

（3）根据四心圆法，在轴测图上找出 1、2、3、4 各点，然后从 1、2 两点作 Y 轴平行线，截取厚度 L，得 5、6 两点，并从 3、4 两点各作铅垂线，截取厚度 H，得 7、8 两点。以各点为圆心，分别作弧，连成曲线，再画其它直线成图。

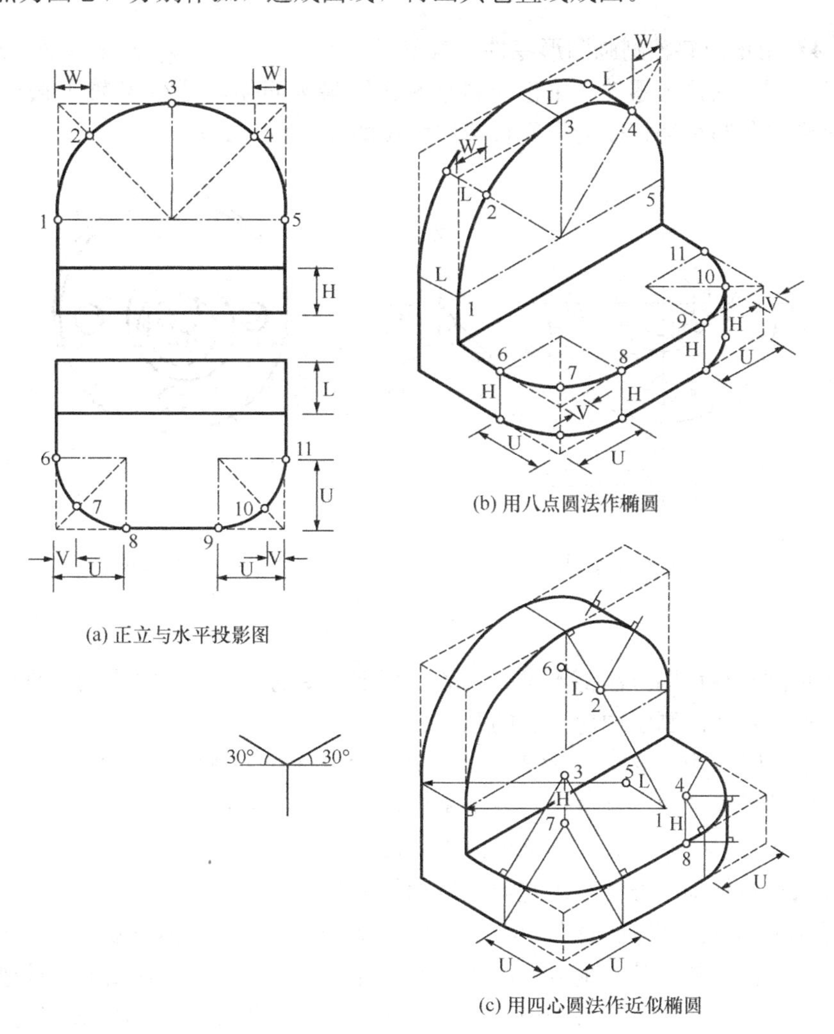

图 5-22

【例题 3】用正面斜轴测画圆孔空心砖。

本题作图较为简便，可先画空心砖的正立投影图，再在 Y 轴上量取其宽度作平行线（图 5-23）。

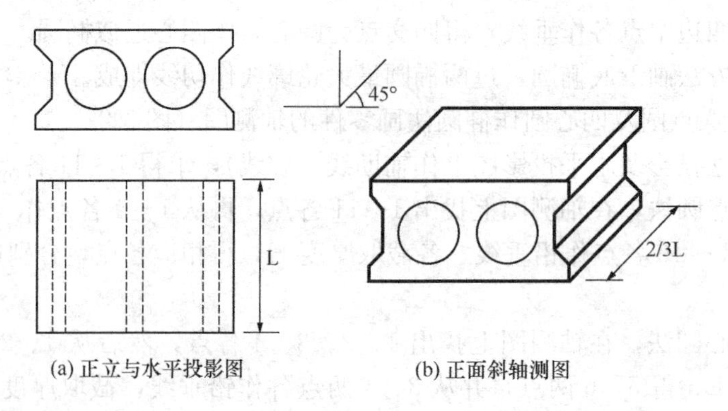

(a) 正立与水平投影图　　(b) 正面斜轴测图

图 5-23

【例题 4】用正面斜轴测画圆形零件。

圆形又有圆孔的这类零件，用正面斜轴测作图最为简便，可在 Y 轴上截取各圆进深为圆心，分别以各圆半径长度为半径直接作圆弧即成（图 5-24）。

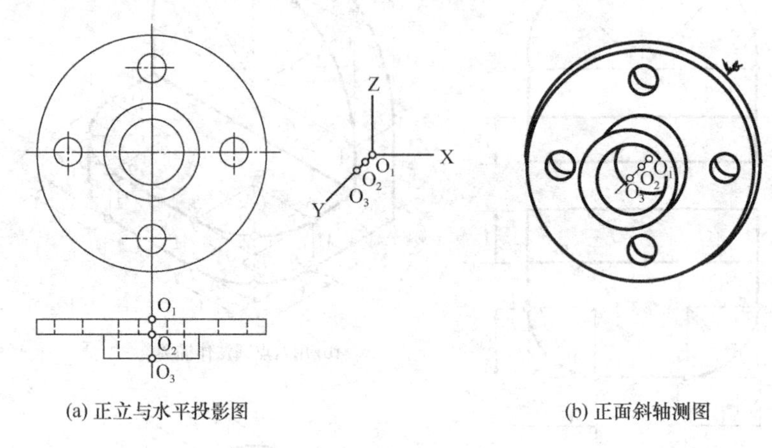

(a) 正立与水平投影图　　(b) 正面斜轴测图

图 5-24

以上介绍的几种作图方法都不是孤立的，固定不变的。在画图时应根据具体情况灵活运用。下面概括轴测图画法中应注意的几点：

1. 在轴测图中，物体的三个垂直面的关系完全是通过轴测轴的角度关系反映出来的，轴测轴是画图的重要依据。凡物体与三个坐标轴有平行关系的棱线，在轴测图中它们的投影不但与相应的轴测轴平行，而且都可以直接按尺寸画出。凡与三个坐标轴都不平行的棱线，都要设法通过辅助的方法找出它与坐标轴的关系，才能画出。

2. 要准确迅速地画出轴测图，重要的是想清楚画物体的立体形状，并要进行分析。如什么地方是凸出来的，什么地方是凹进去的，什么地方看得见，什么地方被遮挡，从什么地方入手最方便，什么角度最能说明物体的形状，如何把复杂的形体分解为简单形体，等等。不要死记方法步骤，而要多思考，学会分析问题的方法。

3. 在画物体的平、立、剖面图时，多想它的立体形状；在画轴测图时，多想它的平、立、剖面图，使图纸和实物的空间形状紧密结合起来。要做到这一点，还需要在平时注意观察各种物体在不同角度下的各种形状，多画多练。

第四节　轴 测 图 的 选 择

选择轴测图，主要考虑下列三个因素：

一、作图简便

1. 曲线多、形状复杂的物体常用斜轴测（图 5-25，a）；方正平直的物体常用正轴测（图 5-25，b）。

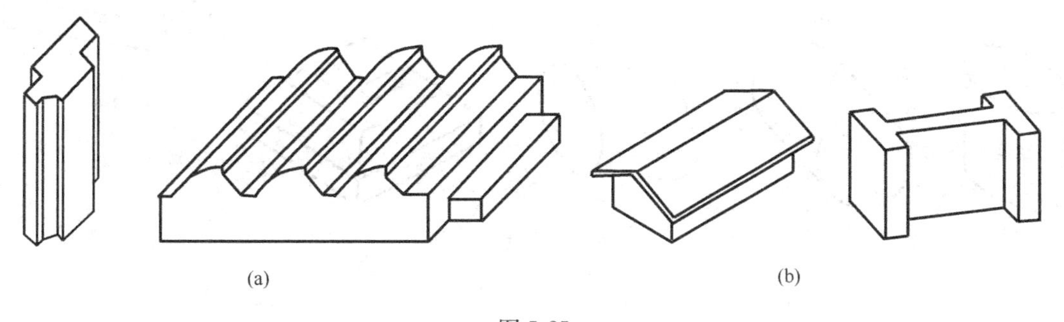

(a)　　(b)

图 5-25

2. 平面为圆形的零件，用斜轴测容易画（图 5-26，a），用正轴测画较麻烦（图 5-26，b）。

二、直观效果好

1. 方形坡顶房屋用二等正轴测画，比例好，较生动（图 5-27，a）。用三等正轴测画，出现一条直线从屋顶贯穿到墙角（图 5-27，b），形状较差。

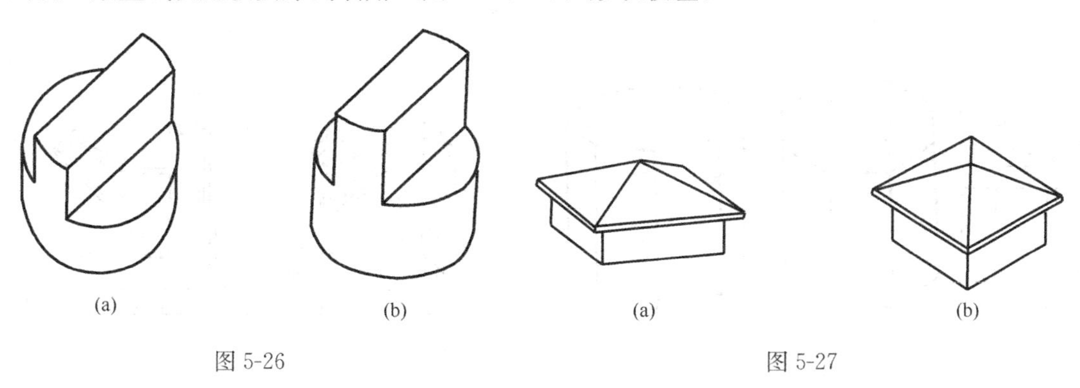

(a)　　(b)　　(a)　　(b)

图 5-26　　图 5-27

2. 一块砖用三等正轴测画，比例效果好（图 5-28，a），如用正面斜轴测画，比例就显得太长（图 5-28，b）。

3. 用同一种轴测画圆柱，由于圆柱的方向位置不同，产生不同的效果。在正轴测中（图 5-29，a、b、c）圆柱变形小。在斜轴测中（图 5-29，d、f）圆柱变形大，好象又扁又斜；只有柱底为正面的斜轴测（图 5-29，e）圆柱形象较明确。

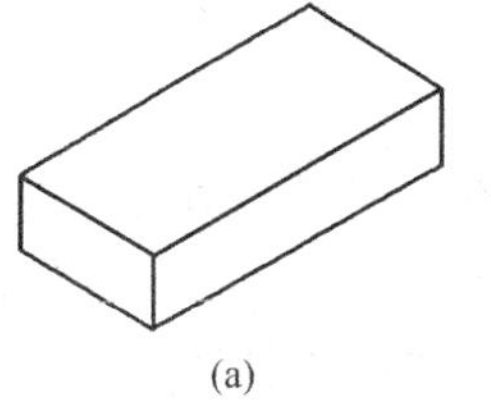

(a)

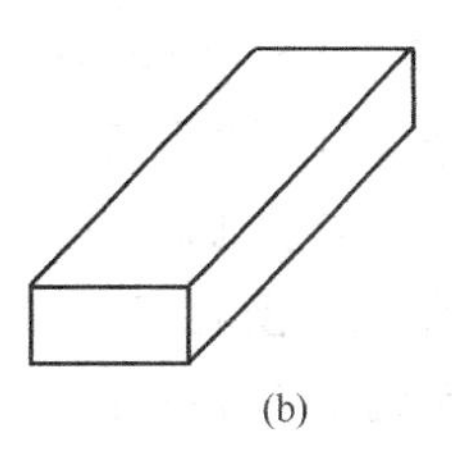

(b)

图 5-28

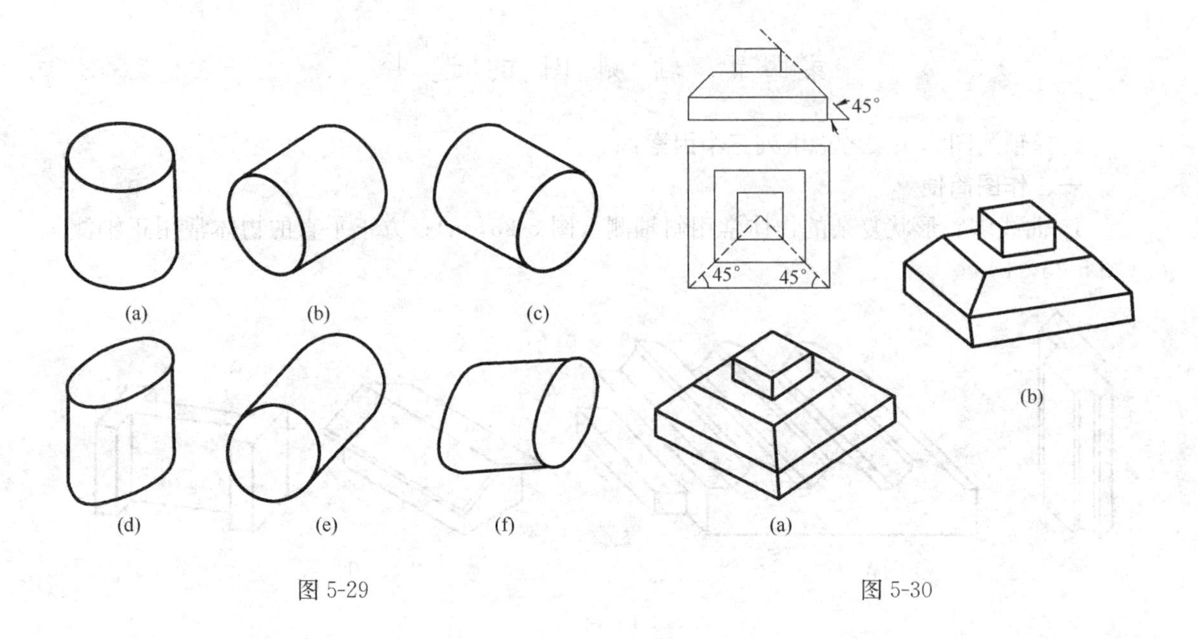

图 5-29　　图 5-30

三、图形应清晰反映物体形状

1. 平面和立面上均有 45°关系的物体，如用三等正轴测画，表现不太清楚（图 5-30，a），如用二等正轴测画，就能较好地表现物体的形状（图 5-30，b）。

2. 八棱柱因有 45°斜面，在三等正轴测中有两个面变成两条线（图 5-31，a），而在二等正轴测中能较清晰地反映它的形状（图 5-31，b）。

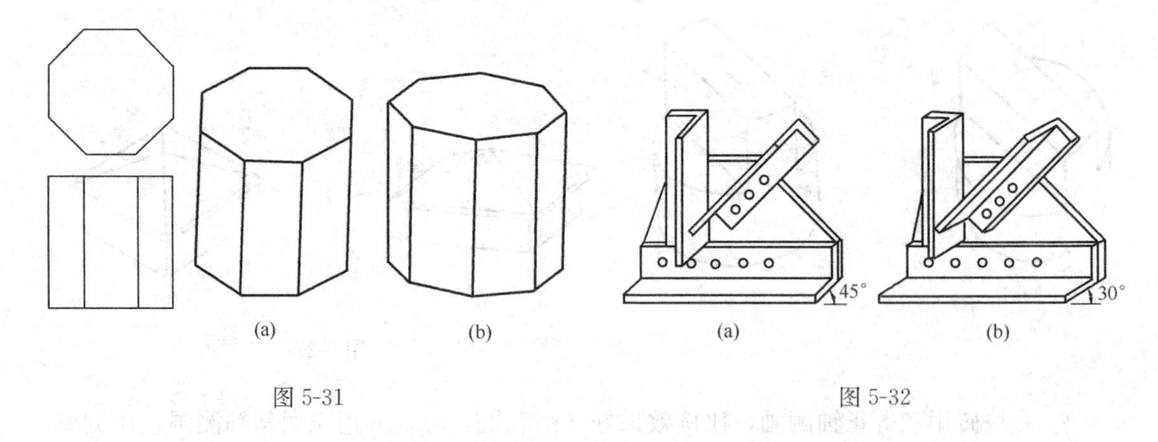

图 5-31　　图 5-32

3. 钢架节点上有一块 45°斜接的角钢，用正面斜轴测画较简便，但 Y 轴为 45°时（图 5-32，a），斜角钢有两个面成为两条线。如 Y 轴为 30°（图 5-32，b）斜角钢表现得较充分，图形更为清晰。

学会画轴测图并不难，但是面对各种不同形状、方位的物体，能迅速选定合适的轴测轴，并能得到理想的效果，却需要有个熟练的过程。这里仅分析了几个例题作比较，还不能概括各种各样的情况。要解决轴测图的选择问题，还需要不断通过实践，不断进行分析比较，才能逐渐熟练地选择合适的轴，迅速正确地画出各种物体的轴测图。

习 题 八

按照正投影图并根据各题所给轴间角画出轴测图。作图时可按比例放大，也可另选轴间角

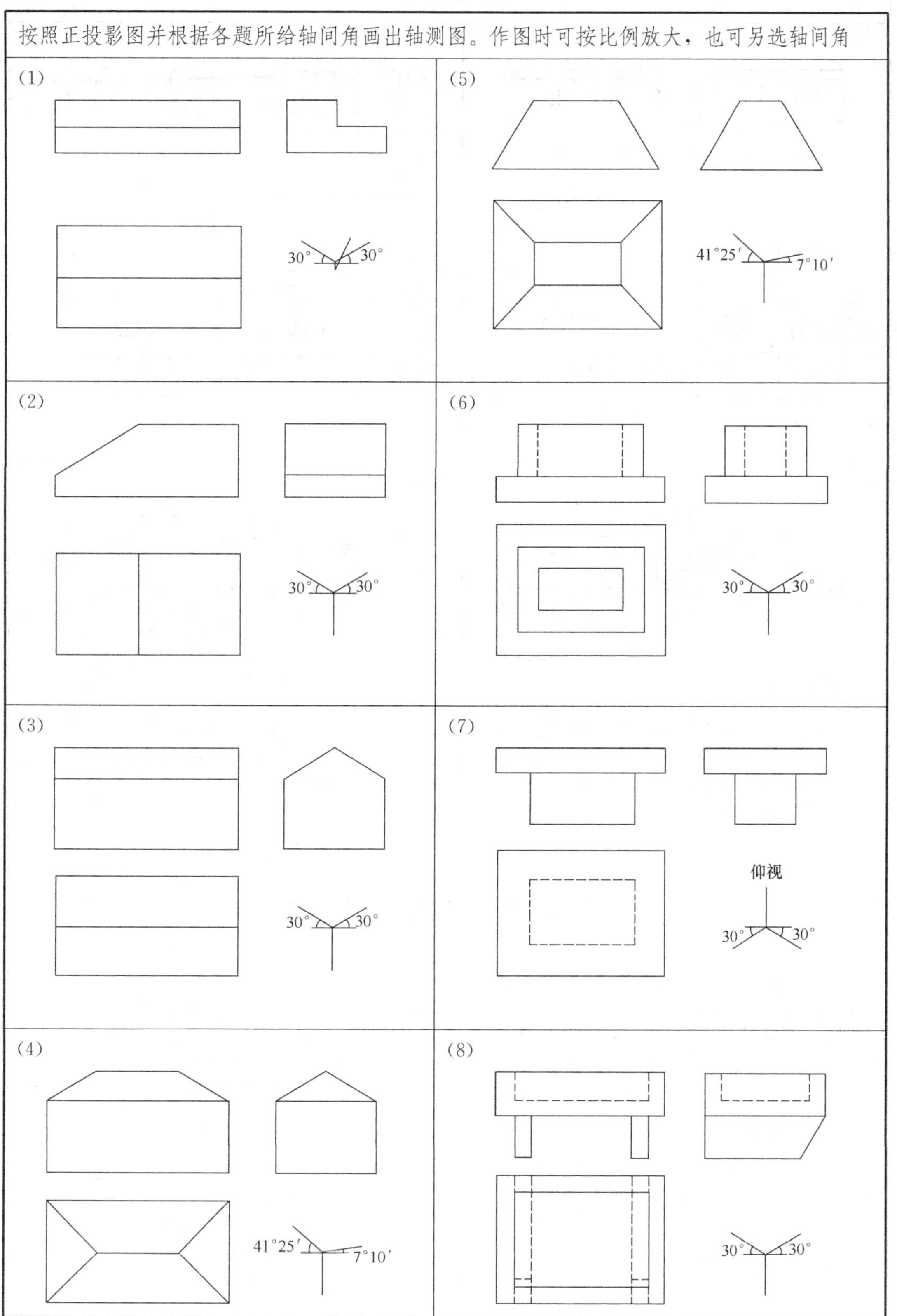

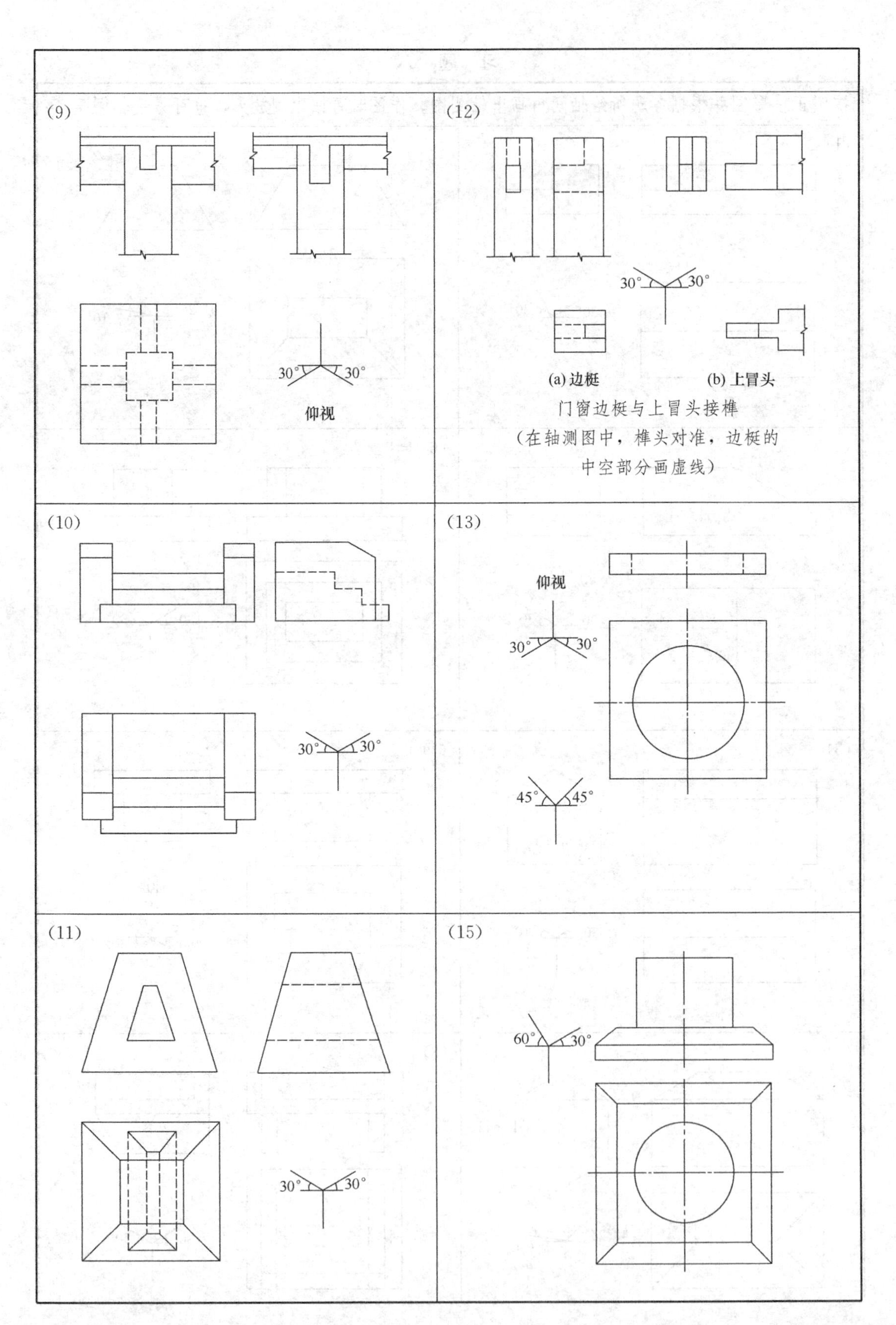
(9)
30°
30°
仰视
(12)
30°
30°
(a) 边梃
(b) 上冒头
门窗边梃与上冒头接榫
（在轴测图中，榫头对准，边梃的
中空部分画虚线）
(10)
30°
30°
(13)
仰视
30°
30°
45°
45°
(11)
30°
30°
(15)
60°
30°

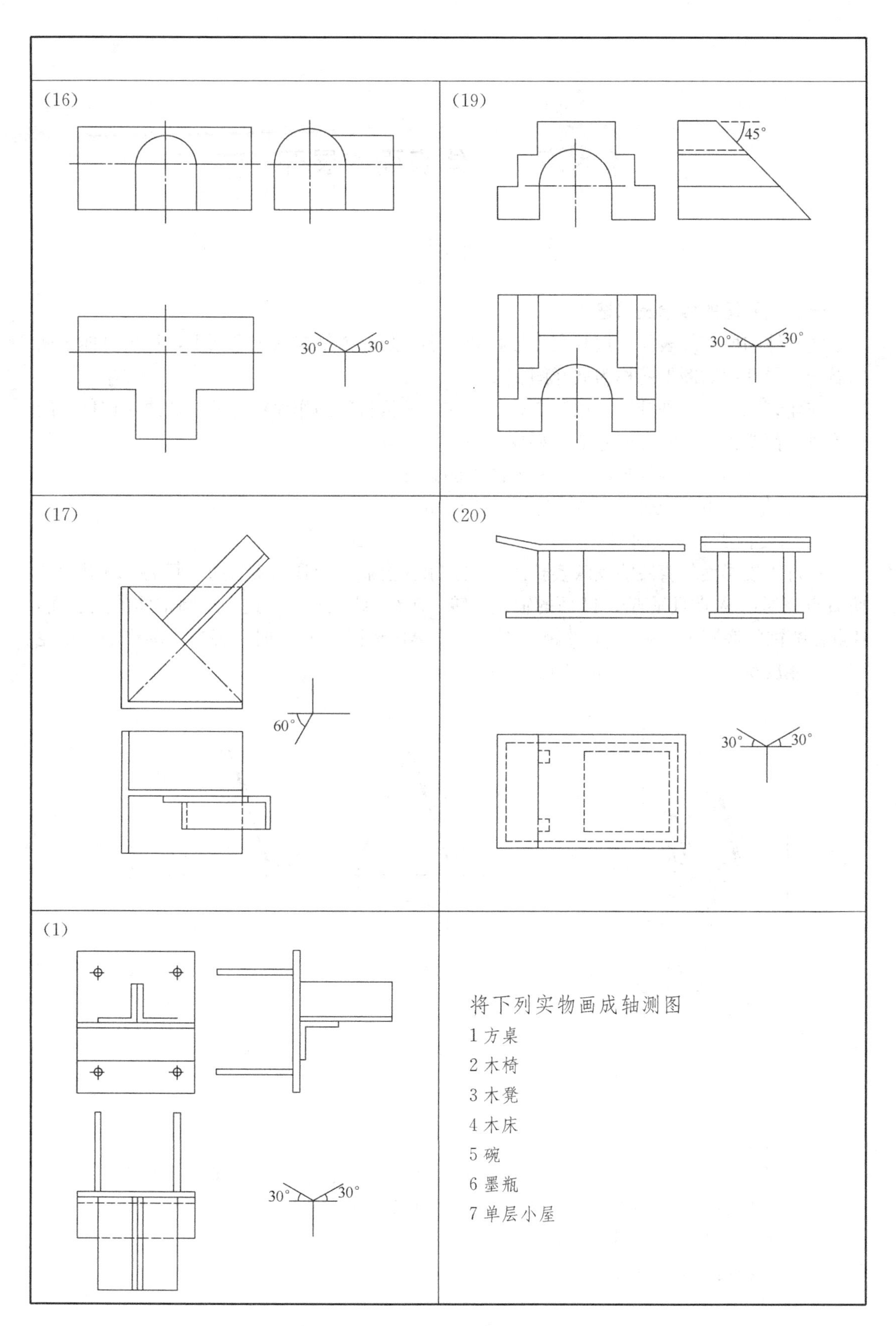

将下列实物画成轴测图

1 方桌

2 木椅

3 木凳

4 木床

5 碗

6 墨瓶

7 单层小屋

第六章　立体表面的展开

第一节　展开图的基本知识

一、展开图的概念及用途

将立体的所有外表面，按其实际形状和大小，顺序摊平在一个平面上，称为立体表面的展开。展开后的图形简称为展开图。

在建筑工程中，展开图应用范围较广。如用薄板材料制作模板、模型及建筑构件、配件等时，都要先画出展开图才能下料加工。

二、展开图常用到的求实长、实形的画图方法

1. 用直角三角形法求直线的实长。见图 3-32；

2. 用旋转法求直线的实长

平行于投影面的直线能反映实长。因此，求任意斜线 AB 的实长时，可将 A 点固定，使 B 点绕通过 A 点且垂直于 H 面的轴线旋转，AB 直线运动的轨迹为一圆锥体的上表面，B 点在圆锥的底圆上，距 H 面的距离不变。当 AB 平行于 V 面时，相当于圆锥的正面轮廓线，能反映实长（图 6-1，a、b）。

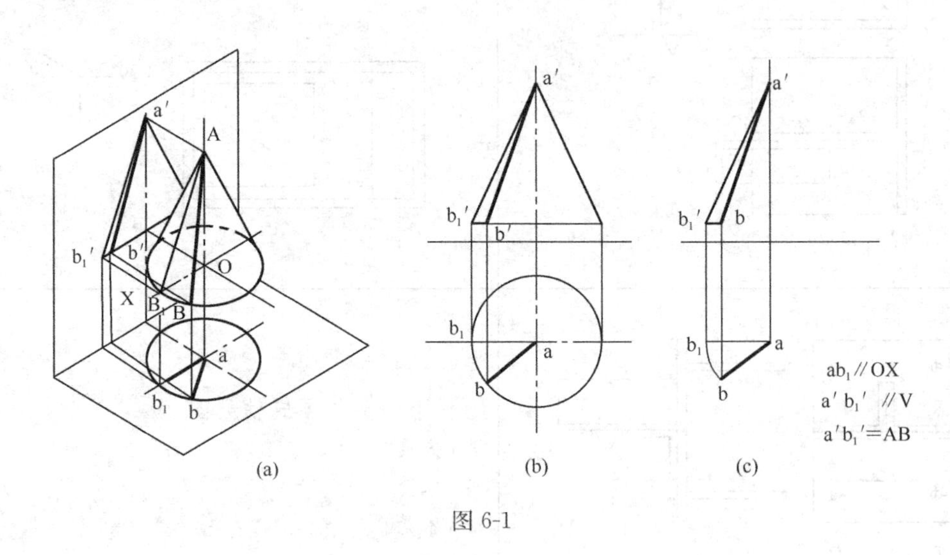

图 6-1

作图（图 6-1，c）：

（1）以 a 为圆心，ab 为半径，旋转至 ab_1，使 ab_1 平行于 V 面（即 ab_1 // OX）。

（2）自 b_1 向上引铅垂线与自 b′引的水平线相交于 b'_1。

（3）连 $a'b'_1$ 即为 AB 线实长。

3. 用变换投影面法求实形

【例】已知ABCD斜面的V、H投影，求其实形（图6-2，a）。

分析：

图中$a'b'c'd'$为一斜线，说明ABCD平面垂直V面，但与H面倾斜，H面不反映实形。如在V面上再作一个垂直于V，又与$a'b'c'd'$平行的投影面H_1，则ABCD在H_1上的投影反映实形。

（1）H_1上各点与V上各点的投影连续垂直于投影轴O_1X_1；

（2）H_1面上各点与H面上各点距V面的距离相等，如$a_1a_{x_1}=a_x$。

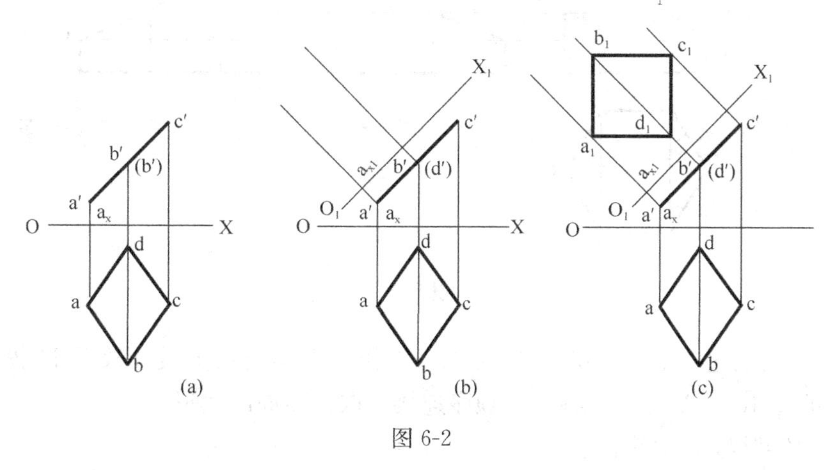

图6-2

作图：

（1）作$O_1X_1 /\!/ a'b'c'd'$，过a'、b'、c'、d'各点作O_1X_1的垂线交O_1X_1于a_{x_1}等点（图6-2，b）。

（2）量$a_1a_{x_1}=aa_x$得a_1，同理得b_1、c_1、d_1各点，连$a_1b_1c_1d_1$即为ABCD的实形（图6-2，c）。

原理搞清后，作图方法可简化为分别过a'、b'、c'、d'作$a'c'$的垂直辅助线，定出$a_1c_1 /\!/ a'c'$，b_1、d_1两点与a_1c_1的相对距离等于bd与ac间的距离（即都是正方形对角线的实长），连a_1、b_1、c_1、d_1，即为ABCD的实形。

第二节　柱面的展开图

一、正棱柱

【例】斜截实心六棱柱的展开图（图6-3）

分析：

（1）棱线都垂直于H面，故底边展开后为一直线。

（2）底面平行H面，H投影反映其实形，各边反映实长。

（3）V面投影反映各条棱线实长。

（4）顶面为一斜面，不反映实形，可用换面法求出实形。

作图：

（1）与柱底同高画一水平线，由H投影量取六棱柱各底边实长，并画出Ⅰ、Ⅱ、Ⅲ、Ⅳ、Ⅴ、Ⅵ各棱线位置。

（2）自 1′、2′、3′、4′、5′、6′引水平线，找出相应各棱线的高度，连成直线，即为棱柱侧表面的展开图。

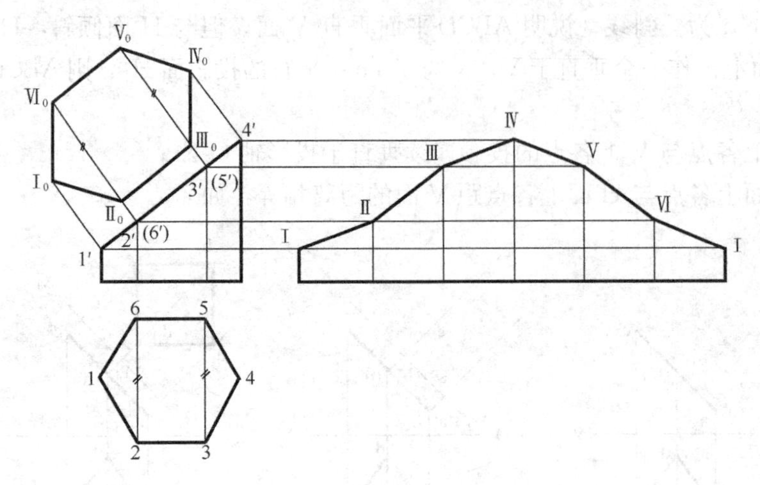

图 6-3

（3）在 V 面上过 1′、2′（6′）、3′（5′）、4′作 1′4′连线的垂线，根据 H 投影可定出 Ⅰ₀、Ⅱ₀、Ⅲ₀、Ⅳ₀、Ⅴ₀、Ⅵ₀ 各点，顺序连接，取为顶面的实形。

（4）底面实形与 H 投影同。

底面和顶面是否和侧面画在一起，画在什么位置，应以节约材料为主要根据，视应用时具体情况而定。

二、斜截面圆柱展开图（图 6-4）

分析：

（1）素线垂直 H 面，故底边展开后为一直线。

（2）底圆平行 H 面，H 投影反应实形。

（3）V 面投影反映圆柱素线的实长。

（4）顶面为一斜面，不反映实形。

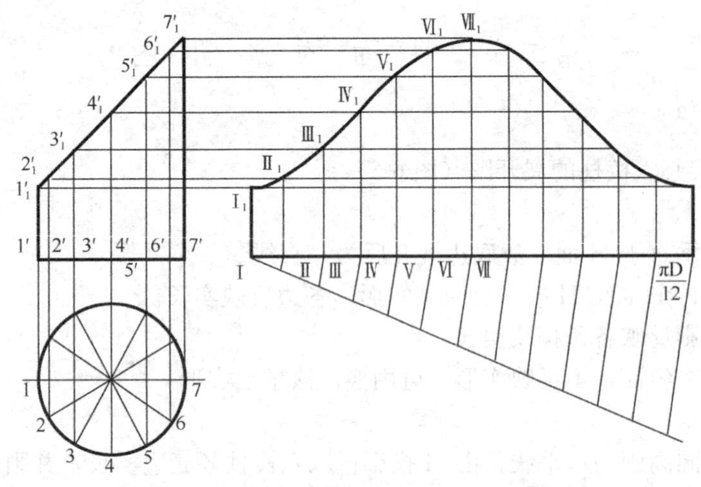

图 6-4

作图：

（1）将H投影底圆分成12等分（越多越准确），编上1、2、3、4、5、6、7号，后面对称，并由各点向上引铅垂线画出V面上的素线。

（2）在V投影右边与圆柱底同高画一水平线，并量取圆周的长度，用周长等于πD较准，然后分成十二等分，再向上画出素线位置。

（3）自V面将各素线的顶点引水平线，得出展开图上各素线的高度，连接各点即为斜截圆柱的柱面的展开图。

（4）斜截面圆柱顶面为一椭圆。如为实心圆柱可用换面法求出椭圆实形。如为空心柱，则不必求上下底。

第三节　锥面的展开图

一、棱锥体的展开

棱锥体的特点是底面为一个多边形，侧表面是由三个以上的三角形组成。故要画棱锥体的展开图，主要是要求出每条棱线的实长，然后依次画出图形。

【例】 已知一斜截三棱锥的V、H投影，画出展开图（图6-5）。

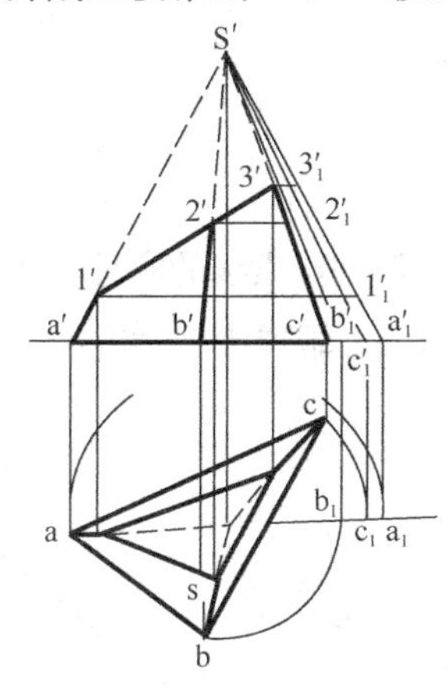

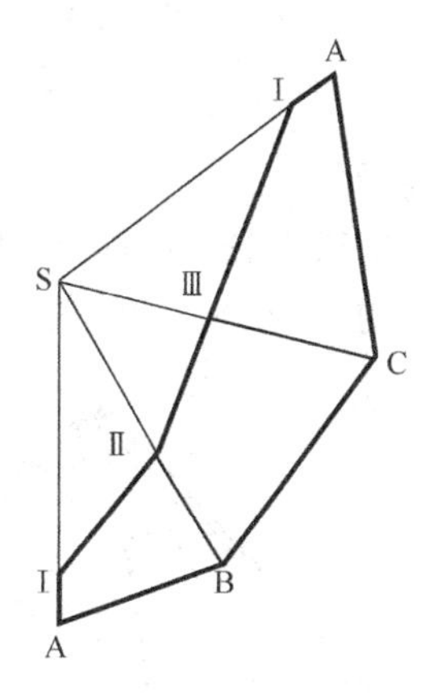

图6-5

分析：

H、V投影均不反映棱线的实长，为求棱线实长，一般都要先延长各棱线，求出锥顶S的H、V投影。

H投影△abc反映底面实形。

作图：

（1）延长棱线求出S、S′后，将SA、SB、SC旋转到平行于V面。

（2）过1′、2′、3′作水平线，求出$1'_1$、$2'_1$、$3'_1$。

（3）先画出完整三棱锥的展开图，再依次量出Ⅰ、Ⅱ、Ⅲ各点连接成图。

三、圆锥面的展开

正圆锥面展开后是一个扇形平面，半径R等于圆锥素线的实长，圆心角$\alpha=\frac{D}{R}180°$（D为圆锥底的直径）。

弧长的求法有两种：

（1）计算法：L＝πD

（2）图解法：把圆锥底分成 12 等分，将其中一分的弦长量在以 R 为半径的圆弧上，量 12 次即为所求。

【例】斜截圆锥的展开图（图 6-6）

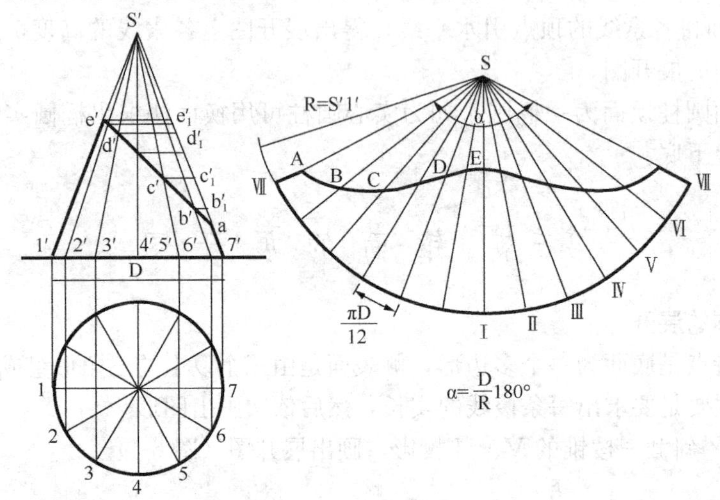

图 6-6

四、斜圆锥面展开

【例】将底圆分成 12 等分，用直角三角形法求出斜圆锥素线的实长，从对称轴开始，以相邻两素线实长及底圆的 1/12 圆弧的弦长画三角形，依次先画出展开面的一半即可（图 6-7）。

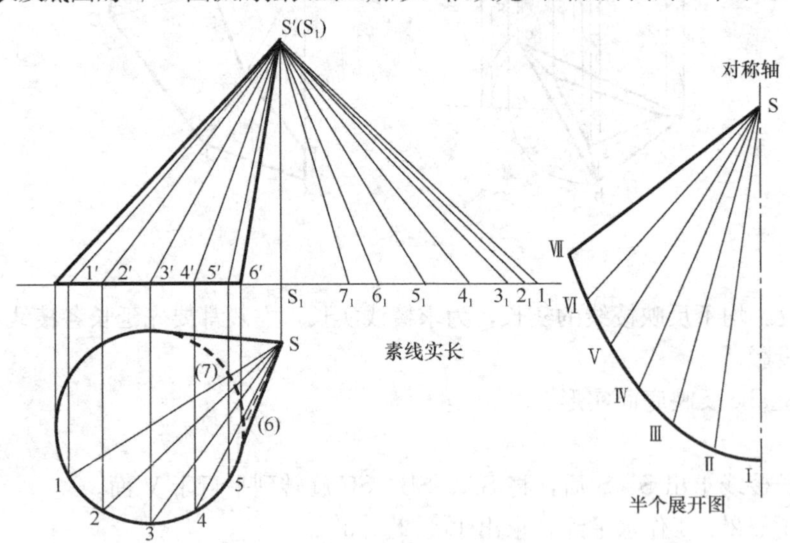

图 6-7

【例】截断斜圆锥展开图（图 6-8）

将底圆的一半分成六等分，用旋转法求出斜圆锥上各素线的实长。画展开图时，以最长素线的实长 S_1I_1 为半径画圆弧定出 S_1I 位置，以两相邻素线及相应一段弦长为三角形的三个边逐渐向外展开，然后减去被截断的部分，光滑连接即为所求。

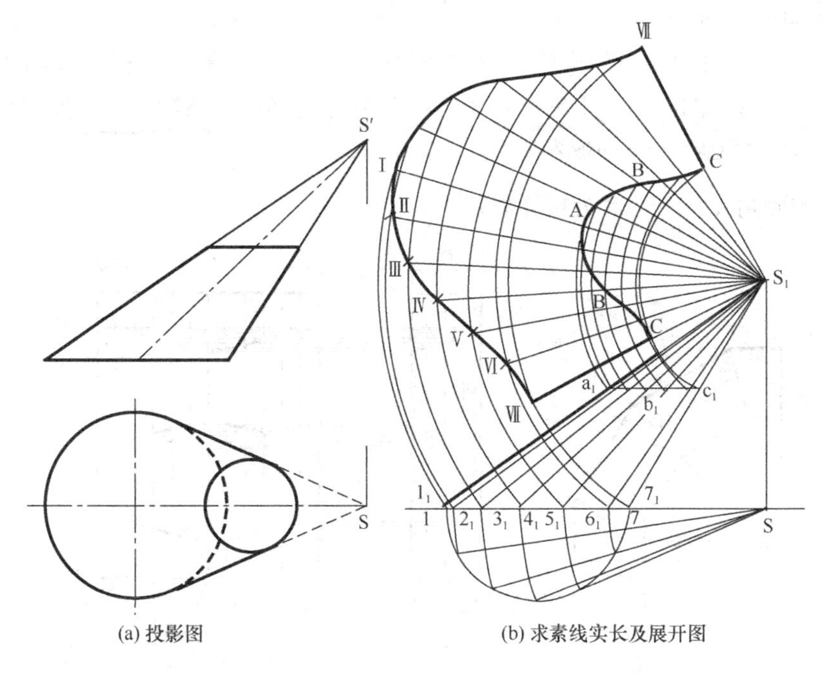

图 6-8

第四节 展开图应用实例

一、柱面弯管展开图

【例】方柱形雨水管弯头（图 6-9）

其立体图如图 6-9（a），三面投影图如图 6-9（a）。为节约用料，制作时将一段直管道按要求斜截后，将下部沿竖轴旋转 180°即可。其展开图如图 6-9（c），斜截线倾斜角度 $\beta=\frac{180^\circ-\alpha}{2}$（α 为斜管与铅垂线间的夹角）。

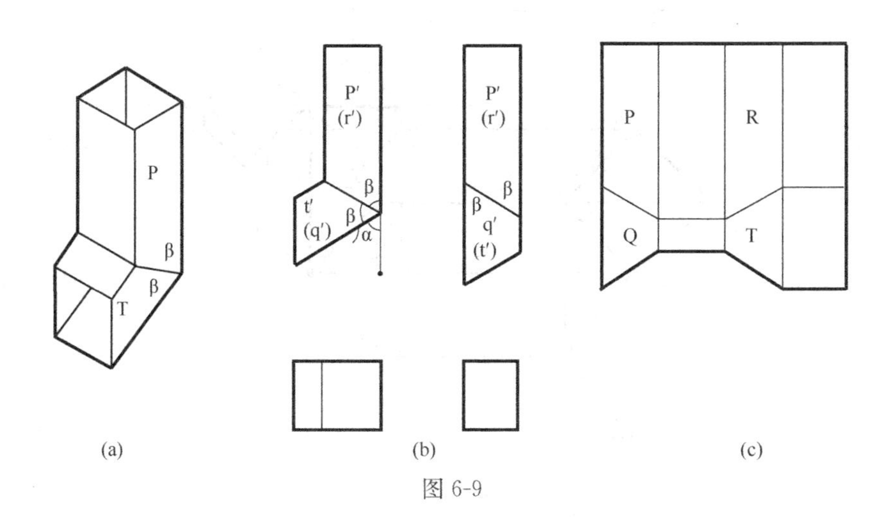

图 6-9

【例】圆柱形弯管

图 6-10，a 为一拐 90°角的弯管，有三个接缝，中间两节管子一样，端部两节管子一样，且等于中间管子的一半。下料时可考虑把各节管道排在一条轴线上，如图 6-10，b，c 然后每隔一节将管道转 180°即成弯管。

截斜线的倾角 $\alpha=\frac{90^\circ}{2n}$（n 为接缝数）

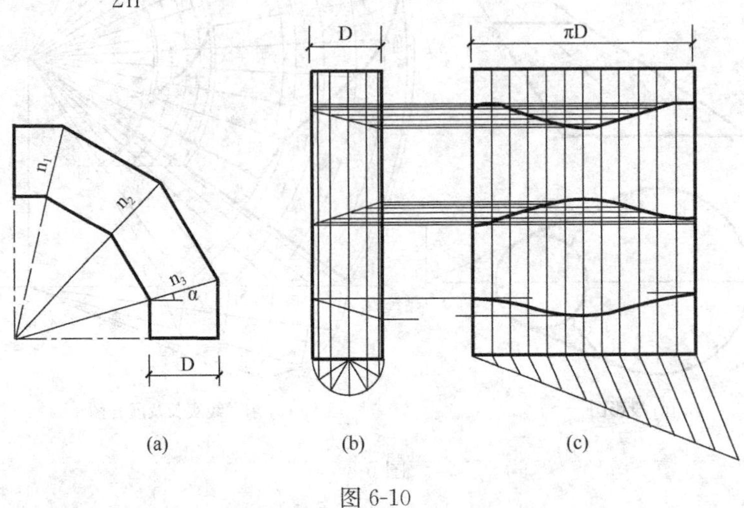

图 6-10

二、同坡屋顶展开（图 6-11）

分析：

（1）屋檐和平屋脊都平行 H 面，H 投影反映实长。

（2）ac=bc=jk，df=ef=gh，投影图不反映实长。

因此，只要求出 AC 和 EF 实长就能画出全部展开图。

作图：

（1）用旋转法先求出 AC、EF 实长，画出△ABC 及△DEF。

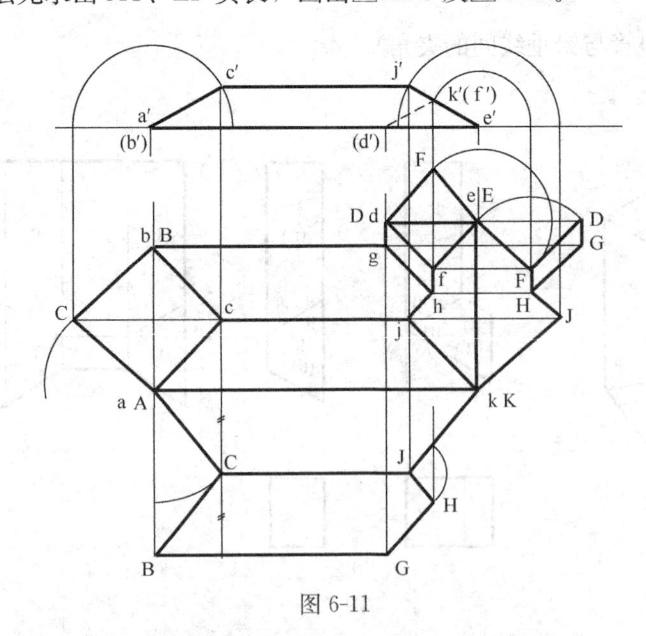

图 6-11

（2）过a、c、f、g、j、h画铅垂线，以A为圆心AC为半径画圆弧得CJ，同理得B、G、F、H。

（3）过d、e、f、g、h、j画水平线，同上方法画出其余部分。

三、变形接头展开图

图6-12是一个上圆下方管道的变形接头，可看作是由四个三角形和四个相同的锥面所围成。画出它的展开图的关键是求出锥面上各素线的实长及三角形的实形。由于前后对称，左右对称，故可用旋转法求素线实长，然后依次画一半展开图即可。

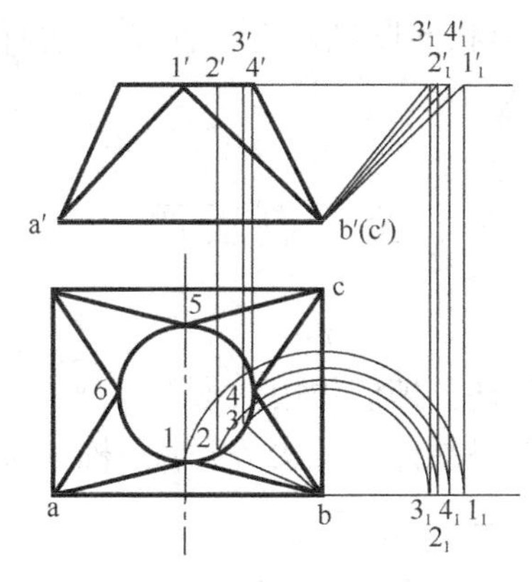

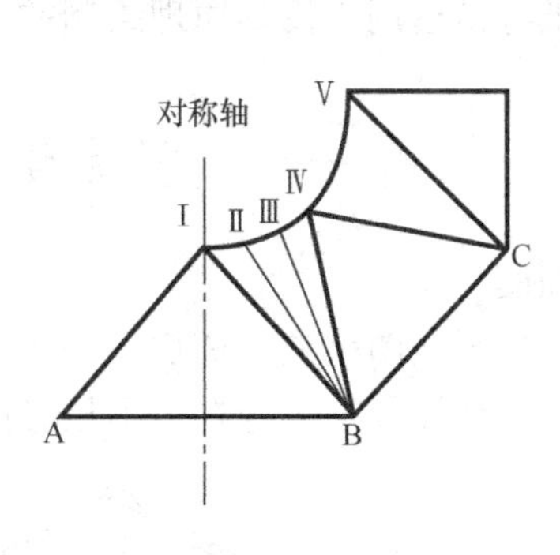

图 6-12

四、十字拱顶展开图

十字拱的特点是由四个半径相同的半圆柱垂直相交，因此形成四块大小、形状相同的柱面，故只要求出其四分之一即可，如图6-13所示。

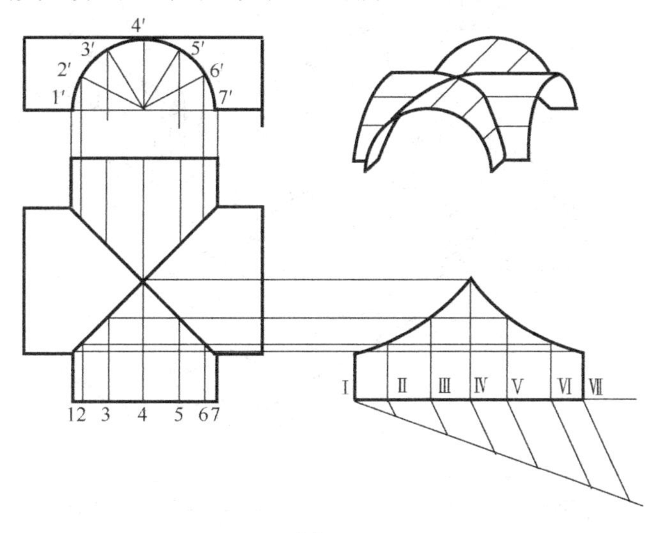

图 6-13

小结

1. 画展开图的关键是根据物体的特性，选择适当的求直线实长、平面实形的方法，依次画出实形。

2. 实际应用中，下料时要注意把接缝处的用料也要画出来。

3. 回转面如球、环面等，可用近似法画展开图。

不可展直线面可分解成若干个三角形，然后求其实形画出展开图。

第七章　房屋建筑图的基本表示方法

房屋建筑图是表示一栋房屋的内部和外部形状的图纸，有平面图、立面图、剖面图等。这些图纸都是运用正投影原理绘制的。

第一节　房屋建筑的平、立、剖面图

一、平面图

房屋建筑的平面图就是一栋房屋的水平剖视图。即假想用一水平面把一栋房屋的窗台以上部分切掉，切面以下部分在水平投影图就叫做平面图。图 7-1 是一栋单层房屋的平面

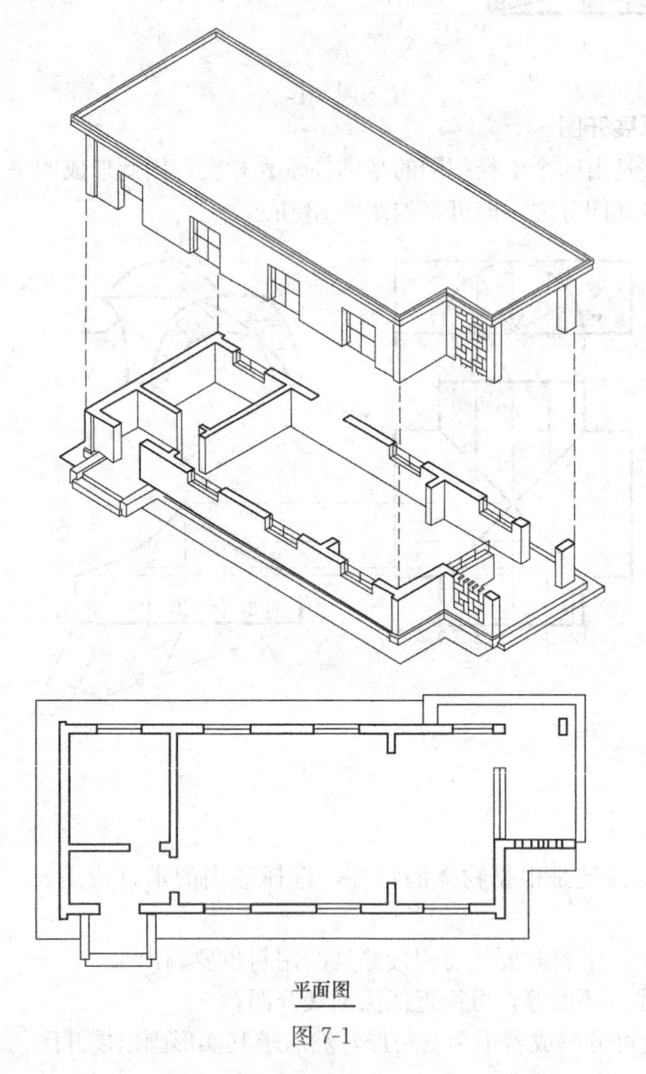

图 7-1

图。一栋多层的楼房若每层布置各不相同，则每层都应画平面图。如果其中有几个楼层的平面布置相同，可以只画一个标准层的平面图。

平面图主要表示房屋占地的大小，内部的分隔，房间的大小，台阶、楼梯、门窗等局部的位置和大小，墙的厚度等。一般施工放线、砌墙、安装门窗等都要用到平面图。

平面图有许多种，如总平面图、基础平面图、楼板平面图、屋顶平面图、吊顶和天棚仰视图等。

三、立面图

房屋建筑的立面图，就是一栋房子的正立投影图与侧投影图，通常按建筑各个立面的朝向，将几个投影图分别叫做东立面图、西立面图、南立面图、北立面图等。图 7-2 就是一栋建筑的两个立面图。

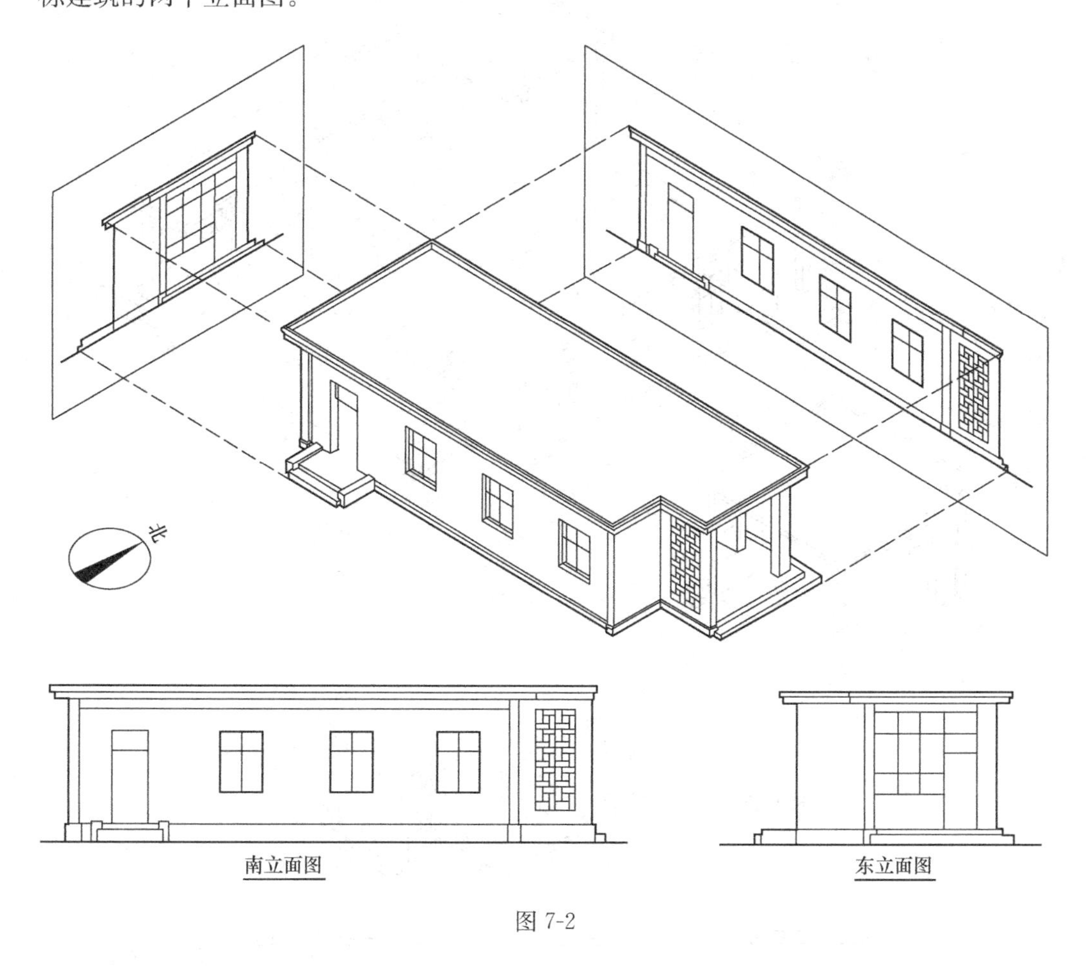

图 7-2

立面图主要表明建筑物外部形状，房屋的长、宽、高尺寸，屋顶的形式，门窗洞口的位置，外墙饰面、材料及做法等。

三、剖面图

房屋建筑的剖面图系假想用一平面把建筑物沿垂直方向切开，切面后的部分的正立投影图就叫做剖面图。因剖切位置的不同，剖面图又分为横剖面图（图 7-3，1-1 剖面图）、纵剖面图（图 7-3，2-2 剖面图）。

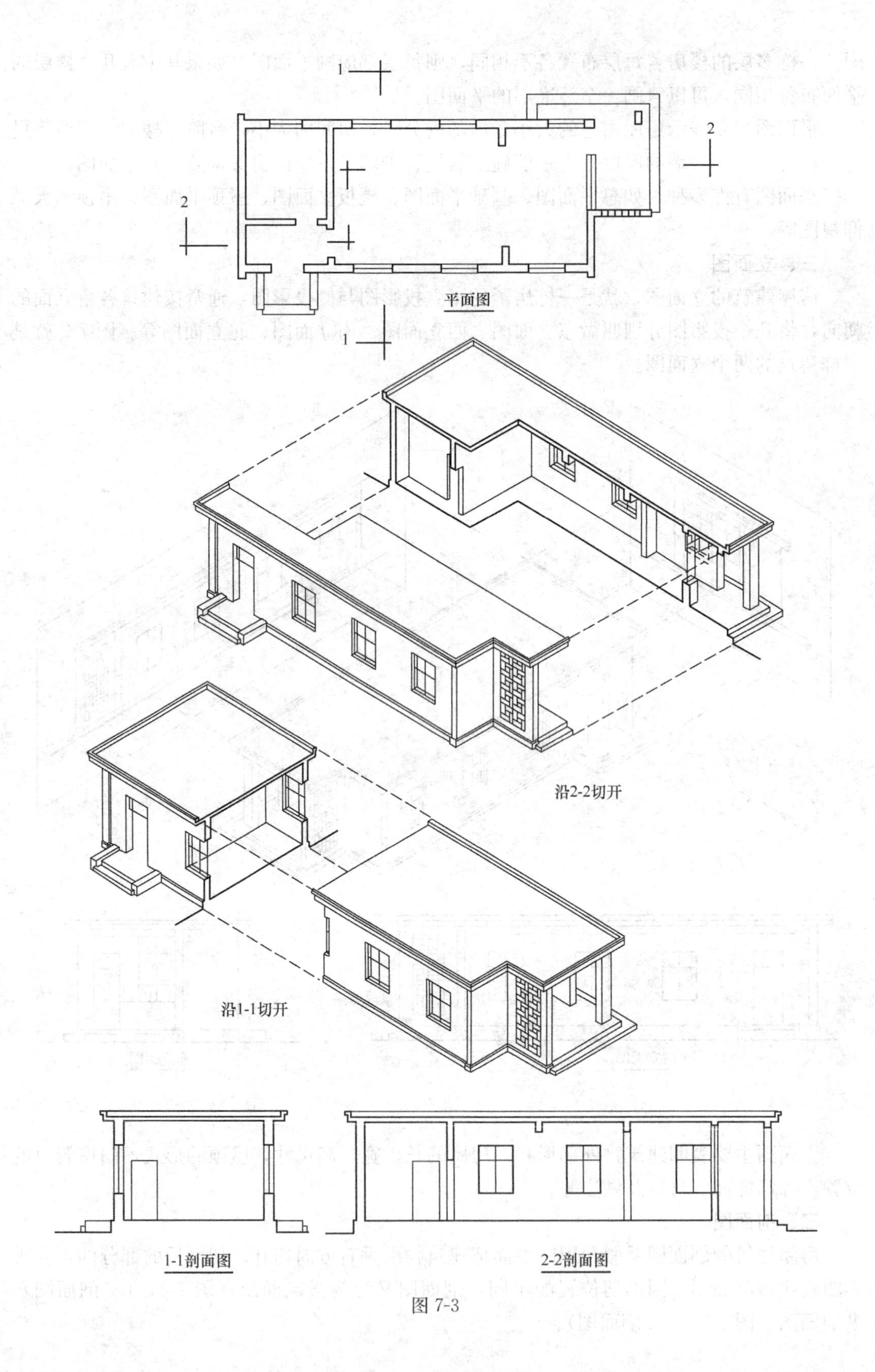

图 7-3

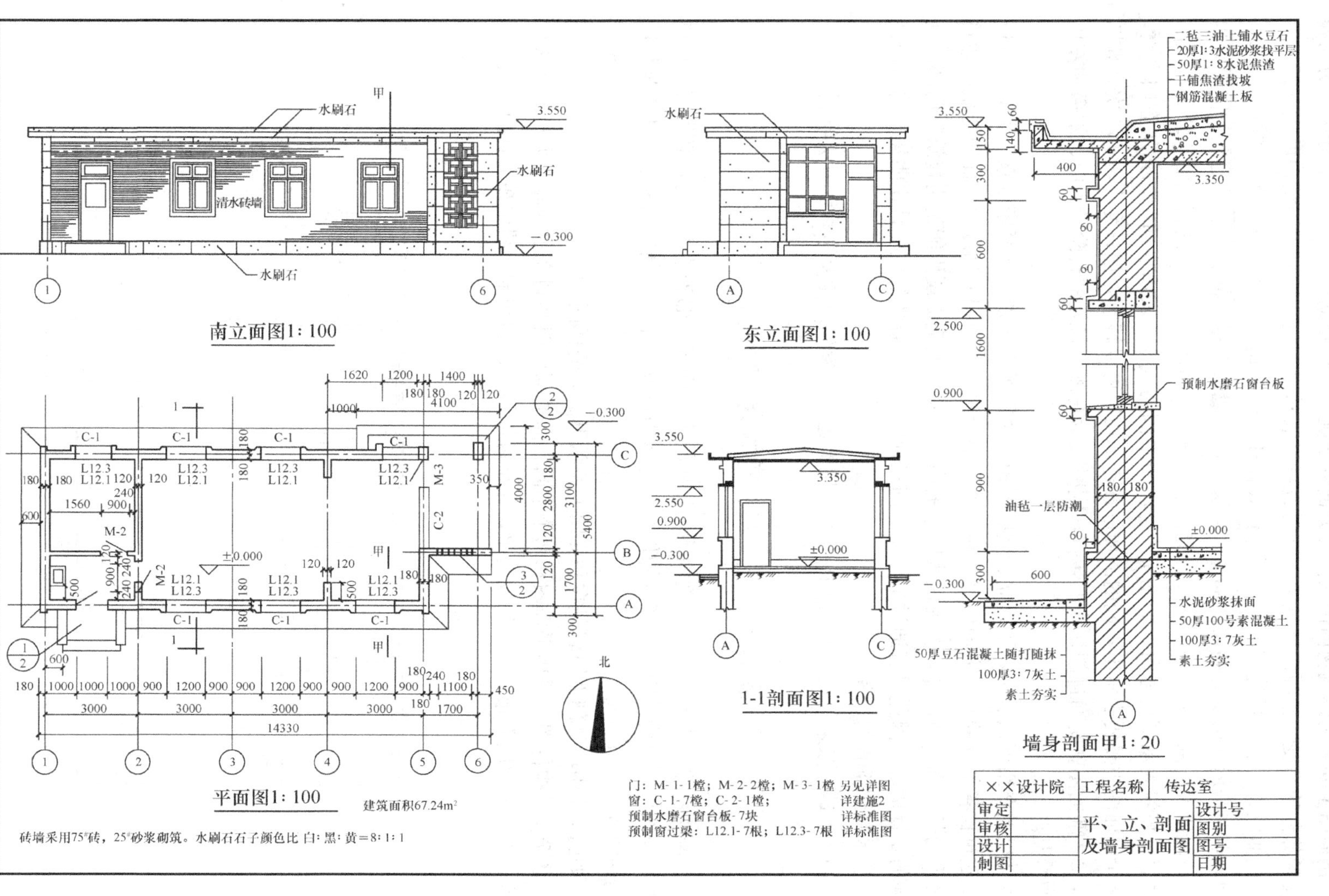
水刷石
甲
清水砖墙
南立面图1:100
东立面图1:100
1-1剖面图1:100
二毡三油上铺水豆石
20厚1:3水泥砂浆找平层
50厚1:8水泥焦渣
干铺焦渣找坡
钢筋混凝土板
预制水磨石窗台板
油毡一层防潮
水泥砂浆抹面
50厚100号素混凝土
100厚3:7灰土
素土夯实
50厚豆石混凝土随打随抹
墙身剖面甲1:20
平面图1:100
建筑面积67.24m²
北
砖墙采用75#砖，25#砂浆砌筑。水刷石石子颜色比 白:黑:黄=8:1:1
门：M-1-1樘；M-2-2樘；M-3-1樘 另见详图
窗：C-1-7樘；C-2-1樘； 详建施2
预制水磨石窗台板-7块 详标准图
预制窗过梁：L12.1-7根；L12.3-7根 详标准图
××设计院
工程名称
传达室
审定
审核
设计
制图
平、立、剖面及墙身剖面图
设计号
图别
图号
日期

图 7-4

剖面图主要表明建筑物内部在高度方面的情况，如屋顶的坡度、楼房的分层、房间和门窗各部分的高度、楼板的厚度等，同时也可以表示出建筑物所采用的结构形式。

剖面位置一般选择建筑内部作法有代表性和空间变化比较复杂的部位。如图 7-3，1-1 剖面是选在房屋的第二开间窗户部位。多层建筑一般选在楼梯间。复杂的建筑物需要画出几个不同位置的剖面图。剖面的位置应在平面图上用剖切线标出。剖切线的长线表示剖切的位置，短线表示剖视方向。如图 7-3 平面图中剖切线 1-1 表示横向剖切，从右向左看。在一个剖面图中想要表示出不同的剖切位置，剖切线可以转折，但只允许转折一次。如图 7-3，2-2 剖面图就是通过剖切线的转折，同时表示右侧入口处的台阶、大门、雨篷和左侧门的情况。

从以上介绍可以看出，平、立、剖面图相互之间既有区别，又紧密联系。平面图可以说明建筑物各部分的水平方向的尺寸和位置，却无法表明它们的高度；立面图能说明建筑物外形的长、宽、高尺寸，却无法表明它的内部关系，而剖面图则能说明建筑物内部高度方向的布置情况。因此只有通过平、立、剖三种图互相配合才能完整地说明建筑物从内到外、从水平到垂直的全貌。

图 7-4 是一张某传达室的施工图，就是用上述的房屋建筑图基本表示方法绘制的。

第二节　房屋建筑的详图和构件图

在施工图中，由于平、立、剖面图的比例较小，许多细部表达不清楚，必须用大比例尺绘制局部详图或构件图。详图或构件图也是运用正投影原理绘制的，表示方法根据详图和构件的特点有所不同。

如图 7-4 中墙身剖面甲就是在平面图上所示甲剖面的详图。

图 7-5 是构件图，采用平面图和两个不同方向的剖面图共同表示预应力大型屋面板的形状。由于大型屋面板的外形比较简单，完全可以从平面图和剖面图中知道它的形状，因

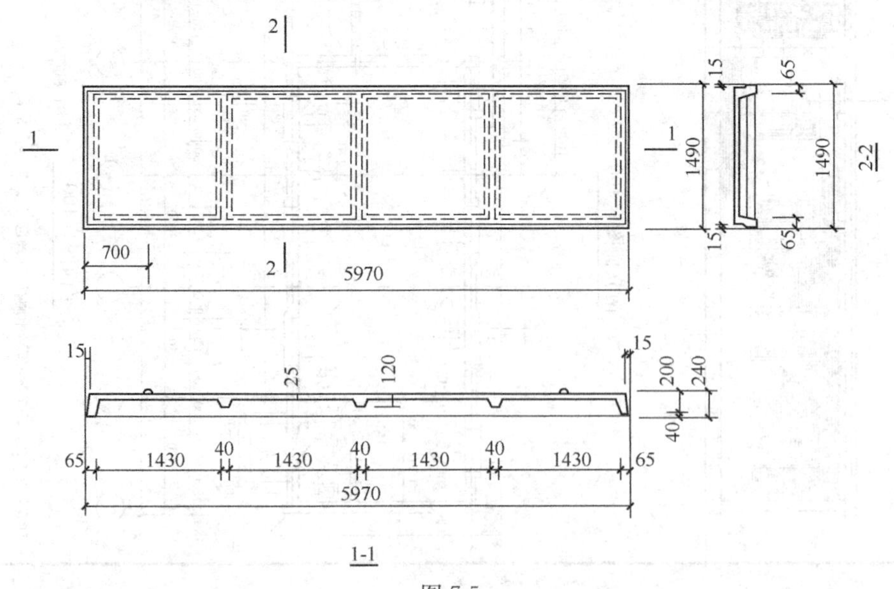

图 7-5

此将立面图省略不画。

图 7-6 是楼盖的布置图。在平面图上画一垂直剖面，就地向左或向上折倒在平面上，这种剖面称为折倒断面，如图中涂黑的部分。这样可以更清楚地表示出其立体关系。

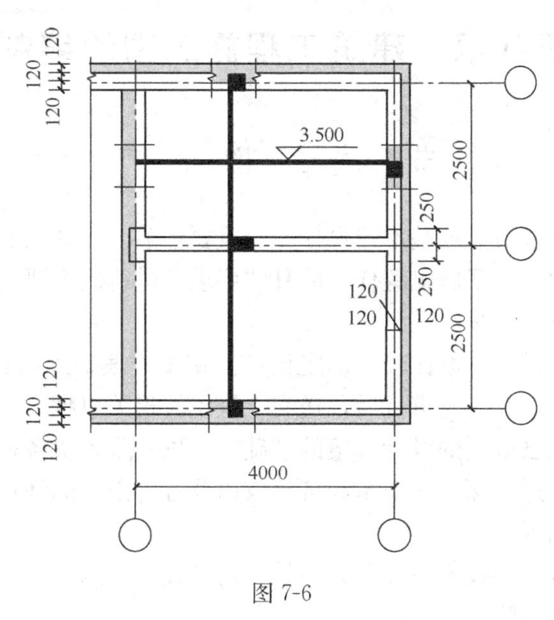

图 7-6

图 7-7 是用折倒断面表示出立面上线条的起伏、凹凸的轮廓。

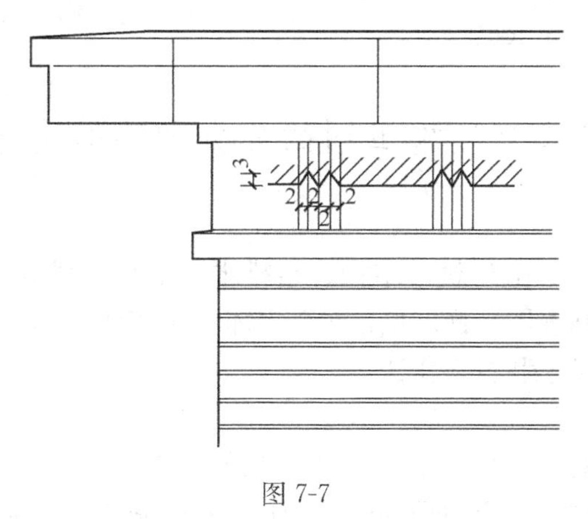

图 7-7

从以上所述可以看出，房屋建筑的平、立、剖面图是以正投影原理为基础的，并根据建筑设计和施工的特点，采用了一些灵活的表现方法。熟悉这些基本表现方法，有助于我们阅读房屋建筑的施工图纸。

第八章　建筑工程施工图的编制

第一节　施 工 图 的 产 生

设计工作是多快好省地完成基本建设任务的重要环节。设计人员首先要认真学习党的有关基本建设的方针政策，了解工程任务的具体要求，进行调查研究，收集设计资料。设计过程大体上包括以下几个步骤：

进行初步设计：经过多方案比较，确定设计的初步方案；画出比较简略的主要图纸，附文字说明及工程概算；经讨论审查后，送交上级主管机关审批。

进行技术设计：在已审定的设计方案的基础上，进一步解决各种使用和技术问题，统一各工种之间的矛盾，进行深入的技术经济比较以及各种必要的计算等。

绘制出全套施工图纸

有些工程将初步设计和技术设计合并为扩大初步设计，因而全部设计过程即为扩大初步设计与绘制施工图两个阶段。

一套施工图是由建筑、结构、水、暖、电、预算等工种共同配合，经过上述的设计程序编制而成，是进行施工的依据。

第二节　施工图的分类和编排次序

一、分类

施工图纸按工种分类，由建筑、结构、给排水、采暖通风和电气几个工种的图纸组成。各工种的图纸又分基本图、详图两部分。基本图纸表明全局性的内容；详图表明某一构件或某一局部的详细尺寸和材料作法等。

二、编排次序

一个工程施工图纸的编排顺序是总平面、建筑、结构、水、暖、电等。各工种图纸的编排一般是全局性图纸在前，说明局部的图纸在后；先施工的在前，后施工的在后；重要图纸在前，次要图纸在后。在全部施工图前面还编入图纸目录和总说明。

1. 图纸目录：说明该工程由哪几个工种的图纸所组成，各工种图纸名称、张数和图号顺序。其目的为便于查找图纸。

2. 总说明：主要说明工程的概貌和总的要求。内部包括工程设计依据（如建筑面积、造价以及有关的地质、水文、气象资料）；设计标准（建筑标准、结构荷载等级、抗震要求、采暖通风要求、照明标准）；施工要求（如施工技术及材料的要求等）。一般中小型工程的总说明放在建筑施工图内。

3. 建筑施工图：主要表示建筑物的内部布置情况，外部形状以及装修、构造、施工要求等。基本图纸包括总平面图、平面图、剖面图等。详图包括墙身剖面图、楼梯、门、窗、厕所、浴室及各种装修、构造等详细做法。

4. 结构施工图：主要表示承重结构的布置情况，构件类型、大小以及构造作法等。基本图纸包括基础图、柱网布置图、楼盖结构布置图、屋顶结构布置图等。构件图包括柱、梁、板、楼梯、雨篷等。

一般混合结构自首层室内地面以上的砖墙及砖柱由建筑图表示；首层地面以下的砖墙由结构基础图表示。

5. 给排水施工图：主要表示管道的布置和走向，构件做法和加工安装要求。图纸包括平面图、系统图、详图等。

6. 采暖通风施工图：主要表示管道布置和构造安装要求。图纸包括平面图、系统图、安装详图等。

7. 电气施工图：主要表示电气线路走向及安装要求。图纸包括平面图、系统图、接线原理图以及详图等。

第三节　施工图画法规定

为了保证图纸质量、提高绘图效率和便于阅读，国家建委制定了统一的《建筑制图标准》，简称“国标”，代号 GBJ 1—73。阅读或绘制施工图应熟悉有关的表示方法和规定。这里选择几项主要的规定和常用的表示方法予以说明。

一、图幅

根据《建筑制图标准》的规定，图纸幅面的规格分为 0、1、2、3、4 共五种。幅面的长宽尺寸，边框的尺寸见下表。尺寸代号、图标及会签栏位置见图 8-1。在一套施工图中尽可能使图纸整齐划一，在选用图纸幅面时，应以一种规格为主，避免大小幅面掺杂使用。在特殊情况下，允许加长 1～3 号图纸的长度和宽度，零号图纸只能加长长边，加长部分的尺寸应为边长的 1/8 及其倍数，见图 8-2。4 号图纸不得加长。

基本幅面代号	0	1	2	3	4
b×1	841×1189	594×841	420×594	297×420	297×210
c	10			5	
a	25				

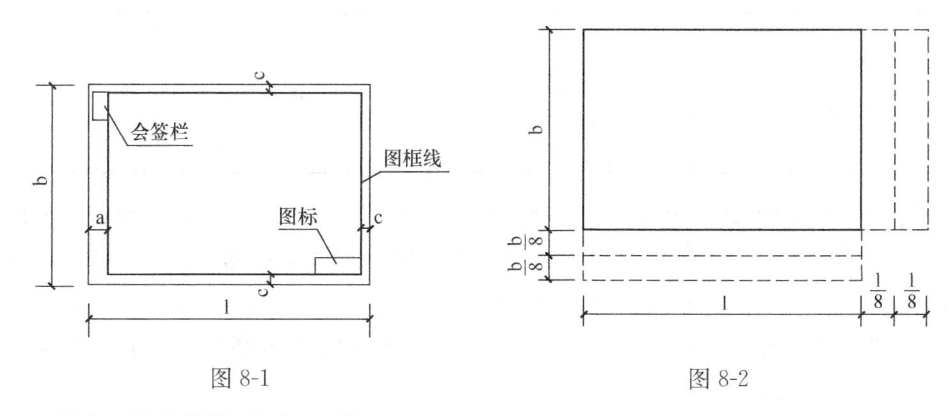

图 8-1　　图 8-2

二、图标（标题栏）和会签栏

1. 图标：常见的图标格式、内容如下表。当需要查阅某张图时，可从图纸目录中查到该图的工程图号，然后根据这个图号查对图标，就可以找到所要的图纸。

<table>
<tr><td colspan="3" rowspan="2">（设计单位全称）</td><td>工程名称</td><td colspan="3"></td></tr>
<tr><td>项　目</td><td colspan="3"></td></tr>
<tr><td>审　定</td><td></td><td></td><td colspan="2" rowspan="4">（图名）</td><td>设计号</td><td></td></tr>
<tr><td>审　核</td><td></td><td></td><td>图　别</td><td></td></tr>
<tr><td>设　计</td><td></td><td></td><td>图　号</td><td></td></tr>
<tr><td>制　图</td><td></td><td></td><td>日　期</td><td></td></tr>
</table>

40~50

180

工程名称是指某个工程的名字，如“皮革机械厂”。项目是指本工程中的一个建筑物，如“铸工车间”。

图名：表明本张图纸的主要内容，如“平面图”。

设计号：是设计部门对该工程的编号，有时也是工程的代号。

图别：表明本图所属的工种和设计阶段，如“建施”（即建筑施工图）。

图号：表明本工程图纸的编号顺序（一般用阿拉伯字注写）。

2. 会签栏：是为各工种负责人签字用的表格。其格式如下：

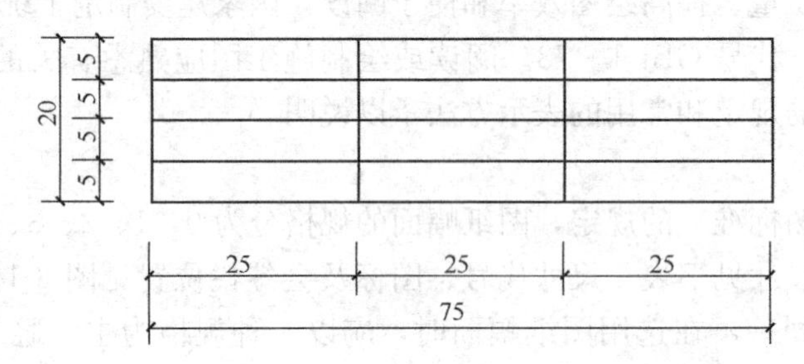

三、比例尺

一套施工图既要说明建筑物的总体布置，又要说明一栋建筑物的全貌，还要把若干局部或构件的尺寸与构造作法交待清楚。所以全部采用一种比例尺不可能满足各种图的要求。因此必须根据图纸的内容选择恰当的比例尺。各种常用的比例尺见下表。

图　名	常用比例尺	必要时可增加的比例
总平面图	1∶500，1∶1000，1∶2000	1∶2500，1∶5000，1∶10000
总平面专业断面图	1∶100，1∶200，1∶1000，1∶2000	1∶500，1∶5000
平面图，剖面图，立面图	1∶50，1∶100，1∶200	1∶150，1∶300
次要平面图	1∶300，1∶400	1∶500
详图	1∶1，1∶2，1∶5，1∶10，1∶20，1∶25，1∶50	1∶3，1∶4，1∶30，1∶400

一般在一个图形中只采用一种比例尺。但在结构图中，有时允许在一个图形上使用两种比例尺。例如在构件图中，为了清楚地表示预制钢筋混凝土梁的钢筋布置情况，在长度方向和高度方向可以用两种比例尺。施工时以所注尺寸为准。如图 8-3 长度比尺采用 1∶50，高度比尺采用 1∶25。其他如给排水、暖气工种的管道剖面图，水平和垂直两个方向也可采用两种比例尺。

比例注写在图名的右侧。当整张图纸只用一种比例时，也可以注写在图标内图名的下面。详图的比例应注写在详图索引标志的右下角。

四、轴线

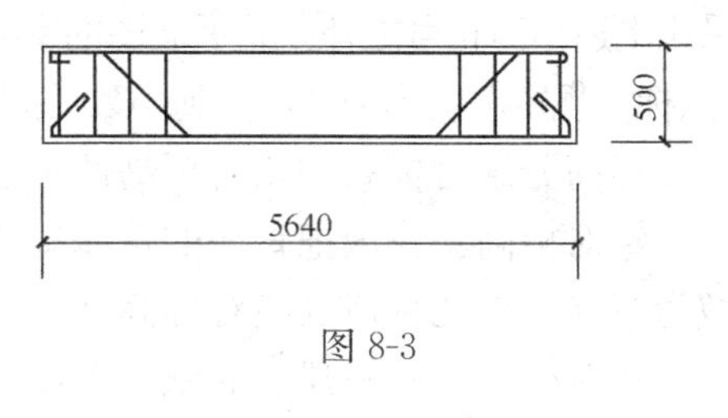

图 8-3

施工图中的轴线是定位、放线的重要依据。凡承重墙、柱子、大梁或屋架等主要承重构件的位置都应画上轴线并编上轴线号。非承重的隔断墙以及其他次要承重构件等，一般不编轴线号。凡需确定位置的建筑局部或构件，都应注明它们与附近轴线的尺寸。

轴线用点划线表示，端部画圆圈（圆圈直径 8～10 毫米），圆圈内注明编号。水平方向用阿拉伯数字由左至右依次编号；垂直方向用汉语拼音字母由下往上顺序编号，如图 8-4。

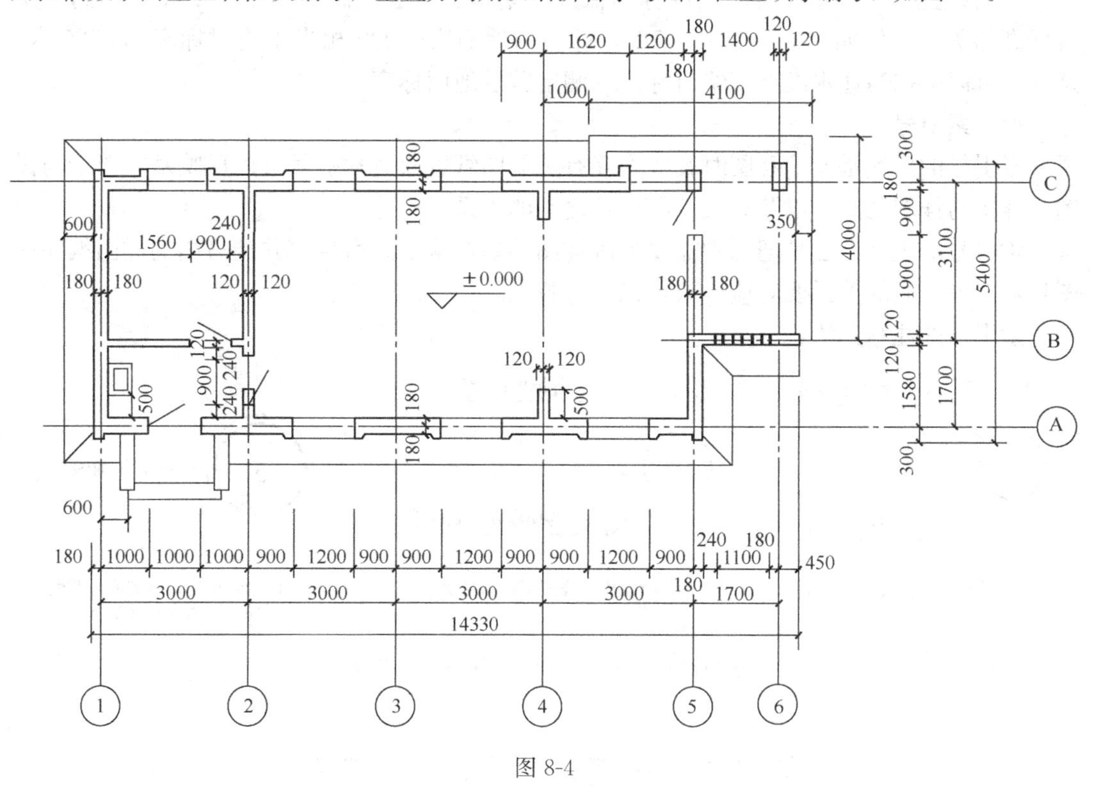

图 8-4

三、尺寸及单位

施工图中均注有详细尺寸，作为施工制作的主要依据。尺寸由数字及单位组成，例如 100 毫米（mm），100 代表数字，毫米（mm）代表单位。根据“国标”规定，尺寸单位：总图以米为单位，其余均以毫米为单位。为了图纸简明，在尺寸数字后不写尺寸单位。平面图尺寸的标注方法见图 8-5。

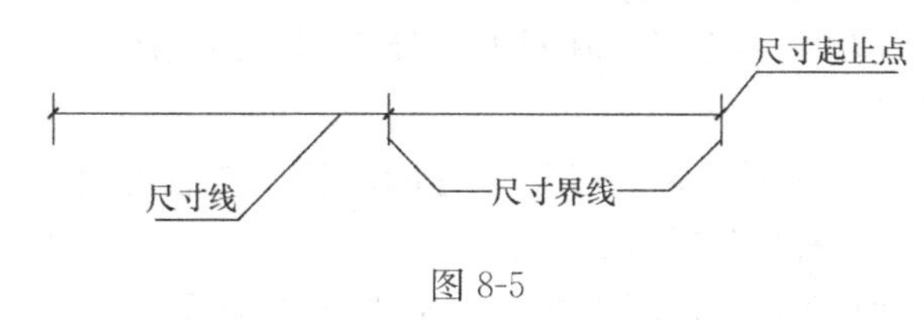

图 8-5

六、标高

建筑物各部分的高度用标高表示。表示方法用符号“▽—”。下面横线为某处高度的界线，上面符号注明标高，但应注在小三角的外侧，小三角的高度约为 3 毫米。除各种图面一律采用上述标高符号之外，总平面图的室外整平标高采用符号“▼”表示。标高单位用米（m）。“国标”规定准确到毫米，注到小数后第三位。总平面图标高注至小数点以后第二位。

标高分绝对标高和相对标高两种。

绝对标高：我国把青岛的黄海平均海平面定为绝对标高的零点，其他各地标高都以它做为基准。如北京市区绝对标高在 40 米上下。

相对标高：一栋建筑的施工图需注明许多标高，如果都用绝对标高，数字就很繁琐。所以一般都用相对标高，即把室内首层地面高度定为相对标高的零点，写作“±0.000”。高于它的为正，但一般不注“+”符号，例如 ▽3.900。低于它的为负，必须注明符号“－”，例如 ▽-0.340 表示比首层室内标高低 340 毫米。一般在总说明中说明相对标高与绝对标高的关系，例如±0.000＝43.520，即室内地面±0.000 相当于绝对标高 43.520 米。这样就可以根据当地水准点（绝对标高）测定首层地面标高。

七、索引号

索引号的用途是便于看图时查找相互有关的图纸。通过索引号可以反映基本图纸与详图、详图与详图之间，以及有关工种图纸之间的关系。

索引号的表示方法是把图中需要另画详图的部位编上索引号，并把另画的详图编注详图号，二者之间的关系要对应一致，以便查找。

索引号的注写方法：

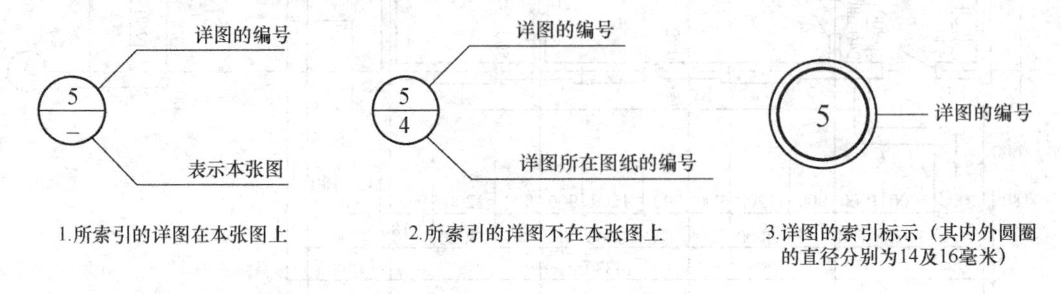

1.所索引的详图在本张图上　　2.所索引的详图不在本张图上　　3.详图的索引标示（其内外圆圈的直径分别为14及16毫米）

索引标志的圆圈直径一般用 8～10 毫米

第四节　识图应注意的几个问题

1. 施工图是根据投影原理绘制的，用图纸表明房屋建筑的设计及构造作法。所以要看懂施工图，应掌握投影原理和熟悉房屋建筑的基本构造。

2. 施工图采用了一些图例符号以及必要的文字说明，其同把设计内容表现在图纸上。因此要看懂施工图，还必须记住常用的图例符号。

3. 看图时要注意从粗到细，从大到小。先粗看一遍，了解工程的概貌，然后再细看。细看时应先看总说明和基本图纸，然后再深入看构件图和详图。

4. 一套施工图是由各工种的许多张图纸组成，各图纸之间是互相配合紧密联系的。图纸的绘制大体是按照施工过程中不同的工种、工序分成一定的层次和部位进行的，因此要有联系地、综合地看图。

5. 结合实际看图。根据实践、认识、再实践、再认识的规律，看图时联系生产实践，就能比较快地掌握图纸的内容。

第九章　建 筑 施 工 图

第一节　总　平　面　图

一、用途

总平面图表明一个工程的总体布局。主要表示原有和新建房屋的位置、标高、道路布置、构筑物、地形、地貌等，作为新建房屋定位、施工放线、土方施工以及施工总平面布置的依据。

二、基本内容

1. 表明新建区的总体布局：如拨地范围、各建筑物及构筑物的位置、道路、管网的布置等。

2. 确定建筑物的平面位置：一般根据原有房屋或道路定位。

修建成片住宅、较大的公共建筑物、工厂或地形较复杂时，用坐标确定房屋及道路转折点的位置。

3. 表明建筑物首层地面的绝对标高，室外地坪、道路的绝对标高；说明土方填挖情况、地面坡度及雨水排除方向。

4. 用指北针表示房屋的朝向。有时用风向玫瑰图表示常年风向频率和风速。

5. 根据工程的需要，有时还有水、暖、电等管线总平面图、各种管线综合布置图、竖向设计图、道路纵横剖面图以及绿化布置图等。

三、看图要点

1. 了解工程性质、图纸比尺，阅读文字说明，熟悉图例。

2. 了解建设地段的地形，查看拨地范围、建筑物的布置、四周环境、道路布置。如图 9-1 为某小学校总平面图，表明拨地范围与现有道路和民房的关系。

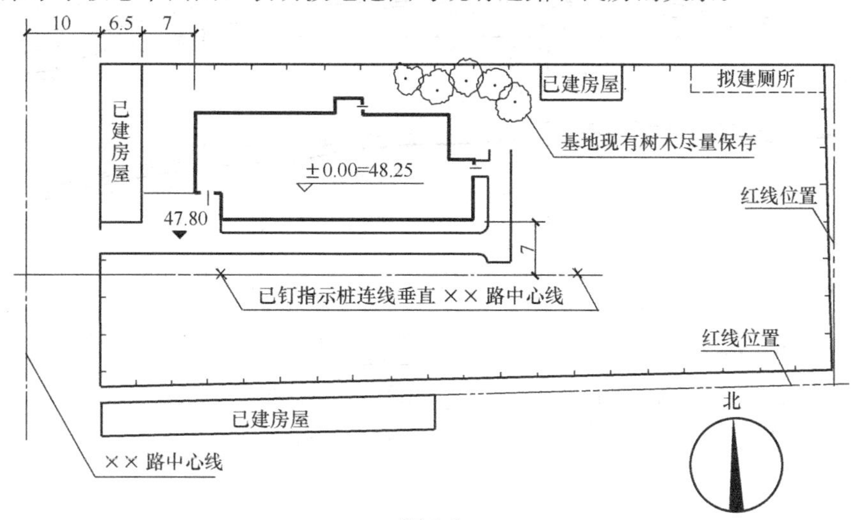

图 9-1

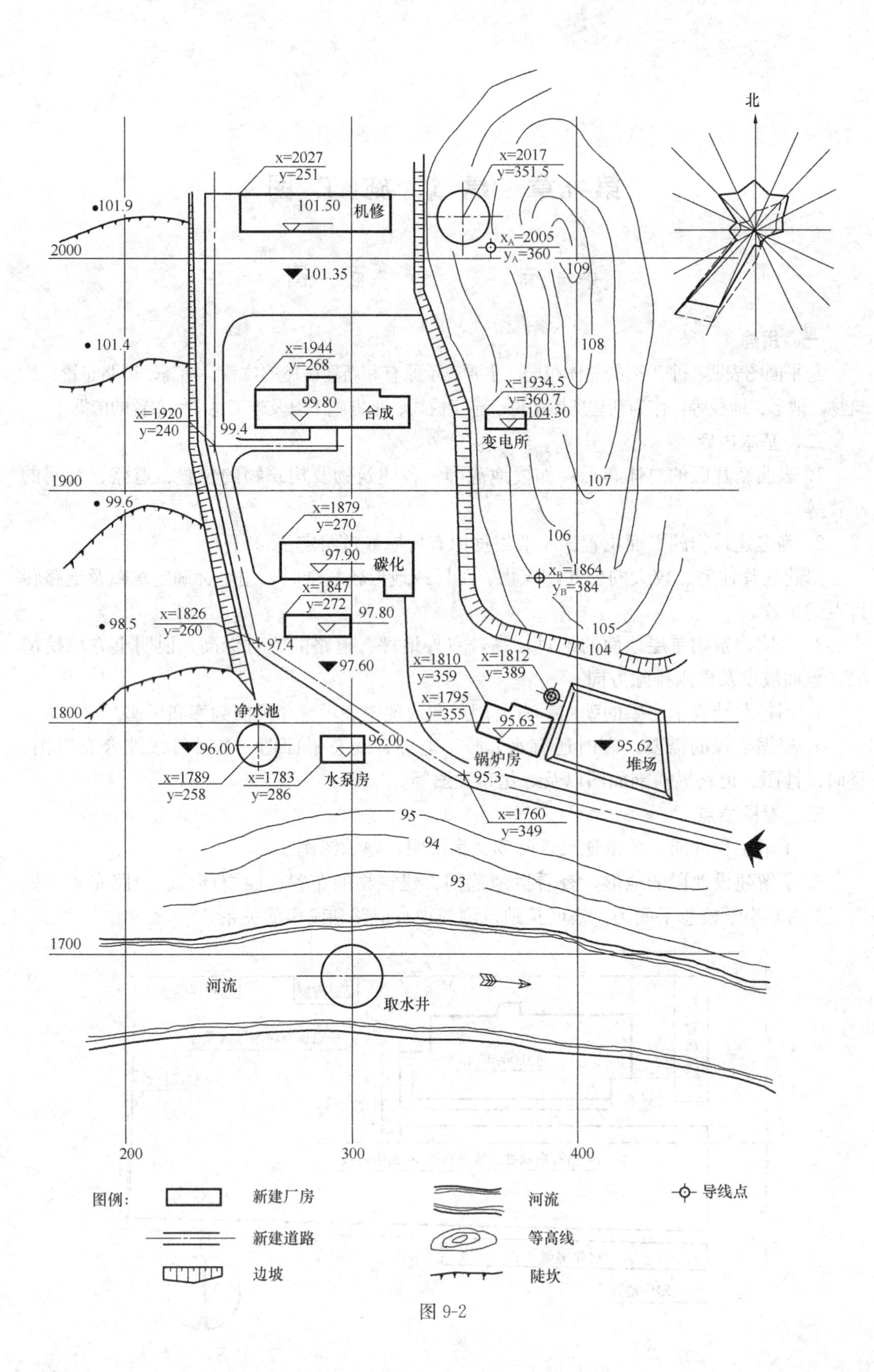
北
x=2027
y=251
101.50
机修
x=2017
y=351.5
x_A=2005
y_A=360
101.9
2000
101.35
109
108
101.4
x=1944
y=268
99.80
合成
x=1934.5
y=360.7
104.30
x=1920
y=240
99.4
变电所
1900
107
99.6
x=1879
y=270
97.90
碳化
106
x=1847
y=272
x_B=1864
y_B=384
97.80
98.5
x=1826
y=260
97.4
105
104
97.60
x=1810
y=359
x=1812
y=389
x=1795
y=355
1800
净水池
95.63
96.00
96.00
锅炉房
95.62
堆场
x=1789
y=258
x=1783
y=286
水泵房
95.3
x=1760
y=349
95
94
93
1700
河流
取水井
200
300
400
图例:
新建厂房
河流
导线点
新建道路
等高线
边坡
陡坎

图 9-2

3. 当地形复杂时，要了解地形概貌。如图 9-2 为某化肥厂的总平面图。从等高线可看出：东北部较高，西南部略低，东部有一个山头，西部为四个台地。主要厂房建在中部缓坡上，锅炉房等建在较低地段。

4. 了解各新建房屋的室内外高差，道路标高、坡度以及地面排水情况（图 9-2）。

5. 查看房屋与管线走向的关系，管线引入建筑物的具体位置。

6. 查找定位依据。

四、新建建筑物的定位

1. 根据已有的建筑或道路定位：如图 9-1，教学楼的位置是根据原有房屋和道路定位。教学楼的西墙距原有建筑 7 米与道路中心线平行，西南墙角与原有建筑的南墙平齐。

2. 根据坐标定位：为了保证在复杂地形中放线准确，总平面图中常用坐标表示建筑物、道路、管线的位置。常用的表示方法有：

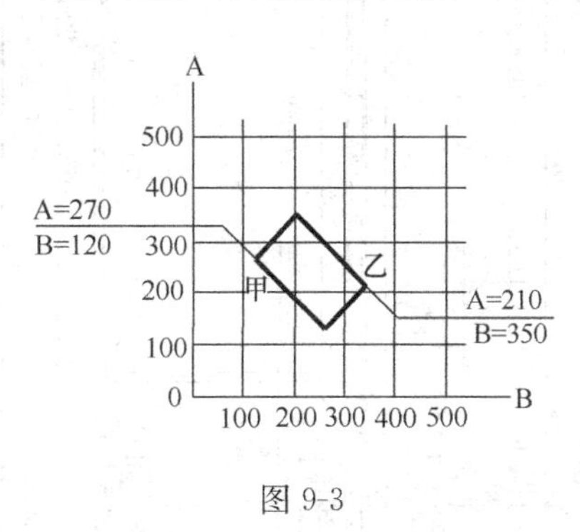

图 9-3

（1）标注测量坐标：在地形图上绘制的方格网叫测量坐标网，与地形图采用同一比尺，以 100 米×100 米或 50 米×50 米为一方格，竖轴为 x，横轴为 y。一般建筑物定位应注明两个墙角的坐标，如图 9-2 中的锅炉房；如建筑物的方位为正南北向，可只注明一个角的坐标，如图 9-2 中机修、合成等车间。放线时根据现场已有导线点的坐标（如图 9-2 中 A、B 两导线点）用仪器导测出新建房屋的坐标。

（2）标注建筑坐标：建筑坐标就是将建设地区的某一点定为“O”，水平方向为 B 轴，垂直方向为 A 轴，进行分格。格的大小一般采用 100 米×100 米或 50 米×50 米，比尺与地形图相同。用建筑物墙角距“O”点的距离确定其位置。如图 9-3 所示，甲点坐标为 $\frac{A=270}{B=120}$；乙点坐标为 $\frac{A=210}{B=350}$。放线时即可从“O”点导测出甲、乙两点的位置。

第二节　平　面　图

一、用途

施工过程中，放线、砌墙、安装门窗、作室内装修以及编制预算、备料等都要用到平面图。

二、基本内容

1. 表明建筑物形状、内部的布置及朝向：包括建筑物的平面形状，各种房间的布置及相互关系，入口、走道、楼梯的位置等。一般平面图中均注明房间的名称或编号（图 9-4）。首层平面图还标注指北针，表明建筑物的朝向。

2. 表明建筑物的尺寸：在建筑平面图中，用轴线和尺寸线表示各部分的长宽尺寸和准确位置。外墙尺寸一般分三道标注：最外面一道是外包尺寸，表明了建筑物的总长度和总宽度。中间一道是轴线尺寸，表明开间和进深的尺寸。最里一道是表示门窗洞口、墙垛、墙厚等详细尺寸。内墙须注明与轴线的关系、墙厚、门窗洞口尺寸等。此外，首层平

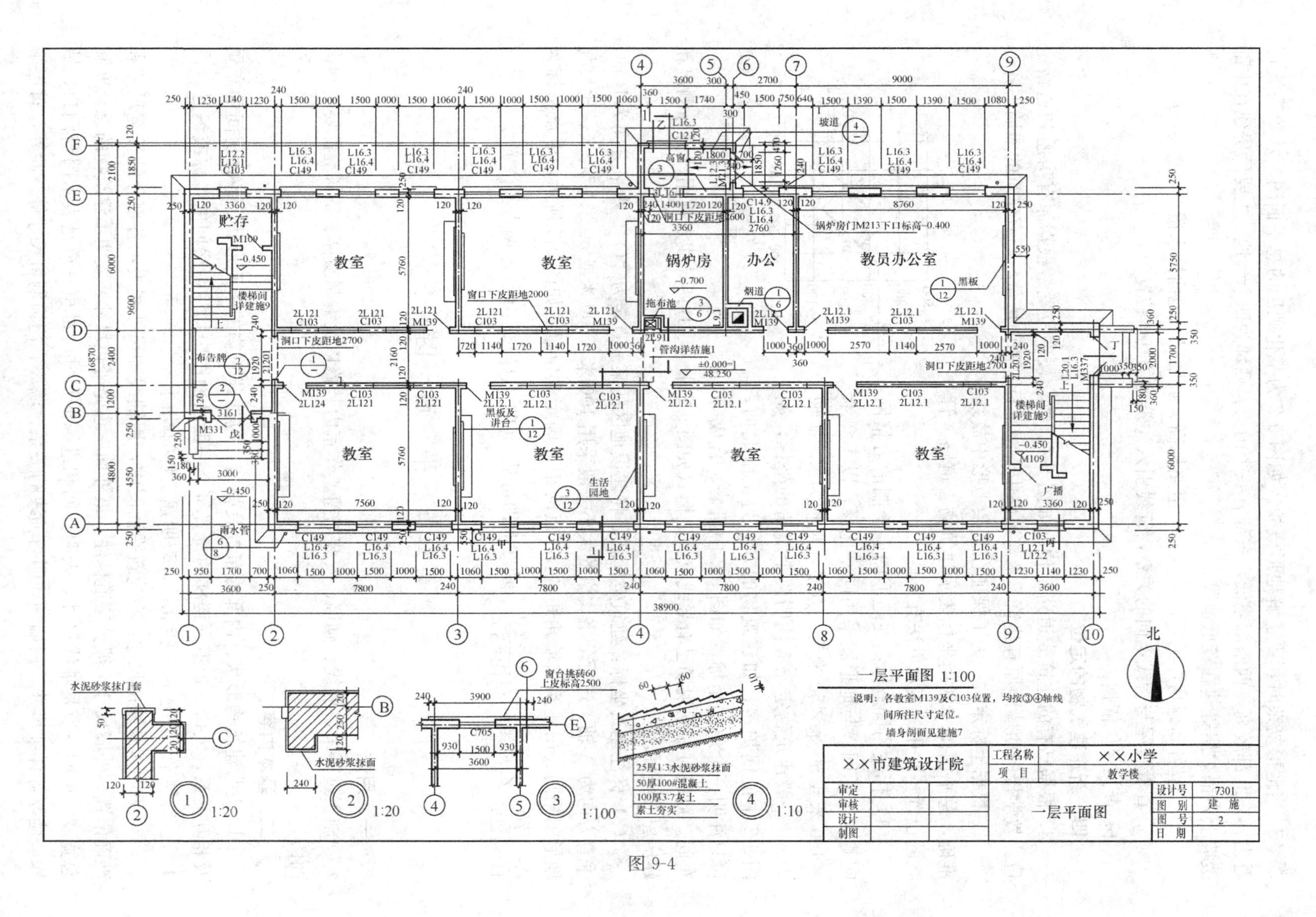
教室
钢炉房
办公
教员办公室
贮存
楼梯间详建施9
布告牌
黑板
黑板及讲台
烟道
拖布池
管沟详结施1
生活园地
广播
雨水管
坡道
高窗
洞口下皮距地2700
窗口下皮距地2000
锅炉房门JM213下口标高-0.400
北
一层平面图 1:100
说明：各教室M139及C103位置，均按③④轴线间所注尺寸定位。
墙身剖面见建施7
水泥砂浆抹门套
水泥砂浆抹面
窗台挑砖60
上皮标高2500
25厚1:3水泥砂浆抹面
50厚100#混凝土
100厚3:7灰土
素土夯实
1:20
1:20
1:100
1:10
××市建筑设计院
工程名称 ××小学
项目 教学楼
审定
审核
设计
制图
一层平面图
设计号 7301
图别 建施
图号 2
日期
图 9-4

面图上还要表明室外台阶、散水等尺寸。各层平面图还应表明墙上留洞的位置、大小、洞底标高。如在墙上留槽，其表示方法见图 9-5。

3. 表明建筑物的结构形式及主要建筑材料：例如从图 9-4 可以看出小学教学楼是混合结构，砖墙承重。从附图Ⅱ建施 2 铸工车间平面图可看出该车间是框架结构，钢筋混凝土柱子承重。

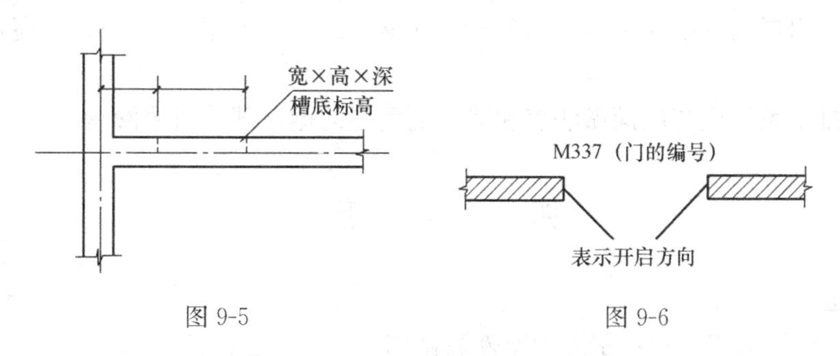

图 9-5　　　　图 9-6

4. 表明各层的地面标高：首层室内地面标高一般定为±0.00，并注明室外地坪标高。其余各层均注有地面标高。有坡度要求的房间内还应注明地面的坡度。

5. 表明门窗及其过梁的编号、门的开启方向：

(1) 注明门窗编号。从图 9-4 可看出外墙窗上注有 C149（C149 代表标准窗的编号，详见第十一章）。内墙注有 C103（虚线表示高窗，并注明窗下皮距地面的尺寸）。门上注有 M337、M139 等标准门的编号。此外，在平面图中还列出全部门窗表，说明各种门、窗的编号，高、宽尺寸，樘数等，见附图Ⅰ建施 3。

(2) 表示门的开启方向，作为安装门及五金的依据（图 9-6）。

(3) 注明门窗过梁编号。如图 9-4 平面图中⑩号轴线上 M337 门上注有$\frac{\mathrm{L}20.1}{\mathrm{L}16.3}$，C149 窗上注有$\frac{\mathrm{L}16.4}{\mathrm{L}16.3}$等通用门窗过梁编号（L 代表过梁，16、20 是过梁净跨为 1600 和 2000，1、4、3 代表荷载等级及截面类型）。

6. 表明剖面图、详图有标准配件的位置及其编号：

(1) 表明剖切线的位置，如图 9-4 平面图中有 1-1 剖切线，说明在此位置有一个剖面图。

(2) 表明局部详图的编号及位置，如图 9-4 平面图中$\frac{1}{-}$，表明该点的详图在本张图纸上，编号为①。黑板讲台处标明$\frac{1}{12}$，表示该点详图在建施 12 图纸内，编号为①。

(3) 表明所采用的标准构件、配件的编号。如图 9-4 平面图中的拖布池采用标准配件 SC-31。

7. 综合反映其他各工件（工艺、水、暖、电）对土建的要求：各工种要求的坑、台、水池、地沟、电闸箱、消火栓、雨水管等及其在墙或楼板上的预留洞，应在图中表明其位置及尺寸。如图 9-4 平面图中锅炉房要求地面标高降低为−0.70，北面出入口做坡道，内墙有烟囱。

8. 表明室内装修作法：包括室内地面、墙面及顶棚等处的材料及做法。一般简单的装修，在平面图内直接用文字注明；较复杂的工程则另列房间明细表和材料做法表，或另画建筑装修图。

9. 文字说明：平面图中不易表明的内容，如施工要求、砖及灰浆的标号等需用文字说明。

第三节　屋 顶 平 面 图

1. 表明屋面排水情况：如排水分区、天沟、屋面坡度、下水口位置等，见附图Ⅰ建施8屋顶平面图。

2. 表明突出屋面的电梯机房、水箱间、天窗、管道、烟囱、检查孔、屋面变形缝等的位置。

3. 屋面排水系统应与屋面做法表和墙身剖面图的檐口部分对照阅读。

第四节　立　面　图

一、用途

立面图表示建筑的外貌，主要为室外装修用。

二、基本内容

1. 表明建筑物外形，门窗、台阶、雨篷、阳台、烟囱、雨水管等的位置。

2. 用标高表示出建筑物的总高度（屋檐或屋顶）、各楼层高度、室内外地坪标高以及烟囱高度等，见附图Ⅰ建施5小学教学楼立面图。

3. 表明建筑外墙所用材料及饰面的分格。如小学立面图所示，外墙为红机砖清水墙，屋檐、窗上口、窗台、勒脚为水泥砂浆抹面。详细做法应翻阅总说明及材料做法表。

4. 有时还标注墙身剖面图的位置。

第五节　剖　面　图

一、用途

剖面图简要地表示建筑物的结构形式、高度及内部分层情况。

二、基本内容

1. 表示建筑物各部位的高度：剖面图中用标高及尺寸线表明建筑总高、室内外地坪标高、各层标高、门窗及窗台高度等。见附图Ⅰ建施6小学教学楼剖面图。

2. 表明建筑主要承重构件的相互关系：各层梁、板的位置及其与墙柱的关系，屋顶的结构形式等。

3. 剖面图中不能详细表达的地方，有时引出索引号另画详图表示。

以上五节所介绍的图纸，都是建筑施工图的基本图纸。为了表明某些局部的详细构造作法及施工要求，采用较大比例尺绘成详图，包括：

1. 有特殊设备的房间，如实验室、厕所、浴室等，用详图表明固定设备的位置、形状，以及所需的埋件、沟槽等的位置及其大小。

2. 有特殊装修的房间，须绘出装修详图，例如吊顶平面、花饰、木护墙、大理石贴面等详图。

3. 局部构造详图：如墙身剖面、楼梯、门窗、台阶、消防梯、黑板及讲台（附图Ⅰ建施12）等详图。

以下分节介绍墙身剖面、楼梯、门窗的详图。

第六节 墙 身 剖 面 图

一、用途

墙身剖面图是建筑详图。它与平面图配合作为砌墙、室内外装修、门窗立口、编制施工预算以及材料估算的重要依据。

二、基本内容

用较大的比例尺（一般为1：20），详细地表明墙身从防潮层至屋顶各主要节点的构造作法。现以小学校教学楼墙身剖面甲（图9-7）为例，说明墙身剖面图的主要内容：

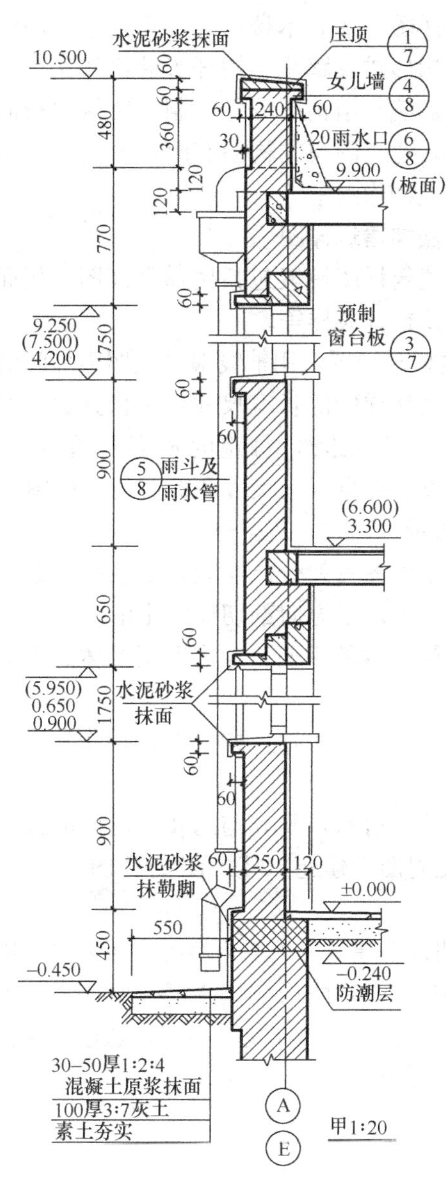

图9-7

1. 表明砖墙的轴线编号，砖墙的厚度及其与轴线的关系。如图9-7表明墙身剖面甲是Ⓐ、Ⓔ轴线上的外墙，砖墙厚度370毫米，外墙皮距轴线250，内墙皮距轴线120。±0.000以下勒脚墙厚增加60毫米，顶部女儿墙厚度减薄为240。

2. 表明各层梁、板等构件的位置及其与墙身的关系。如图9-7表明：各层楼板搭进墙身120。圈梁与楼板同高，在圈梁外侧砌120砖墙。各层窗上都有两根预制钢筋混凝土过梁（过梁编号见附图Ⅰ建施4）。

3. 表明室内各层地面、吊顶、屋顶等的标高及其构造作法。

4. 表明门窗洞口的高度、上下皮标高、立口的位置。

5. 表明立面装修的要求，包括砖墙各部位的凹凸线脚、窗口、门头、挑檐、檐口、勒脚、散水等的尺寸、材料和做法，或用索引号引出做法详图。

6. 表明墙身的防水、防潮做法，如檐口、墙身、勒脚、散水、地下室的防潮、防水做法。图9-7表示从－0.24～－0.06三皮砖用防水砂浆砌筑，作为墙身防潮层。

三、看图时应注意的问题

1. ±0.000或防潮层以下的砖墙以结构基础

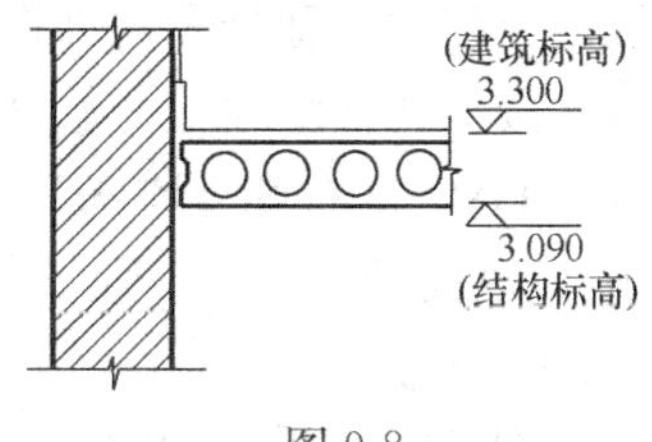

图9-8

图为施工依据，看墙身剖面图时，必须与基础图配合，并注意±0.000处的搭接关系及防潮层的作法。

2. 屋面、地面、散水、勒脚等的做法、尺寸应和材料作法表对照。

3. 要注意建筑标高和结构标高的关系。建筑标高一般是指地面或楼面装修完成后上表面的标高，结构标高主要指结构构件的下皮或上皮标高。在预制楼板结构楼层剖面图中，一般只注明楼板的下皮标高（图9-8）。在建筑墙身剖面图中只注建筑标高。

第七节　楼　梯　详　图

在一般建筑中通常使用钢筋混凝土现制或预制楼梯。楼梯各部分的形状见图9-9。

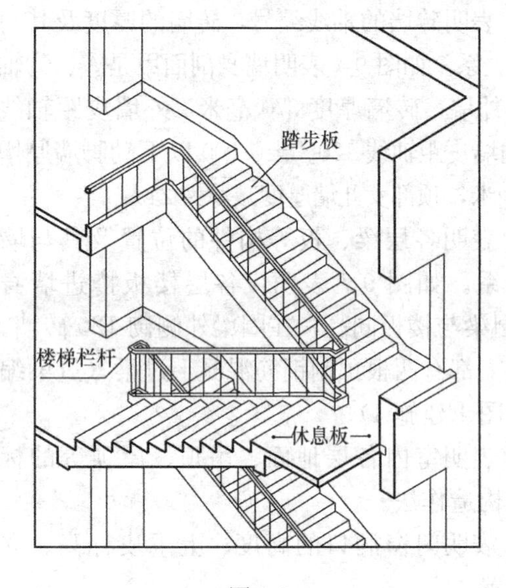

图9-9

楼梯详图主要表示楼梯的类型，平、剖面尺寸，结构形式及踏步、栏杆等装修作法。一般楼梯的建筑与结构图分别绘制。装修比较简单的楼梯，建筑图与结构图有时合并绘制，编入建筑图或结构图中。

一、楼梯建筑详图

楼梯建筑详图一般包括楼梯平面图、剖面图、踏步及栏杆大样等。

1. 楼梯平面图：用轴线编号表明楼梯间的位置，注明楼梯间的长宽尺寸，楼梯跑数（两休息板之间叫一跑），每跑的宽度及踏步数，踏步的宽度，休息板的尺寸和标高等。如图9-10（a）所示。

楼梯平面图一般分层绘制，是在每层距地面1米以上沿水平方向剖切而画出的。如图8-10（a）首层平面图是剖切在第一跑上，因此除表明第一跑的平面，还表明楼梯休息板下面小房间的平面。相同的各层可绘制标准层平面图。

2. 楼梯剖面图：表明各层楼层及休息板的标高，楼梯踏步数，构件的搭接作法，楼梯栏杆的形式及高度，楼梯间门窗洞口的标高及尺寸，见图9-10（b）。

3. 楼梯标杆及踏步大样：表明栏杆的高度、尺寸、材料，及其与踏步、墙面的搭接方法，踏步及休息板的材料、做法及详细尺寸等。见附图Ⅰ建施10楼梯栏杆详图。

二、楼梯的建筑图与结构图合并绘制

当楼梯的建筑图与结构图合并绘制时，除了表明以上建筑方面的内容外，还表明选用的预制钢筋混凝土构件的型号和构件搭接处的节点构造，如附图Ⅰ建施9楼梯详图，除表明楼梯的跑数、楼梯间轴线编号、长度尺寸外，还表明选用的预制构件型号。选用的楼梯踏步板有两种：TB2·9右和TB2·10右。型号的含义为：

TB——踏步板代号；

2——宽度代号；

9（10）——踏步级数（9级和10级）；

右——栏杆埋件位置代号（表示栏杆在踏步板右边）。

楼梯踏步板搭在楼梯梁 TL36 上。在一层休息板处（标高 1.815），由于上下两跑的踏步板前后位置错开，所以分别选用了两根楼梯梁 TL18，前后错开搭在砖垛上。休息板选用两块短向圆孔板 TB36·（1）。

根据楼梯平、剖面图中引出的节点索引号$\frac{1}{-}$……$\frac{6}{-}$可以在本张图上找到构件搭接处的构造作法。

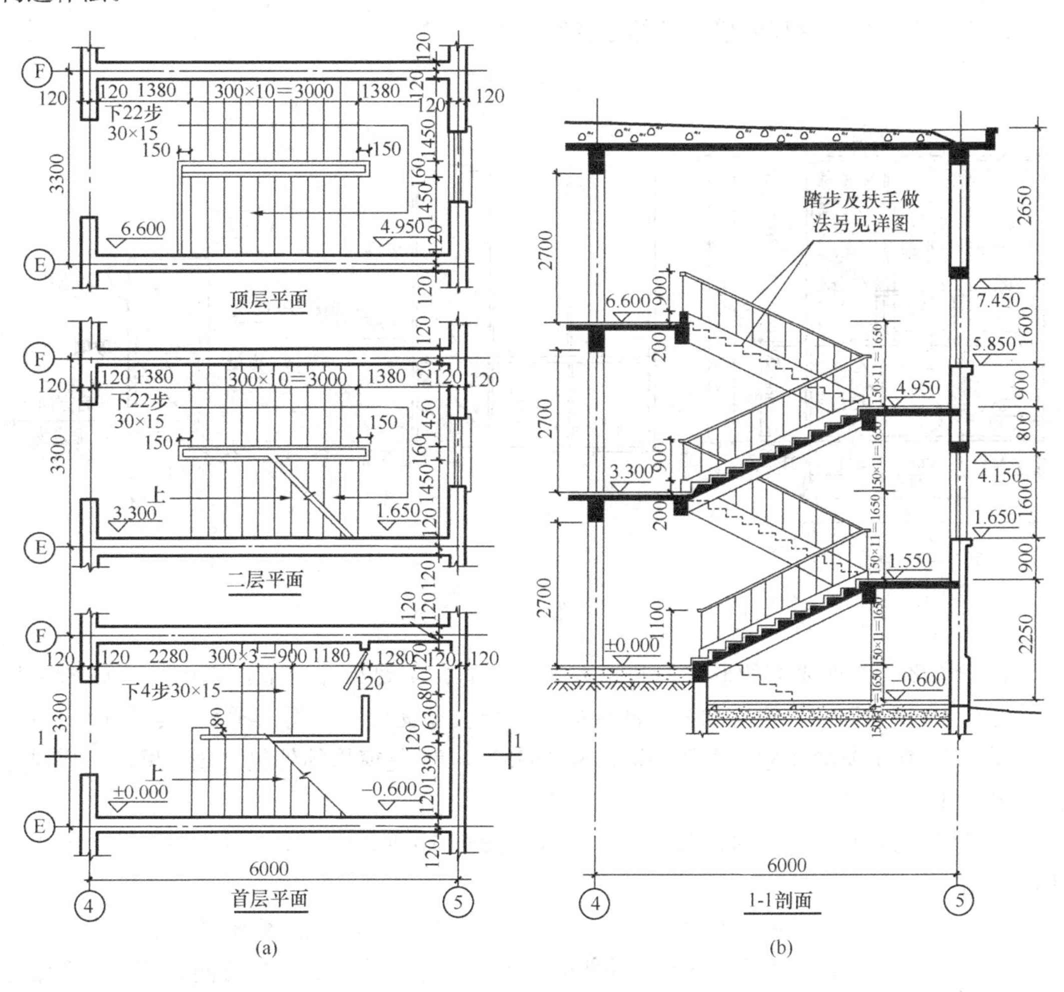

图 9-10

三、看图时应注意的问题

1. 根据轴线编号查清楼梯详图和建筑平、剖面的关系。

2. 看楼梯间门窗洞口及圈梁的位置和标高要与建筑平、立、剖面图和结构图纸对照阅读。

3. 当楼梯间地面标高较首层地面标高低时，应注意楼梯间防潮层的位置。

4. 当楼梯的结构图与建筑图分别绘制时，阅读楼梯建筑详图应对照结构图纸，核对楼梯梁、板的尺寸和标高。

第八节　木门窗详图

一般木门窗图有立面图、节点大样图、五金表和文字说明。本节只介绍立面图和节点大样图。

一、木窗详图

1. 木窗由窗框、窗扇组成。各部分名称见图 9-11。

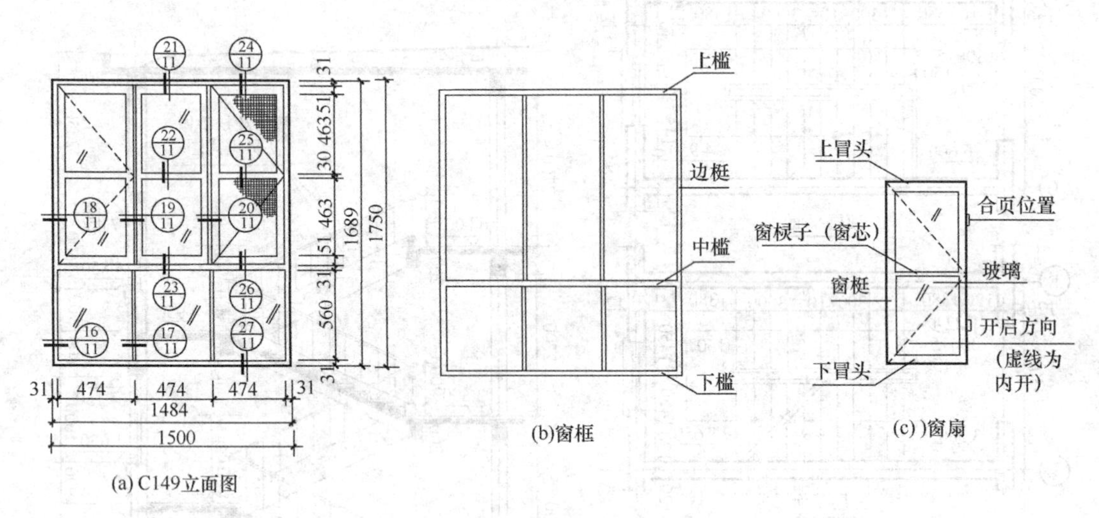

图 9-11

2. 立面图：表明木窗的形式，开启方式和方向，主要尺寸及节点索引号。如图 9-11 (a) 为 C149 窗立面图，说明的两个活扇向内开启。立面图上注有三道尺寸：外面一道尺寸 1750×1500 是窗洞尺寸，中间一道尺寸 1689×1484 是窗樘的外包尺寸，里面一道尺寸是窗扇尺寸。

在各层平面图中注出的是窗洞口的尺寸，为砌砖墙留口用。窗樘及窗扇尺寸供木工加工制作用。

3. 节点详图：切后画出的投影图叫剖面图。为了简明，一般不画窗的剖面图而以节点详图代替。节点详图表明木窗各部件断面用料、尺寸、线型、开启方向。节点详图编号可由立面图上查到。

如图 9-12 ▮、▮、▮、▮ 四个节点说明窗扇与窗框的关系以及窗框与窗扇的用料尺寸。其余节点详图见附图 I 建施 11。

4. 木窗断面尺寸：从图 9-13 中可看出窗框及窗扇用料及裁口的尺寸。

二、木门详图

1. 木门表示方法与木窗基本相同。木门由门框、门扇组成，各部件名称见图 9-14。

2. 立面图：表明木门形式、开启方向、尺寸和节点索引号。M337 立面图说明该门为玻璃门，向外开启；并带有纱门，向内开启。图 9-14 (a)、(c)，左边表示玻璃门，右边表示纱门。门的尺寸注法与木窗相同。

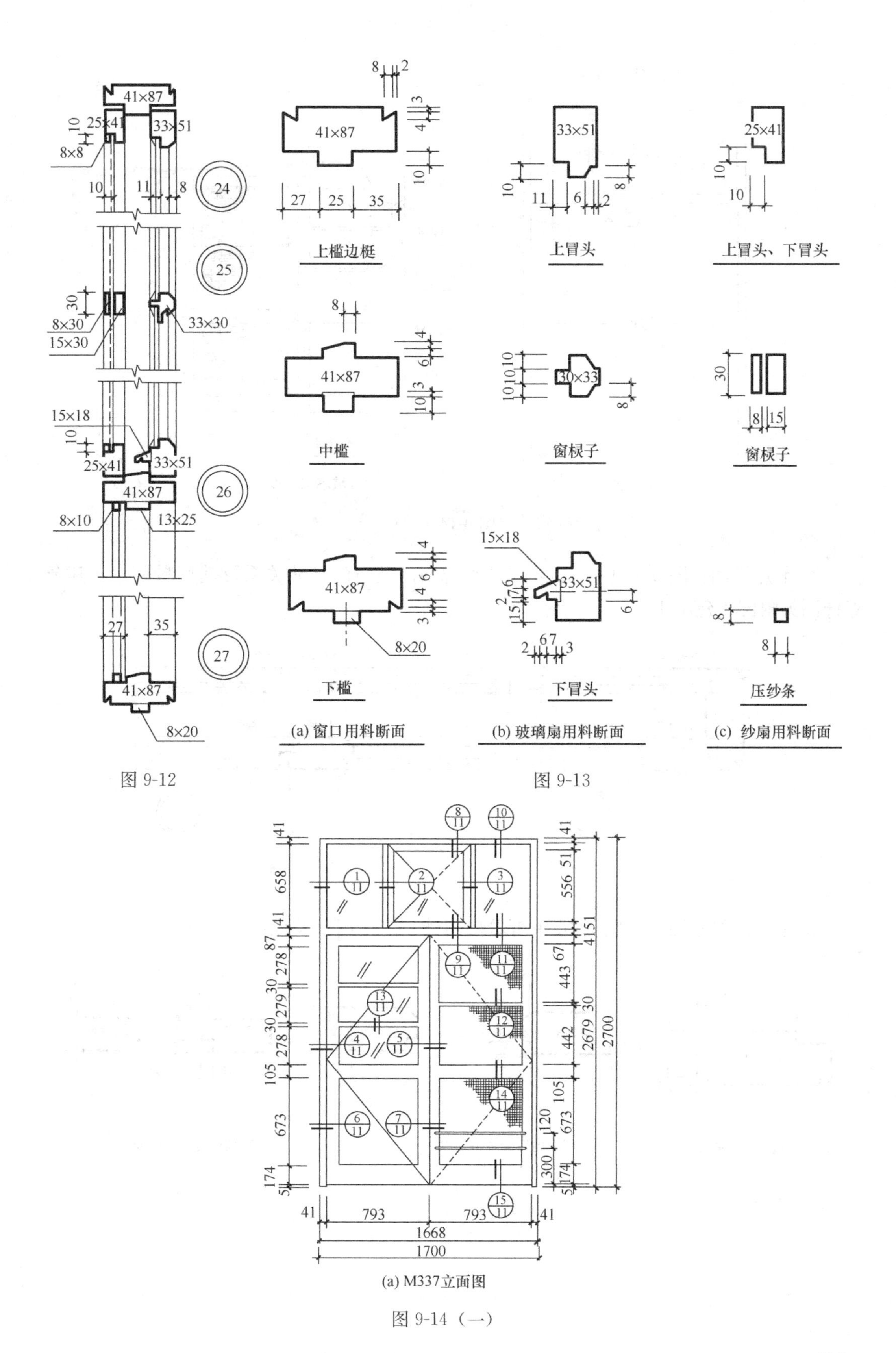

图 9-12

图 9-13

(a) M337立面图

图 9-14（一）

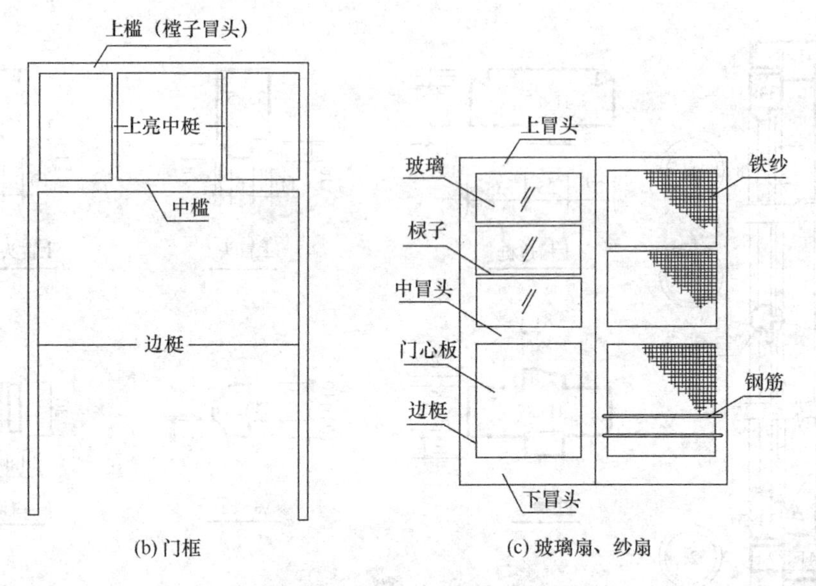

(b) 门框　　(c) 玻璃扇、纱扇

图 9-14（二）

3. 节点详图：图 9-15 中④、⑤二节点说明门框与门扇的关系及其用料尺寸。其余节点详图见附图Ⅰ建施 11。

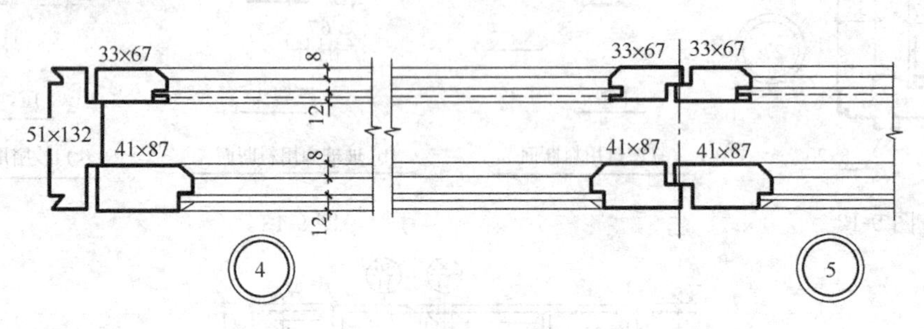

图 9-15

4. 木门用料断面，从图 9-16 中可看出门框、门扇用料及裁口的尺寸。

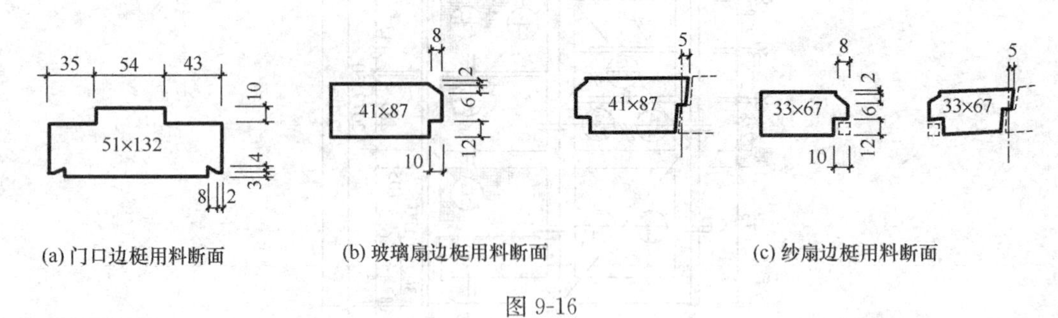

(a) 门口边梃用料断面　　(b) 玻璃扇边梃用料断面　　(c) 纱扇边梃用料断面

图 9-16

第十章　结 构 施 工 图

结构施工图表明结构设计的内容和各工种（建筑、给排水、暖通、电气）对结构的要求。主要用作放灰线、刨槽、支模板、绑钢筋、浇灌混凝土，安装梁、板、柱，编制预算和施工进度计划的依据。

本章以混合结构及单层工业厂房结构施工图为例进行介绍。

第一节　结构施工图常用代号

一、常用构件代号

常用构件代号是用各构件名称的汉语拼音第一个字母表示。

序号	名　称	代号	序号	名　称	代号
1	板	B	21	檩条	LT
2	屋面板	WB	22	屋架	WJ
3	空心板	KB	23	托架	TJ
4	槽形板	CB	24	天窗架	CJ
5	折板	ZB	25	刚架	GJ
6	密肋板	MB	26	框架	KJ
7	楼梯板	TB	27	支架	ZJ
8	盖板或沟盖板	GB	28	柱	Z
9	檐口板	YB	29	基础	J
10	吊车安全走道板	DB	30	设备基础	SJ
11	墙板	QB	31	桩	ZH
12	天沟板	TGB	32	柱间支撑	ZC
13	梁	L	33	垂直支撑	CC
14	屋面梁	WL	34	水平支撑	SC
15	吊车梁	DL	35	梯	T
16	圈梁	QL	36	雨篷	YP
17	过梁	GL	37	阳台	YT
18	连系梁	LL	38	梁垫	LD
19	基础梁	JL	39	预埋件	M
20	楼梯梁	TL			

注：以上选自“国标”。附图Ⅰ、Ⅱ中的代号，有少数仍沿用原有的。预应力钢筋混凝土构件代号，在构件代号前加注“Y－”。如 Y-DL 表示预应力钢筋混凝土吊车梁。

二、常用钢筋符号

钢号	符号
3 号钢（光圆）	Φ
20 锰钢（螺纹）	Φ
22 锰硅钢（螺纹）	Φ
5 号钢（螺纹）	Φ

三、常用钢筋图例

名　称	图　例
带半圆形弯钩的钢筋端部	
带半圆形弯钩的钢筋搭接	
无弯钩的钢筋端部	
无弯钩的钢筋搭接	

钢筋相等中心间距用@表示，如ϕ6@200，即圆6（直径为6毫米）钢筋，间距为200毫米。

第二节　混合结构施工图

混合结构一般采用条形基础，砖墙承重，钢筋混凝土楼盖，钢筋混凝土或加气混凝土屋盖，见图10-1。

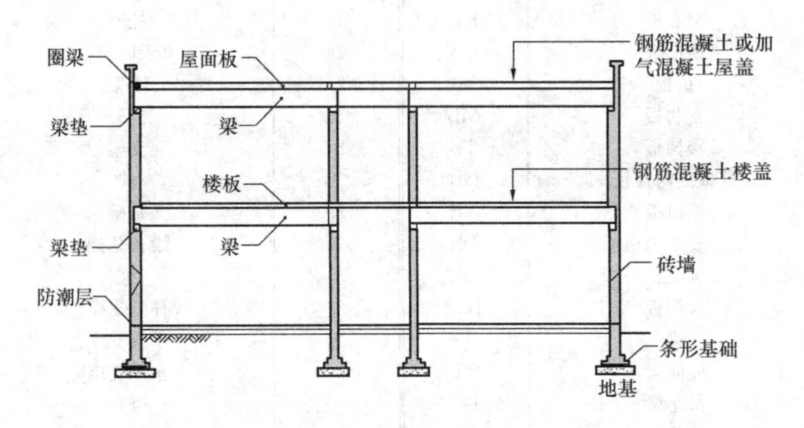

图10-1　混合结构示意图

建筑施工图一般包括立面、几层平面、纵横剖面、墙身剖面及节点详图等。结构施工图一般包括几层结构布置及其剖面和构件图等。

阅读一个工程的结构施工图时，首先要总的看有多少张图，每张图的内容是什么，建立一个总的概念。

一般混合结构施工图的内容和编排顺序如下：

1. 结构设计总说明（一般小工程不单编此图）；

2. 基础及管沟图；

3. 楼盖结构平面及剖面图；

4. 屋盖结构平面及剖面图；

（以上是带全局性的基本图纸）。

5. 现浇构件图；

6. 预制构件图；

7. 楼梯、雨篷等。

下面分别介绍各张图纸。

一、结构设计总说明

这张图以文字为主，其内容是带全局性的。主要内容为：

1. 主要设计依据，如地质勘探报告等；

2. 自然条件，如风雪荷载等；

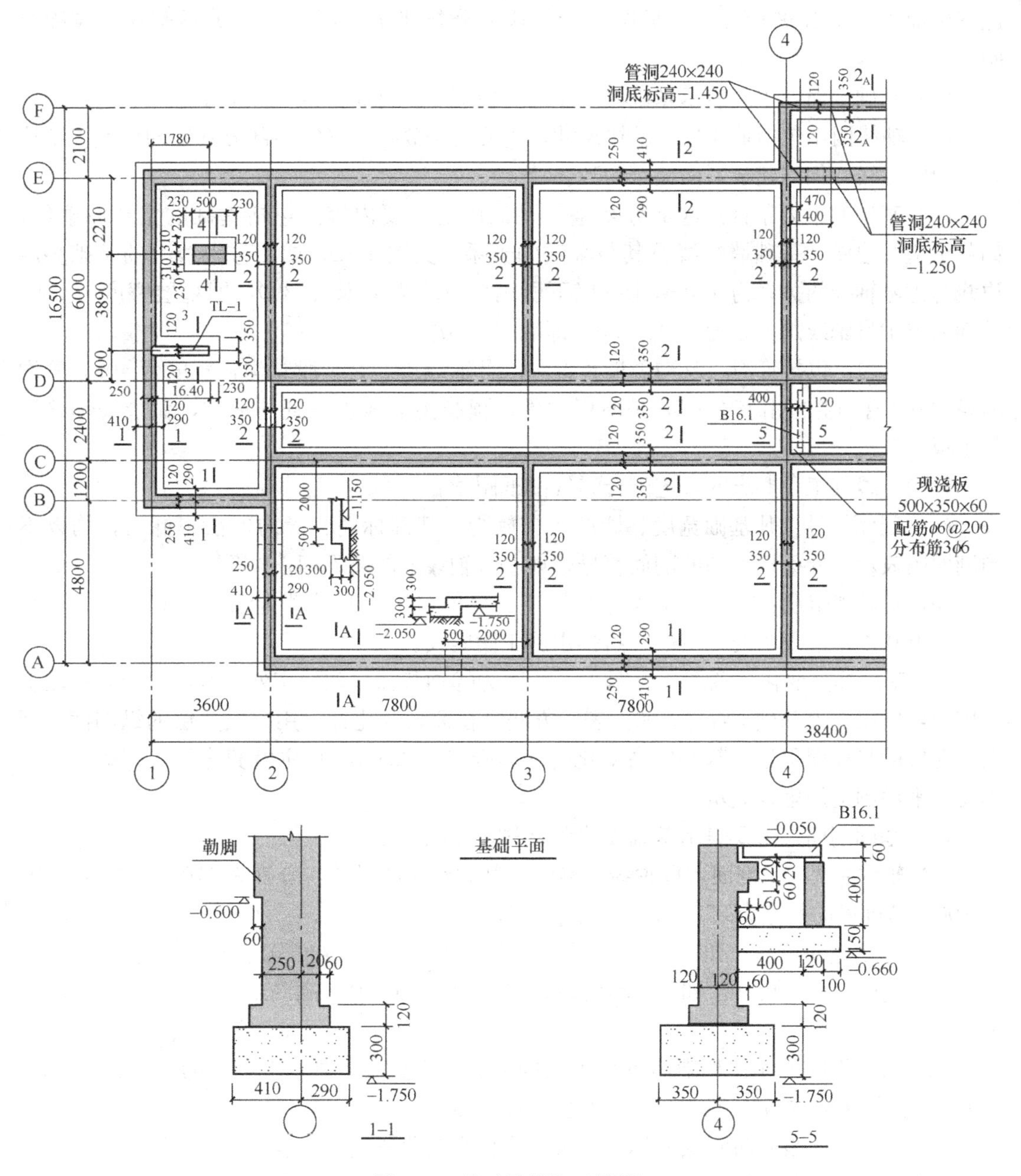

图 10-2 基础及管沟（局部）

3. 材料标号及要求；

4. 施工要求；

5. 标准图的使用；

6. 统一的构造做法等。

二、基础及管沟图

1. 用途：基础及管沟图是相对标高±0.00以下的结构图，主要为放灰线、刨基槽、做垫层、砌基础及管沟墙用。

2. 基本内容：一般由基础平面、剖面、文字说明三部分组成。见附图Ⅰ结施1，并从此图中抽出一部分进行分析，见图10-2。这部分与建筑一层平面图关系密切，应配合阅读。

(1) 基础平面：主要表示基础墙、垫层、留洞、构件布置的平面关系。

(a) 轴线网：包括轴线号、轴线尺寸，主要用来放线，确定各部分基础的位置。结构施工图的轴线必须与建筑平面完全一致。

(b) 基础的平面布置：这部分是基础平面图的主要内容。包括基础的主要轮廓线，如灰土垫层边线、基础墙边线及其与轴线的关系，见图10-2。如①号轴线上的基础垫层边线与①号轴线的关系为410毫米（以下所用单位均为毫米）、290，即垫层宽度为700。基础墙与①号轴线的关系为250、120，即墙宽为370。

(c) 管沟：包括管沟墙及沟盖板布置。④号轴线边上有一段管沟，宽度为400，管沟墙厚120。管沟盖板用B16·1，是通用构件。预制沟盖板盖不到的地方，做现浇钢筋混凝土板。

管沟是暖气工种要求的，应配合暖气图纸阅读。

(d) 剖面符号：凡基础宽度、墙厚、大放脚、基础标高、管沟做法不同时，均以不同剖面图表示，并标以不同的剖面符号，如②号轴线上的2-2、1_A-I_A等。

(e) 基础墙留洞：在Ⓔ轴上与④号轴相交处的右边，基础墙上预留240×240洞口，是上水道和下水道要求的，应配合给排水施工图阅读。

(f) 基底标高变化示意图：见图10-2。因为Ⓐ轴和②号轴相交处，有厚为300的软土应挖掉，所以此处基础加深了300。表示方法是在标高变化处，用一段垫层的纵剖面，画在相对应的平面图附近。基底标高变化为－1.75至－2.05，并注出变化位置，垫层厚度不变。平面图上用虚线表示。

(2) 基础剖面：主要表示基础做法和材料，见图10-2。

(a) 轴线：见1-1剖面，以轴线为准注出基础垫层的尺寸，分别为410、290，垫层宽为700；基础墙的尺寸为250、120，墙厚为370。

(b) 基础底面标高，如1-1（1_A-1_A）剖面为－1.750（－2.050）。

(c) 垫层材料与尺寸：如1-1剖面为3∶7灰土，宽700，高300。材料标号一般注在说明内。

(d) 大放脚的尺寸：基础墙下面扩大的部分叫大放脚，如1-1剖面的大放脚高120、宽600。大放脚的皮数较多时，一般做法如图10-3。

(e) 防潮层：表明防潮层的标高位置。当标高变化复杂时，表示在建筑图上。防潮层做法写在说明内，常用防水砂浆砌筑几皮砖，有的用油毡或防水砂浆层。

(f) 管沟断面做法：见 5-5 剖面，管沟断面为 400×400，垫层底皮标高为 −0.660，盖板上皮标高为 −0.050。挑砖的做法一般为两个台阶，第一个为 60×60，第二个为 60×120。

(3) 文字说明：基础图的文字说明较重要，包括±0.000 相当的绝对标高，地耐力，材料标号，刨槽、验槽要求等。

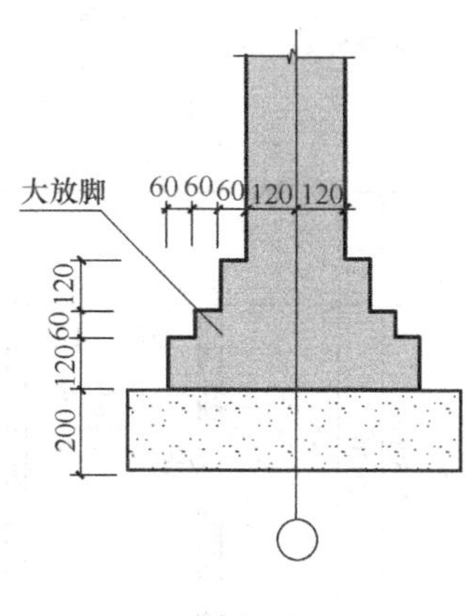

图 10-3

三、预制楼盖结构平面及剖面

楼盖和屋盖结构图的内容和表示方法基本相同。现以楼盖为例进行介绍。

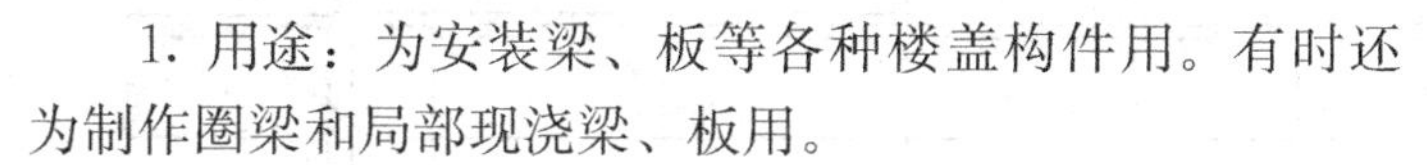

1. 用途：为安装梁、板等各种楼盖构件用。有时还为制作圈梁和局部现浇梁、板用。

2. 基本内容：一般包括结构平面布置图、剖面详图、构件统计表和说明四部分。见附图Ⅰ结施 2、结施 3。从这两个图中各抽出一部分分析，见图 10-4。这部分图与相应的建筑平面及墙身剖面有密切关系，应配合阅读。

(1) 楼盖结构布置平面：主要表示楼盖各种构件的平面关系。

(a) 轴线网：包括轴线号、轴线尺寸。以轴线为准，确定各种构件和砖墙的位置。轴线应与建筑平面完全一致。

(b) 承重墙的布置及墙厚，如①号轴线上，墙厚为 370，与轴线关系是 250、120。这是为安装构件时，了解构件与砖墙关系及墙厚的用。砖墙按建筑施工图砌筑，在此画得简单些。

(c) 各种预制构件的名称编号、布置及定位尺寸。这是楼盖结构布置图的主要内容，如图①号轴至②号轴之间注有 3YB36·(2)，表示有 3 块预应力圆孔板。

YB36·(2) 含义：

Y——预应力；

B——板；

36——跨度 3.6 米，板实际长度为 3580 毫米；

(2) ——2 级荷载，带括弧表示板宽为 880 毫注，不带括弧表示板宽为 1180 毫米。

这种板是某市通用构件。标准板缝为 20，平面图中不注明；如果板缝大于或小于 20，则应注明。板与墙的关系应配合剖面阅读。如果每开间梁，板布置相同，可只布置一开间，编上 ㊙、㋤等号，其余可以只写 ㊙、㋤表示类同。

(d) 剖面符合：凡墙、板、圈梁构造不同时，都注有不同的剖面符号，如①号轴上的 4-4、5-5 等。

(2) 剖面图：表示梁、板、墙、圈梁之间的连接关系和构造处理。

(a) 4-4 剖面表示：墙与轴线的关系，板搭在 370 墙上，搭接长度为 110，板高 130，板底标高 3.14。坐浆厚 20，坐浆标号见文字说明。圈梁断面为 130×130，配筋为 4ϕ10，钢箍为 ϕ6，间距为 250，圈梁与板同高。

(b) 3-3 剖面表示：板的侧面、圈梁和砖墙的构造关系以及板缝配筋。

(3) 圈梁：是为加强建筑的整体性和抵抗不均匀下沉设置的。圈梁在楼盖结构平面中一般不表示，另画圈梁布置示意图，表示出圈梁的平面位置，其断面大小和配筋见剖面

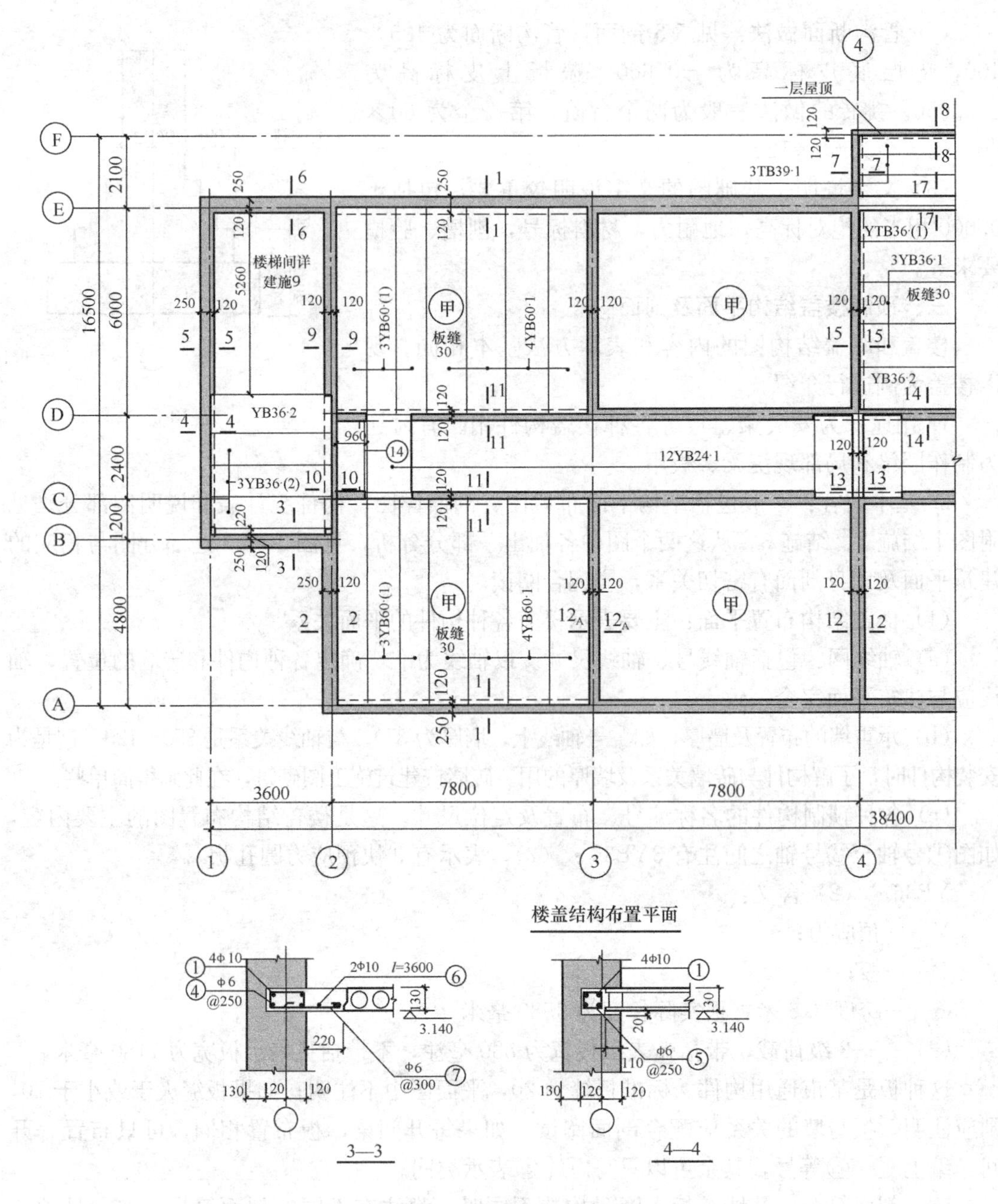

图 10-4　楼盖结构布置（局部）

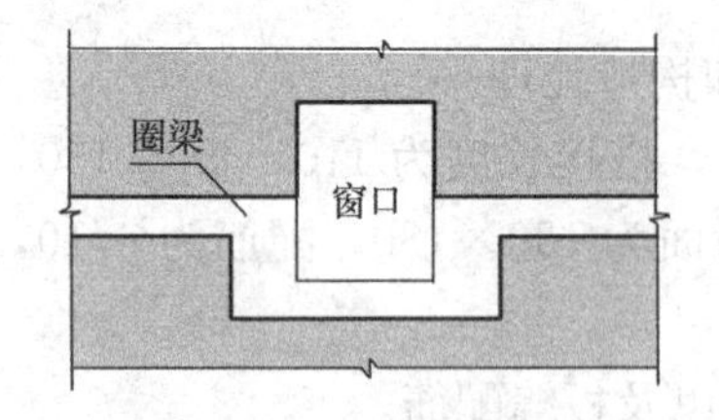

图 10-5　圈梁转折处立面图

图。看圈梁时，不仅要注意圈梁与梁、板、墙的关系，还应注意它与建筑窗口的关系，如附图Ⅰ结施 3 中楼盖圈梁在楼梯间碰上窗户，圈梁向下转弯后通过，见图 10-5。

（4）文字说明：写明材料标号、施工要求、所选用的标准图等。

预制楼盖用梁承重时，楼盖结构布置见图 10-6，不再详细介绍。为帮助识图，将此楼板结构布置画出立体示意图，见图 10-7。

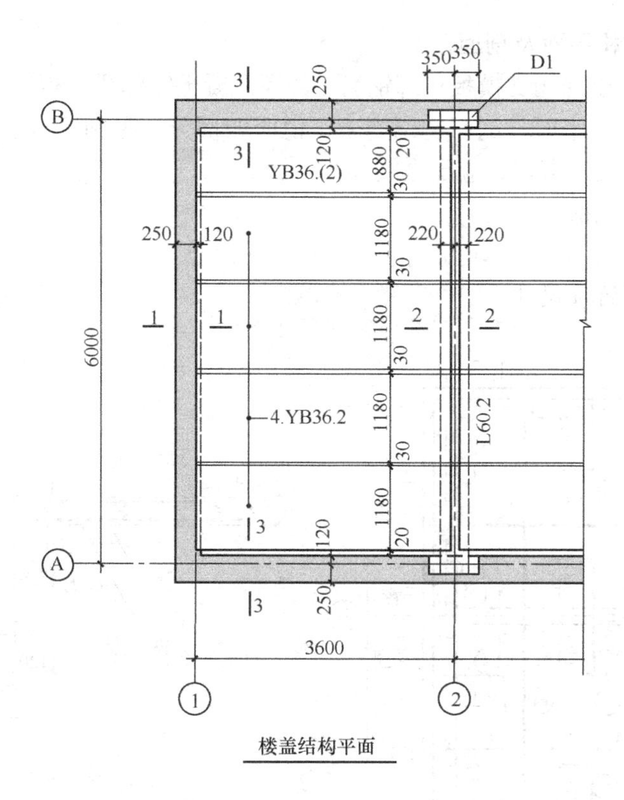

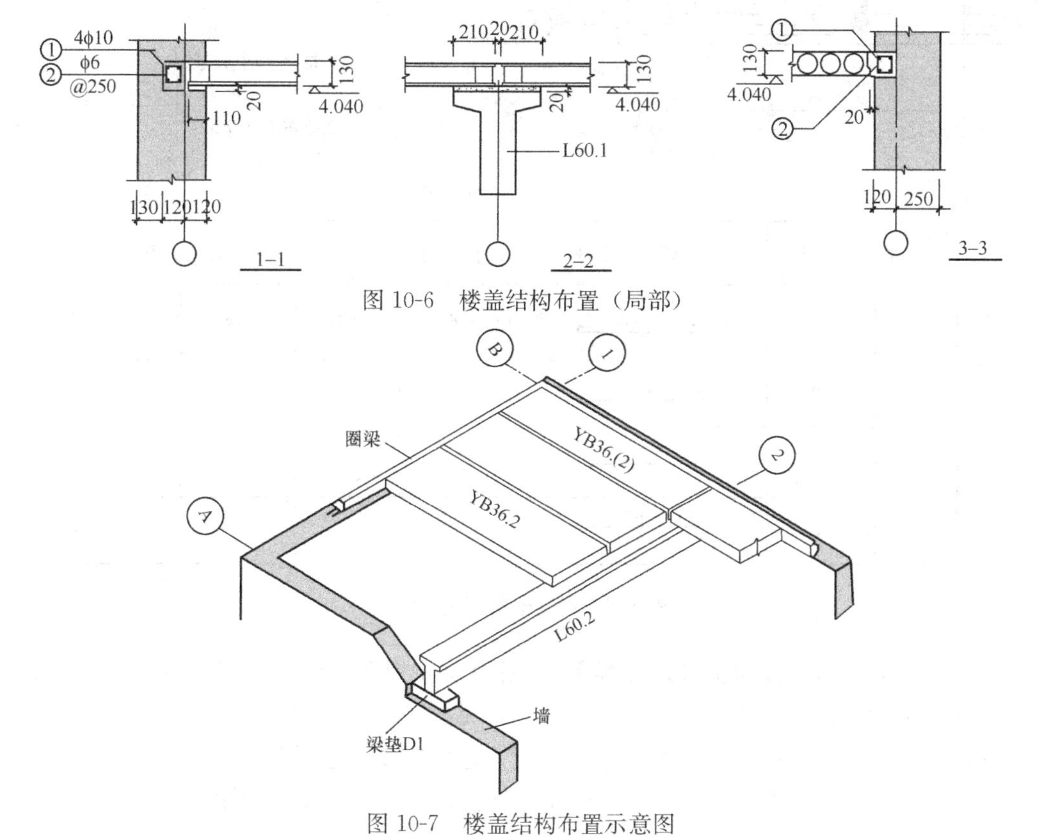

图 10-6　楼盖结构布置（局部）

图 10-7　楼盖结构布置示意图

四、现浇楼盖结构平面及剖面

1. 用途：主要用于现场支模板、绑钢筋、浇灌混凝土制作梁、板等。

2. 基本内容：包括平面、剖面、钢筋表、说明四部分，见图 10-8。这些图与相应的建筑平面及墙身剖面关系密切，应配合阅读。

（1）平面图内容包括：

（a）轴线网。

（b）承重墙的布置和尺寸。

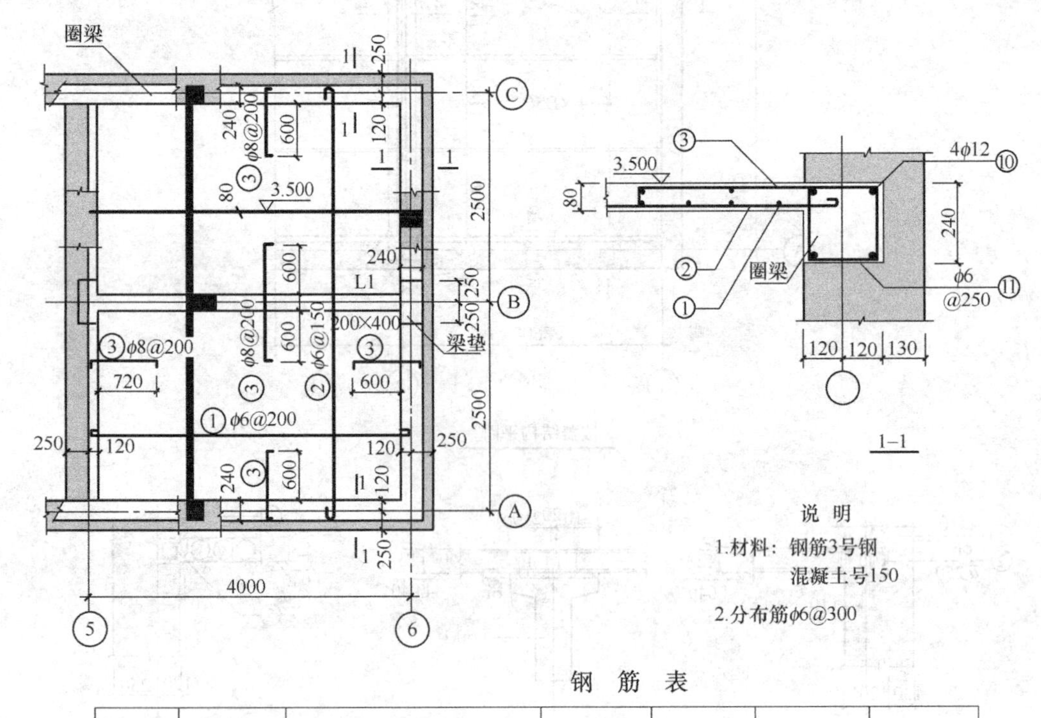

钢 筋 表

构 件	编 号	形状尺寸	直 径	长 度	根 数	备 注
板	①	3980 50	ϕ6	4080	26	
	②	4980 50	ϕ6	5080	26	
	③	820 70	ϕ8	960	122	
	④	1400 70	ϕ8	1540	20	

图 10-8　现浇楼盖模板及配筋

（c）梁、梁垫的布置和编号。如梁 L1，断面尺寸为 200×400，梁垫的尺寸为 500×240×400。梁的模板和配筋另有构件详图表示，见图 10-10。

（d）板的厚度、标高及支承在墙上的长度，这些是支模板的依据。

为了看图清楚，常用折倒断面（图中涂黑的部分），表示梁和板的布置及支承情况，并注明板的上皮标高与板厚。

(e) 钢筋布置：板内不同类型的钢筋都用编号表示出来，并注明定位尺寸，如③号钢筋下面的 720、600。钢筋的编号、规格、间距、定位尺寸，是绑扎钢筋的依据。

说明中所指分布筋就是不受力的钢筋，它起着固定受力筋、分布荷载的抵抗温度应力的作用，一般图中不画。

当钢筋不够长时，可以相接。搭接的长度一般为 30 倍直径，即工地上常说的 30 倍 d。如 ϕ6 钢筋，搭接长度应不小于 180 毫米。

(2) 剖面大样：表示圈梁、砖墙、楼板的关系，如图 10-8 中的 1-1 剖面。

(3) 文字说明：写明材料标号、分布筋要求。

楼板钢筋布置情况，见立体图 10-9。

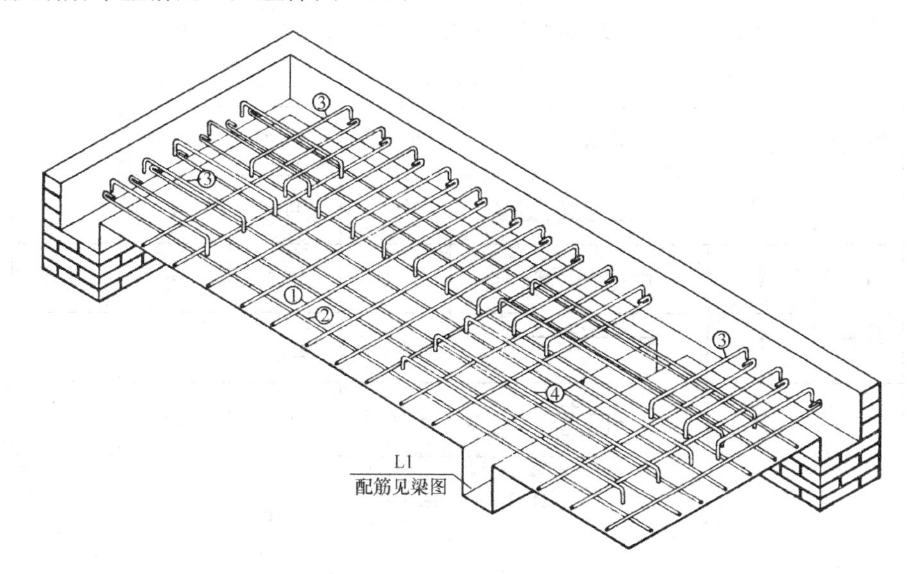

图 10-9　现浇楼盖配筋立体图

五、钢筋混凝土构件详图

钢筋混凝土构件有现浇、预制两种。预制构件要考虑起吊和运输，有的设有吊钩。图中不必画出构件的安装位置及其与周围构件的关系。而现浇构件是在现场支模板、绑钢筋、浇灌混凝土，因此必须画出梁的位置、支座情况。现以图 10-8 现浇楼盖梁 L1 为例进行分析，见图 10-10。

1. 基本内容：包括模板尺寸、配筋情况、钢筋表及说明等。

(1) 梁的模板尺寸：梁长 4240，梁宽 200，梁高 400，板厚 80。

(2) 配筋情况：

主筋：主筋即受力筋，①号钢筋 2 根 ϕ18，②号钢筋 1 根Φ 20。②号钢筋工地上常称为“元宝铁”。

架立筋：架立钢筋主要起架立作用，③号钢筋 2 根 ϕ12。

钢箍：④号钢箍 ϕ6，间距 200。

(3) 支座情况：两端支承在⑤、⑥轴墙上，支承长度为 240。并设有素混凝土梁垫，长 500，宽 240，高 400。

2. 钢筋表的编制：钢筋表包括构件编号、形状尺寸、规格、根数。

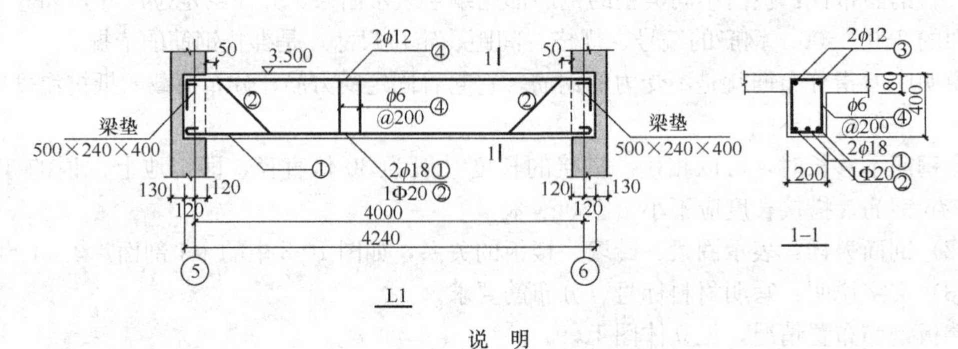

说 明

1. 材料：混凝土 150 号 钢筋 φ—3 号钢 Φ—16 锰钢 2. 主筋保护层为 20

钢 筋 表

构 件	编 号	形状尺寸	直 径	长 度	根 数	备 注
L1 (1 根)	①	120 4200 120	φ18	4440	2	
	②	2980 490 270 200	Φ20	4900	1	
	③	4200 80	φ12	4360	2	
	④	360 160 50	φ6	1140	22	

图 10-10 梁 L1

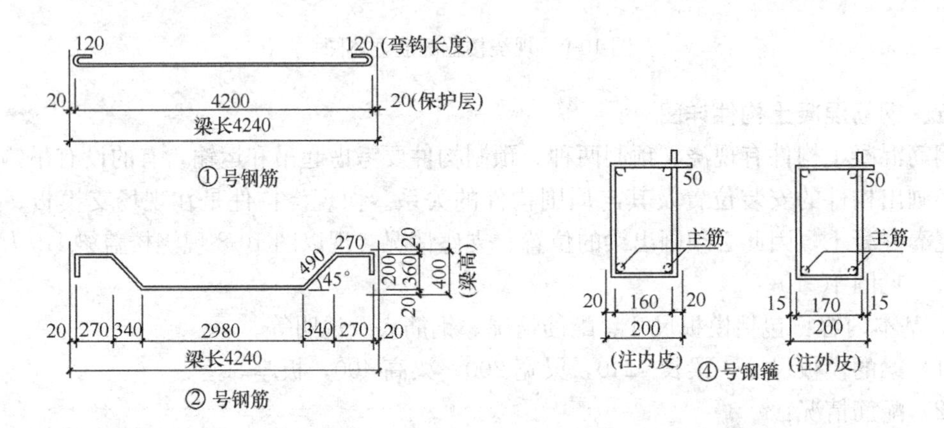

图 10-11 钢筋成型尺寸

(1) 确定形状尺寸：钢筋的成型尺寸一般是指外包尺寸。确定钢筋形状和尺寸除计算要求外，一般要考虑钢筋的保护层和钢筋的锚固要求等因素。钢筋锚固长度根据有关规范决定。图 10-11 表明①、②、④号钢筋成型尺寸。

钢箍成型尺寸根据主筋保护层确定。钢箍尺寸注法各设计单位不统一，有的注内皮，有的注外皮。

（2）弯钩：螺纹钢筋和混凝土结合良好，末端不做弯钩，光圆钢筋要做弯钩。标准弯钩尺寸如图 10-12。一个弯钩的长度为 6.25d。如①号钢筋直径为 18，所以弯钩长度为 120，钢筋设计总长度为外包尺寸加两倍弯钩，即 4200＋2×120＝4440。

3. 钢筋下料长度：钢筋成型时，由于钢筋弯曲变形，要伸长一些，因此施工时实际下料长度应比设计长度缩短。所减长度取决于钢筋直径和弯折角度，直径和弯折角度越大，伸长越多，应减长度也就越多。见图 10-13。

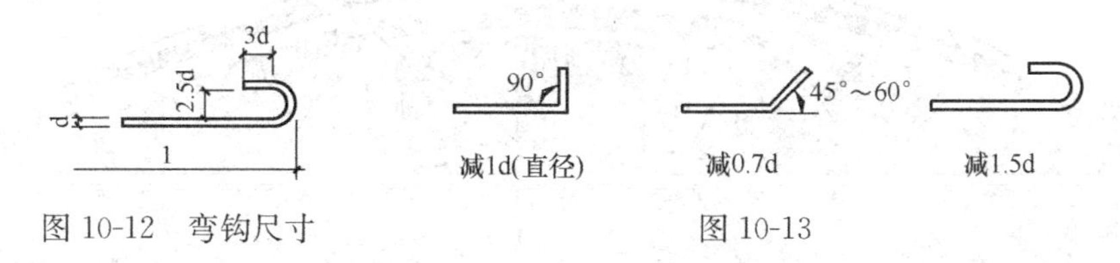

图 10-12　弯钩尺寸　　图 10-13

以图 9-11 中①、②号钢筋为例：

① 号钢筋下料长度：d＝18，设计长度应减去 2×1.5d，即 4440－50＝4390。

② 号钢筋下料长度：d＝20，设计长度应减去(4×0.7d＋2d)，即 4900－60－40＝4800。

第三节　单层厂房结构施工图

一、单层厂房结构简介

1. 屋盖结构：包括屋面板、天窗架、屋架等。屋面板安装在天窗架和屋架上，天窗架安装在屋架上，屋架安装在柱子上。

2. 吊车梁：两端放在柱子的牛腿上。

3. 柱子：用以支撑屋架和吊车梁，是厂房的主要承重构件。

4. 基础：用以支撑柱子和基础梁，并将荷载传给地基；基础梁托住厂房的外墙。

5. 支撑：包括屋架支撑、天窗架支撑、柱间支撑等。它的作用是加强厂房的稳定性和整体性。

6. 围护结构：主要是指外墙，还有与外墙连在一起的抗风柱、圈梁（图 10-14）。

单层工业厂房采用标准构件较多。各有关单位编制了一些标准构件图集，包括节点做法，供设计施工选用。如预应力钢筋混凝土多腹杆拱形桁架图集 G215 等。因此，阅读单层工业厂房结构施工图时，应与有关标准构件图集对照。

单层工业厂房结构施工图一般包括：（1）基础平面及详图；（2）柱、吊车梁、柱间支撑布置图；（3）屋架、天窗架、支撑布置图；（4）屋面板布置图；（5）柱详图；（6）支撑详图等。

二、基础平面及详图

由于各厂房的地基情况不同，荷载不同，一般工业厂房的基础多采用现浇基础，基础梁多采用标准构件。根据厂房的高低和墙的厚度、门窗开洞等情况，编制了基础梁的标准构件图集 G133.1，供选用。

1. 用途：基础平面及详图用于放线、刨槽、支模板、绑钢筋、浇灌混凝土以及安装基础梁。

2. 基本内容：一般包括基础及基础梁的平面布置、基础详图、文字说明三部分。见

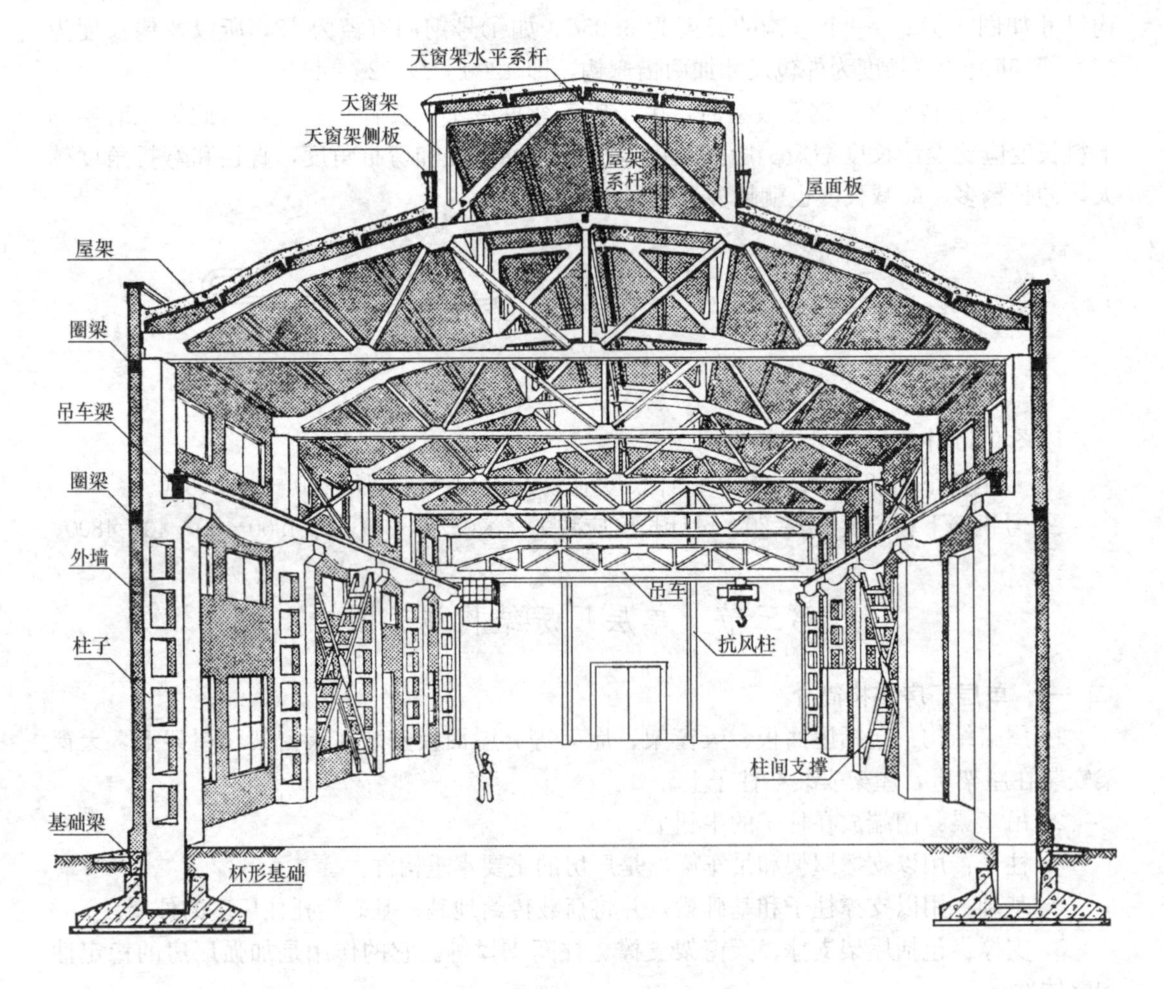

图 10-13　单层厂房结构立体图

附图Ⅱ结施 1。现从中抽出一部分进行分析，见图 10-15。

（1）平面图内容包括：

（a）轴线网。

（b）基础布置：画出基础外轮廓线，注出编号和定位尺寸，如 J1，见图 10-16。

（c）基础梁布置：用较粗单线条画出，注上编号，如 JL-5 等，见图 10-15。基础梁支承在基础上，见图 10-17。JL-5 的形状、尺寸及配筋图见标准图集 G133.1。

（2）详图：见图 10-15J1、J2A。包括基础编号、与轴线的关系、尺寸、配筋、垫层、基底标高。垫层是为了保护上面的钢筋，施工时不使钢筋接触泥土，垫层一般只在剖面中表示。

（3）文字说明：包括±0.000 相当的绝对标高、地耐力、刨槽与验槽要求、材料标号、钢筋保护层、标准构件选用图集等。

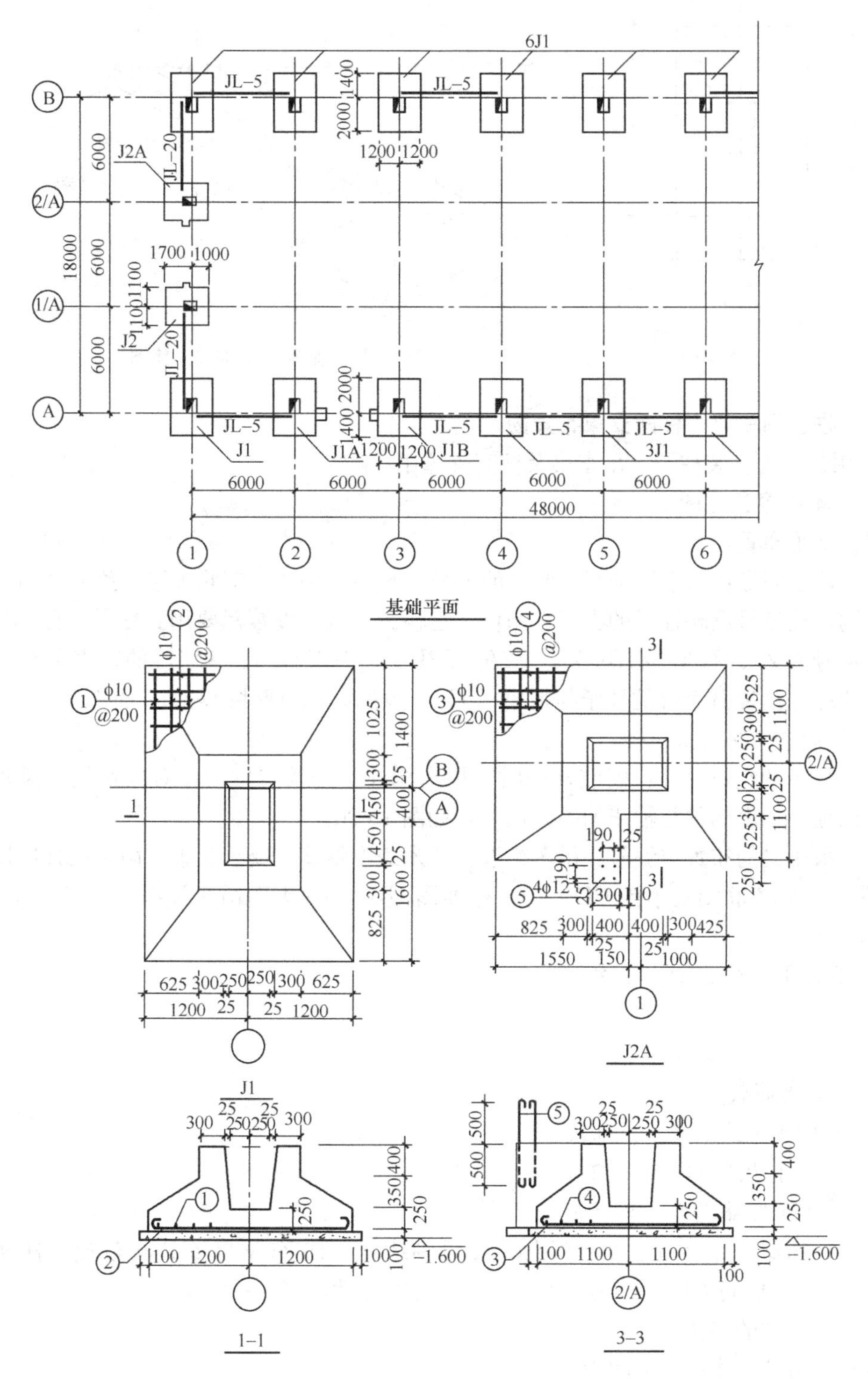

图 10-15　基础图（局部）

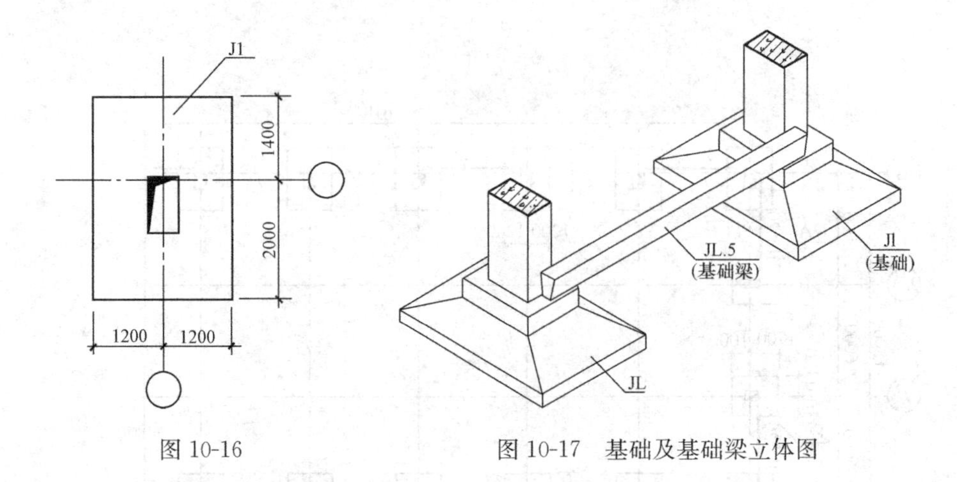

图 10-16　　　　图 10-17　基础及基础梁立体图

三、柱、吊车梁、柱间支撑布置图

1. 用途：为安装柱子、吊车梁及柱间支撑用。

2. 基本内容：见图 10-18.

(1) 柱子布置：

(a) 柱子编号：每个柱子都有明确的编号。凡柱子尺寸、钢筋布置、预埋件不同，编号就不同。柱子号反映柱子的类型，制作、运输、堆放、安装都要用到编号。图 10-18 中柱子的编号为 Z1、Z1A、Z1B；Z2、Z2A、Z2B。其中带有 A、B 字母的，表示有焊接柱间支撑的埋件。带 B 字母的柱子与带 A 字母柱子相邻，其埋件面对面，见图 10-19。两端的 Z_3、Z_4 通常又称为抗风柱。

(b) 柱子的定位尺寸：安装柱子时需根据构件编号及定位尺寸对号就位。因此安装图要明确地表示出构件与轴线的关系尺寸，如图 10-20。

(2) 吊车梁的布置与编号：吊车梁选自 6 米跨度钢筋混凝土鱼腹式吊车梁标准图 GB-108。吊车梁轨道联结及车挡 CD-1 选自标准图 GB-109。本图吊车梁编号为 DL-3Z、DL-3B、DL-3S。

DL-3Z、DL-3B、DL-3S 含义：

D——吊车；

L——梁；

3——3 级荷载；

Z——用于中跨（②至⑧轴）；

B——用于边跨（①至②轴）；

S——用于伸缩缝跨（⑧至⑨轴）。

(3) 柱间支撑布置及编号：③号、④号轴线上，柱 Z1A 与 Z1B 间布置了柱间支撑 ZC-1 与 ZC-2。柱间支撑的作用是为了加强厂房整体性，多采用钢结构。

(4) 各构件的连接；

(a) 柱与基础连接：见图 10-21。

(b) 吊车梁与柱子连接：见标准图。中柱与端柱或伸缩缝柱不同。现以中柱为例，见图 10-22，其连接点立体图，见图 10-23。

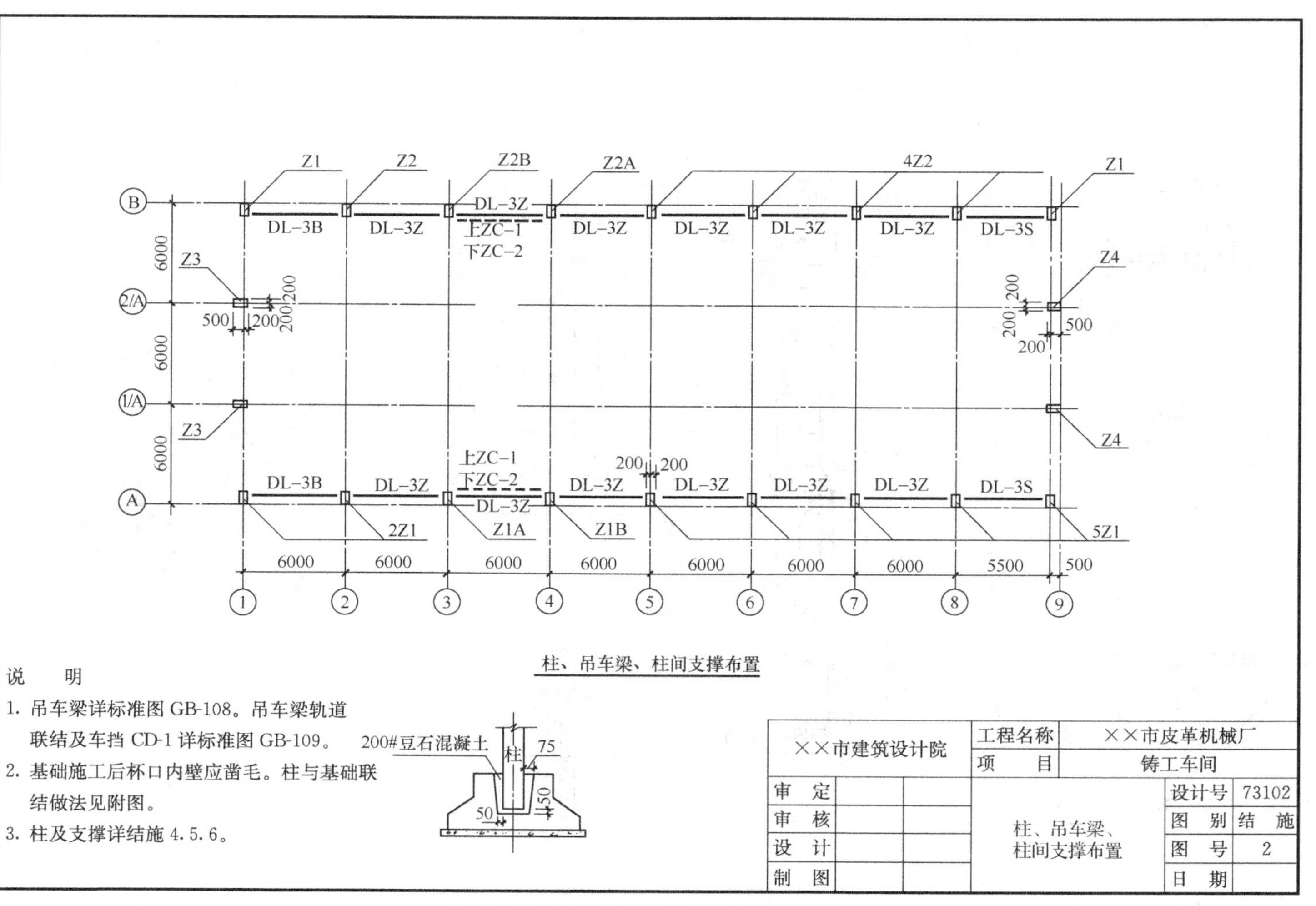

图 10-18　柱、吊车梁、柱间支撑布置图

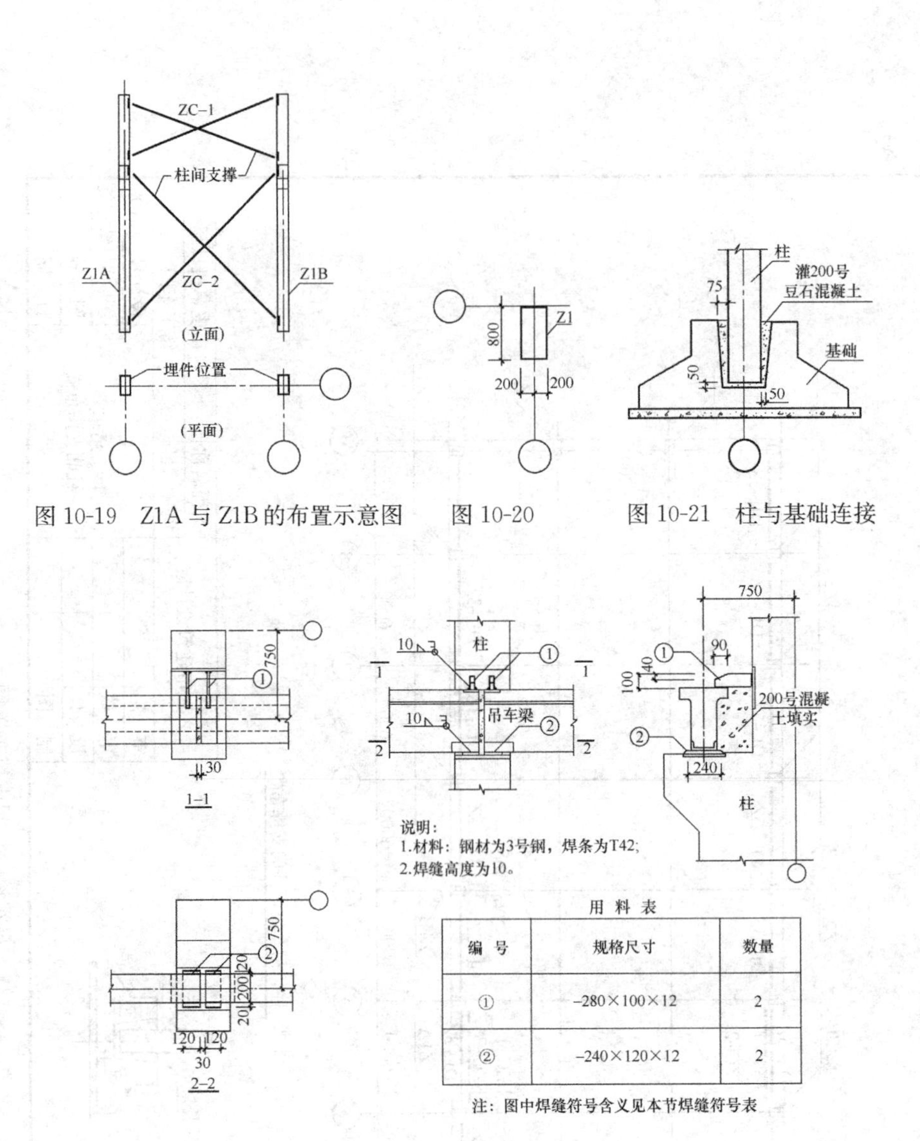

图 10-19　Z1A 与 Z1B 的布置示意图　　图 10-20　　图 10-21　柱与基础连接

用 料 表

编 号	规格尺寸	数量
①	–280×100×12	2
②	–240×120×12	2

注：图中焊缝符号含义见本节焊缝符号表

图 10-22　吊车梁与柱子连接

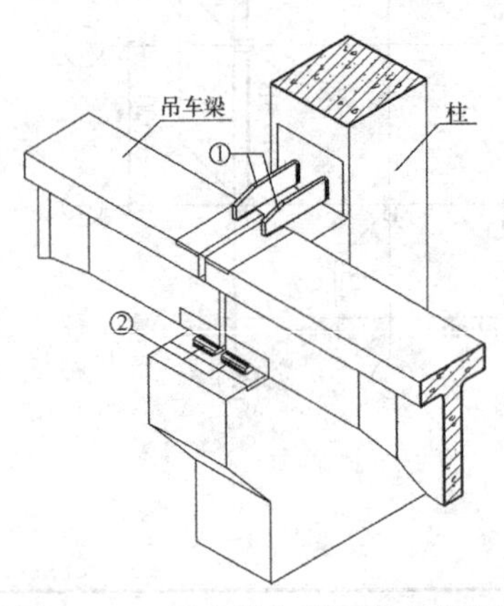

图 10-23　吊车梁与柱连接立体图

四、屋面结构布置图

单层工业厂房屋盖构件一般采用预制构件，选用标准图。

1. 用途：屋面结构布置图为安装屋架、天窗架、屋面板、支撑等各种构件用。

2. 基本内容：一般包括屋顶结构平面、剖面、说明、构件统计表等。现以附图Ⅱ结施3为例详细介绍各项内容：

（1）轴线网。

（2）屋架布置及编号：YGJ-18-4是屋架代号，其中有7榀带天窗，2榀不带天窗，它们的预埋件不同，见标准图集G215。

YGJ-18-4的含义：

YGJ——预应力拱型屋架；

18——跨度18米；

4——荷载等级4级。

（3）天窗架布置及编号，TCJ6-01是天窗架代号，天窗两端壁用端壁板代替天窗架。TCJ6-01的含义：

TCJ——天窗架；

6——跨度6米；

01——尺寸等代号。

（4）屋面板布置及编号：YWB-3和YWB-3a是屋面板代号。屋架间距为6米时用YWB-3；间距为5.5米时用YWB-3a。

YWB-3、YWB-3a含义：

YWB——预应力屋面板；

3——荷载等级为3级；

a——只用于边跨。

（5）屋面板嵌板布置及编号：YTB-3a代表屋面板嵌板，这种板用于屋檐或标准屋面板中间。

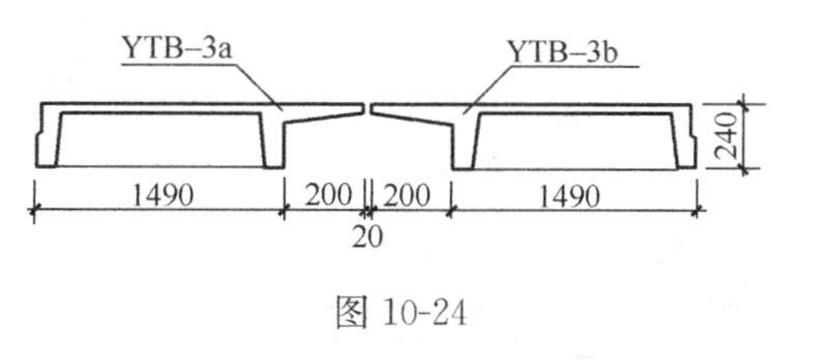

图 10-24

$\frac{\text{YTB-3a}}{200}$与$\frac{\text{YTB-3b}}{200}$含义：

YTB——预应力嵌板；

3——荷载等级3级；

a——用于伸缩缝处；

b——用于a板的对称部位；

200——代表挑出长度，见图10-24。

（6）天窗架支撑：是为了加强天窗的整体性设置的，多采用钢结构。TZ-11是水平支撑，TZ-14是垂直支撑。见图10-25。TZ是钢支撑的代号。

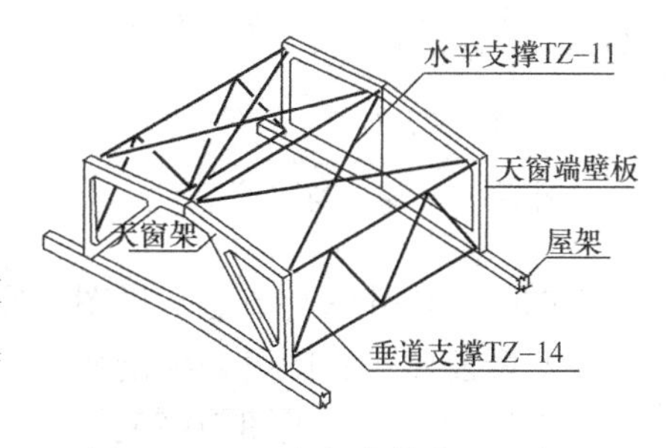

图 10-25　天窗架支撑布置示意图

（7）加劲系杆：是为了加强屋架稳定性而设置的。HX是钢筋混凝土系杆的代号。HX-1用于6米屋架间距，HX-2用于5.5米屋架间距。

（8）各标准构件的连接有统一做法。图 10-26 说明屋架与柱子的连接，其余可看相应的标准图。

五、柱子详图

单层工业厂房的柱子不易统一，一般都单独设计，采用现场预制。

1. 用途：柱子详图为支模板、绑钢筋、浇灌混凝土用。

2. 基本内容：一般包括模板图、配筋图、钢筋表、说明四部分，见附图Ⅱ结施 4。

（1）模板图：包括模板尺寸和预埋件两部分内容。柱子扩大的部分叫牛腿，牛腿上面的部分叫上柱，下面的部分叫下柱。一般以立面为主，结合剖面表示出构件的完整尺寸。

预埋件是柱子的重要内容，连接屋架、吊车梁、柱间支撑等等都需用预埋件。此外，水、暖、电工艺有时也要求预留铁件。

以 Z1A 为例，预埋件位置示意见图 10-27，埋件的用途为：

M1、M2——与吊车梁连接；

M3——与屋架连接；

M4——与上部柱间支撑连接；

M5——与下部柱间支撑连接；

▮ 号钢筋——与圈梁连接；

▮ 号钢筋——与围护结构砖墙拉接，工地上常称为柱子的“胡子筋”；

▮ 号钢筋——吊管道用。

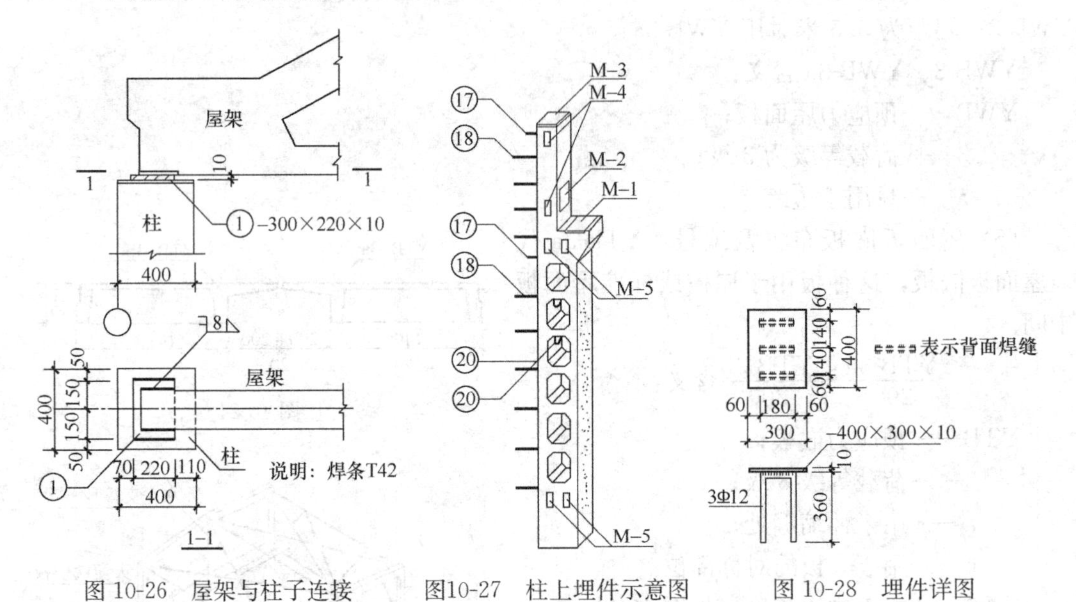

图 10-26　屋架与柱子连接　　图10-27　柱上埋件示意图　　图 10-28　埋件详图

看图时，构件图与节点大样图对照看，注意预埋件的位置、尺寸是否一致。

（2）配筋图：看图时，纵剖面、横剖面、钢筋表要配合阅读。

（3）埋件详图：见图 10-28。

（4）柱子的模板尺寸、配筋、预埋件不同应编不同的柱号。为了减少设计图纸的篇幅，有时将模板尺寸和配筋相同，而只有少量预埋件不同的柱子合在一个图上，注明预埋件仅用于某种柱。

六、柱间支撑详图

柱间支撑多用钢结构，一般由各种型钢如角钢、工字钢、钢板连接组成。连接的方式有焊接、螺栓等。钢结构图一般应解决构件制作和拼装两个问题。钢支撑一般在金属结构车间制作及拼装。详图表示出各种型钢的规格、定位尺寸及连接方式，见附图Ⅱ结施 7。

1. 型钢标注方法：见表 10-1。

型钢标注方法 **表 10-1**

名称	符号	图形画法	文字代号	注法
钢板	—	6 厚 50 宽 1800	钢板宽×厚 / 长	—50×6 / 1=1800
等边角钢	∟	厚d b l b	∟b×d / 1=	∟50×5 / 1=1800
不等边角钢	∟	厚d B l b	∟B×b×d / 1=	∟90×56×6 / 1=1800
工字钢	I	h l b	∟h / 1=	∟10 / 1=1800
槽钢	[	h l b	∟ / 1=	∟90 / 1=1800

2. 螺栓及焊缝的表示符号：见国家制图标准 GBJ 1-73。现介绍几个常见的图例：

（1）螺栓：

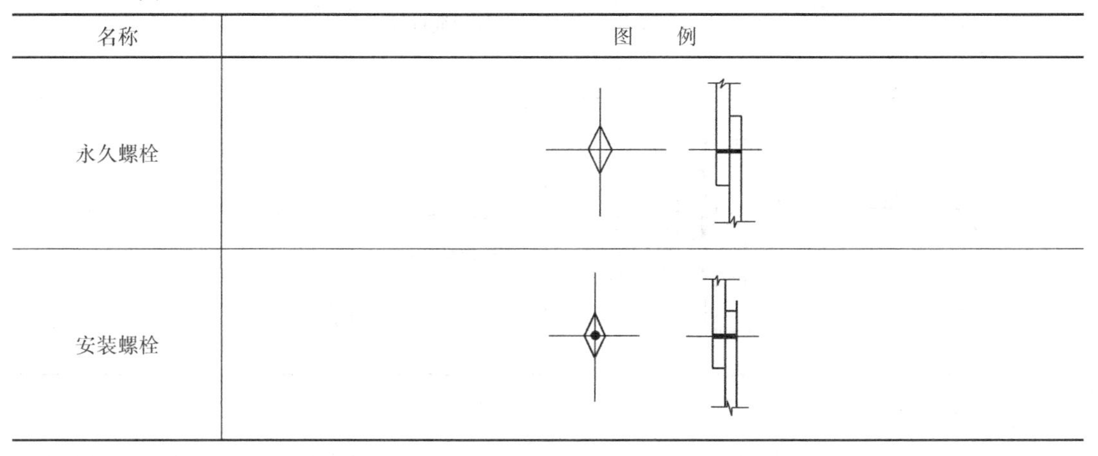

名称	图　　例
永久螺栓	
安装螺栓	

续表

名称	图 例
螺栓圆孔	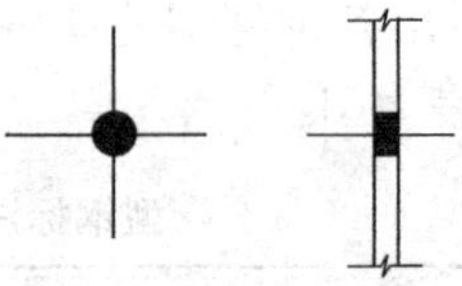
椭圆形螺栓孔	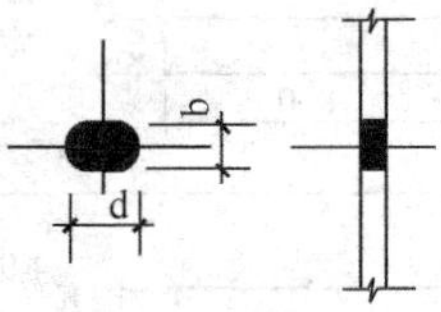 b d

（2）焊缝：

焊缝符号	符号意义
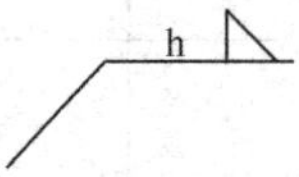 h	h—焊缝高度 ◺—焊缝断面
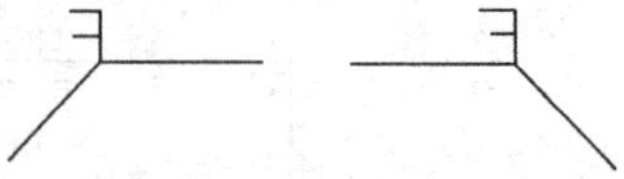	现场安装焊接符号（不注ㄱ时表示工厂制作焊缝）
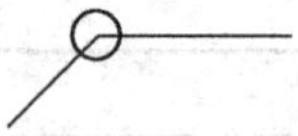	相同焊缝符号
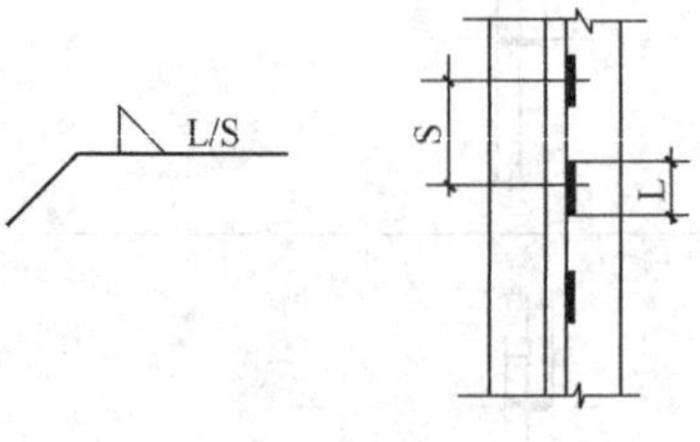 L/S S L	S—断续焊缝中距 L—焊缝长度

3. 基本内容：

（1）构件的定位线及尺寸：见图 10-29。图中 5600 表示柱间距，2200 表示支撑高度，对角线表示角钢零件的定位线，如 50、25 就是①号角钢的定位尺寸。画图与制作都要先确定定位线。

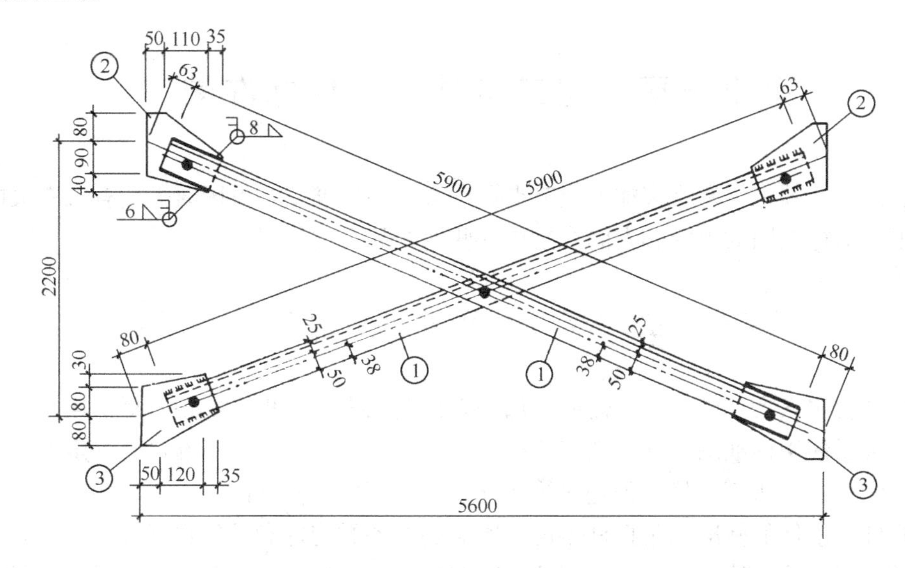

ZC-1 材 料 表

零件号	断 面	长 度	数 量
①	L75×6	5900	2
②	—195×8	210	2
③	—205×8	190	2

说明：1. 钢材为 3 号钢；
2. 焊条为 T42。

图 10-29 柱间支撑大样

（2）零件的编号：用圆圈内标注阿拉伯数字表示零件的编号，看图时应与材料表配合阅读。如①号零件，角钢为 L75×6，长度为 5900。

（3）节点：见图 10-29。图内焊缝符号表示现场安装焊缝，高度为 8，断面形状为三角形贴角焊缝。

（4）与柱子的连接：②号和③号节点板分别焊在柱子的预埋铁件上。

第十一章　建筑构件、配件标准图

房屋建筑施工图中，有许多配件及节点做法常采用标准图，看图时需要查阅有关的标准图集。下面对标准图的内容和查阅方法作一些简要的介绍。

第一节　什么叫标准图

为适应社会主义大规模建设的需要，加快设计施工进度，提高质量，降低成本，在设计和施工中大量使用标准图。标准图有两种。一种是整栋建筑物的标准设计（定型设计），如住宅、小学校、商店等；另一种是建筑构件和建筑配件的标准图。

建筑构件、配件的标准图是把许多房屋所需要的各类构件和配件根据统一模数设计成几种不同的规格，统一绘制成构件、配件标准图集。例如根据房屋开间、进深、荷载的大小编制出几种不同规格的梁、板等构件；根据门窗的使用要求、大小、形式设计出几种不同规格的门、窗、窗台板等配件。这些统一的构件、配件图集，经有关部门审查批准后，可以在不同的工程设计和施工中直接选用。

目前，我国编制的标准构件、配件图集很多，按其使用范围大体可分成三类：

1. 经国家建委批准的全国通用构件、配件图，可在全国范围内使用[1]

2. 经各省、市、自治区地方批准的通用构件、配件图，在各地区使用[1]。

3. 各设计单位编制的图集，供各单位内部使用。

第二节　常用标准构件、配件

一般用“G”或“结”表示标准构件，用“J”或“建”表示标准配件。

1. 常用标准构件有：

梁——进深梁、开间梁、悬挑梁、基础梁、吊车梁、门窗过梁等；

屋架——各种不同跨度的钢筋混凝土屋架、钢筋混凝土和钢材的组合屋架等；

板——各种圆孔板、槽形板、大型屋面板等；

其他构件——楼梯、阳台、雨篷、挑檐板、沟盖板等。

2. 常用标准配件及标准做法有：

木门窗、钢门窗；

厕所及淋浴隔断、盥洗台、水池、小便槽、铁爬梯等；

专用设备台、通风柜、洗涤槽等；

[1] 此类图纸，除中国建筑科学研究院标准设计研究所（北京）有所供应之外，各省、市建委或建工局附设的建筑标准设计供应站亦均可供应。

屋面、顶棚、楼地面、墙面、散水等做法。

第三节　标准构件、配件图的查阅方法

1. 根据施工图中注明的图集名称、编号及编制单位查找选用的图集。

2. 阅读图集的总说明，了解编制该图集的设计依据，使用范围，选用标准构件、配件的条件，施工要求及注意事项。

3. 了解本图集编号和表示方法：一般标准图都用代号表示，构件、配件的名称以汉语拼音的第一个字母为代表。代号表明构件、配件的类别、规格及大小。如预应力圆孔板的表示方法为：YB36.1。其含义为：

Y——表示预应力；

B——板的代号；

36——轴线间距为 3.6 米；

1——荷载等级为 1 级。

又如上悬钢窗表示方法为：TC-9-1。其含义为：

TC——天窗的代号；

9——窗高为 900 毫米；

1——天窗位置的代号。

4. 根据图集目录及构件、配件代号在本图集内找到所需详图。

第四节　举　　例

例如：查找本书附图Ⅱ某皮革机械厂铸工车间吊车梁标准图。

1. 根据附图Ⅱ结施 2 铸工车间选用的吊车梁编号及说明，可知该吊车梁选自某设计院编印的 6 米钢筋混凝土鱼腹式吊车梁的标准图集，图集代号为 GB-108。

2. 首先仔细阅读该图集的总说明书，了解该吊车梁的设计依据、使用条件、轨道连接要求以及施工制作、运输安装等注意事项。

3. 了解编号方法。根据编号可知中跨梁为（DL-1Z～10Z）、边跨梁为（DL-1B～10B）、伸缩缝跨梁为（DL-1S～10S）。结施 2 图中选用的 DL-3Z 为中间跨吊车梁，DL-3B、DL-3S 为边跨及伸缩缝跨吊车梁。

4. 从选用表中查出该型号吊车梁的截面尺寸及有关技术指标。

5. 根据吊车梁编号查出施工详图。其内容包括模板图、配筋图、钢筋表、预埋件表以及预埋件详图、轨道连接及车挡详图，见图 11-1。要注意预埋件（图 11-1 中 P-1、P-2 等）数量、位置及编号，如 DL-3Z、DL-3S 支模尺寸相同，配筋和预埋件不同（DL-3S 增加预埋件 P-3）。

又例如：查找本书附图Ⅰ小学校教学楼木门窗标准图。

门窗标准图一般包括说明、总规格表、门窗立面图、节点详图及五金表。

1. 在附图Ⅰ建施 2 小学校教学楼平面图中，门的位置上注有 M337 代号，窗的位置上注有 C149 代号。从建施 3 门窗表中可知本图所采用标准图集编号为 $72J_2$-1，即某设计院编制的一般常用木门窗图集。

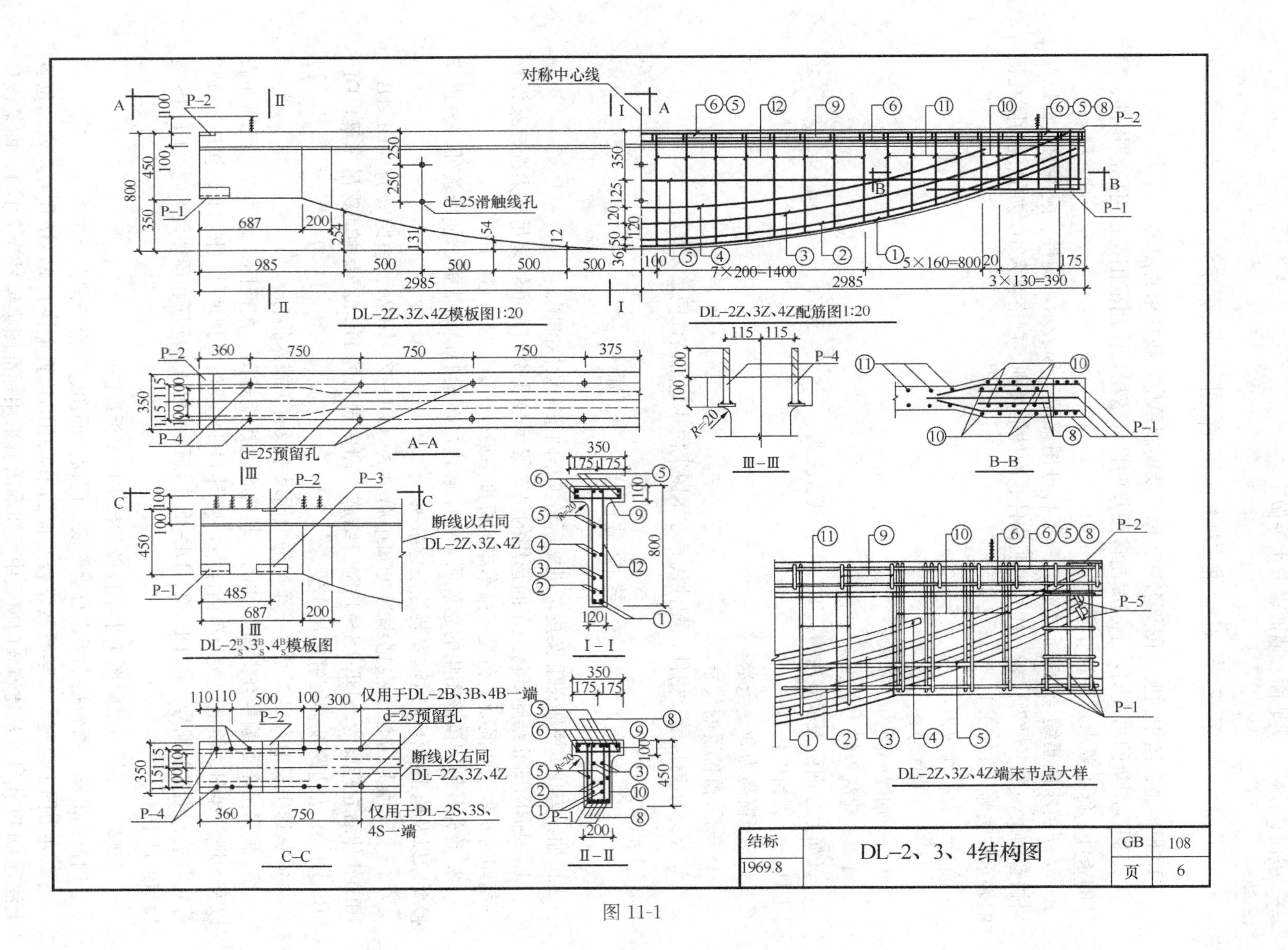

对称中心线
d=25滑触线孔
DL-2Z、3Z、4Z模板图1:20
DL-2Z、3Z、4Z配筋图1:20
A-A
d=25预留孔
III-III
B-B
断线以右同
DL-2Z、3Z、4Z
I-I
DL-2B S、3B S、4B S模板图
仅用于DL-2B、3B、4B一端
d=25预留孔
仅用于DL-2S、3S、
4S一端
C-C
II-II
DL-2Z、3Z、4Z端末节点大样
结标
1969.8
DL-2、3、4结构图
GB
108
页
6

图 11-1

2. 认真阅读该图集的说明，对该图集的编制依据、门窗类型、使用范围、制作安装以及查阅方法作全面了解。

3. 熟悉门窗代号。以门 M337 为例：

M——门的代号；

3——表示玻璃门；

37——编号。

4. 从“M3 玻璃门立面”图中查出 M337 尺寸，包括门洞尺寸及门扇净尺寸，开启方式，五金规格、数量、安装位置等。

5. 根据门的立面图上标注的节点索引号，在“M3 玻璃门节点”图中找出有关节点。以上均见图 9-14、9-15、9-16。

第十二章　施工图的翻样

施工图应做到技术合理，图面表示清楚，方便施工。但是，为了便于施工，还需要进行翻样工作，画出更详细，更符合各施工工种需要的补充图纸，或结合现场施工条件修改图纸。

第一节　翻样的内容

1. 按工种翻样：施工图一般是按建筑部位或构件进行绘制，但施工是由瓦、木、钢筋、混凝土及吊装等工种分工配合进行。为了便于施工和简化各工种所需的图纸内容，就需按不同工种的施工要求分别绘制出翻样图，如木工翻样图、钢筋工下料图。

2. 加工订货翻样：须在各工厂加工的各种构件、配件和非商品零件，都要根据施工图的要求，按不同加工厂、不同材料、不同规格和品种进行分类统计，并附详细加工翻样图纸。

3. 修改设计的翻样图：因施工现场场到材料、品种和规格或施工方法有较大改变，须修改原施工图，绘出翻样图。

第二节　翻样的准备工作

1. 必须熟读全部施工图纸。在施工以前应将各专业图纸全部看完，对整个工程做到心中有数。看图过程中着重抓住水、暖、电等工种与土建之间的关系。例如各种管道穿墙留洞的大小及标高，在结构或建筑图中是否标出，标高及尺寸是否符合；配电箱、消火栓的位置和大小与结构是否有矛盾。建筑和结构之间的关系更为密切，要核对各个构件的标高和尺寸，特别是门窗洞口过梁的数量及编号均应核对。所以翻样的准备工作实际是对图纸进行一次全面审核。

2. 翻样图要与整个工程施工方案一致，要符合各工种的搭接顺序。因此在画翻样图前必须掌握工程的施工顺序及施工方法。

3. 必须了解材料供应情况，以便根据材料的规格和供应的实际情况，对原设计采用的材料规格进行核对和修改。

4. 必须分清各种构件、配件哪些是预制，哪些是现制，哪些由现场加工，哪些由加工厂加工。然后按照不同的施工方法、加工地点和不同的要求分别画出翻样图。

第三节　施工图的翻样

1. 在离工准备阶段，凡是必须提前加工的构件、配件，尤其是加工厂加工的构件、配件，必须填写加工订货单，并附详细的加工图纸，统计出准确的加工数量，提交工厂进行加工。如选用工厂生产的标准木门窗，只须注明门窗编号，统计出准确数量，填写加工订货单，交木材加工厂加工。门窗五金，则按门窗标准图集中的五金规格及数量另外填写五金订货单进行订货。非标准构件或非商品化的特殊构件、配件，如楼梯金属栏杆花饰、灯具、大门把手等，除填写加工订货单外，必须附全部大样详图。有时一个构件分别由几个加工厂协作制作，则必须分别绘出加工详图。

木装修中所需龙骨或楼梯扶手等，需要加工厂加工成一定规格的木料，也须填写加工订货单。

2. 选用标准构件时，如果标准图中某些尺寸须根据具体工程项目确定，或对标准设计做局部修改时，为施工方便须另绘翻样图，并按不同工种分别画出。

3. 根据土建施工图画出各工种翻样图，如现浇混凝土梁、板，应分别画出三种翻样图：

（1）模板图：只画出构件外形的全貌，注明外型尺寸，关键部位的标高，特别需要注明梁、板的底皮标高，以便拟定施工方法，加工模板，并准备支撑用的木料。

（2）钢筋图及钢筋表：施工图中的钢筋长度是设计要求长度，翻样时必须计算出下料长度，送钢筋加工厂下料。并画出每种编号钢筋的外形尺寸交现场进行加工成型。

（3）预埋铁件图：钢筋混凝土构件中的预埋铁件须单独绘出预埋件详图，注明详细尺寸及准确数量，由加工厂加工。

4. 现场供应的材料规格与设计的材料规格不一致，影响较大时，必须画出翻样图。如对原设计改动较大，甚至影响到大方案的变动，必须与原设计单位共同协商进行修改。

如某建筑中五夹板吊顶的分格，原设计为116×90厘米，而现有五夹板规格为180×90厘米，按原设计每块须锯下64厘米，比较浪费。因此施工单位与设计单位进行协商将吊顶分格改为90×90厘米，每块五夹板裁成两块，这样可以节省大量木材。为此就须绘出翻样图，某些构造也须作相应改变。

5. 对装配式钢筋混凝土结构应按层绘制构件吊装平面图。图中画出梁、板、柱的布置，注明详细编号，包括本层全部门窗洞口过梁的编号，并附本层全部构件的统计表，供吊装之前清点构件等准备工作之用。凡因建筑装修或吊挂管道等原因需在板缝内预埋铅丝、木砖、铁钩或螺栓时，必须在图中画出，并注明说细位置，以便在施工时安放预埋件，不致遗漏。如需加大板缝宽度，在图上必须注明板缝尺寸。详见图12-1。

6. 通风机房、实验室等设备管道较复杂的房间，往往管道穿墙、墙面留洞、预埋铁件较多，为了施工方便有时单独画出砖墙留洞平面图。如用平面图仍不能完全表示清楚时，还须画出立面图。在图中注出洞口尺寸，下皮或中心的标高，或预埋件的位置。

7. 装修复杂的工程，须画出装修大样的翻样图。如木墙裙应按照房间的实际情况计算出木板的分块尺寸，转角及门口处的构造做法，并详细注明与砖墙的固定方法，以便砌砖时预埋木砖或铅丝。还有一些外形复杂的木雕花、铁花饰、抹灰线的线型、楼梯栏杆扶手等，有时必须画出翻样图或放出足尺大样，如图12-2。

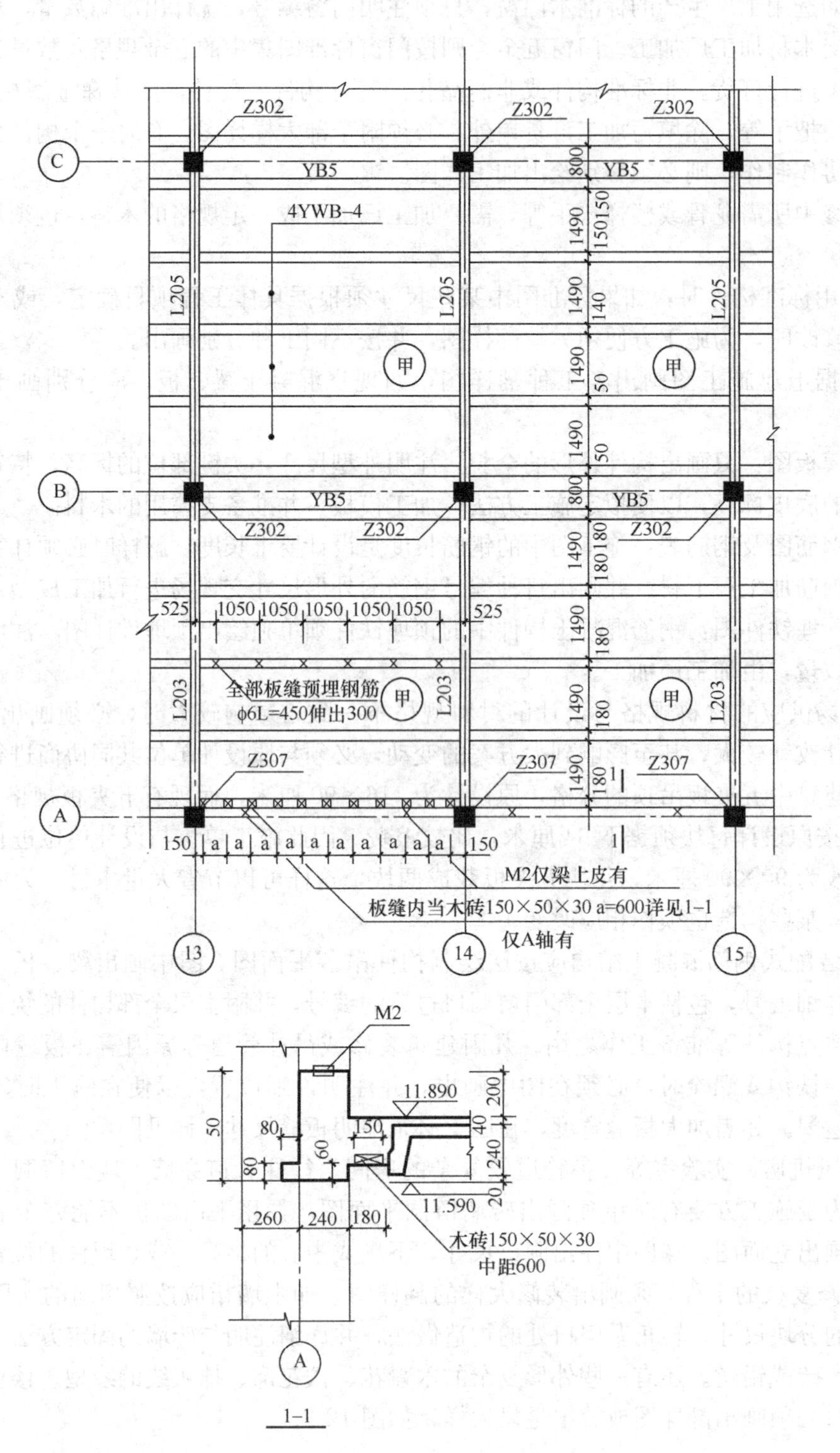

图 12-1　楼盖吊装及埋件翻样图（局部）

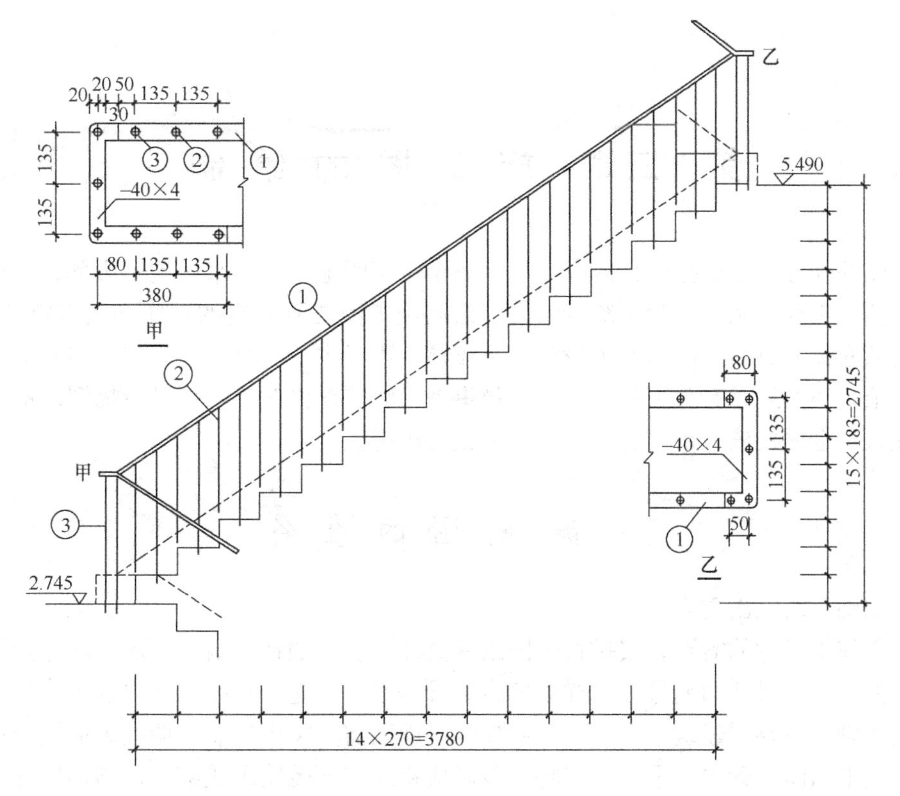

用料统计表

件 号	规 格	长 度	数 量	注
①	—40×4	4920	1	
②	ϕ19	760	15	
③	ϕ19	960	16	

图 12-2 楼梯栏杆翻样图（局部）

第十三章　施工图的绘制

施工图的任务就是要把设计内容正确，齐全、简明地表达出来为施工服务。由于施工图的内容多，工种联系广，为了减少错误，绘制施工图要有一定的程序和技术审核制度。一般在铅笔底稿完成后，应由有关设计人员校核，再经本专业负责人审核。与其他工种有关系的图纸，还要经过有关工种的设计人员审查。将错误修改后，再进行描图。最后，图纸由有关人员全面校核、审定、签字，才能正式出图。

第一节　制图的准备

一、明确目的突出重点

根据各施工工种的需要，安排每张图纸的具体内容。如在建筑平面图中应把砖墙的厚度，门窗的位置、尺寸和编号，大样图的索引号等表达清楚。每张图突出的重点也应有所不同，例如砌砖墙要用建筑平面图，因此建筑平面图需要突出砖墙，墙线画成粗线；但在水、暖、电平面图上管线是重点，应将管线画成粗线，而砖墙画成细线。结构构件配筋图为绑扎钢筋用，需要突出钢筋，所以把钢筋画成粗线。因此，粗、中、细三种线在各种图中，应根据图纸的目的性灵活应用。此外，图面安排也要针对图纸的目的性，作到主次分明，把主要内容放在图纸的显著位置。

二、熟悉内容

要画好一张图，必须熟悉所画的内容，明确图中线条和符号的含义，同时还应了解与本图有关的其他图纸。例如画墙身剖面时，一定要了解门窗过梁的尺寸、形状以及梁、板与砖墙的关系等。画立面图的檐口时，要了解墙身剖面图上檐口的构造和尺寸，才能保证图纸正确无误。

三、全面安排

施工图的内容确定后，要作全面安排，防止重复或遗漏。一套施工图的内容、顺序、分张以及文字表格等都应有全面的规划。施工图的绘制和编排一定要考虑到施工的分工与程序，先施工的排在前面，后施工的排在后面；带全局性的基本图排在前面，构件图、详图排在后面。图纸要尽量便于使用，为了现场翻阅图纸方便，一般图纸不宜过大；为了看图时便于查找，把同类型的、关系密切的内容集中在一张或顺序连续的几张图上。如砖墙的局部装修大样尽可能和平面图绘在一张图纸上；立面图的局部装修大样尽可能和立面图绘在一张图纸上。重要的标准构件、配件如梁、板门窗、过梁等应列出统计表格。最后还应注意图纸简明，避免繁琐、重复，这样既方便看图，也可减少差错。对于一张图纸上各个图形的比尺、位置和坡此的关系也要安排恰当，使其主次分明，疏密匀称。

第二节　制图的步骤和方法

各种图的绘制步骤不完全一样，但仍有一些共同的规律。

一、先整体，后局部

先画基本图，再画详图。基本图是全局性的图纸，应该先画；有了基本图，由它引出各种详图。这种从整体到局部的方法可以减少遗漏和差错。先画平面和剖面，再画立面。因为平面图和剖面图分别从平面和高度两个方面表示了建筑物的基本尺寸，在画立面图时，尺寸就可取自平面图和剖面图。当三个图的位置安排符合长（宽）高的对应关系时，可以直接从平面图引垂直线，从剖面图引水平线，很快就能画出立面图。

二、先骨架，后细部

画平面图时应先画轴线网。画立面图一般可先画出房子的轮廓和各层窗高的控制线，然后再画各个细部。画剖面图和墙身剖面时，也是先画轴线和砖墙、梁、板等结构部分，然后再画门窗、散水、台阶等细部。这种先骨架，后细部的顺序，可以提高画图速度，避免返工。如果一开始就把某一局部画细画全，一旦发现布局不好或大尺寸有错误，返工时就要牵动全局。

三、先底稿，再加重

为了避免图纸有错误，任何图纸都应该先用铅笔画出底稿，经过反复检查，并与有关工种综合核对以后，再加重（上墨）正式出图。

四、先画图，后注字

一般先把图画完，最后注字。注字时先注尺寸，然后注文字说明。注尺寸时先打好尺寸线，注文字前也要先用铅笔画出上下控制线，有时可打好长方格，以保证数字或文字的位置适当，大小一致。施工图上的数字是施工制作的主要依据，要特别注意注写得准确、整齐、明确、清晰，以免施工时产生差错。

五、习惯画法

1. 同一方向的大尺寸一次量出。如剖面图垂直方向的尺寸，从地坪、各层楼地面直到檐口等，可以一次量出，用铅笔点上位置，不要画一处量一处。

2. 相等的尺寸一次量出。如平面图上同样宽的门窗口，可以用分规一次点出位置。

3. 同类的线尽可能一次画完。如同一方向的线条一次画完，以免三角板、丁字尺来回移动；又如上墨时同一粗细的线条一次画完，可使线条统一，并减少调整直线笔的次数。

4. 描图上墨时，一般先画图纸上部，后画下部；先画左边，后画右边。

第三节　绘 图 步 骤 举 例

一、绘制某传达室的建筑图

1. 图面安排：首先按图幅规格打好图纸边框，留出图标位置，然后安排各图的位置，使各图之间关系恰当、疏密匀称。本张图纸包括平、立、剖面等，所以要尽可能利用三个图长、宽、高的对应关系，使绘制方便，见图 13-1。

2. 画平面图的步骤：见图 13-2。

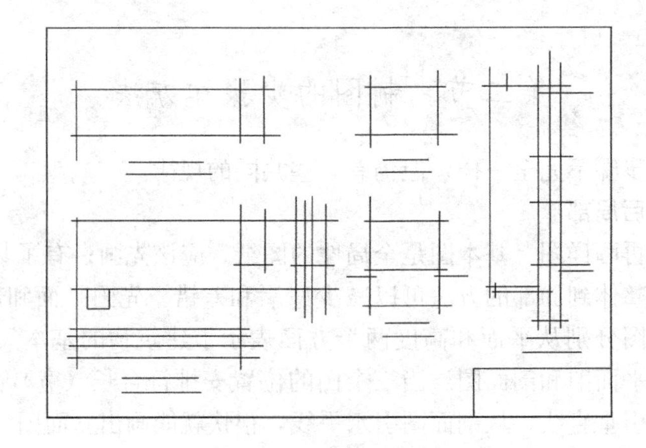

图 13-1　图面安排

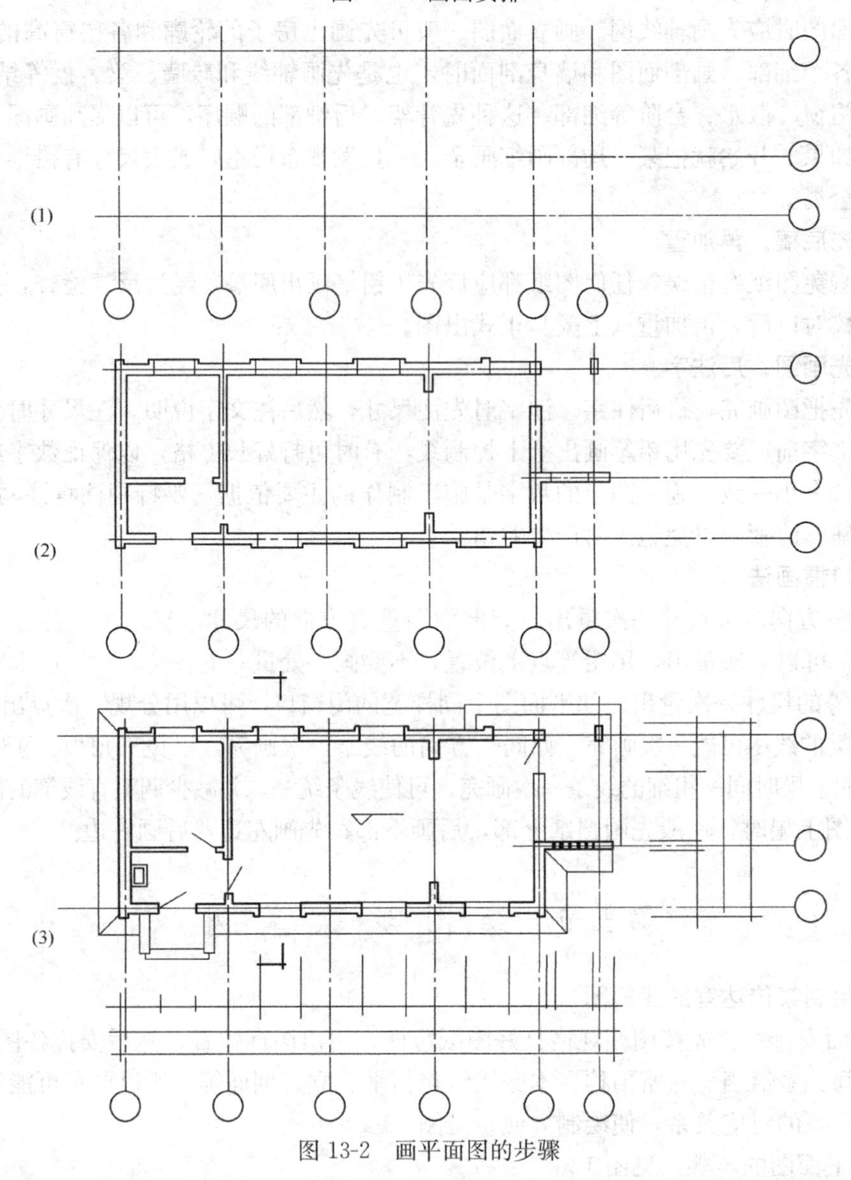

图 13-2　画平面图的步骤

画轴线；
画墙、柱子、隔断墙和门窗线；
画水盆、入口台阶、散水及门口开启方向等细部；
画剖切线；
画尺寸线，安排注字的位置；
标注局部详图索引导。

3. 画剖面图的步骤：见图 13-3。

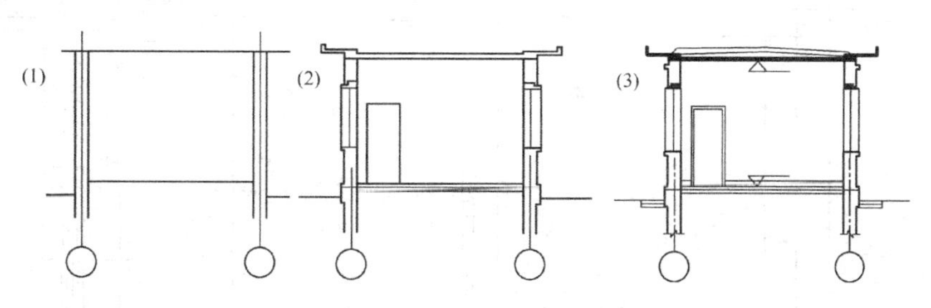

图 13-3　画剖面图的步骤

画墙身轴线和轮廓线、室内外地坪线、屋面线；
画门窗洞口和屋面板、地面等被剖切的轮廓线；
画散水、踢脚板及屋面各层作法等细部；
画断面材料符号，如钢筋混凝土涂黑；
画标高符号及尺寸线。

4. 画立面图的步骤：见图 13-4。

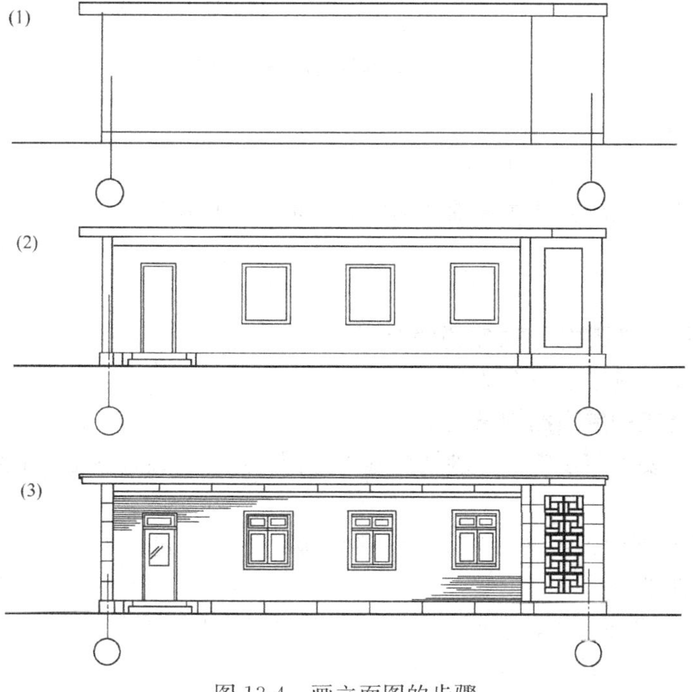

图 13-4　画立面图的步骤

从平面图中引出立面的长度，从剖面图中量出立面的高度以及各部位的相应位置；

画地坪线和房屋的外轮廓线；

画门窗、台阶等细部；

画墙面材料和装修细部。

5. 画墙身剖面的步骤：见图 13-5。

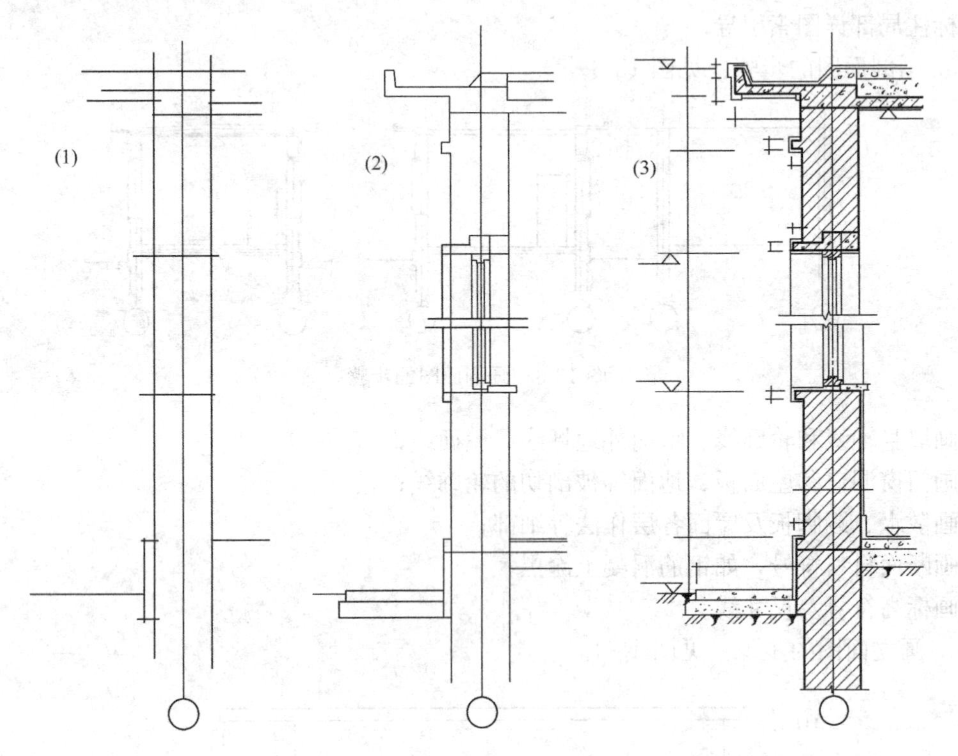

图 13-5　画墙身剖面图的步骤

画轴线和墙身位置；

画屋顶、墙身和门窗口的外轮廓线；

画出窗、散水、踢脚、抹灰等细部和屋面、地面各层作法；

画材料符号；

画尺寸线。

6. 在整张图上注写数字、文字说明及图标。

某传达室施工图见第七章图 7-4。

二、绘制某建筑的屋顶结构布置图

前面讲的画图要点与步骤，对画结构施工图同样适用。现以预制屋顶结构为例，介绍画图的方法：

1. 明确目的掌握内容：本图为安装预制梁板用，内容包括平面、三个节点详图、构件统计表和说明四部分。

2. 安排图面：平面为主，节点详图靠边；留出表格及说明位置，见图 13-6。

3. 定轴线，画墙的轮廓、板、梁以及详图。

4. 检查核对，加深线条。

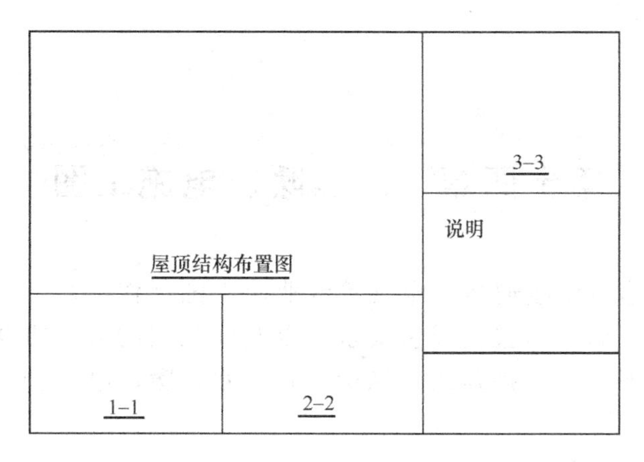

图 13-6　图面安排

5. 填写文字、数字及图标，见图 13-7。

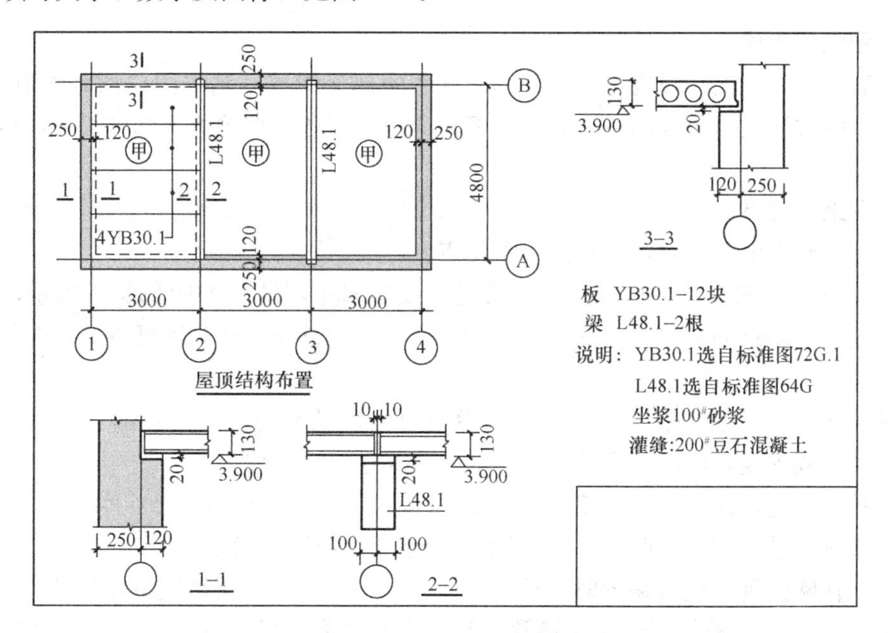

图 13-7　屋顶结构布置图

第十四章　水、暖、电施工图

本章对给水排水、供暖通风、电气等专业施工图纸作一般性介绍，以使读者了解这些专业的设备、管线布置情况和要求，以及施工图的表示方法和特点，并与有关的土建图纸相互对照，掌握建筑、结构工种与水、暖、电工种在施工图纸中的相互关系。

第一节　水、暖、电施工图的特点

一、图纸的组成

水、暖、电施工图一般也是由基本图和详图两部分组成。基本图包括有管道（线路）平面图、系统轴测图、原理图以及总说明等；详图表明各局部的加工和施工的详细尺寸及要求。

二、图纸的特点

阅读水、暖、电图纸时，应注意以下特点：

1. 水、暖、电各工种的设备装置和管道、线路多采用统一的图例符号表示，这些符号并不完全反映实物的形象。因此，在阅读图纸时，应首先了解与图纸有关的图例符号及其所代表的内容。

2. 水、暖、电工种的管道或线路系统总是有一定的来源，按一定的方向，通过干管或干线、支管或支线，最后与具体设备相联接。如在一栋房屋内：

电气系统：进户线──→配电盘──→干线──→支线──→用电设备。

给水系统：进户管──→水表井──→干线──→支管──→用水设备。

因此，在阅读管道或线路图时，可按照上述顺序进行，以便尽快掌握全局。

3. 水、暖、电工种的管道或线路常常是纵横交错敷设的，在平面图上较难表明它们的空间走向。因此，水、暖图纸中，常常采用轴测投影画出管线系统的立体图，用来说明管线系统的空间关系。这种立体图称为系统轴测图，简称为系统图。在电气图纸中，常有电气系统图或接线原理图。看图时，应把这些图纸和平面图对照阅读。

4. 水、暖、电专业的设备安装、管线敷设需要与土建施工相互配合，看图时应注意不同设备、管线在安装、敷设方面的特点及其对土建的要求（如管沟、留洞、埋件等），注意查阅有关的土建图纸，掌握各工种图纸间的相互关系。

三、举例

现以室内给水系统为例，说明以上特点。

图 14-1 表明在两层楼房中给水系统的实际布置情况。图 14-2 是它的平面图，图 14-3 是它的系统轴测图。将以上三图相互对照，可以看出：

1. 平面图、系统轴测图中，水表、水泵、阀门、水管、水箱以及卫生设备等都是用图例符号表示的。

2. 给水系统的走向是：室外管网⟶房屋引入管⟶水表⟶水平干管⟶立管⟶支管⟶卫生设备。

3. 从平面图中难以看出给水系统在空间的实际情况。如将平面图与给水系统轴测图相互对照阅读，就可以了解它的实际情况。

4. 水管要穿过外墙和各有关房间的楼板与隔墙；阁楼的楼板（或吊顶）要有足够的强度支撑水箱；各隔墙上要考虑预埋悬挂洗涤盆等设备的铁件或木砖，以及预留放置消火栓的墙洞等等。以上要求可同时查阅有关的土建施工图纸。

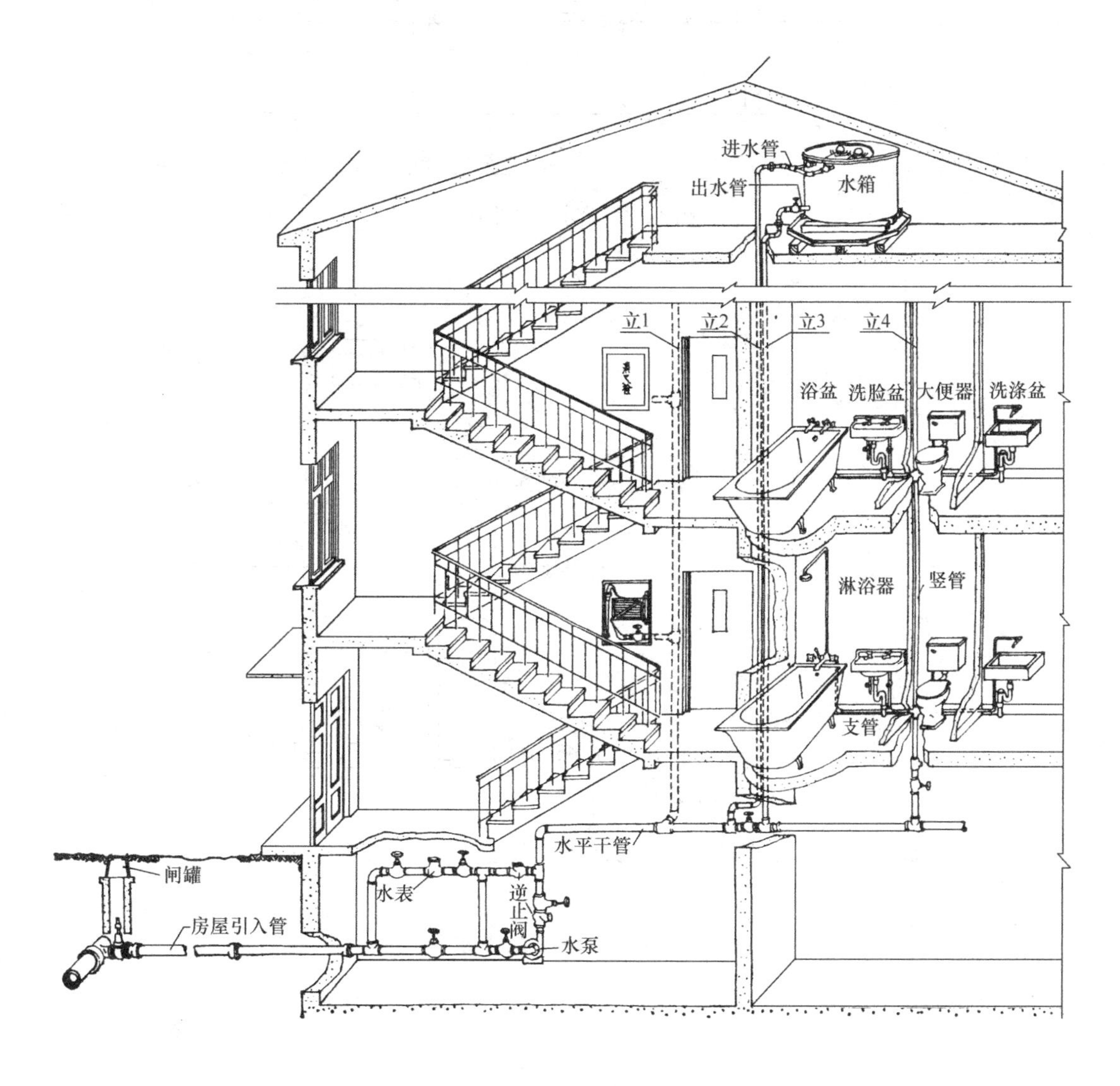

图 14-1　给水系统示意图

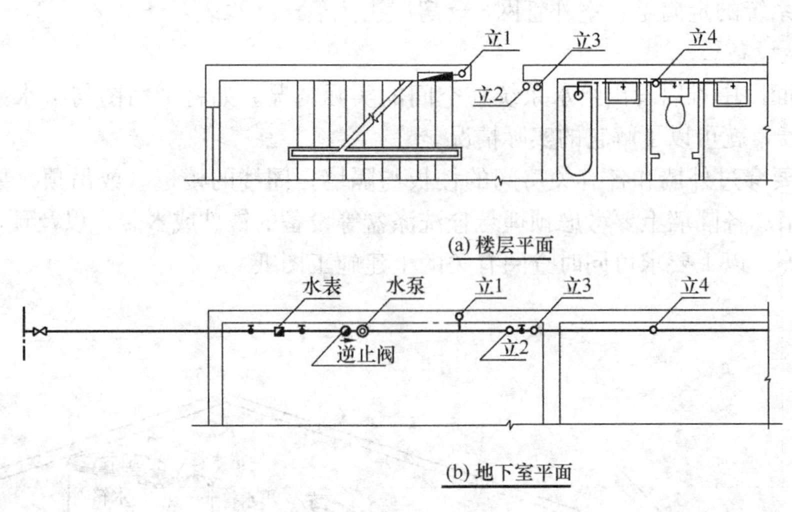

图 14-2　给水系统平面图

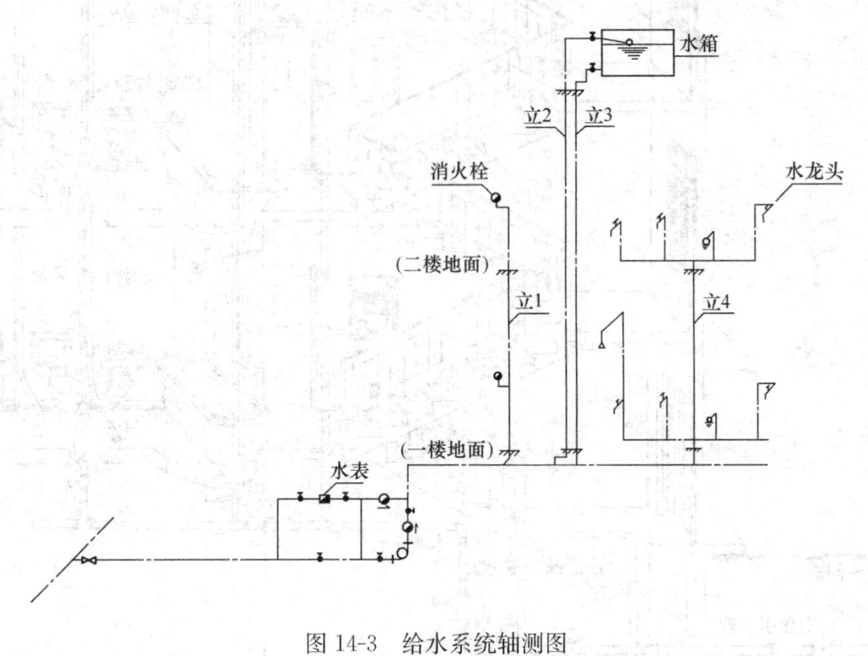

图 14-3　给水系统轴测图

第二节　给排水施工图

一、图纸的组成

给排水施工图分室内给排水和室外给排水两部分。室内部分表示一栋建筑物的给水和排水工程，主要包括平面图、系统轴测图和详图。室外部分表示一个区域的给水、排水管网，主要包括平面图、纵断面图和详图。以上两部分均附有施工说明，其中包括所采用设备、材料的品种规格，安装时应达到的质量要求以及设计中所采用的标准图名称等。

给排水施工图常用图例见下表：

符　号	名　称	符　号	名　称
	给水管		拖布盆
	污水管		地漏
	洗脸盆		清扫口
	方沿浴盆		截门
	蹲式大便器		龙头
	坐式大便器		检查口
	斗式小便器		流量表
	小便槽		水泵
	盥洗台		

二、基本内容（室内部分）

1. 平面图：表明建筑物内给排水管道及设备的平面布置。一般包括以下内容：

（1）用水设备（洗涤盆、大小便器、地漏等）的类型、位置及安装方式。

（2）各干管、立管、支管的平面位置，管径尺寸以及各立管的编号。

（3）各管道零件（阀门、清扫口等）的平面位置。

（4）给水进户管和污水排出管的平面位置以及与室外给排水管网的关系。

图 14-4 是一个四层宿舍的给排水施工图。由底层和楼层（二、三、四层）的平面图中可以看出：各层内均设有盥洗台、拖布盆、蹲式大便器、小便槽等用水设备；各龙头间距

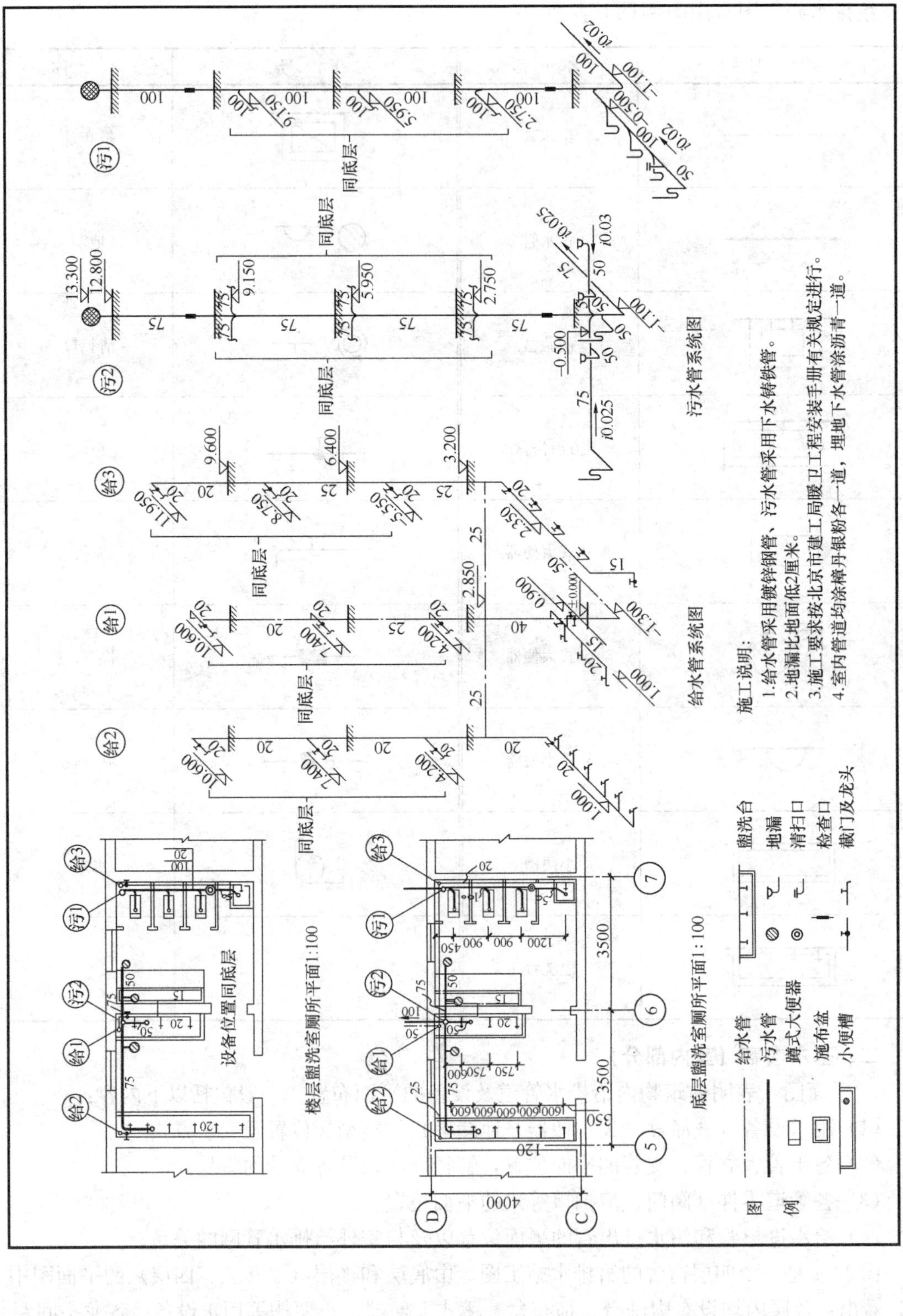

楼层盥洗室厕所平面1:100

设备位置同底层

底层盥洗室厕所平面1:100

给水管系统图

污水管系统图

图例			
—·—·—	给水管	⊔⊥⊥⊥⊔	盥洗台
——	污水管	⊘ ⌐	地漏
▭	蹲式大便器	◎ ⌐	清扫口
▣	施布盆	▮	检查口
⊔▭⊔	小便槽	—•— ⊥	截门及龙头

施工说明：

1.给水管采用镀锌钢管、污水管采用下水铸铁管。

2.地漏比地面低2厘米。

3.施工要求按北京市建工局暖卫工程安装手册有关规定进行。

4.室内管道均涂樟丹银粉各一道，埋地下水管涂沥青一道。

图 14-4 某集体宿舍给排水施工图

为 600（单位毫米，以下同）、750 等，各污水下水口间距为 900、1200 等；给水管径分别为 50、25、20 等，污水管径分别为 100、75、50 等；三根给水管编号为给 1、给 2、给 3；两根污水管编号为污 1、污 2。图中还表明了闸门、清扫口等零件的位置以及给水进户管、污水排出管的管径尺寸及位置。

2. 系统图：分为给水系统及排水系统两部分，用轴测图分别说明给排水管道系统的上下层之间，左右前后之间的空间关系。在系统图内除注有各管径尺寸及立管编号外，还注有管道的标高和坡度。把系统图与平面图对照阅读，可以了解整 个给排水管道系统的全貌。

(1) 阅读给水系统图时，可由进户管开始，沿水流方向，经干管、支管到用水设备。如图 14-3 中的给水系统图说明：进户管管径为 50；进户位置在给 1 立管下部标高－1.30 处；进户后经给 1 立管至标高 2.85 处引出管径为 25 的水平干管；再由水平干管引出给 2 给 3 两立管；在各立管上引出支管通至各层的用水设备（二、三、四各层的支管与用水设备的布置和首层相同，在系统图中均略去未画）。

(2) 阅读排水系统图时，可由排水设备开始，沿水流方向经支管、立管、干管到总排出管。如图 14-4 中的排水系统图说明：各层的大便池污水是经各水平支管到污 1 立管，向下至标高－1.10 处由水平干管排至室外；各层的盥洗台和小便槽污水是经各水平支管到污 2 立管，向下至标高－1.10 处由水平干管排至室外。

(3) 由图 14-4 还可看出，在平面图中只表明了各管道穿过墙和楼板的平面位置，在系统图中还表明了各穿行处的标高。

3. 详图：表示某些设备或管道节点的详细构造与安装要求。例如地漏加工图，表明地漏的尺寸及制作要求（图 14-5）。水表节点详图表明水表的规格型号、与前后截止阀门及泄水阀门的连接关系等（图 14-6）。凡图中说明引见标准图集或统一做法的详图，均可直接查阅有关的标准图集或统一做法手册。

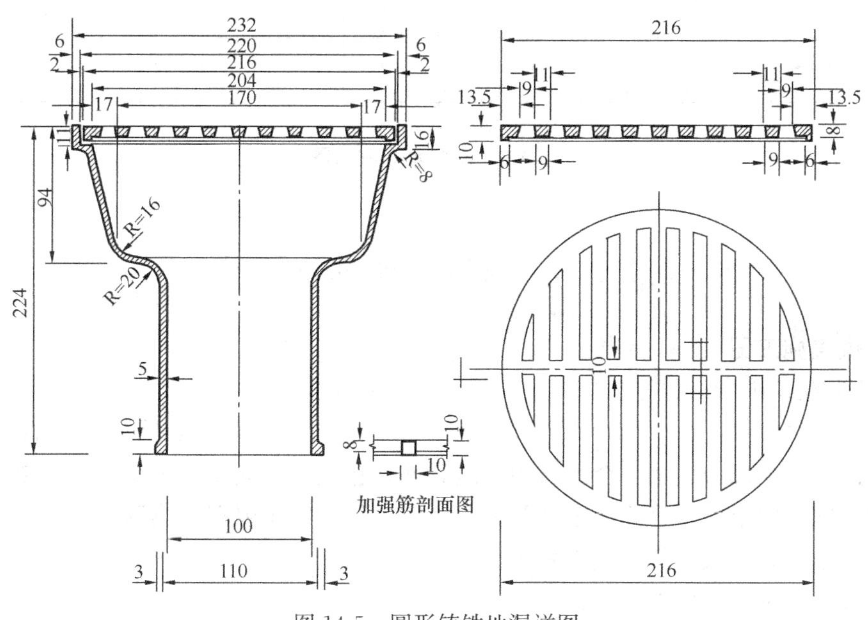

图 14-5　圆形铸铁地漏详图

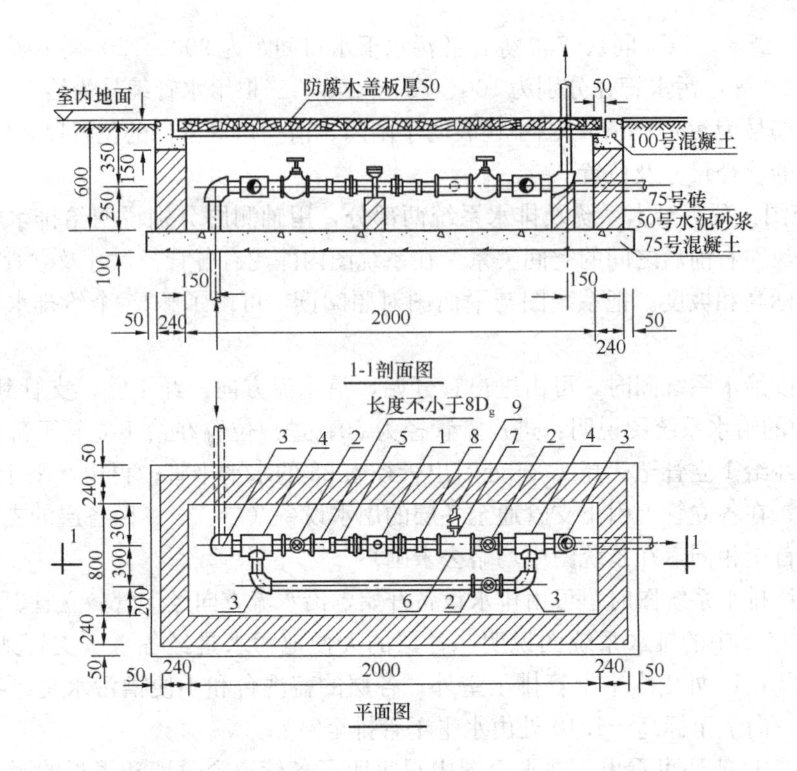

编号	1	2	3	4	5	6	7	8	9
材料名称	水表	截止阀	90°弯头	三通	钢短管	三通	放水龙头	管箍	补心
直径	50	50	50	50×50	50	50×20	15	50	20×15
单位	个	个	个	个	米	个	个	个	个
数量	1	3	4	2	1.75	1	1	2	1

图 14-6　室内水表安装图

第三节　供暖、通风施工图

一、供暖施工图

1. 图纸的组成：供暖施工图分为室内和室外两部分。室内部分表示一栋建筑物的供暖工程，包括供暖系统平面图、系统轴测图（在较简单的工程中，有时用立管大样图代替）和详图。室外部分表示一个区域的供暖管网，包括总平面图、管道横剖面图、管道纵剖面图和详图。以上两部分均有设计及施工说明，其内容主要有：热源、系统方案及用户要求等设计依据，以及材料和施工要求。

供暖施工图常用图例见下表：

符　号	名　称	符　号	名　称
	供暖热水干管		逆止阀
	供暖回水干管		集气罐
	供暖蒸汽干管		柱式散热器
	供暖凝水干管		管道下行
	自来水管		管道上行
	热水供给管		供水立管
	管道固定支架		回水立管
	方形补偿器	i	坡度
	闸阀		离心水泵
	压力表		散热器上跑风门
	温度计	3	立管编号
	截止阀		管沟集水井
	膨胀管		泄水阀
	循环管		放气阀
人	人孔	室×	检查室
	疏水器（隔汽具）		

2. 基本内容（室内部分）：

（1）平面图：表明建筑物内供暖管道及设备的平面布置。一般有以下内容：

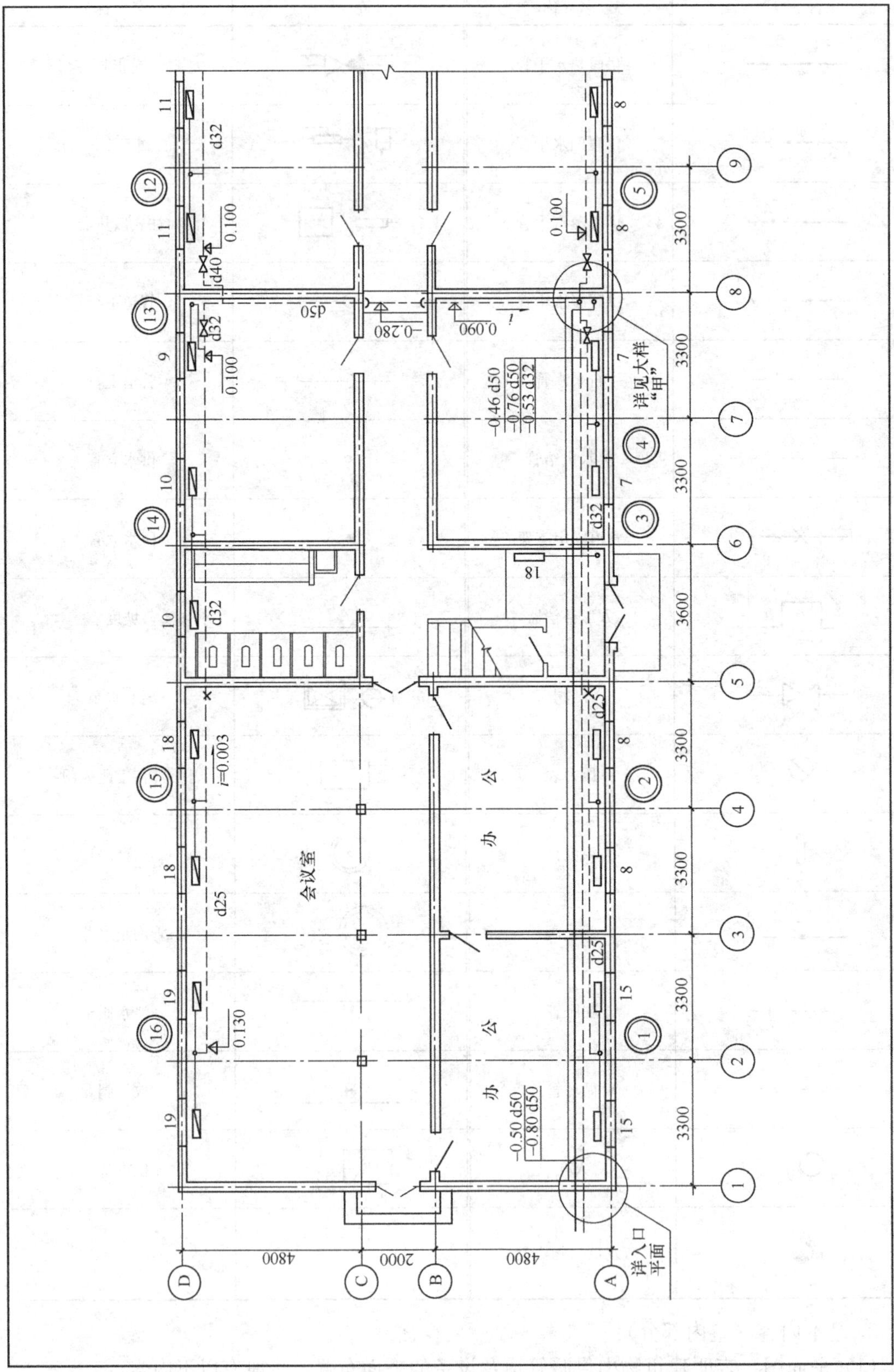

图 14-7(a)　一层供暖系统平面图

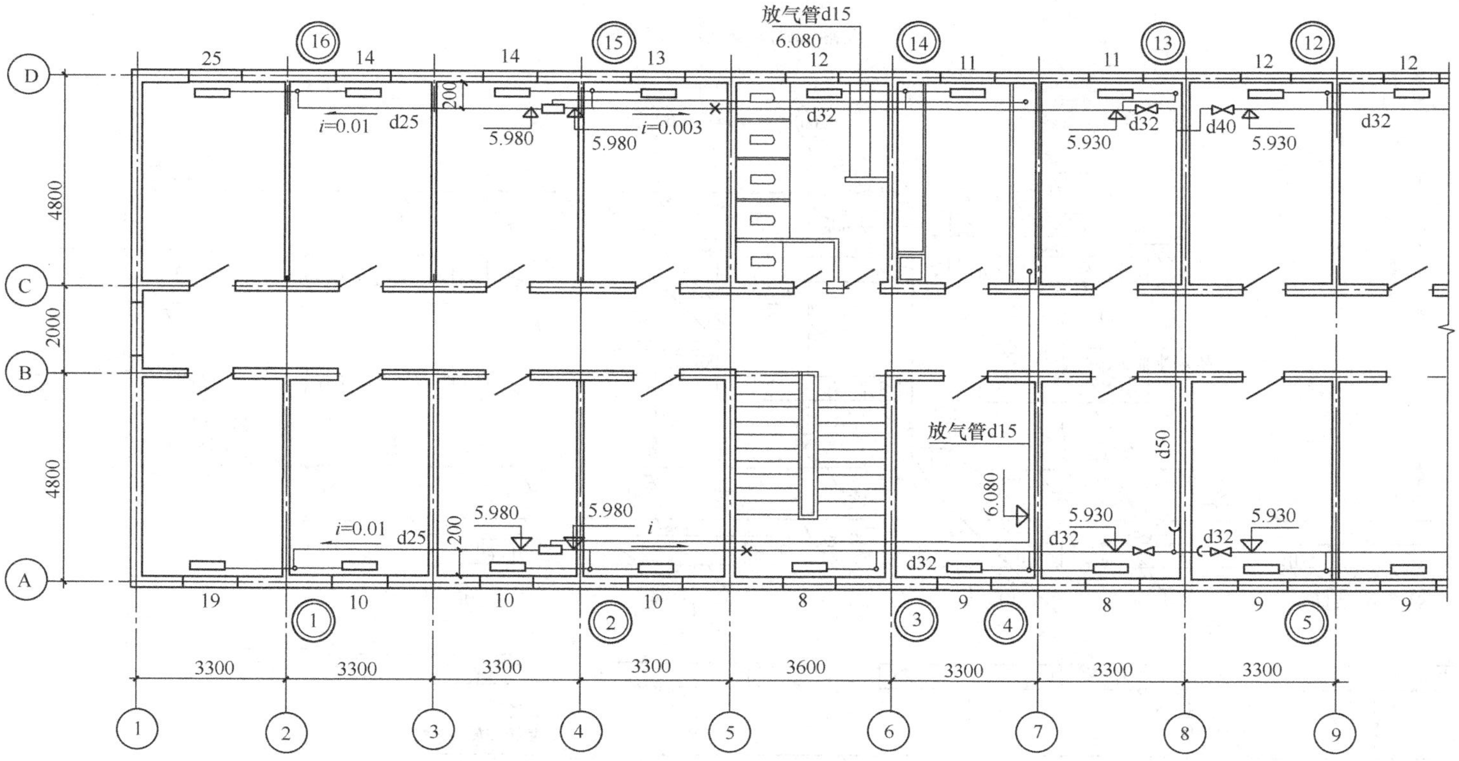

图 14-7(b)　二层供暖系统平面图

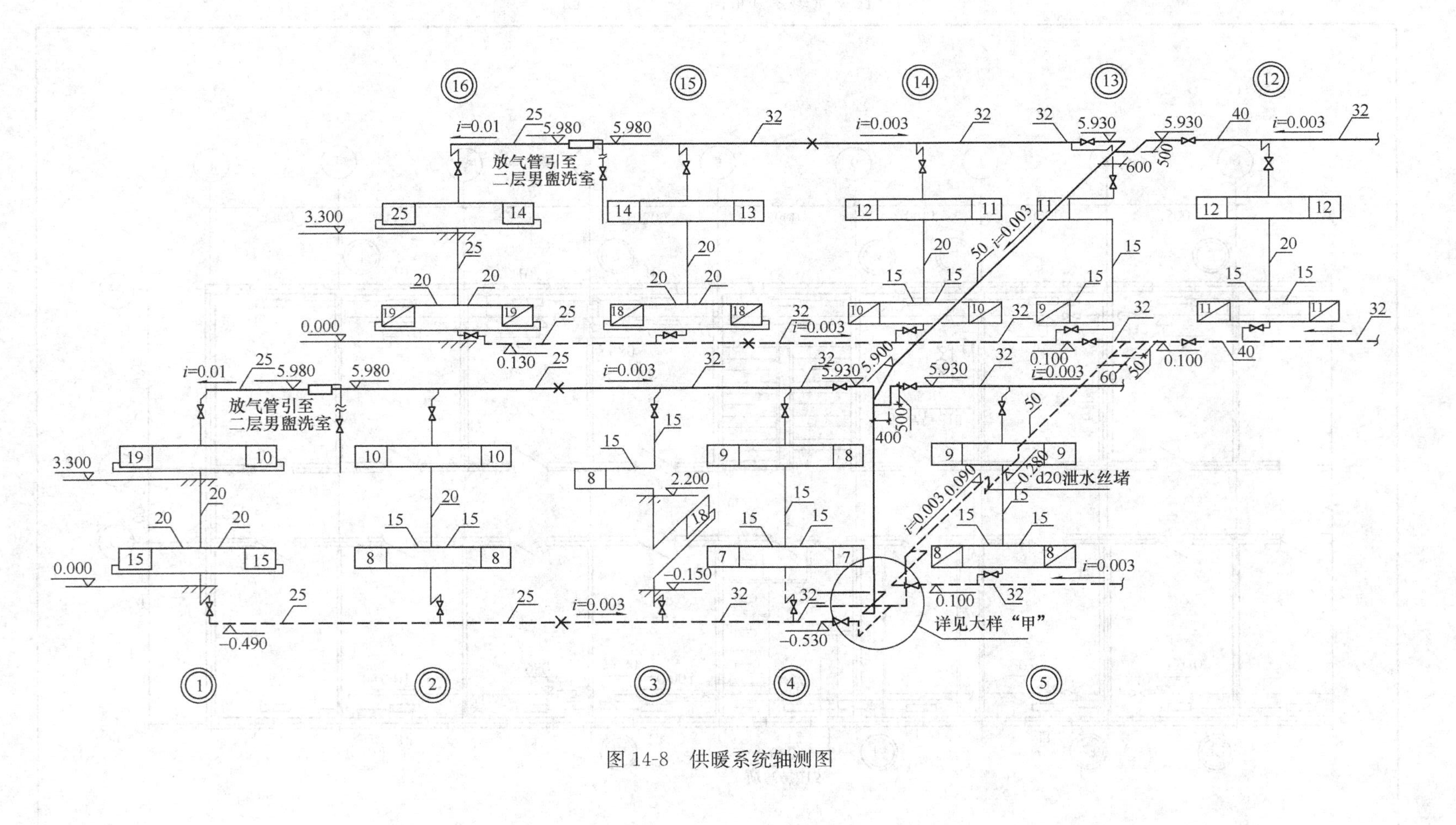

图 14-8　供暖系统轴测图

(a) 散热器和热风器的位置，散热器片数及安装方式（明装、暗装或半暗装）。

(b) 水平干管、立管、阀门、固定支架及热入口的位置，并注明管径和立管编号。

(c) 热水供暖时，表明膨胀水箱、集气罐等设备的位置及其上的连接管，并注明其规格。

(d) 蒸汽供暖时，表明管线间及末端的疏水装置，并注明其规格。

图 14-7(a) 为一栋办公楼的供暖平面图。从图中可以看到：本楼的绝大部分散热器均在窗下明装，图中窗口处注有各散热器的片数，如朝南第一开间为 15 片，朝北第一开间为 19 片，楼梯间为 18 片等；每两个散热器为一组与立管相联。在一、二层平面图中均注有各立管的编号，如①、▮等；供水干管主要走二层，回水干管主要走一层，两者的平面布置均为工字形，在一、二层平面图中分别注有供水、回水干管的管径变化及坡度变化；热入口在一楼的西南角，图中注有供水总管、回水总管的管径及标高。

(2) 系统图：与平面图配合说明供暖系统的全貌。

将图 14-8 中的系统图与平面图对照，可以看出办公楼内整个供暖系统（包括供水与回水）的空间关系。供水总干管自一楼西南角入户后，在室内地平以下－0.50 处沿南外墙至第④、⑤号立管之间，向上接供水总立管。总立管向上至二楼天棚下（标高 5.90 处）分为南北两个支路，呈工字形布置。各支路干管又分别向下与各立管相连，先后通过二层和一层的散热器，接入回水干管。从图中还可看出回水干管在一层地面以下，也呈工字形布置，南北两支路的回水干管汇合后，回水总管沿南外墙由原热入口处引至室外。

(3) 详图：包括标准图和非标准图。

标准图包括散热器连接、膨胀水箱的制作和安装、集气罐及其连接、补偿器和疏水器的安装和加工详图等。

在平面图、系统图中表示不清而又无标准图的节点和做法，须另绘出详图。如图 14-9 的详图“甲”就是系统轴测图 14-8 中相应节点的放大，图中表明了各管道的管径、坡度及转折处的标高。

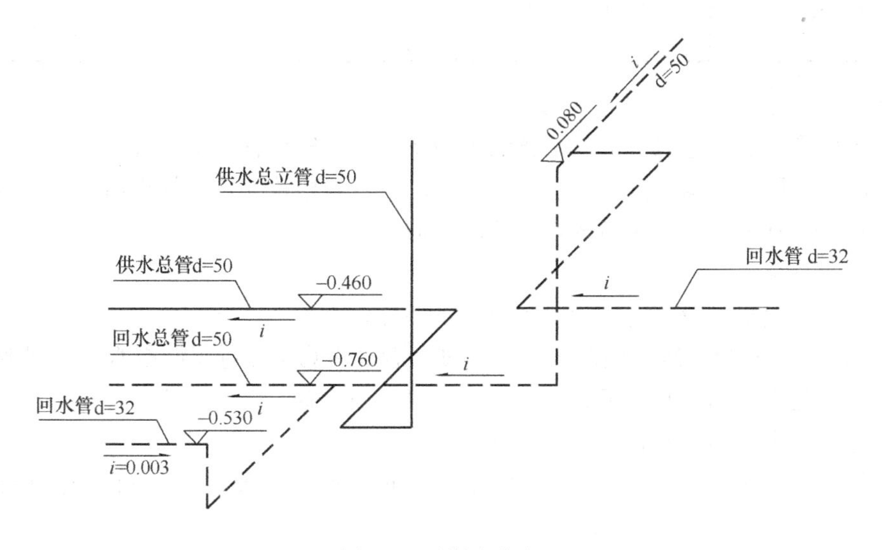

图 14-9　详图“甲”

二、通风施工图

1. 图纸的组成：包括基本图、详图及文字说明。基本图纸包括通风系统平面图、剖面图及系统轴测图。详图包括构件的安装及加工图。当详图采用标准图或其他工程的图纸时，在图纸目录中须附有说明。文字说明包括设计所采用的气象资料、工艺标准等基本数据，通风系统的划分方式，保温、油漆等统一做法要求，以及风机、水泵、过滤器等设备的统计表等。

通风施工图的常用图例见下表：

符 号	名 称	符 号	名 称
	送风口		伞形风帽
	回风口		圆筒形风帽
	轴流风机		排气罩
	风道上的蝶阀		空气加热器
	风道上的多叶调节阀		冷却器
	风道上的闸板阀		离心风机
	风道上的拉杆阀		

2. 基本内容：

(1) 平面图：表明通风管道、设备的平面布置，一般包括以下内容：

(a) 风道、风口、调节阀等设备和构件的位置，与建筑物墙面的距离及各部分尺寸。

(b) 用符号注明进、出风口的空气流动方向。

(c) 注明系统的编号。

(d) 风机、电机等设备的形状轮廓及设备型号。

图 14-10 为一通风系统平面图。从图中可以看出沿Ⓒ轴布置了两根水平通风管道，从风口处的空气流动方向可知一根为送风管，一根为回风管。图中还注有各风口的位置，风管断面尺寸以及风机与空调箱的平面位置。

(2) 剖面图：表明管线及设备在垂直方向的布置及主要尺寸，阅读时应与平面图对照。

从图 14-11 剖面图中，可以看出风管暗装在墙内，风口露明在墙外，送风干管在上面，送风口沿送风管的上皮布置；回风干管在下面，回风口沿回风管的下皮布置。图中分

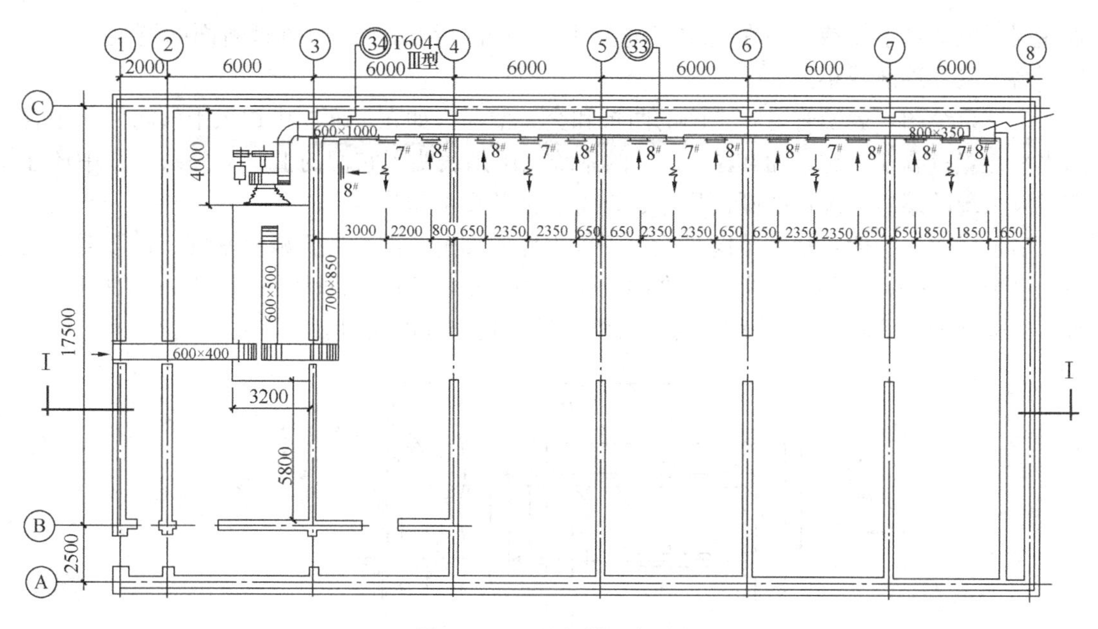

图 14-10　通风系统平面图

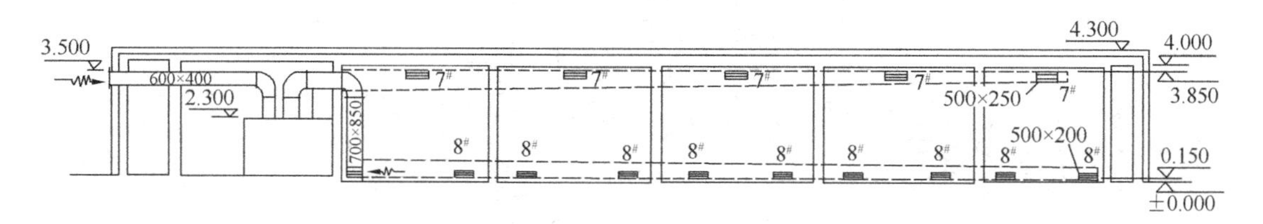

图 14-11　Ⅰ-Ⅰ剖面图

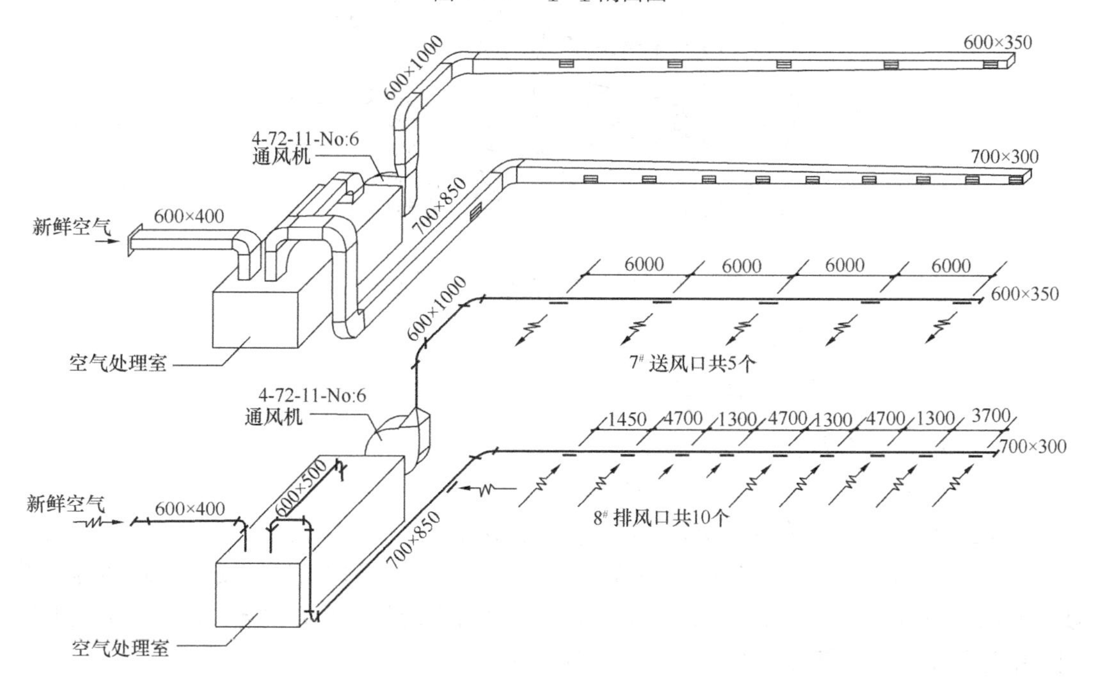

图 14-12　通风系统轴测图

别注明了风管的上皮或下皮的标高。对照平面图可以看出，送回风管断面的宽度尺寸不变，高度尺寸逐渐减小。

(3) 系统图：表明管道在空间的曲折和交叉情况。如在平面图中送风干管与回风干管的水平位置重叠在一起，而在图 14-12 的系统图中则表明了它们的上、下关系。图中还注有通风系统的编号、风道的断面尺寸、设备名称及规格型号等。

(4) 详图：一般包括调节阀、检查门等构件的加工详图；风机减震基础、过渡器等设备的安装详图等。各种详图常有标准图可供选用。如图 14-13 即为平面图 14-10 中风管检查孔的标准图，T604 为标准图集号，Ⅲ型为风管检查孔的型号。

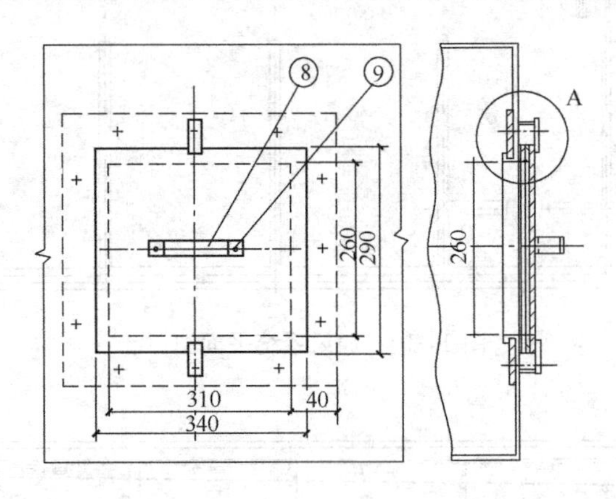

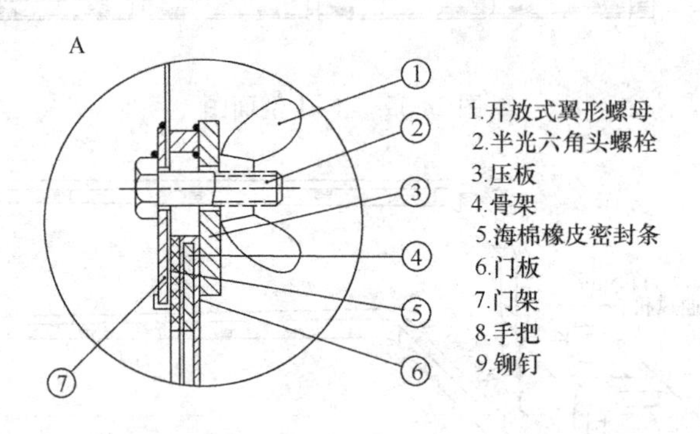

图 14-13 风管检查孔图（T604-Ⅲ型）

第四节 电 气 施 工 图

一、图纸的组成

1. 施工说明：包括符号、安装要求、特殊做法等。

2. 电气系统图和接线原理图：一般有系统图、二次回路原理图、安装线路图等，说明工程的供电方案，并指导电气设备内部和电气设备之间的接线和安装。这类图纸在电气图纸中是很重要的一部分，但和土建的关系很少。

3. 平面图：一般有动力平面图、照明平面图、防雷平面图、变电所平面图等，是电气施工的主要图纸。图上主要表明电源进户线、电路敷设、配电箱位置、线路规格及根数、动务和照明设备的位置及要求（如灯具的种类、规格、悬挂高度、电门位置等）。

4. 大样图：表明电气工程中许多部位的具体安装要求和做法，一般常选用标准图。

电气施工图常用图例见下表：

符　号	名　称	符　号	名　称
	控制屏		高压自镇流水银灯
	照明配电箱		双板暗插销
	动力配电箱或动力配电盘		电钟出线口
	引上管，引下管		拉线开关
	由下引来，由上引来		两线暗式扳把开关
	排气风扇		三线暗式扳把开关
	日光灯		空气开关
S	搪瓷伞形罩		胶盖开关
P	玻璃平盘罩		铁壳开关
31	配罩形吊式灯		瓷插保险
36	广照型杆式灯		接地装置
18	弯灯		

二、基本内容

现以某轮转车间电气施工图为例予以说明。

1. 图纸目录和说明，详见下页 电 1 。

图 纸 目 录

图　　例

（略）

施 工 说 明

一、土建概况：两层混合结构，首层地面均有5厘米混凝土垫层，二层地面在预制板上有5厘米焦渣或混凝土垫层。一层小轮转屋顶为上人屋顶，其他为不上人屋顶。屋顶层均为加气板，上有4厘米水泥找平层。有关土建做法详见建1。

二、照明线路：屋顶机房、大轮印、出报口处罩棚等处采用明管敷设，其他未注明处均为暗管敷设（厚铁管），管内穿BLXG-500V型2.5mm²铝导线。

三、动力线路：电源及总柜间（BSL-1-43#）干线用ZLQ_2-1KV型油浸纸绝缘铝芯铠装电力电缆，在厚铁管及电缆沟内敷设，室内电缆均须拆去麻包层，采用干封电缆头。其它干线及支线均为厚铁管，内穿BLXG-500V型铝导线，除注明者外，均为暗敷设。

首层地面下暗管凡超过垫层厚度者，均须在灰土层或素土层内敷设，并须在管四周加100#混凝土保护层，厚度不小于10厘米。由地面至动力盘一段立管，可依墙明敷。

引至各动力用电设备的电源管甩出地面20厘米。

四、本工程是按二级负荷设计的，电源电缆各由单独变压器引接，当一根电缆或一台变压器发生供电故障时，照明自动切换，动力手动切换。此时一根电缆的供电能力，应不超过280安培。详见系统图注。

五、动力线路施工范围：电源电缆由本单位变电所低压柜内引来。大小轮印、浇板机之控制柜安装调整不包括在本工程之内，由使用单位自行安装接线，但由控制框至机座处之电线管及其它未注明部分包括在本工程之内。

六、保安方式：本工程由独立变电所供电、照明、电话管路、动力均接成一个保安系统，并分别在两个动力总柜内与零线连接。

在电缆进户处打一组地极，将零线重复接地。地极流散电阻应不大于4欧姆。

七、凡本图未注明之各有关做法详见施工图册。

电 1

2. 动力平面图：表明电源进户线位置、线路敷设情况、用电设备位置等。从图 14-14、14-15、14-16 系统图和动力平面图中可以看出，共有两个电源，用两根电缆从西面引入室内，电缆的规格是 ZLQ_2-1KV-3×150+1×50（符号代表纸绝缘的铝芯铅包有麻护层的铠装电力电缆，额定电压是 1000 伏，共有四条芯线，三根 $150mm^2$，一根 $50mm^2$）。电缆在室外直接埋在地下，埋深 80 厘米。电缆穿钢管进户，进户后其中一根沿电缆沟引到 $\frac{1}{1}$ 低压开关柜（BSL-1-43#）；另一根继续穿直径 75 毫米有缝钢管沿外墙引至二层 $\frac{1}{2}$ 低压开关柜（BSL-1-43#）。

此工程为二类负荷（要求供电比较可靠），所以 $\frac{1}{1}$ 和 $\frac{1}{2}$ 两开关柜之间还设了一根联络电缆。当室外引来的二路电源有一路断电时，用另一路电源供给 $\frac{1}{1}$ 和 $\frac{1}{2}$ 两柜，保证电源不致于中断。连络电缆的规格是：ZLQ_{20}-1KV-3×120+1×35-G75（符号代表纸绝缘铝芯铅包裸铜带铠装电力电缆，额定电压为 1000 伏，有四根电缆芯线，三根 $120mm^2$、一根 $35mm^2$，电缆穿在 $\phi75$ 的钢管里引到 $\frac{1}{2}$ 柜）。连络电缆在一楼的水平部分沿电缆沟敷设；由于穿电缆线的钢管较粗，所以垂直部分在墙上要求留出一个凹槽。

对照阅读系统图和动力平面图，从 $\frac{1}{1}$ 低压开关柜中引出五路：一路去 $\frac{7}{1}$ 盘；一路去 $\frac{4}{1}$ 柜；一路去 $\frac{3}{1}$ 柜；一路去 $\frac{2}{1}$ 柜；一路去 ⓵ 照明配电箱。现分析其中一路，其他各路依此类推。

以去 $\frac{4}{1}$ 柜的线路为例：它的标注是 3×50-G50（即三根 $50mm^2$ 橡皮绝缘导线穿在直径 50 毫米的钢管内）。由 $\frac{4}{1}$ 柜引出八条线路，其中有六条只敷设管子引到小轮印设备基础附近，管内不穿导线；其余两条，一条为 3×4-G19 引到 $\frac{6}{1}$ 柜，一条为 3×25-G12 去 $\frac{5}{1}$ 柜。

所有的低压开关柜和配电盘、配电箱的型号规格可查看产品目录。

看图时应注意：预留的电缆沟、凹槽、孔洞在电气图上的位置、尺寸是否与土建图一致，避免遗漏和错误。

3. 照明平面图：表明建筑物内各种电气照明设施以及电气照明线路的安装要求。

对照阅读系统图和照明平面图，从图 14-14、图 14-17、图 14-18 可看出，从 $\frac{1}{1}$ 和 $\frac{1}{2}$ 柜各引出一路电源供给照明设备。这两路电源引到 ⓵ 配电箱，线路规格是 BLXG-500V-4×6-G25（符号代表 4 根 500 伏的铝芯橡皮绝缘导线，截面为 $6mm^2$，穿在直径 25 毫米的钢管里）。管子暗设在地面混凝土层内。⓶ 箱的电源由 ⓵ 箱引入，其标准是 BLXG-500V-4×4-G25 沿墙垂直向上暗敷设。

从 ⓵ 箱内引出四条大路①、②、③、④，其中①、②两路引至小轮印车间，线路上短划表示导线根数（如 $\backslash\backslash\backslash$ 代表三根 $2.5mm^2$ 穿在直径 19 毫米钢管中）。小轮印车间内，灯具的标注为：$9\frac{250}{4.5}G$，（“9”表明 9 盏，“G”表明高压自激水银灯，每个灯装有一个 250 瓦灯泡，灯具的悬挂高度距室内地面 4.5 米，用吊管安装）。都采用拉线开关，用 a、b、c 等小写字母注在灯和开关上，表示开关与灯的对应关系。

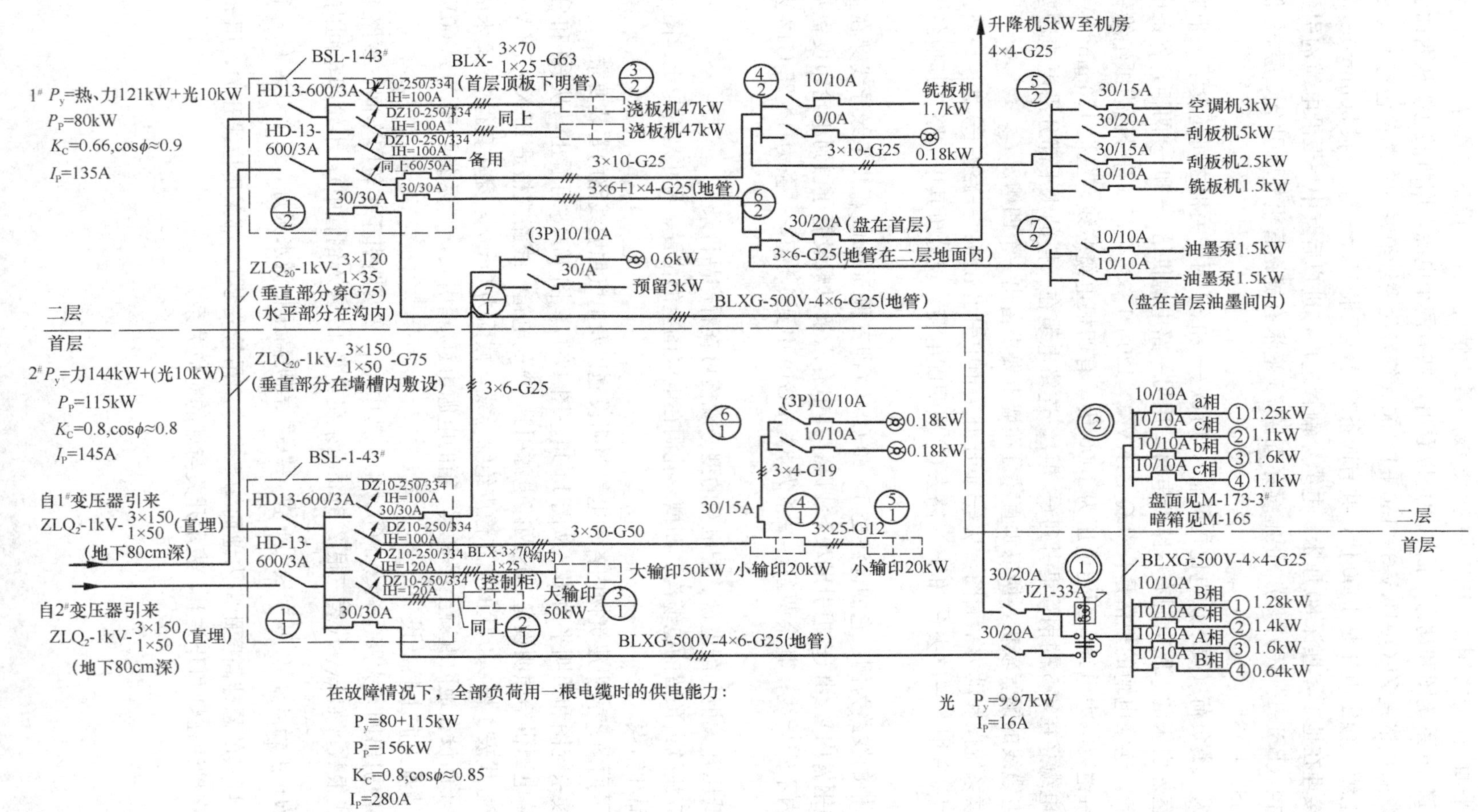

图 14-14　某轮转车间系统图

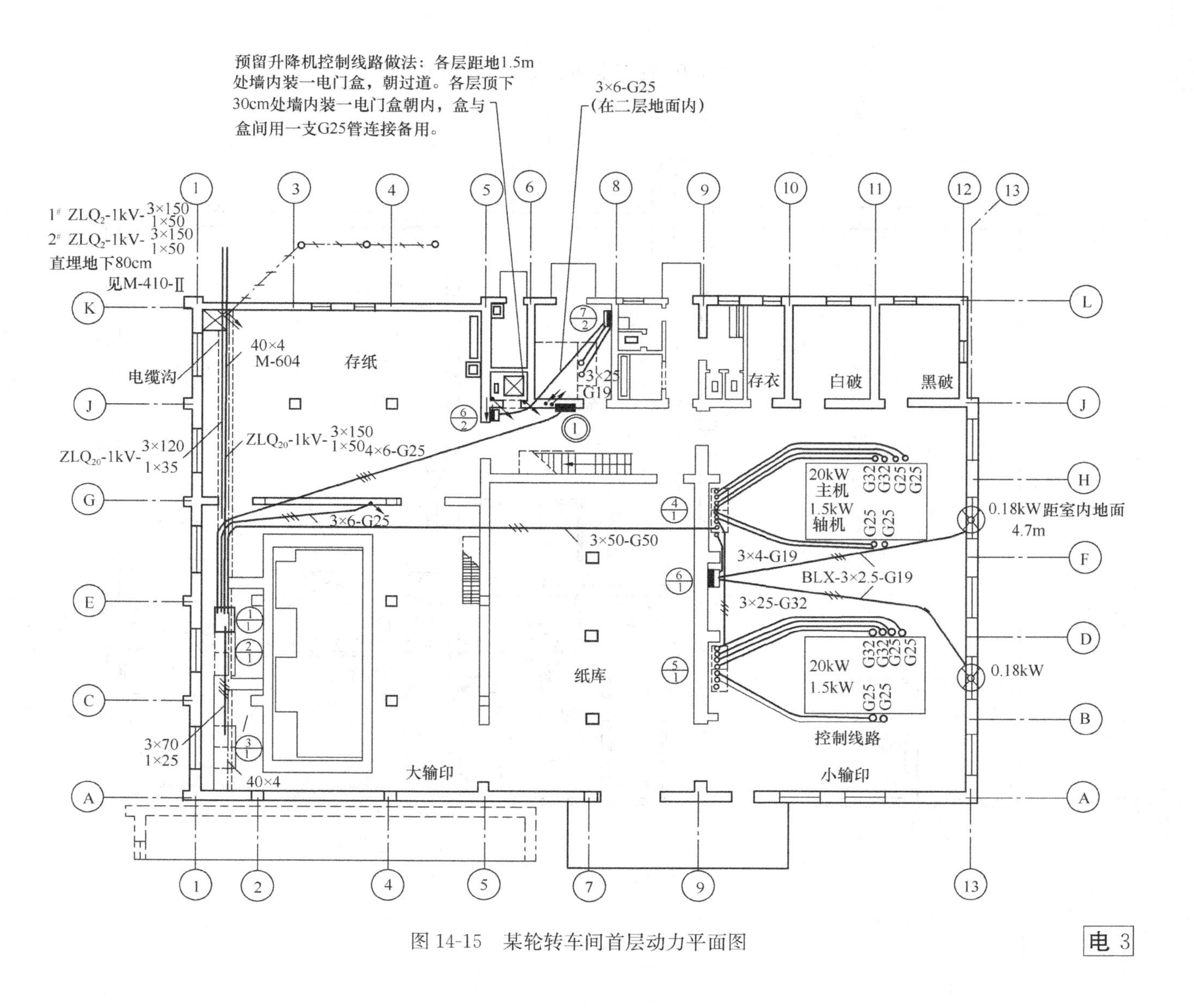

图 14-15　某轮转车间首层动力平面图

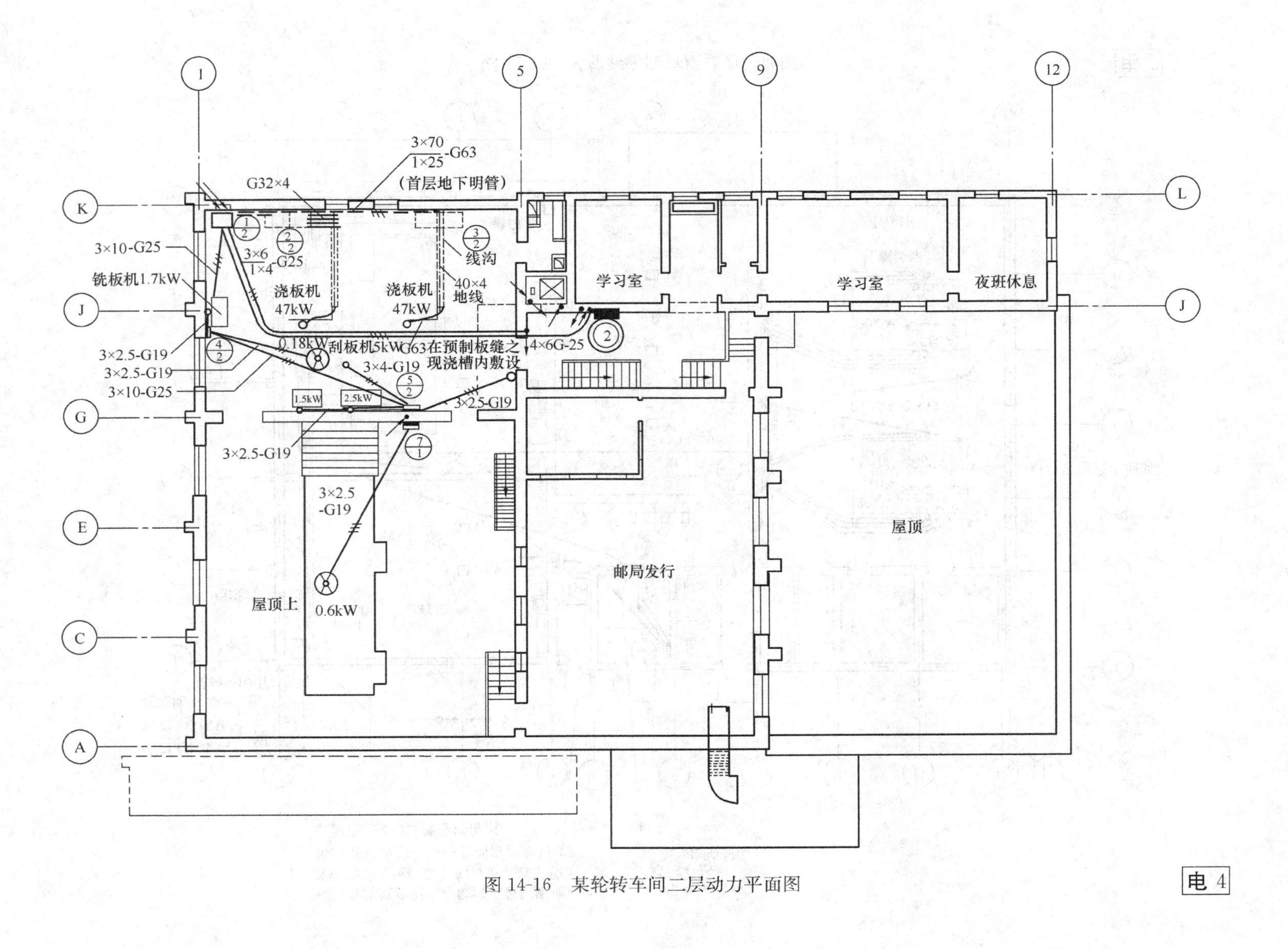

图 14-16　某轮转车间二层动力平面图

电 4

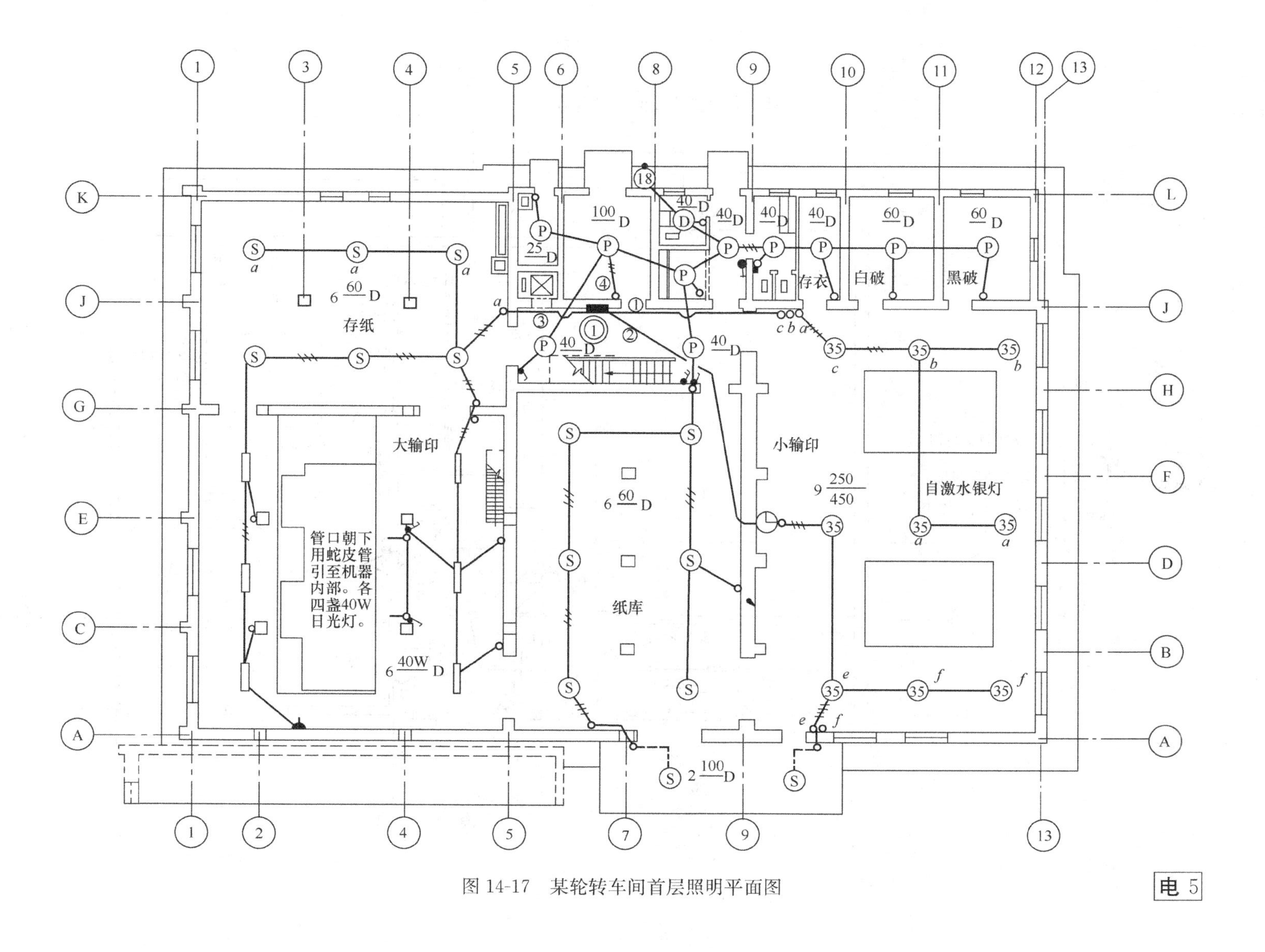

图 14-17 某轮转车间首层照明平面图

电 5

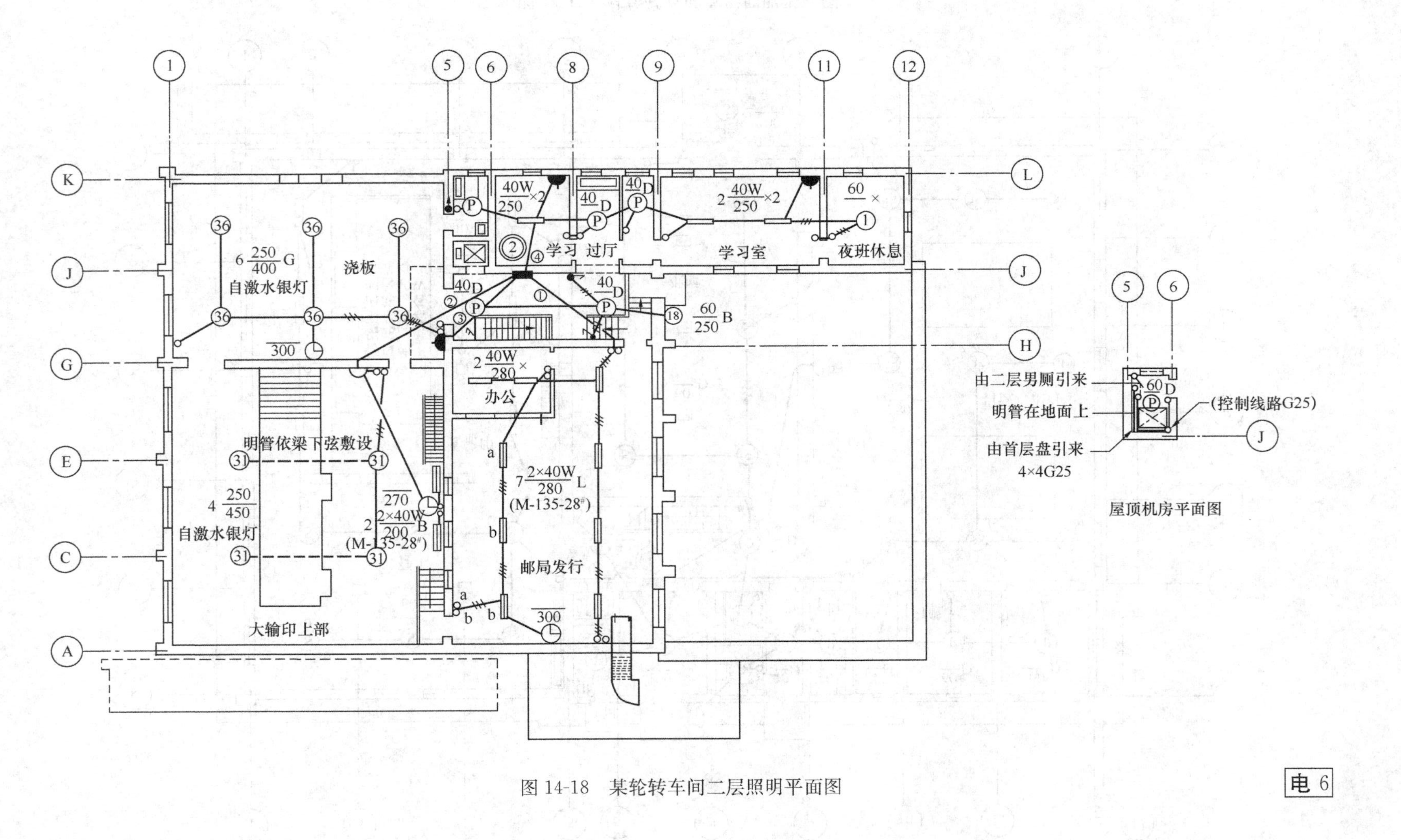

图 14-18 某轮转车间二层照明平面图

附　图

附　图　说　明

1. 附图Ⅰ为某小学校教学楼施工图，附图Ⅱ为某市皮革机械厂铸工车间施工图。两套施工图仅作为本书实例分析和供读者学习参考，不得照此进行施工。

2. 两套施工图均选用标准木门窗，施工图中不必画出木门窗详图。但为使读者全面了解施工图的内容，故在附图Ⅰ中绘制了一个标准木门和一个标准木窗的详图，供读者学习。

3. 两套施工图均按照中华人民共和国国家标准《建筑制图标准》（GBJ 1-73）的规定进行绘制。书中图幅的大小约为原图的十分之四左右。附图中部分标准构件、配件的代号仍沿用原有图集中的代号，为了阅读方便，现将《建筑制图标准》（GBJ 1-73）代号的与原有代号对照如下：

名　称	《建筑制图标准》代号	图中旧代号
预应力圆孔板	Y-KB	YB
加气混凝土屋面板	—	JB
过梁	GL	L
沟盖板	GB	B
雨篷	YP	Y
天窗架	CJ	TCJ
檐口板	YB	TB
预应力屋架	Y-WJ	YGJ
垂直支撑	CC	TZ
水平支撑	SC	TZ

附图Ⅰ　某小学校教学楼施工图（见 196～214 页）

附图Ⅱ　某皮革机械厂铸工车间施工图（见 215～230 页）

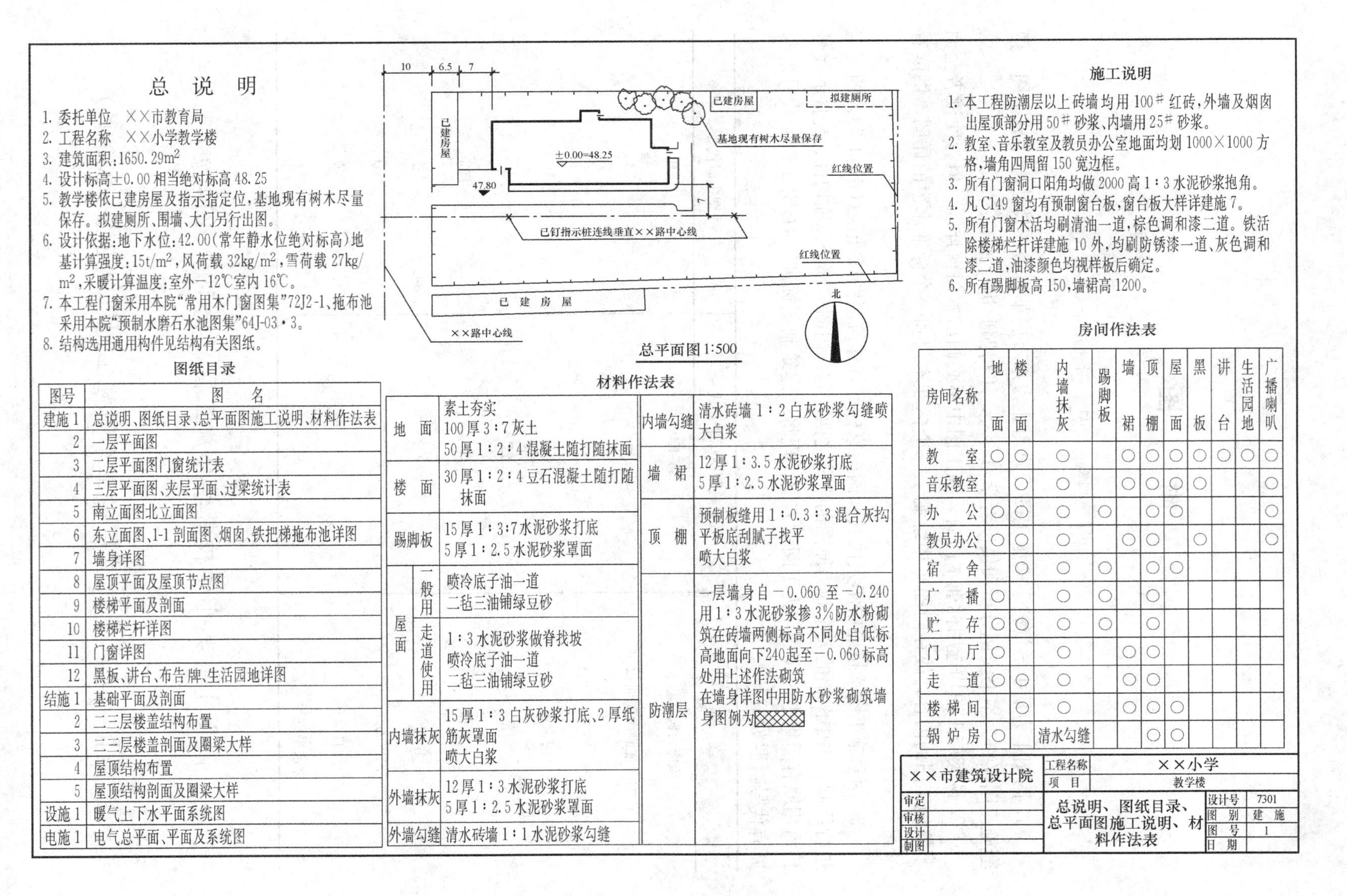

总　说　明

1. 委托单位　××市教育局
2. 工程名称　××小学教学楼
3. 建筑面积：1650.29m²
4. 设计标高±0.00 相当绝对标高 48.25
5. 教学楼依已建房屋及指示指定位，基地现有树木尽量保存。拟建厕所、围墙、大门另行出图。
6. 设计依据：地下水位：42.00（常年静水位绝对标高）地基计算强度：15t/m²，风荷载 32kg/m²，雪荷载 27kg/m²，采暖计算温度：室外－12℃室内 16℃。
7. 本工程门窗采用本院"常用木门窗图集"72J2-1、拖布池采用本院"预制水磨石水池图集"64J-03·3。
8. 结构选用通用构件见结构有关图纸。

图纸目录

图号		图　　名
建施	1	总说明、图纸目录、总平面图施工说明、材料作法表
	2	一层平面图
	3	二层平面图门窗统计表
	4	三层平面图、夹层平面、过梁统计表
	5	南立面图北立面图
	6	东立面图、1-1 剖面图、烟囱、铁把梯拖布池详图
	7	墙身详图
	8	屋顶平面及屋顶节点图
	9	楼梯平面及剖面
	10	楼梯栏杆详图
	11	门窗详图
	12	黑板、讲台、布告牌、生活园地详图
结施	1	基础平面及剖面
	2	二三层楼盖结构布置
	3	二三层楼盖剖面及圈梁大样
	4	屋顶结构布置
	5	屋顶结构剖面及圈梁大样
设施	1	暖气上下水平面系统图
电施	1	电气总平面、平面及系统图

总平面图 1:500

材料作法表

部位		作法
地　面		素土夯实 100厚 3∶7 灰土 50厚 1∶2∶4 混凝土随打随抹面
楼　面		30厚 1∶2∶4 豆石混凝土随打随抹面
踢脚板		15厚 1∶3∶7 水泥砂浆打底 5厚 1∶2.5 水泥砂浆罩面
屋面	一般用	喷冷底子油一道 二毡三油铺绿豆砂
	走道使用	1∶3 水泥砂浆做脊找坡 喷冷底子油一道 二毡三油铺绿豆砂
内墙抹灰		15厚 1∶3 白灰砂浆打底、2厚纸筋灰罩面 喷大白浆
外墙抹灰		12厚 1∶3 水泥砂浆打底 5厚 1∶2.5 水泥砂浆罩面
外墙勾缝		清水砖墙 1∶1 水泥砂浆勾缝
内墙勾缝		清水砖墙 1∶2 白灰砂浆勾缝喷大白浆
墙　裙		12厚 1∶3.5 水泥砂浆打底 5厚 1∶2.5 水泥砂浆罩面
顶　棚		预制板缝用 1∶0.3∶3 混合灰找平板底刮腻子找平 喷大白浆
防潮层		一层墙身自－0.060 至－0.240 用 1∶3 水泥砂浆掺 3% 防水粉砌筑在砖墙两侧标高不同处自低标高地面向下240起至－0.060 标高处用上述作法砌筑 在墙身详图中用防水砂浆砌筑墙身图例为▨

施工说明

1. 本工程防潮层以上砖墙均用 100# 红砖，外墙及烟囱出屋顶部分用 50# 砂浆、内墙用 25# 砂浆。
2. 教室、音乐教室及教员办公室地面均划 1000×1000 方格，墙角四周留 150 宽边框。
3. 所有门窗洞口阳角均做 2000 高 1∶3 水泥砂浆抱角。
4. 凡 C149 窗均有预制窗台板，窗台板大样详建施 7。
5. 所有门窗木活均刷清油一道，棕色调和漆二道。铁活除楼梯栏杆详建施 10 外，均刷防锈漆一道、灰色调和漆二道，油漆颜色均视样板后确定。
6. 所有踢脚板高 150，墙裙高 1200。

房间作法表

房间名称	地面	楼面	内墙抹灰	踢脚板	墙裙	顶棚	屋面	黑板	讲台	生活园地	广播喇叭
教　室	○	○	○		○	○	○	○	○	○	○
音乐教室		○	○		○	○	○	○			○
办　公	○	○	○	○		○	○				○
教员办公	○	○	○		○	○		○			○
宿　舍		○	○	○		○	○				
广　播	○		○	○		○					
贮　存	○	○	○	○		○					
门　厅	○		○		○	○					
走　道	○	○	○		○	○					
楼梯间		○	○		○	○	○				
锅炉房	○		清水勾缝			○	○				

××市建筑设计院	工程名称	××小学		
	项　目	教学楼		
审定	总说明、图纸目录、总平面图施工说明、材料作法表		设计号	7301
审核			图　别	建　施
设计			图　号	1
制图			日　期	

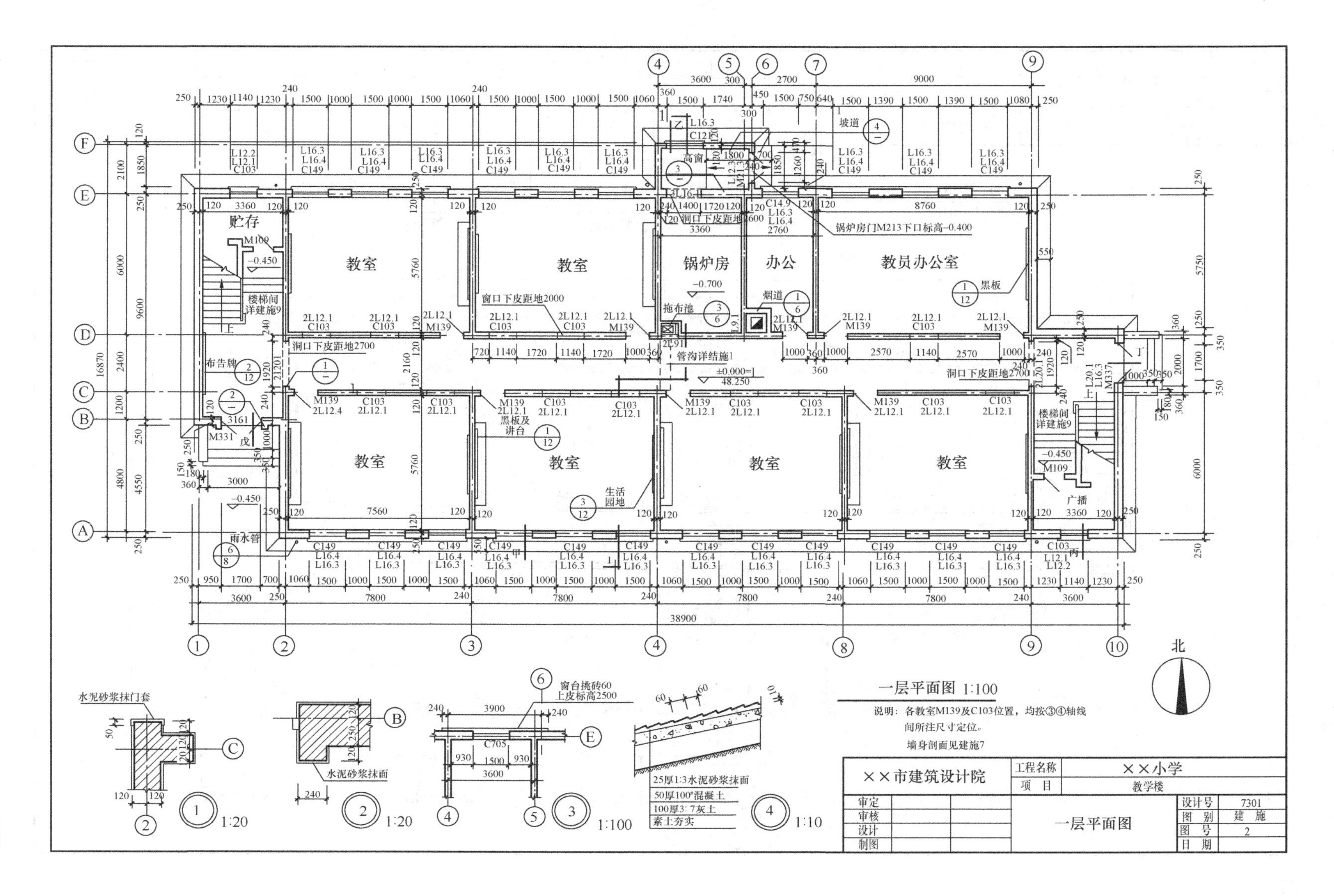

一层平面图 1:100
说明：各教室M139及C103位置，均按③④轴线间所注尺寸定位。
墙身剖面见建施7
北
教员办公室
办公
锅炉房
教室
贮存
广播
楼梯间详建施9
布告牌
雨水管
拖布池
烟道
坡道
黑板
生活园地
黑板及讲台
窗口下皮距地2000
洞口下皮距地2700
锅炉房门JM213下口标高-0.400
±0.000=48.250
管沟详结施1
窗台挑砖60 上皮标高2500
水泥砂浆抹面
水泥砂浆抹门套
25厚1:3水泥砂浆抹面
50厚100#混凝土
100厚3:7灰土
素土夯实
1:20
1:20
1:100
1:10
××市建筑设计院
工程名称
××小学
项目
教学楼
一层平面图
审定
审核
设计
制图
设计号 7301
图别 建施
图号 2
日期

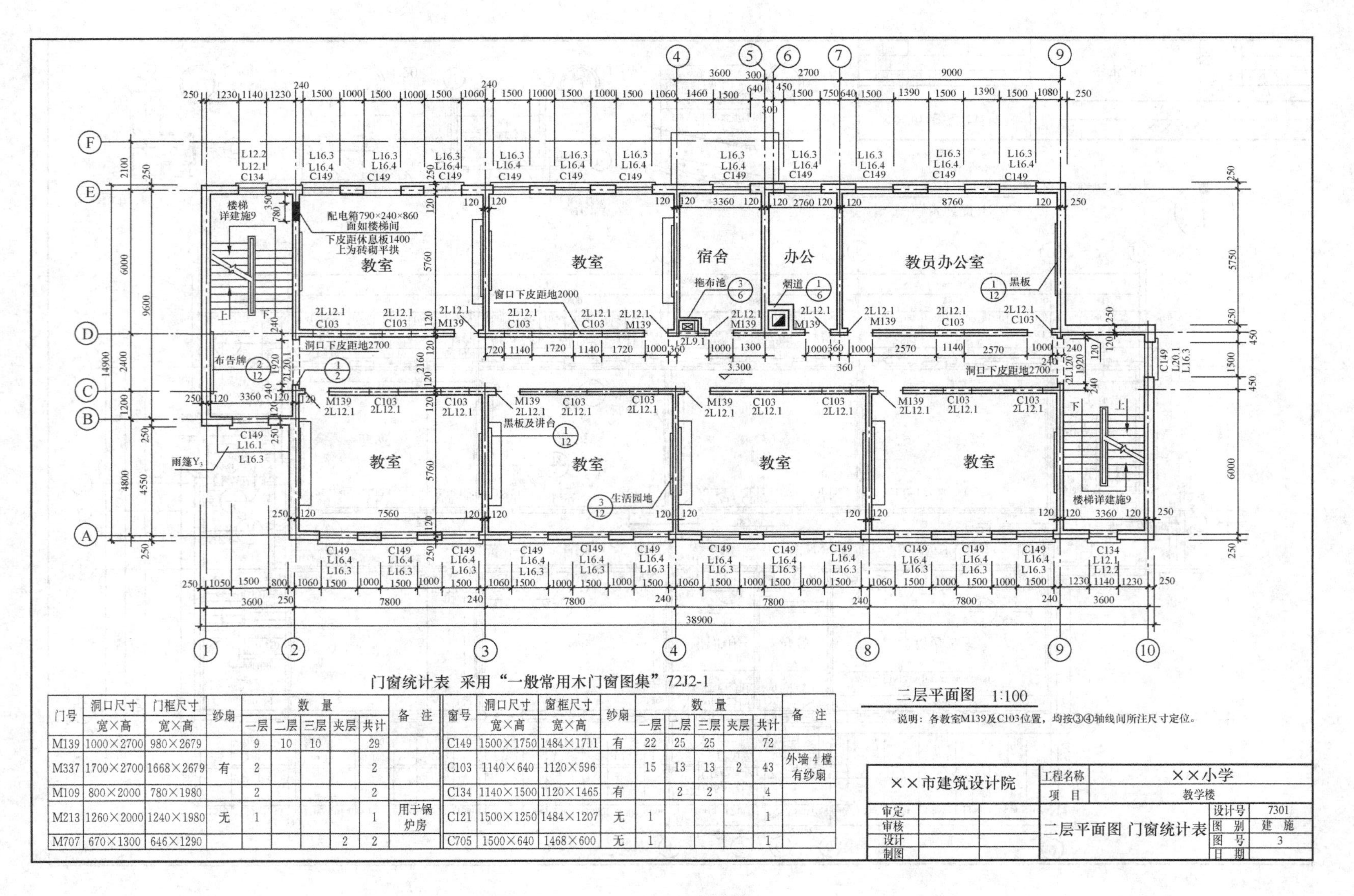

门窗统计表 采用“一般常用木门窗图集”72J2-1

门号	洞口尺寸	门框尺寸	纱扇	数量					备注
	宽×高	宽×高		一层	二层	三层	夹层	共计	
M139	1000×2700	980×2679		9	10	10		29	
M337	1700×2700	1668×2679	有	2				2	
M109	800×2000	780×1980		2				2	
M213	1260×2000	1240×1980	无	1				1	用于锅炉房
M707	670×1300	646×1290					2	2	

窗号	洞口尺寸	窗框尺寸	纱扇	数量					备注
	宽×高	宽×高		一层	二层	三层	夹层	共计	
C149	1500×1750	1484×1711	有	22	25	25		72	
C103	1140×640	1120×596		15	13	13	2	43	外墙4樘有纱扇
C134	1140×1500	1120×1465	有		2	2		4	
C121	1500×1250	1484×1207	无	1				1	
C705	1500×640	1468×600	无	1				1	

××市建筑设计院		工程名称	××小学	
审定		项目	教学楼	
审核		二层平面图 门窗统计表	设计号	7301
设计			图别	建施
制图			图号	3
			日期	

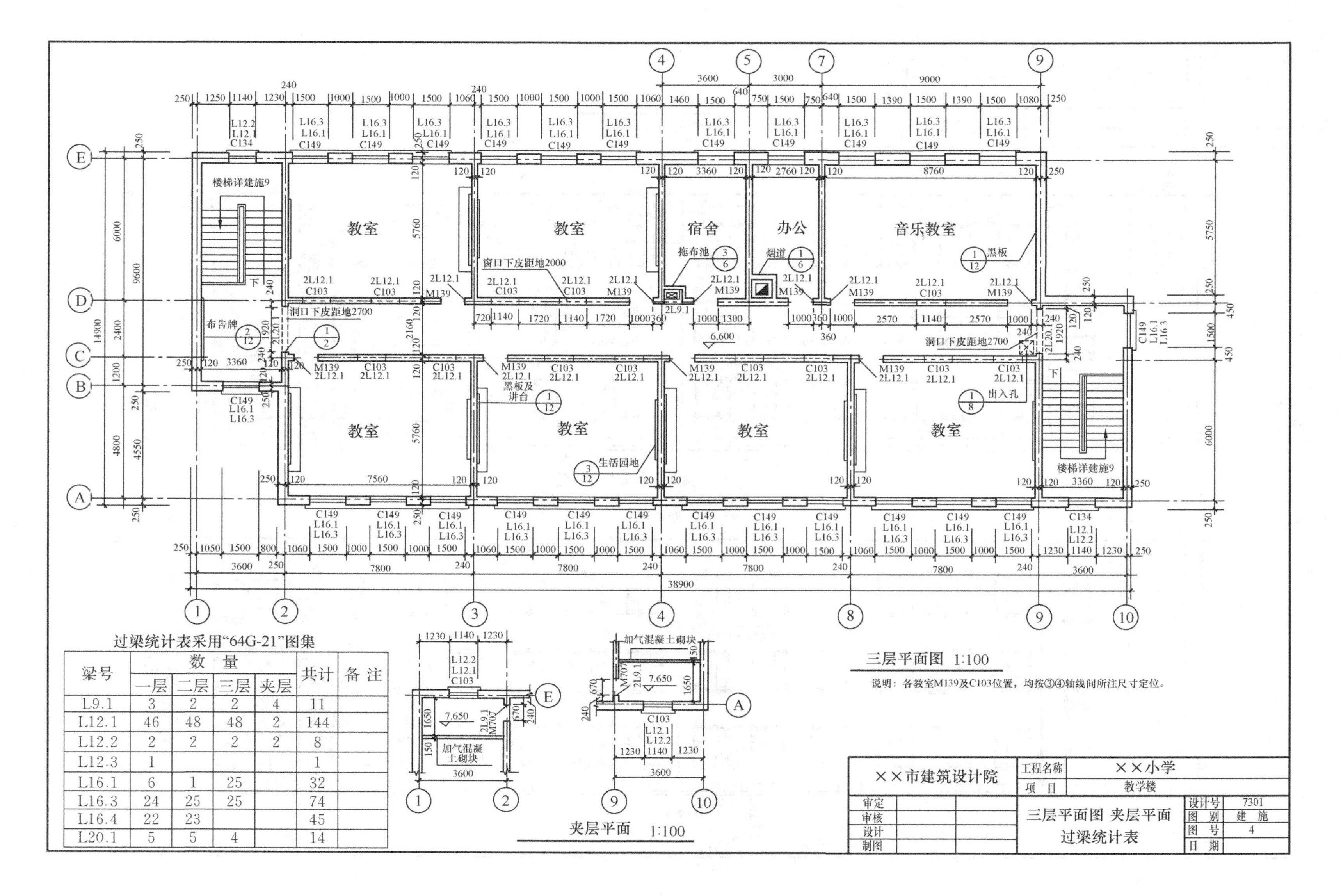

过梁统计表采用"64G-21"图集

梁号	数量				共计	备注
	一层	二层	三层	夹层		
L9.1	3	2	2	4	11	
L12.1	46	48	48	2	144	
L12.2	2	2	2	2	8	
L12.3	1				1	
L16.1	6	1	25		32	
L16.3	24	25	25		74	
L16.4	22	23			45	
L20.1	5	5	4		14	

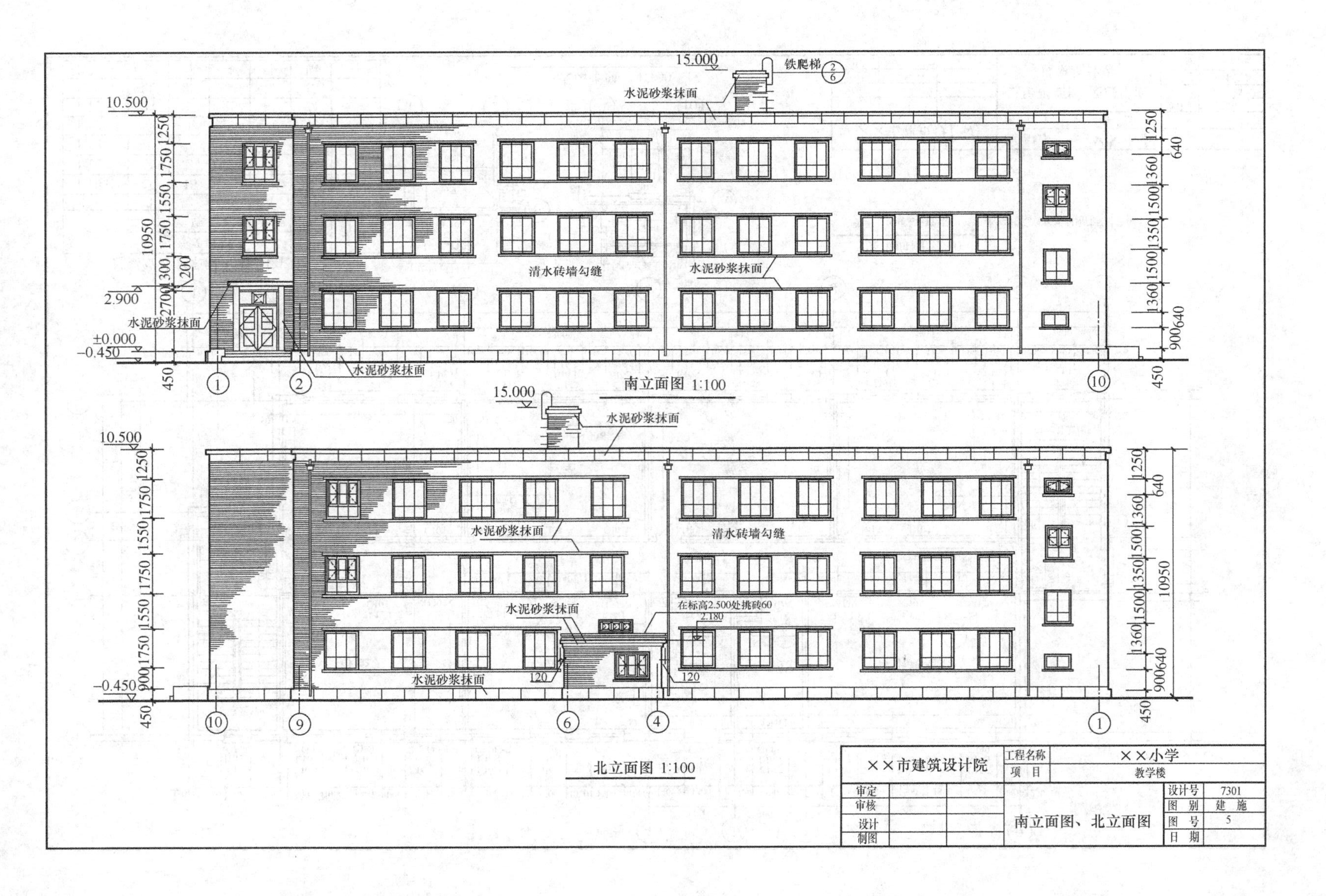

15.000
铁爬梯
水泥砂浆抹面
10.500
清水砖墙勾缝
2.900
±0.000
−0.450
10950
南立面图 1:100
在标高2.500处挑砖60
2.180
北立面图 1:100
××市建筑设计院
工程名称
××小学
项 目
教学楼
审定
审核
设计
制图
南立面图、北立面图
设计号
7301
图 别
建 施
图 号
5
日 期

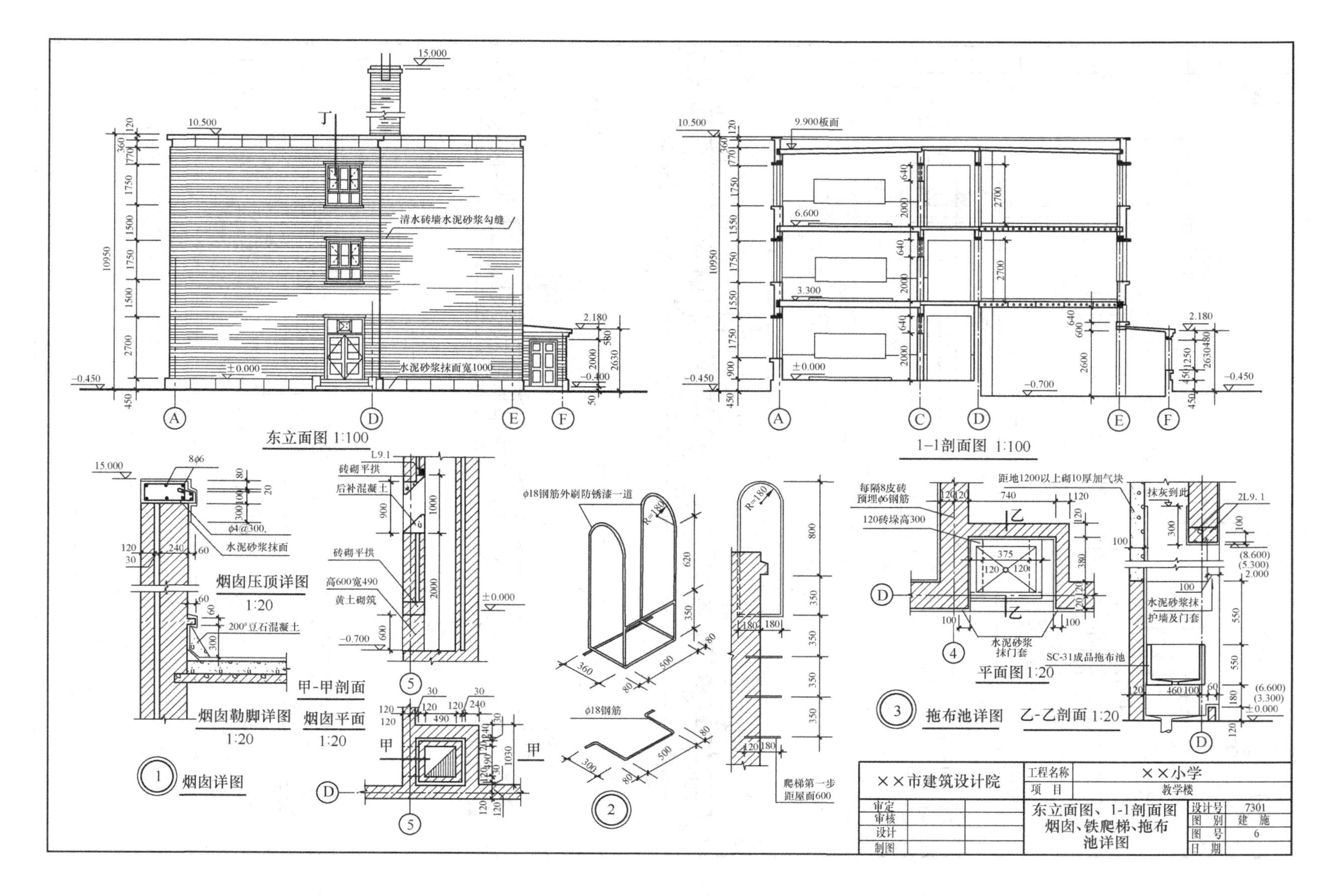
清水砖墙水泥砂浆勾缝
水泥砂浆抹面宽1000
东立面图 1:100
9.900板面
1-1剖面图 1:100
砖砌平拱
后补混凝土
水泥砂浆抹面
烟囱压顶详图
1:20
200#豆石混凝土
烟囱勒脚详图
1:20
高600宽490
黄土砌筑
甲-甲剖面
烟囱平面
1:20
烟囱详图
ϕ18钢筋外刷防锈漆一道
ϕ18钢筋
爬梯第一步
距屋面600
每隔8皮砖
预埋ϕ6钢筋
120砖垛高300
距地1200以上砌10厚加气块
抹灰到此
水泥砂浆
抹门套
平面图 1:20
水泥砂浆抹
护墙及门套
SC-31成品拖布池
拖布池详图
乙-乙剖面 1:20
××市建筑设计院
工程名称
××小学
项 目
教学楼
审定
审核
设计
制图
东立面图、1-1剖面图
烟囱、铁爬梯、拖布
池详图
设计号
7301
图 别
建 施
图 号
6
日 期

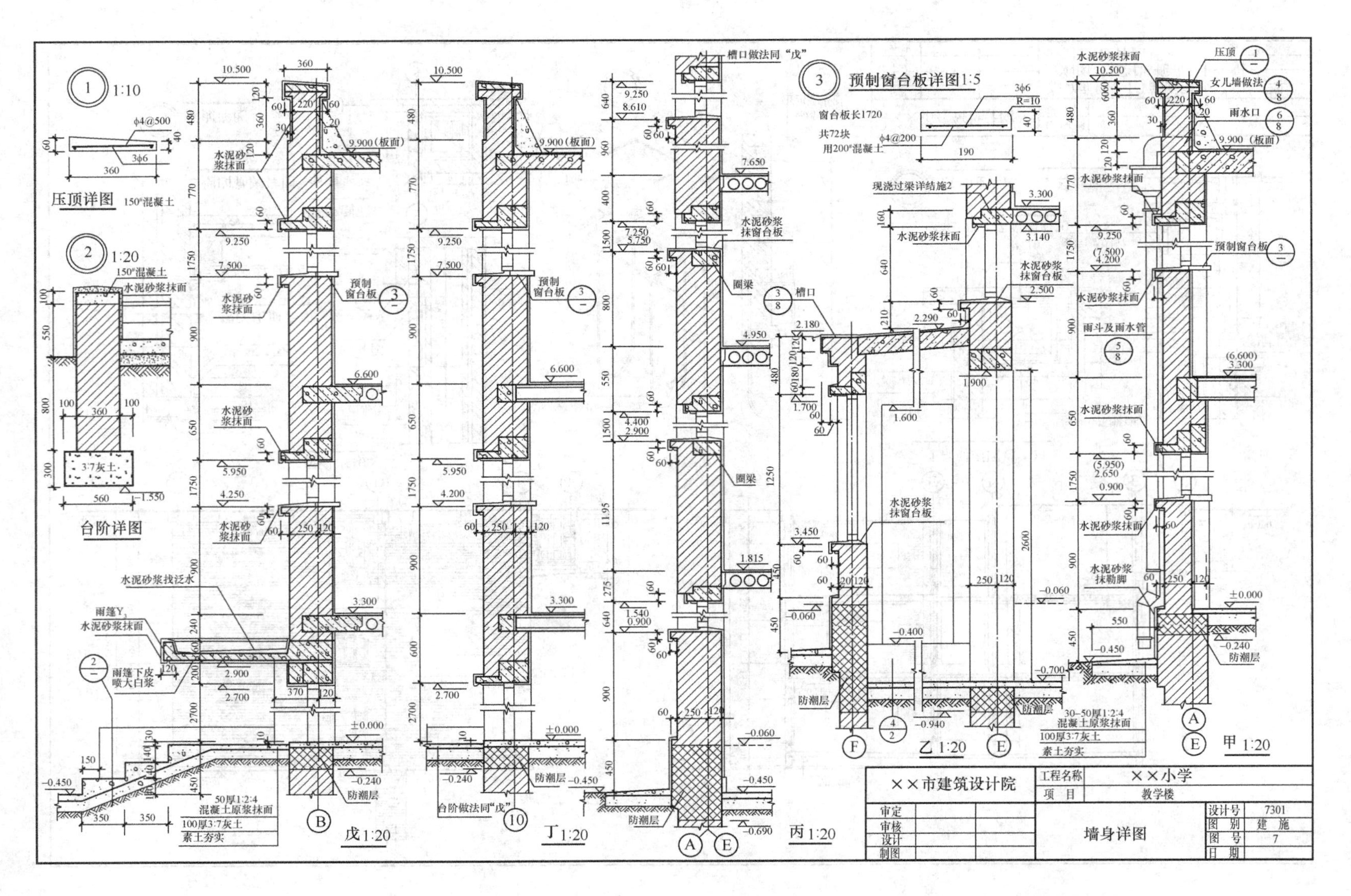

1 1:10
压顶详图 150#混凝土
2 1:20
台阶详图
3 预制窗台板详图1:5
窗台板长1720
共72块
用200#混凝土
现浇过梁详结施2
槽口做法同“戊”
圈梁
槽口
水泥砂浆抹面
水泥砂浆抹窗台板
预制窗台板
女儿墙做法
雨水口
雨斗及雨水管
水泥砂浆抹勒脚
水泥砂浆找泛水
雨篷Y1
雨篷下皮喷大白浆
台阶做法同“戊”
防潮层
50厚1:2:4混凝土原浆抹面
30–50厚1:2:4混凝土原浆抹面
100厚3:7灰土
素土夯实
戊 1:20
丁 1:20
丙 1:20
乙 1:20
甲 1:20
××市建筑设计院
工程名称 ××小学
项目 教学楼
墙身详图
审定
审核
设计
制图
设计号 7301
图别 建施
图号 7
日期

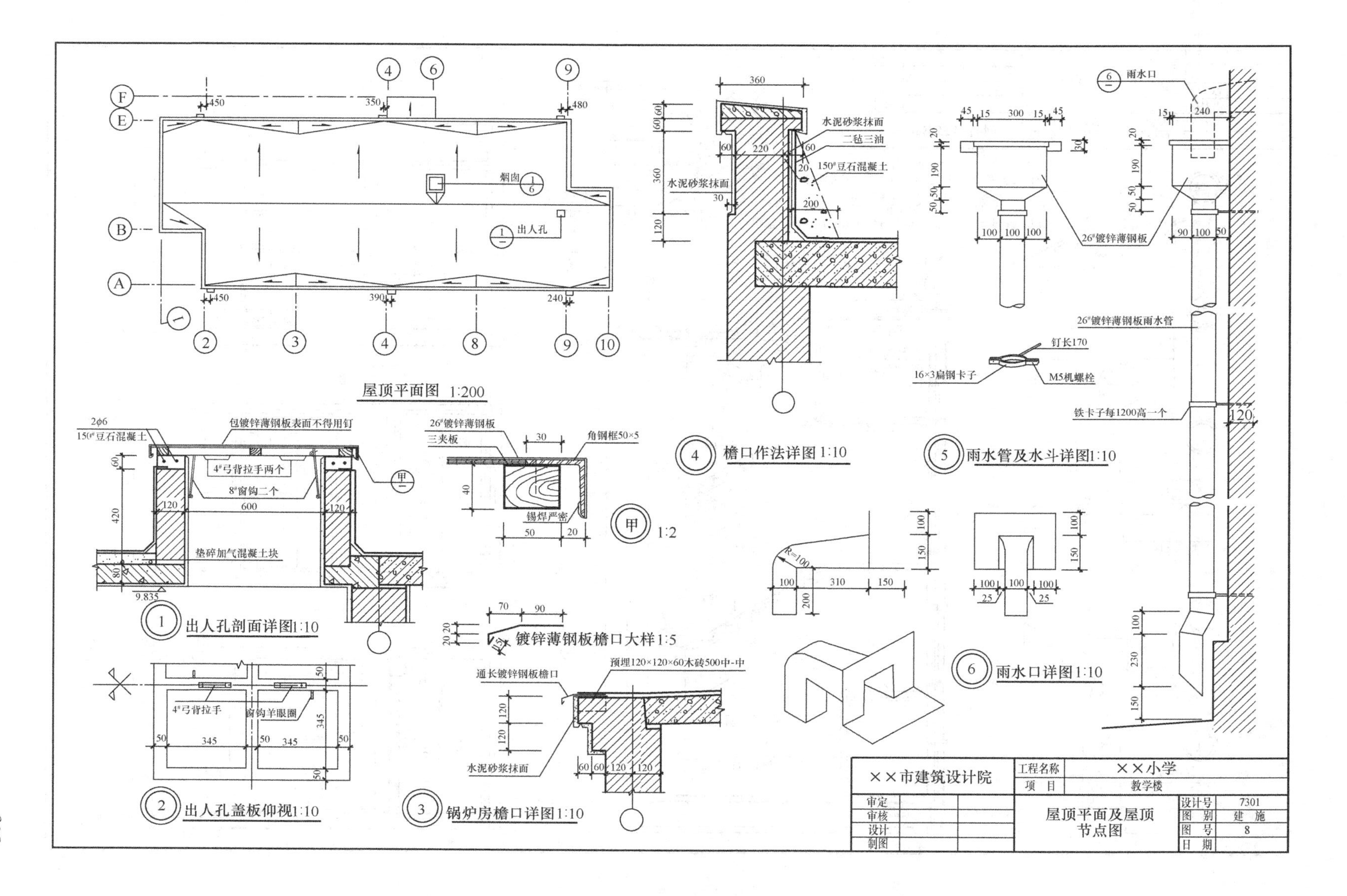
屋顶平面图 1:200
烟囱
出人孔
1 出人孔剖面详图1:10
2φ6
150#豆石混凝土
包镀锌薄钢板表面不得用钉
4#弓背拉手两个
8#窗钩二个
垫碎加气混凝土块
9.835
2 出人孔盖板仰视1:10
4#弓背拉手
窗钩羊眼圈
26#镀锌薄钢板
三夹板
角钢框50×5
锡焊严密
甲 1:2
镀锌薄钢板檐口大样1:5
通长镀锌钢板檐口
预埋120×120×60木砖500中-中
水泥砂浆抹面
3 锅炉房檐口详图1:10
水泥砂浆抹面
二毡三油
150#豆石混凝土
4 檐口作法详图1:10
雨水口
26#镀锌薄钢板
26#镀锌薄钢板雨水管
钉长170
16×3扁钢卡子
M5机螺栓
铁卡子每1200高一个
5 雨水管及水斗详图1:10
6 雨水口详图1:10
××市建筑设计院
工程名称
××小学
项 目
教学楼
审定
审核
设计
制图
屋顶平面及屋顶节点图
设计号 7301
图 别 建 施
图 号 8
日 期

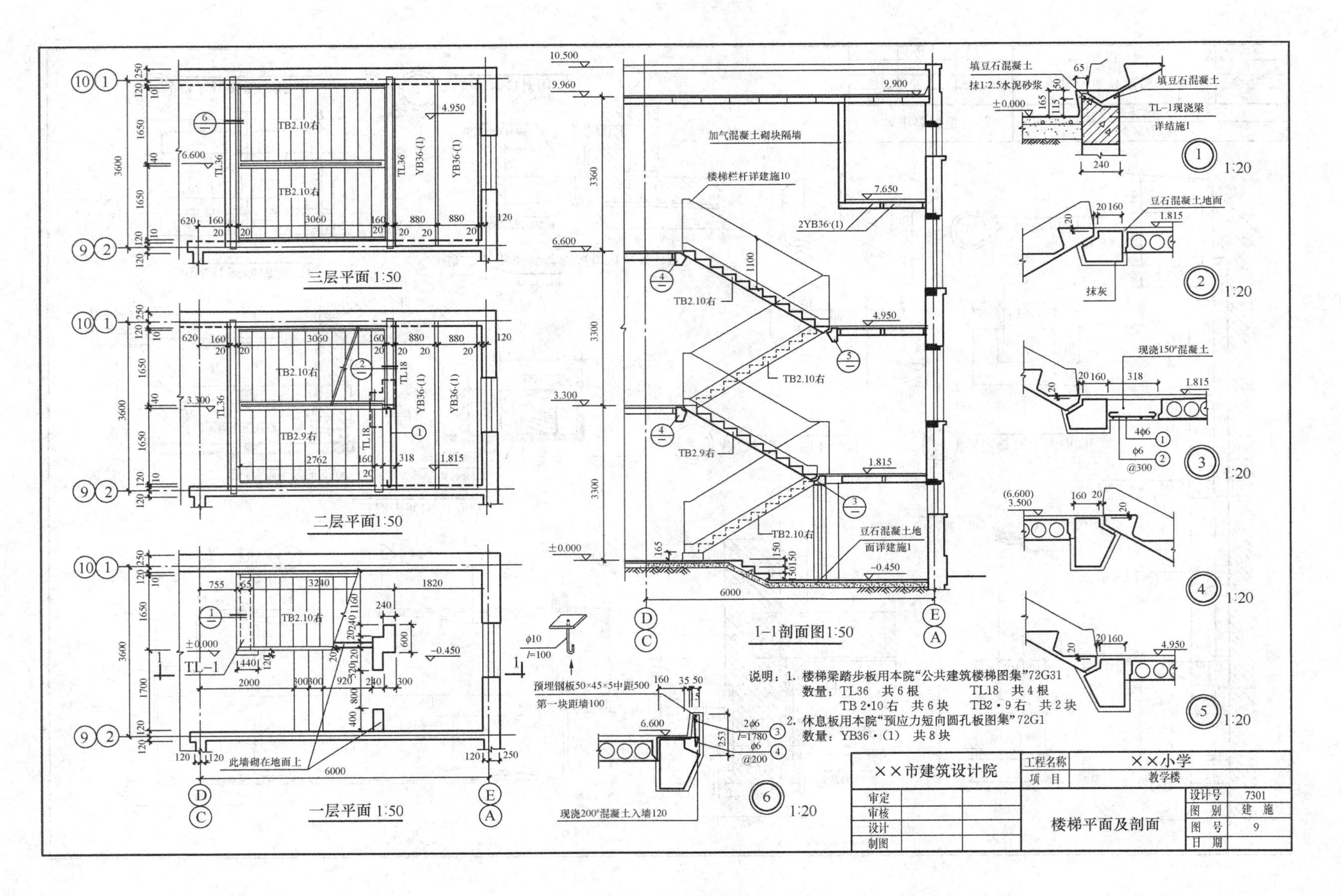

三层平面 1:50
二层平面1:50
一层平面 1:50
1–1剖面图1:50
TB2.10右
TB2.9右
TL36
TL18
TL–1
YB36·(1)
2YB36·(1)
加气混凝土砌块隔墙
楼梯栏杆详建施10
豆石混凝土地面详建施1
此墙砌在地面上
填豆石混凝土
抹1:2.5水泥砂浆
TL–1现浇梁
详结施1
豆石混凝土地面
抹灰
现浇150°混凝土
预埋钢板50×45×5中距500
第一块距墙100
现浇200°混凝土入墙120
说明：1. 楼梯梁踏步板用本院“公共建筑楼梯图集”72G31
数量：TL36 共6根 TL18 共4根
TB 2·10右 共6块 TB2·9右 共2块
2. 休息板用本院“预应力短向圆孔板图集”72G1
数量：YB36·(1) 共8块
××市建筑设计院
工程名称 ××小学
项目 教学楼
审定
审核
设计
制图
楼梯平面及剖面
设计号 7301
图别 建施
图号 9
日期

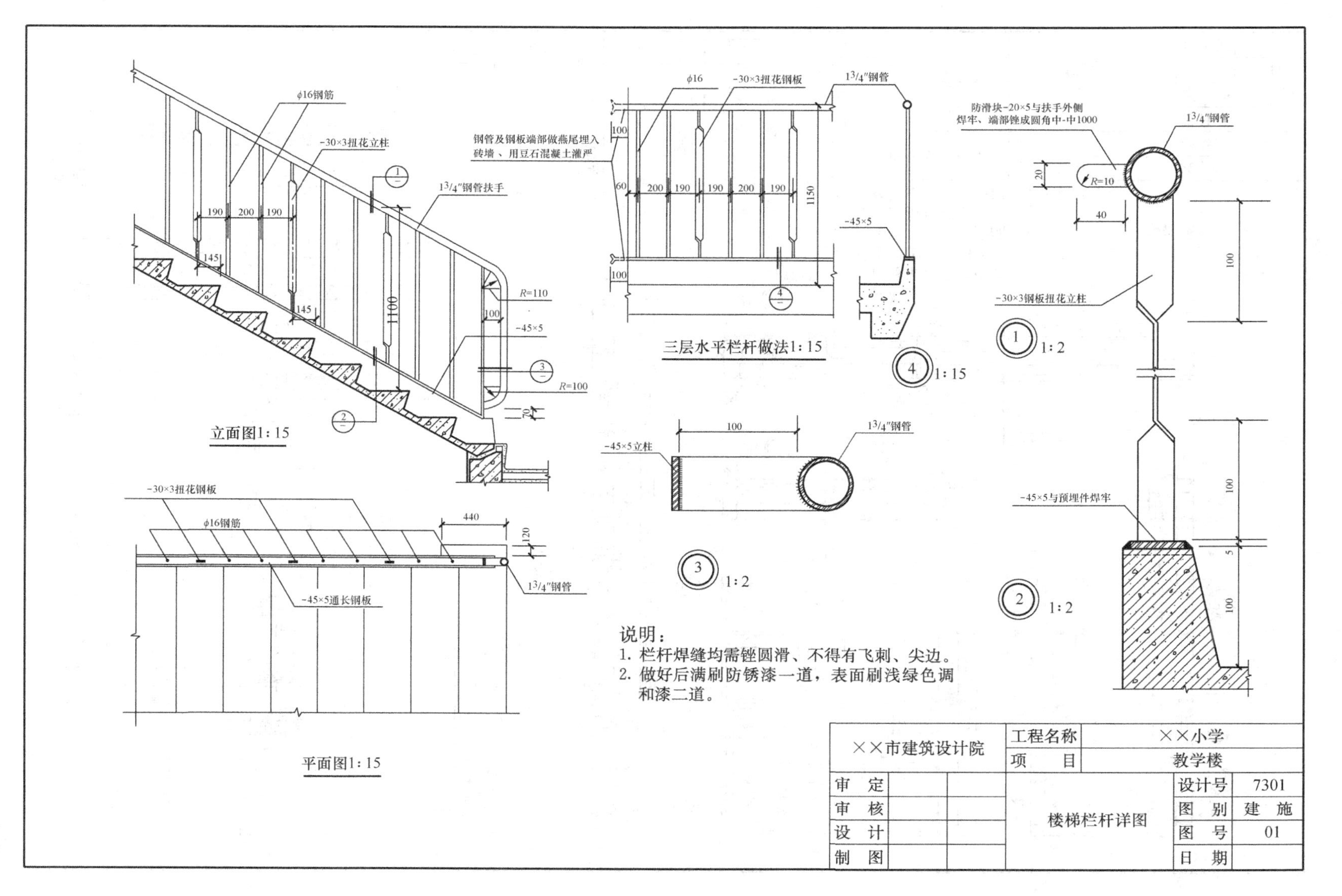

ϕ16钢筋
-30×3扭花立柱
钢管及钢板端部做燕尾埋入
砖墙、用豆石混凝土灌严
$1^3/4''$钢管扶手
190
200
190
145
1100
R=110
100
-45×5
R=100
70
立面图1:15
-30×3扭花钢板
ϕ16钢筋
440
120
$1^3/4''$钢管
-45×5通长钢板
平面图1:15
ϕ16
-30×3扭花钢板
$1^3/4''$钢管
100
60
200
190
190
200
190
1150
100
-45×5
三层水平栏杆做法1:15
4 1:15
100
-45×5立柱
$1^3/4''$钢管
3 1:2
防滑块-20×5与扶手外侧
焊牢、端部锉成圆角中-中1000
$1^3/4''$钢管
20
R=10
40
100
-30×3钢板扭花立柱
1 1:2
100
-45×5与预埋件焊牢
5
100
2 1:2
说明：
1. 栏杆焊缝均需锉圆滑、不得有飞刺、尖边。
2. 做好后满刷防锈漆一道，表面刷浅绿色调和漆二道。
××市建筑设计院
工程名称
××小学
项　目
教学楼
审　定
审　核
设　计
制　图
楼梯栏杆详图
设计号
7301
图　别
建　施
图　号
01
日　期

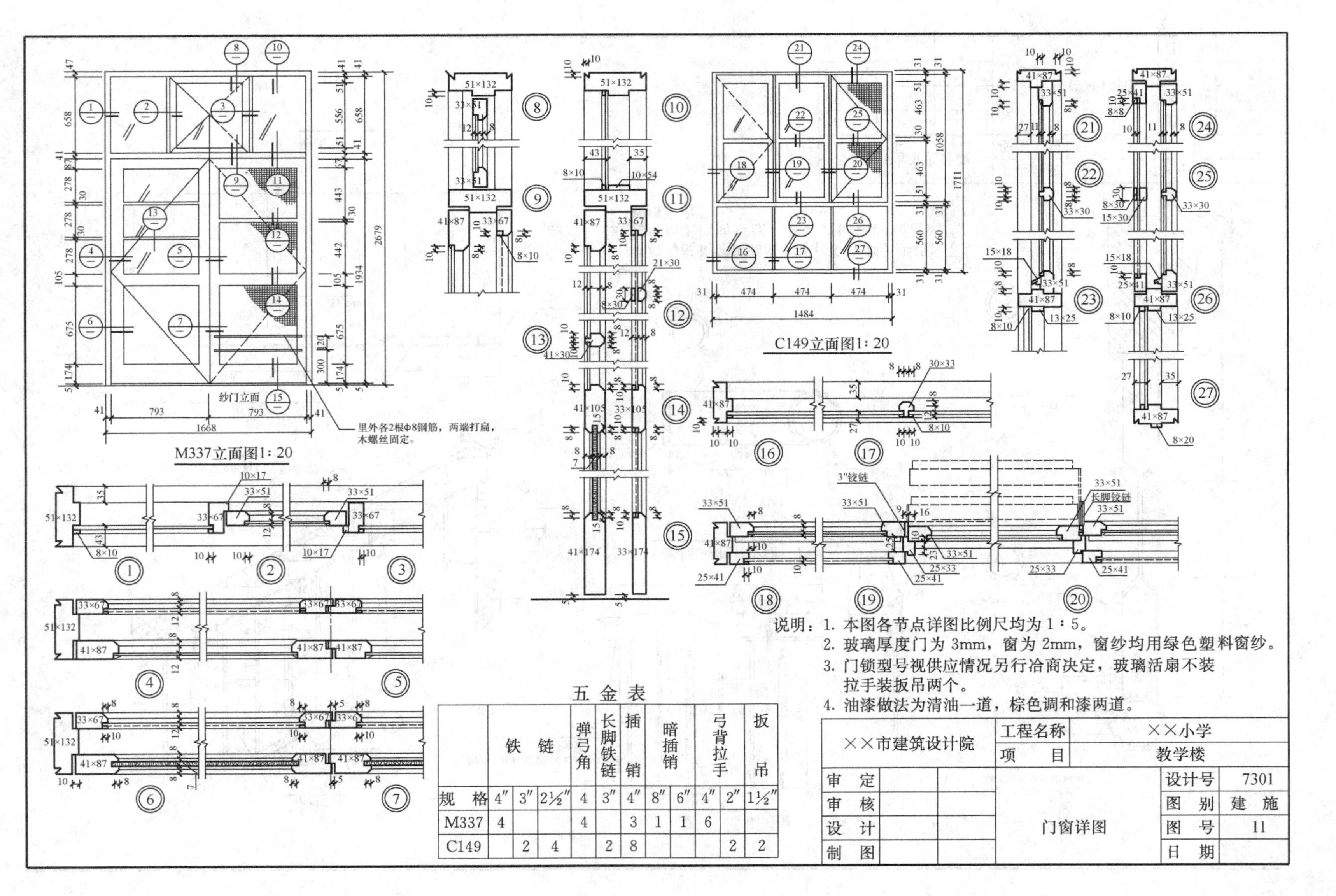

说明：1. 本图各节点详图比例尺均为 1∶5。

2. 玻璃厚度门为 3mm，窗为 2mm，窗纱均用绿色塑料窗纱。

3. 门锁型号视供应情况另行洽商决定，玻璃活扇不装拉手装扳吊两个。

4. 油漆做法为清油一道，棕色调和漆两道。

五 金 表

	铁链			弹弓角	长脚铁链	插销	暗插销		弓背拉手		扳吊
规格	4″	3″	2½″	4	3″	4″	8″	6″	4″	2″	1½″
M337	4			4		3	1	1	6		
C149		2	4		2	8				2	2

××市建筑设计院		工程名称	××小学		
		项　目	教学楼		
审　定		门窗详图		设计号	7301
审　核				图　别	建　施
设　计				图　号	11
制　图				日　期	

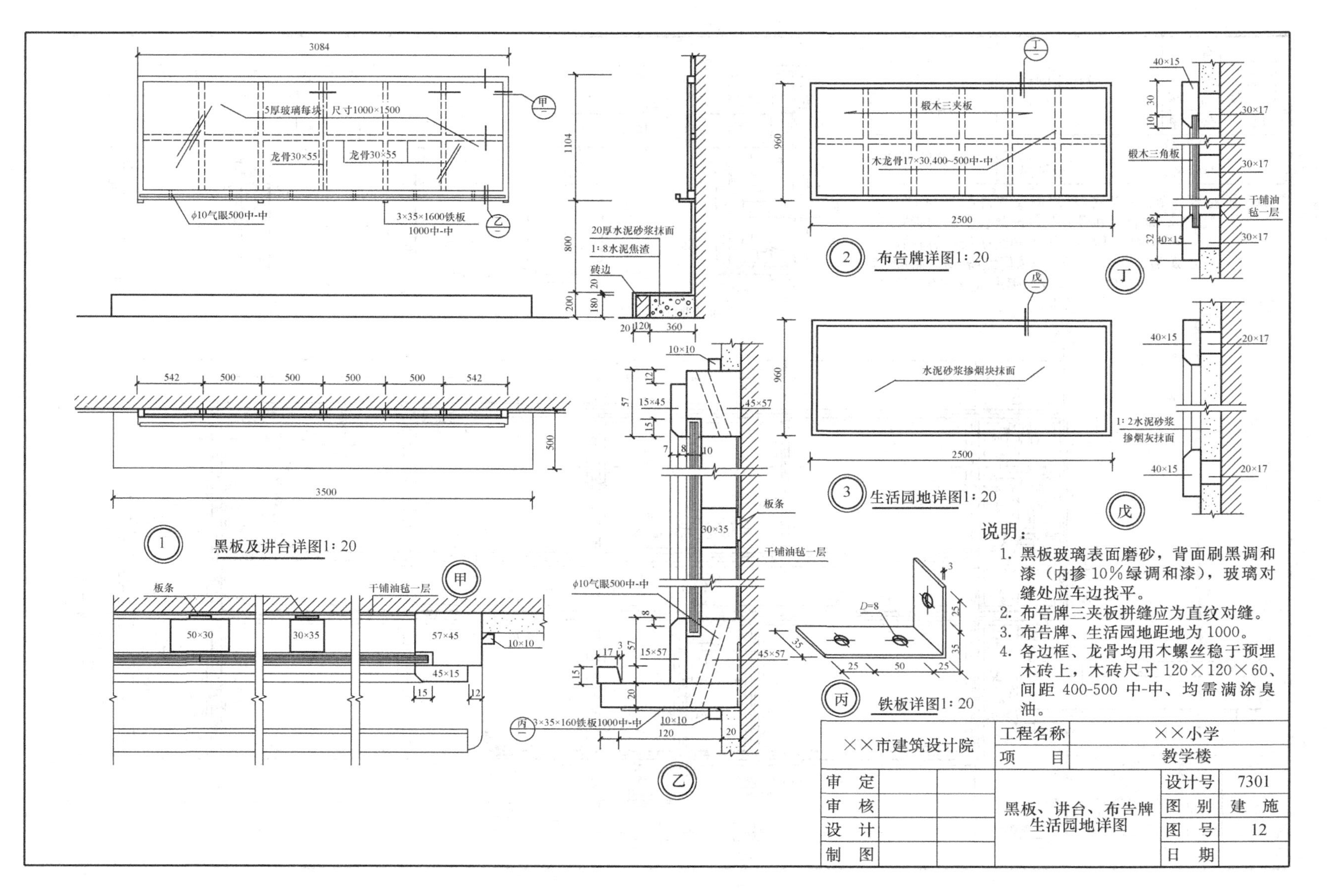

说明：

1. 黑板玻璃表面磨砂，背面刷黑调和漆（内掺10%绿调和漆），玻璃对缝处应车边找平。
2. 布告牌三夹板拼缝应为直纹对缝。
3. 布告牌、生活园地距地为1000。
4. 各边框、龙骨均用木螺丝稳于预埋木砖上，木砖尺寸120×120×60、间距400-500中-中、均需满涂臭油。

<table>
<tr><td colspan="2" rowspan="2">××市建筑设计院</td><td>工程名称</td><td colspan="2">××小学</td></tr>
<tr><td>项　目</td><td colspan="2">教学楼</td></tr>
<tr><td>审　定</td><td></td><td rowspan="4">黑板、讲台、布告牌
生活园地详图</td><td>设计号</td><td>7301</td></tr>
<tr><td>审　核</td><td></td><td>图　别</td><td>建　施</td></tr>
<tr><td>设　计</td><td></td><td>图　号</td><td>12</td></tr>
<tr><td>制　图</td><td></td><td>日　期</td><td></td></tr>
</table>

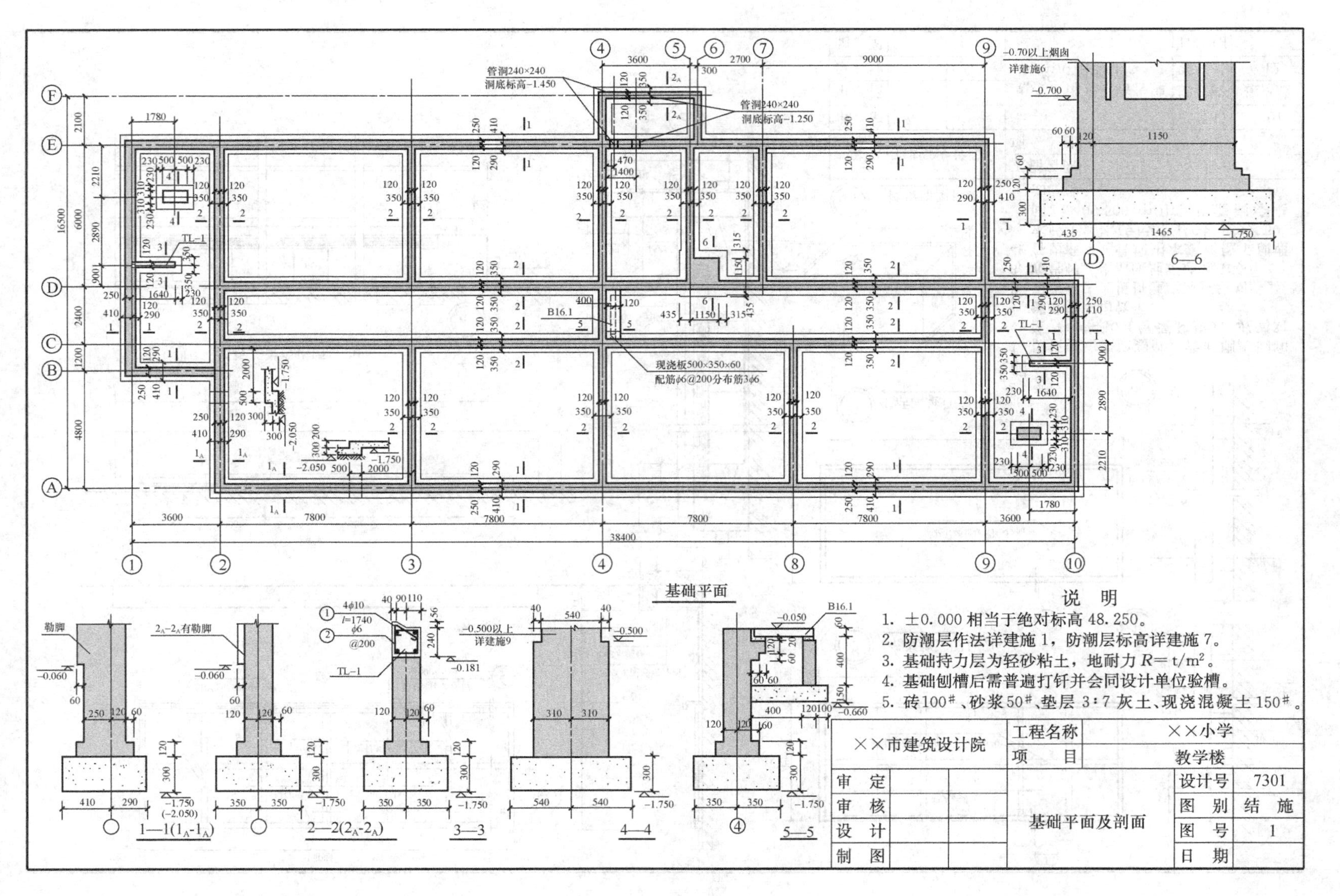

基础平面
管洞240×240
洞底标高-1.450
管洞240×240
洞底标高-1.250
-0.70以上烟囱
详建施6
现浇板500×350×60
配筋φ6@200分布筋3φ6
B16.1
TL-1
6—6
勒脚
2_A-2_A有勒脚
1—1(1_A-1_A)
2—2(2_A-2_A)
3—3
4—4
5—5
-0.500以上
详建施9
说　明
1. ±0.000 相当于绝对标高 48.250。
2. 防潮层作法详建施 1，防潮层标高详建施 7。
3. 基础持力层为轻砂粘土，地耐力 $R=$ t/m^2。
4. 基础刨槽后需普遍打钎并会同设计单位验槽。
5. 砖100#、砂浆50#、垫层 3:7 灰土、现浇混凝土 150#。
××市建筑设计院
工程名称
××小学
项　目
教学楼
审　定
审　核
设　计
制　图
基础平面及剖面
设计号
7301
图　别
结　施
图　号
1
日　期

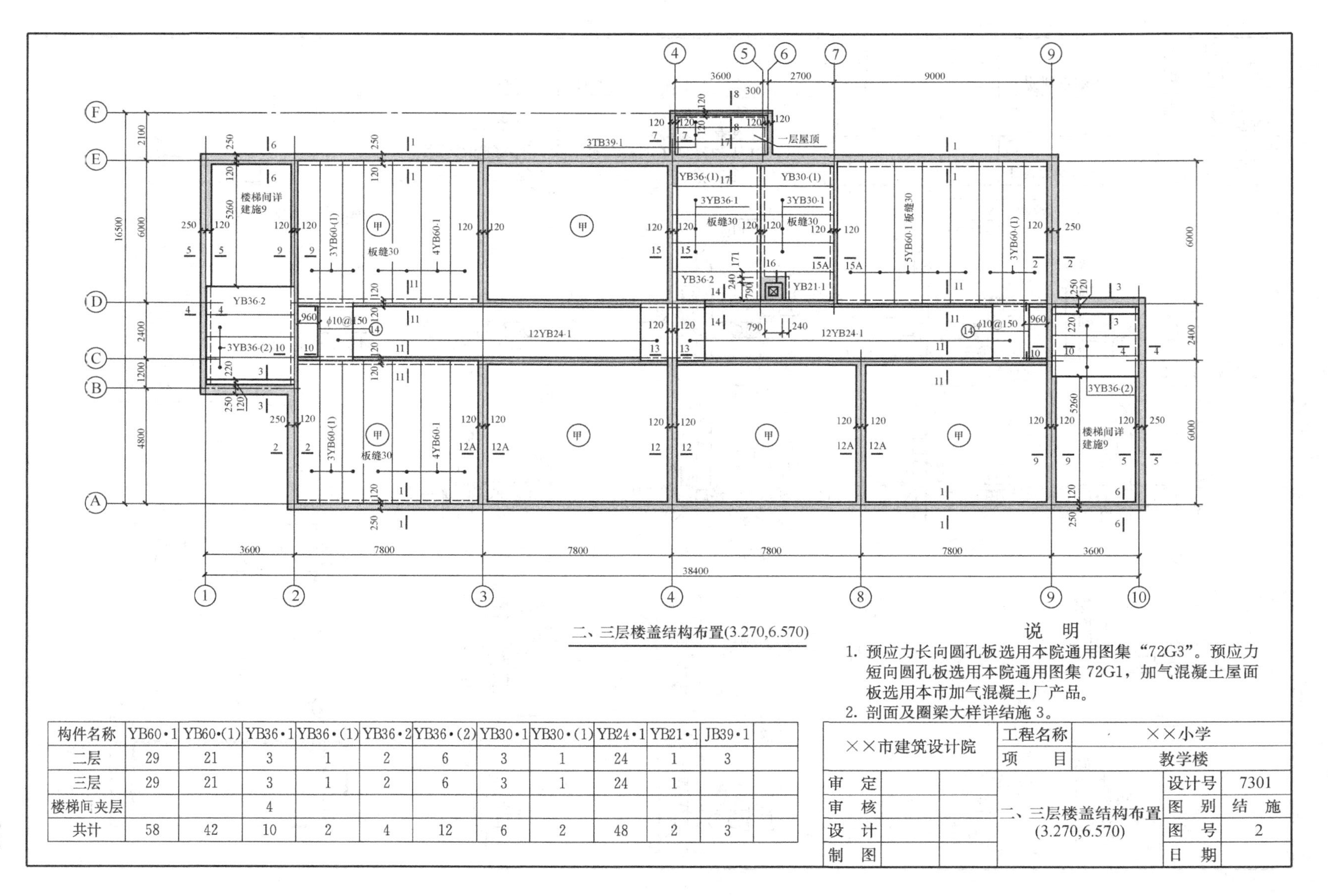

二、三层楼盖结构布置(3.270,6.570)

说　明

1. 预应力长向圆孔板选用本院通用图集“72G3”。预应力短向圆孔板选用本院通用图集 72G1，加气混凝土屋面板选用本市加气混凝土厂产品。
2. 剖面及圈梁大样详结施 3。

构件名称	YB60•1	YB60•(1)	YB36•1	YB36•(1)	YB36•2	YB36•(2)	YB30•1	YB30•(1)	YB24•1	YB21•1	JB39•1	
二层	29	21	3	1	2	6	3	1	24	1	3	
三层	29	21	3	1	2	6	3	1	24	1		
楼梯间夹层			4									
共计	58	42	10	2	4	12	6	2	48	2	3	

××市建筑设计院			工程名称	××小学	
			项　目	教学楼	
审　定			二、三层楼盖结构布置(3.270,6.570)	设计号	7301
审　核				图　别	结　施
设　计				图　号	2
制　图				日　期	

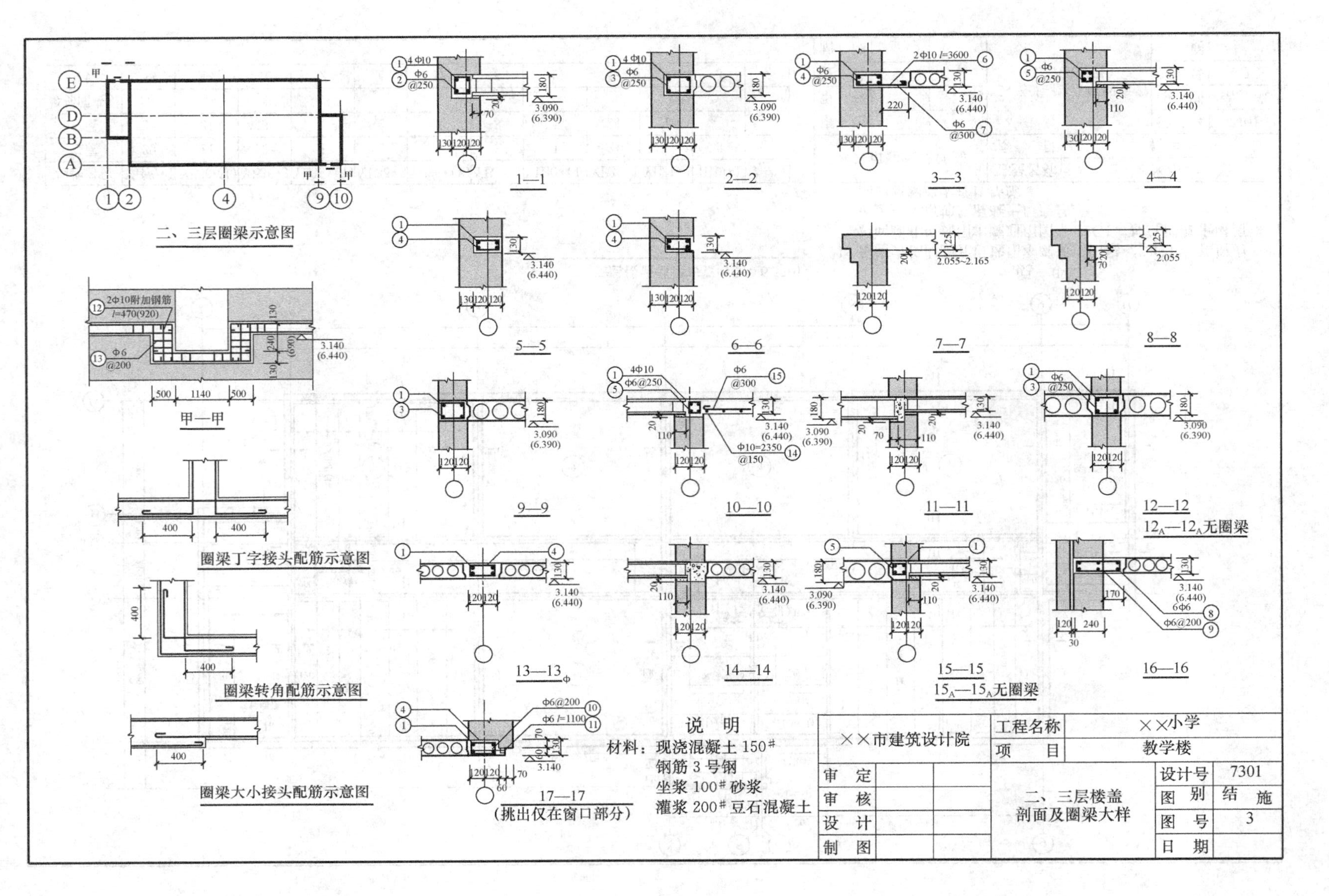
二、三层圈梁示意图
甲—甲
2Φ10附加钢筋
l=470(920)
Φ6
@200
圈梁丁字接头配筋示意图
圈梁转角配筋示意图
圈梁大小接头配筋示意图
1—1
2—2
3—3
4—4
5—5
6—6
7—7
8—8
9—9
10—10
11—11
12—12
12_A—12_A无圈梁
13—13
14—14
15—15
15_A—15_A无圈梁
16—16
17—17
(挑出仅在窗口部分)
说明
材料：现浇混凝土 150#
钢筋 3 号钢
坐浆 100# 砂浆
灌浆 200# 豆石混凝土
××市建筑设计院
审定
审核
设计
制图
工程名称
××小学
项目
教学楼
二、三层楼盖
剖面及圈梁大样
设计号
7301
图别
结施
图号
3
日期

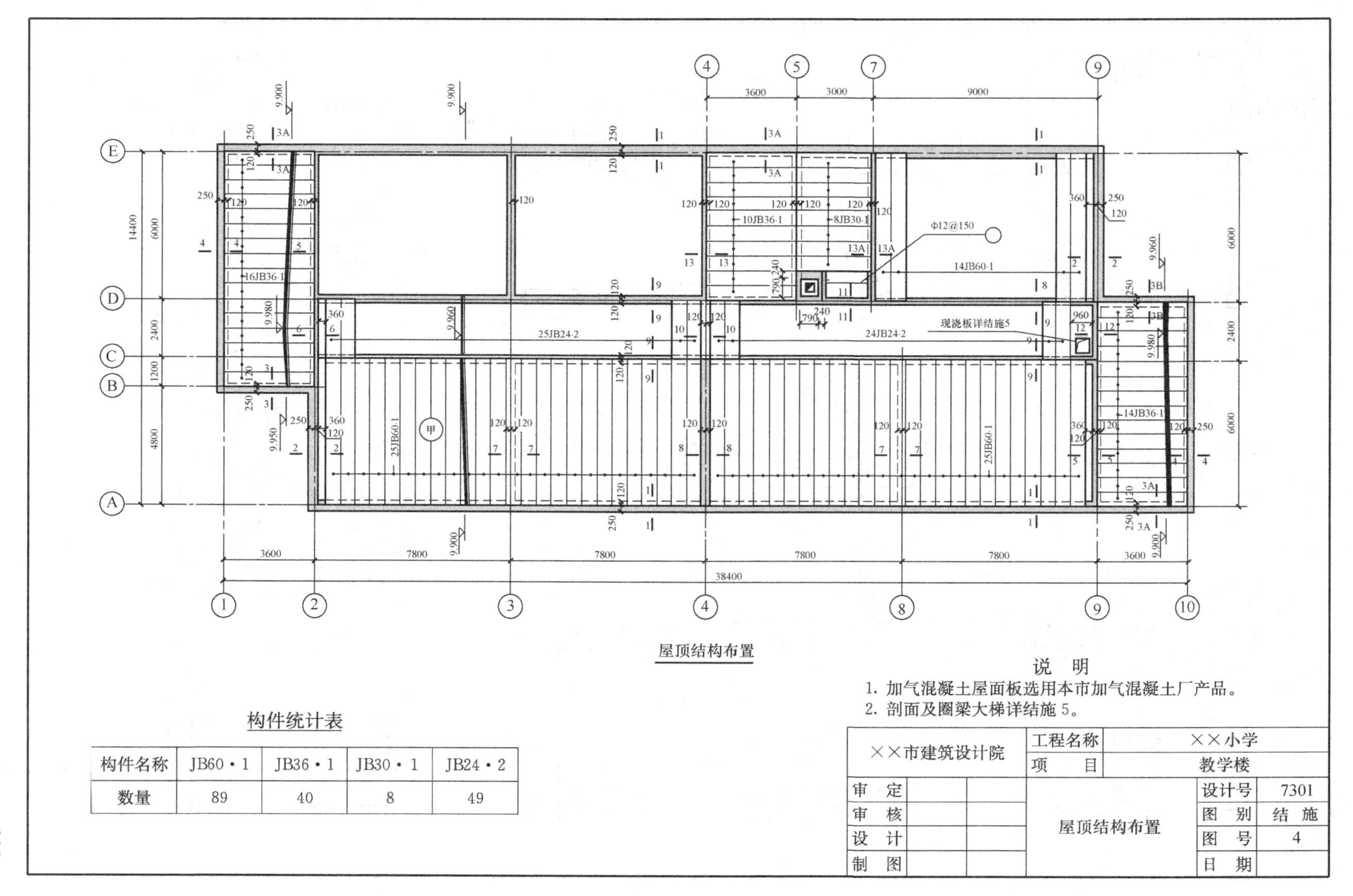

屋顶结构布置

说 明

1. 加气混凝土屋面板选用本市加气混凝土厂产品。
2. 剖面及圈梁大梯详结施5。

构件统计表

构件名称	JB60・1	JB36・1	JB30・1	JB24・2
数量	89	40	8	49

××市建筑设计院		工程名称	××小学	
		项　目	教学楼	
审　定		屋顶结构布置	设计号	7301
审　核			图　别	结　施
设　计			图　号	4
制　图			日　期	

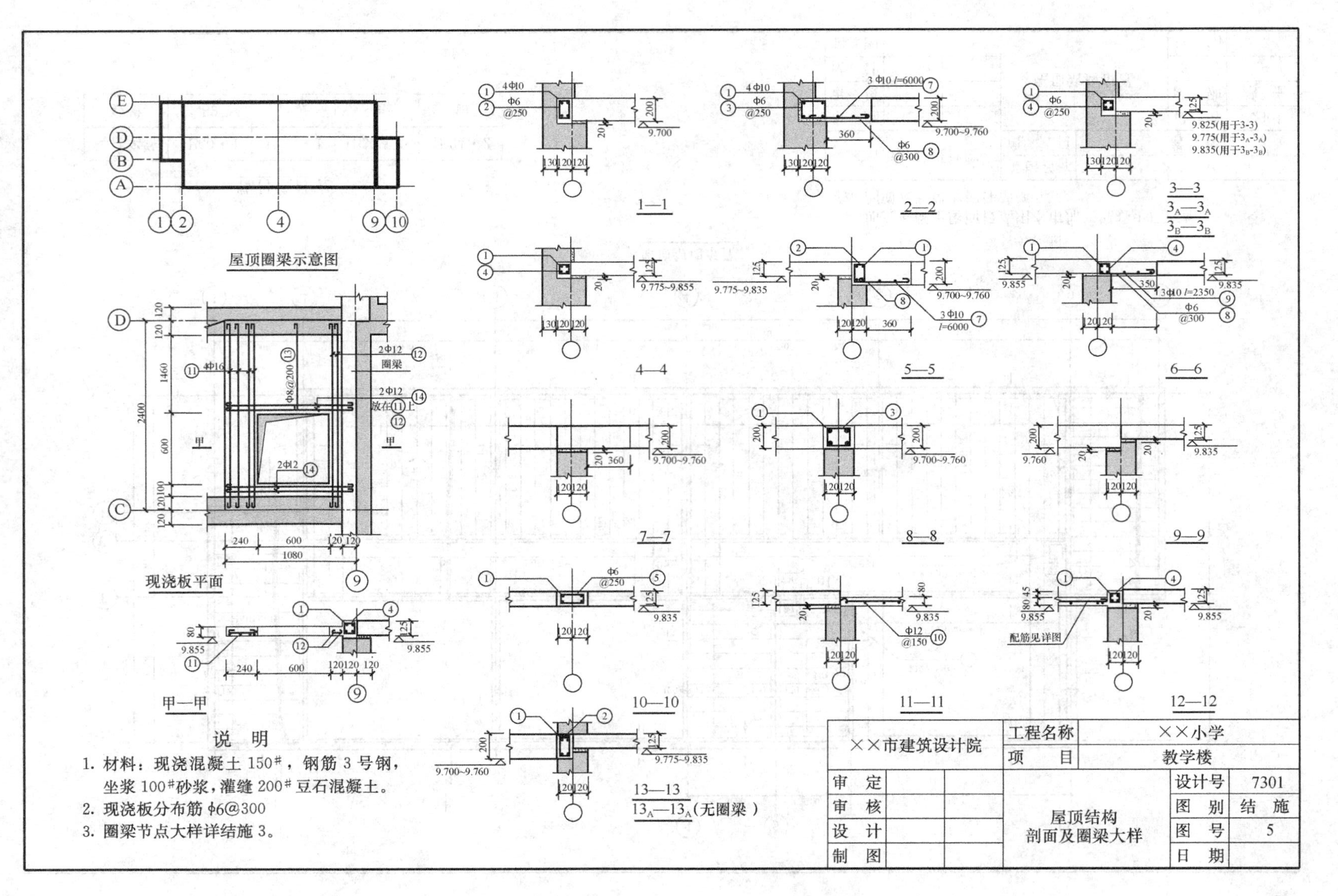
屋顶圈梁示意图
现浇板平面
甲—甲
1—1
2—2
3—3
3A—3A
3B—3B
4—4
5—5
6—6
7—7
8—8
9—9
10—10
11—11
12—12
13—13
13A—13A（无圈梁）
9.825(用于3-3)
9.775(用于3A-3A)
9.835(用于3B-3B)
圈梁
2Φ12 放在⑪上
Φ8@200
配筋见详图
说　明
1. 材料：现浇混凝土 150#，钢筋 3 号钢，
坐浆 100#砂浆，灌缝 200#豆石混凝土。
2. 现浇板分布筋 ϕ6@300
3. 圈梁节点大样详结施 3。
××市建筑设计院
工程名称　××小学
项　目　教学楼
审　定
审　核
设　计
制　图
屋顶结构
剖面及圈梁大样
设计号　7301
图　别　结　施
图　号　5
日　期

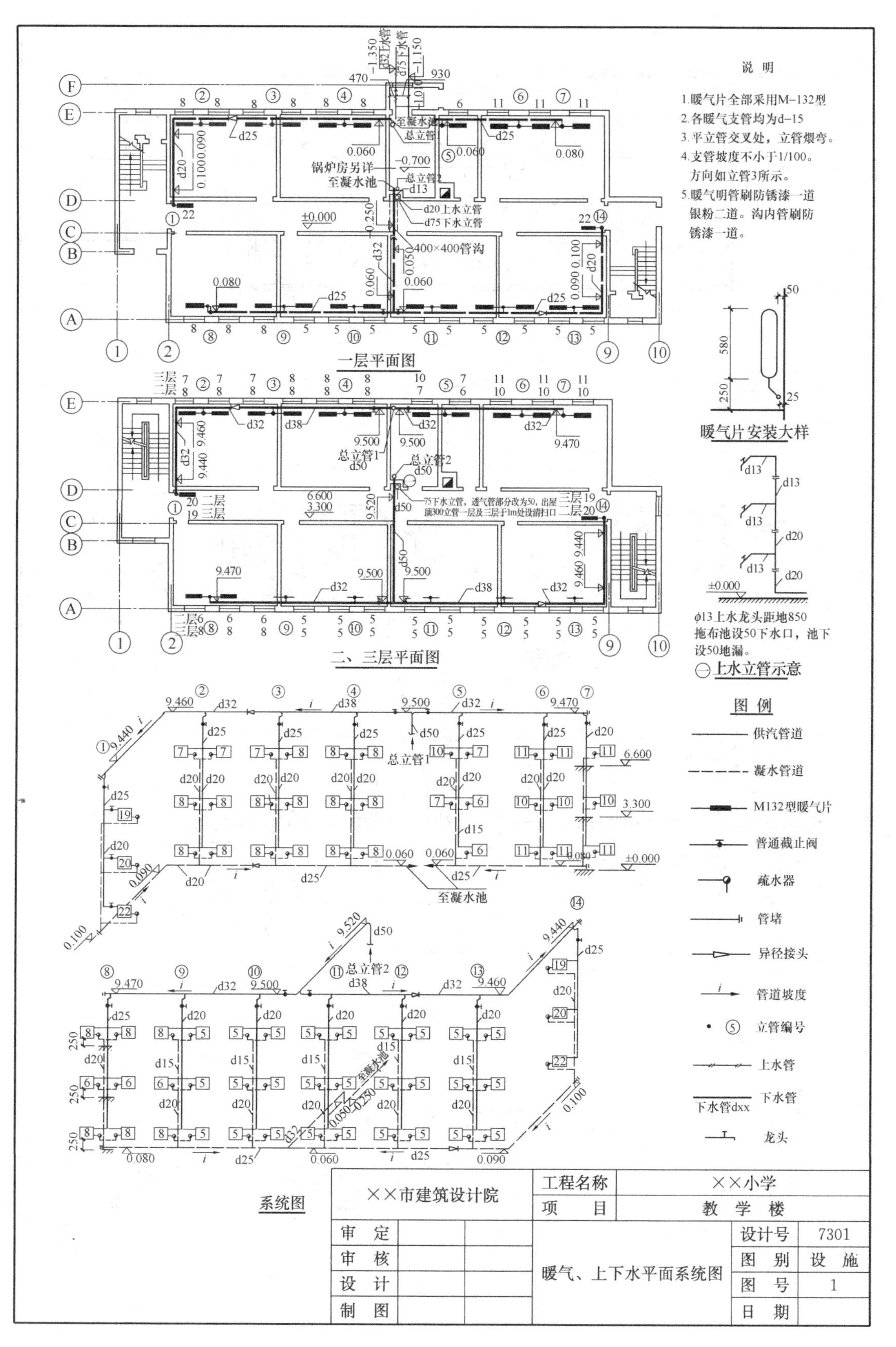
说明
1.暖气片全部采用M-132型
2.各暖气支管均为d-15
3.平立管交叉处，立管煨弯。
4.支管坡度不小于1/100。方向如立管3所示。
5.暖气明管刷防锈漆一道银粉二道。沟内管刷防锈漆一道。
一层平面图
锅炉房另详
至凝水池
总立管1
总立管2
d20上水立管
d75下水立管
400×400管沟
二、三层平面图
75下水立管，透气管部分改为50，出屋顶300立管一层及三层于1m处设清扫口
暖气片安装大样
φ13上水龙头距地850
拖布池设50下水口，池下设50地漏。
上水立管示意
图 例
供汽管道
凝水管道
M132型暖气片
普通截止阀
疏水器
管堵
异径接头
管道坡度
立管编号
上水管
下水管
下水管dxx
龙头
系统图
××市建筑设计院
工程名称
××小学
项 目
教 学 楼
审 定
审 核
设 计
制 图
暖气、上下水平面系统图
设计号
7301
图 别
设 施
图 号
1
日 期

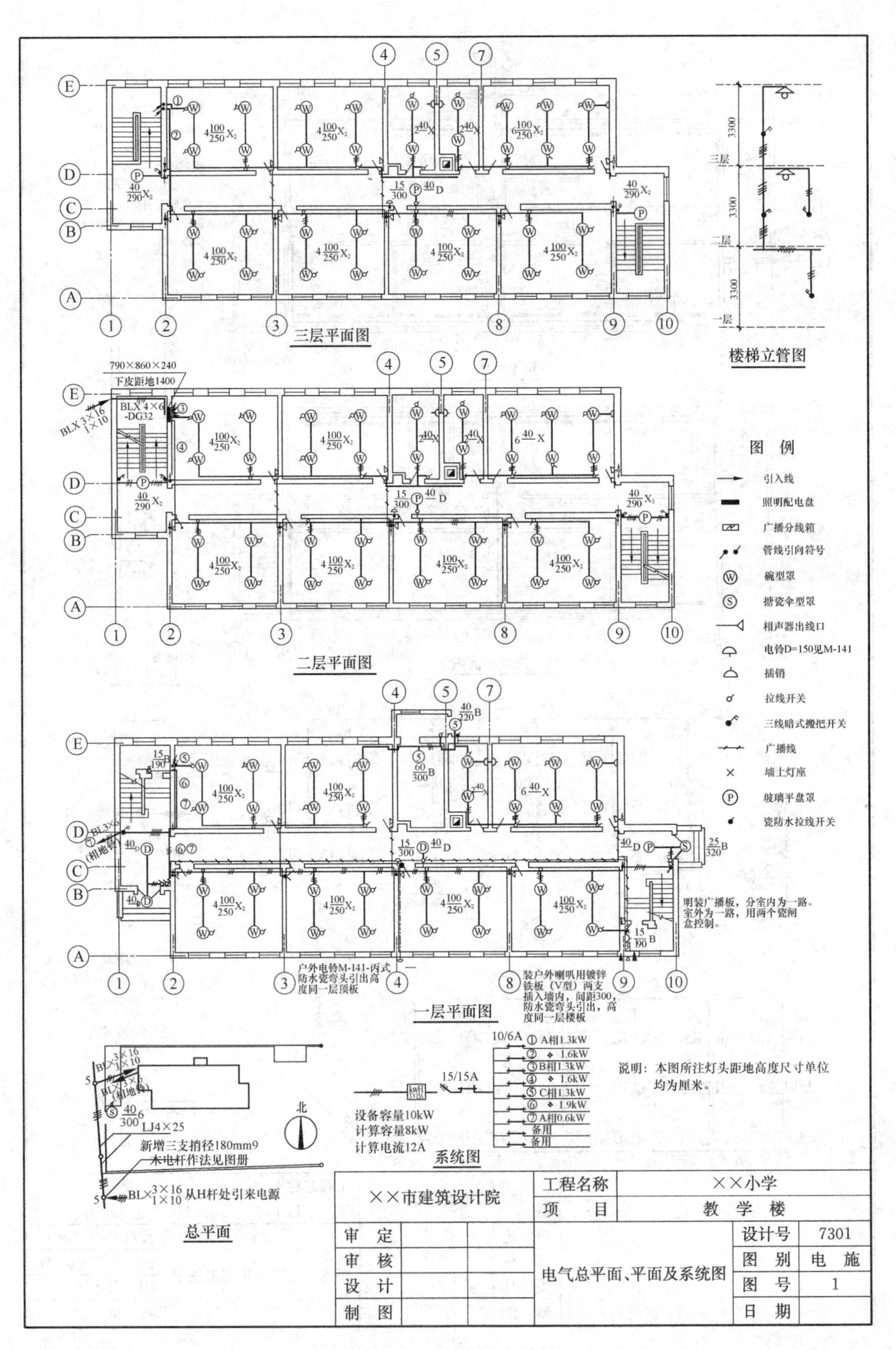
三层平面图
楼梯立管图
三层
二层
一层
3300
790×860×240
下皮距地1400
BLX 4×6
-DG32
BLX 3×16
1×10
二层平面图
图 例
引入线
照明配电盘
广播分线箱
管线引向符号
碗型罩
搪瓷伞型罩
扬声器出线口
电铃D=150见M-141
插销
拉线开关
三线暗式搬把开关
广播线
墙上灯座
玻璃平盘罩
瓷防水拉线开关
明装广播板，分室内为一路。
室外为一路，用两个瓷闸
盒控制。
户外电铃M-141-丙式
防水瓷弯头引出高
度同一层顶板
装户外喇叭用镀锌
铁板（V型）两支
插入墙内，间距300，
防水瓷弯头引出，高
度同一层楼板
一层平面图
10/6A
① A相1.3kW
② 1.6kW
③ B相1.3kW
④ 1.6kW
⑤ C相1.3kW
⑥ 1.9kW
⑦ A相0.6kW
备用
备用
15/15A
设备容量10kW
计算容量8kW
计算电流12A
系统图
说明：本图所注灯头距地高度尺寸单位
均为厘米。
LJ4×25
新增三支梢径180mm9
木电杆作法见图册
BL×3×16
1×10
从H杆处引来电源
总平面
北
××市建筑设计院
工程名称
××小学
项 目
教 学 楼
审 定
审 核
设 计
制 图
电气总平面、平面及系统图
设计号
7301
图 别
电 施
图 号
1
日 期

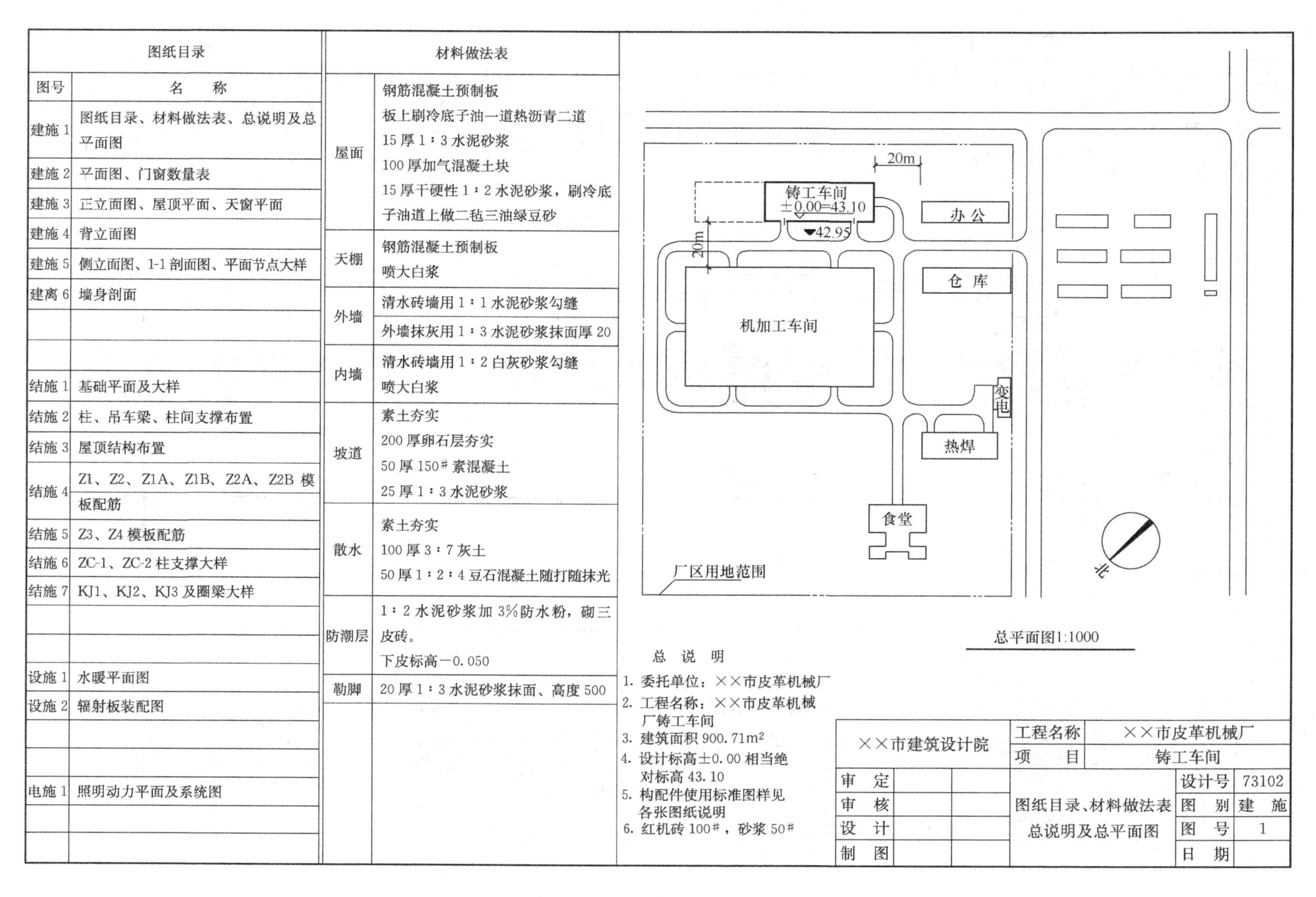

图纸目录

图号	名　称
建施 1	图纸目录、材料做法表、总说明及总平面图
建施 2	平面图、门窗数量表
建施 3	三立面图、屋顶平面、天窗平面
建施 4	背立面图
建施 5	侧立面图、1-1 剖面图、平面节点大样
建离 6	墙身剖面
结施 1	基础平面及大样
结施 2	柱、吊车梁、柱间支撑布置
结施 3	屋顶结构布置
结施 4	Z1、Z2、Z1A、Z1B、Z2A、Z2B 模板配筋
结施 5	Z3、Z4 模板配筋
结施 6	ZC-1、ZC-2 柱支撑大样
结施 7	KJ1、KJ2、KJ3 及圈梁大样
设施 1	水暖平面图
设施 2	辐射板装配图
电施 1	照明动力平面及系统图

材料做法表

屋面	钢筋混凝土预制板 板上刷冷底子油一道热沥青二道 15 厚 1∶3 水泥砂浆 100 厚加气混凝土块 15 厚干硬性 1∶2 水泥砂浆，刷冷底子油道上做二毡三油绿豆砂
天棚	钢筋混凝土预制板 喷大白浆
外墙	清水砖墙用 1∶1 水泥砂浆勾缝 外墙抹灰用 1∶3 水泥砂浆抹面厚 20
内墙	清水砖墙用 1∶2 白灰砂浆勾缝 喷大白浆
坡道	素土夯实 200 厚卵石层夯实 50 厚 150# 素混凝土 25 厚 1∶3 水泥砂浆
散水	素土夯实 100 厚 3∶7 灰土 50 厚 1∶2∶4 豆石混凝土随打随抹光
防潮层	1∶2 水泥砂浆加 3%防水粉，砌三皮砖。 下皮标高－0.050
勒脚	20 厚 1∶3 水泥砂浆抹面、高度 500

总平面图1:1000

总 说 明

1. 委托单位：××市皮革机械厂
2. 工程名称：××市皮革机械厂铸工车间
3. 建筑面积 900.71m²
4. 设计标高±0.00 相当绝对标高 43.10
5. 构配件使用标准图样见各张图纸说明
6. 红机砖 100#，砂浆 50#

××市建筑设计院			工程名称	××市皮革机械厂	
			项　目	铸工车间	
审　定			图纸目录、材料做法表总说明及总平面图	设计号	73102
审　核				图　别	建　施
设　计				图　号	1
制　图				日　期	

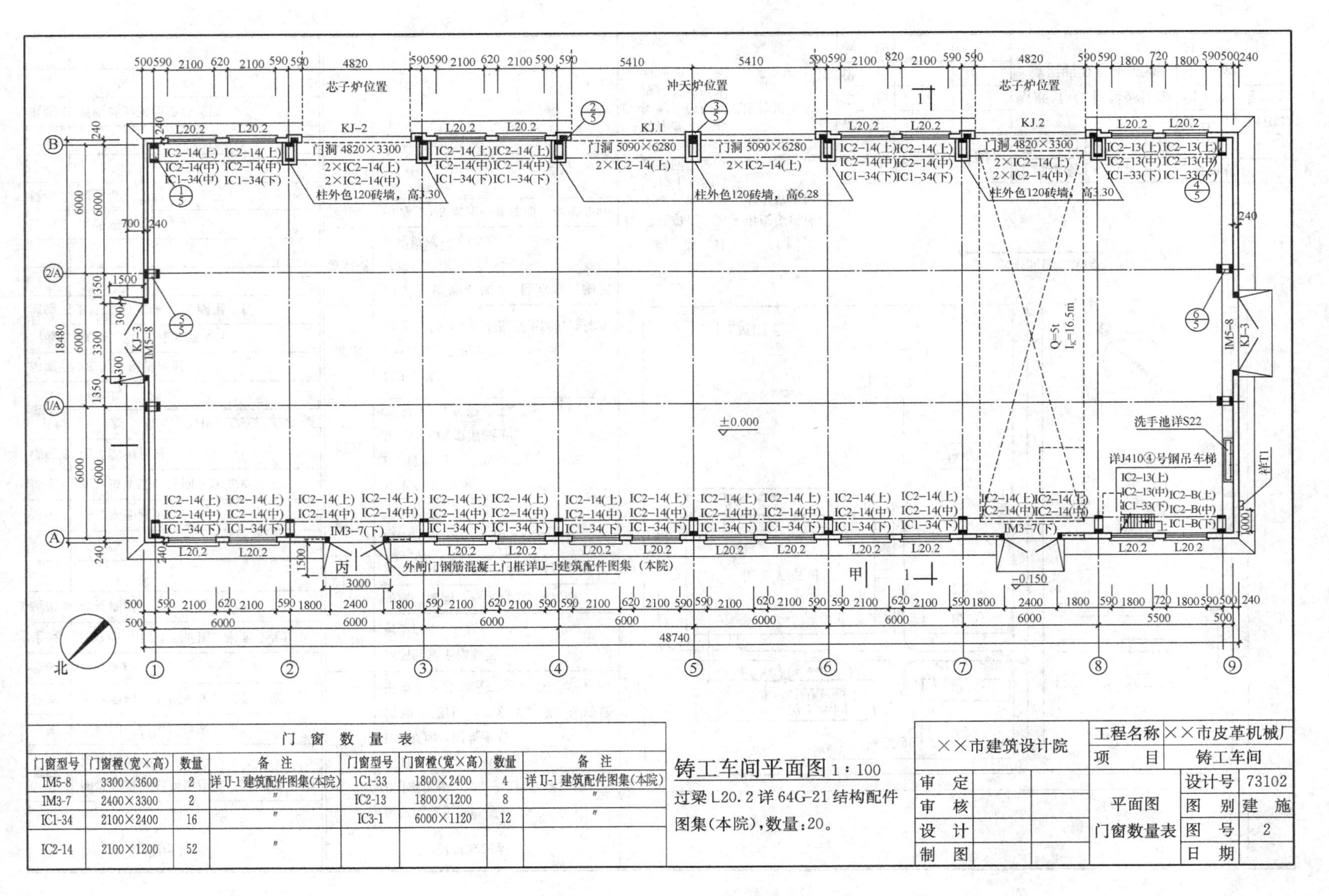

门窗型号	门窗樘(宽×高)	数量	备注	门窗型号	门窗樘(宽×高)	数量	备注
IM5-8	3300×3600	2	详 IJ-1 建筑配件图集(本院)	IC1-33	1800×2400	4	详 IJ-1 建筑配件图集(本院)
IM3-7	2400×3300	2	〃	IC2-13	1800×1200	8	〃
IC1-34	2100×2400	16	〃	IC3-1	6000×1120	12	〃
IC2-14	2100×1200	52	〃				

Table caption: 门窗数量表

铸工车间平面图 1：100

过梁 L20.2 详 64G-21 结构配件图集(本院)，数量：20。

××市建筑设计院		工程名称	××市皮革机械厂
		项目	铸工车间
审定		设计号	73102
审核	平面图 门窗数量表	图别	建施
设计		图号	2
制图		日期	

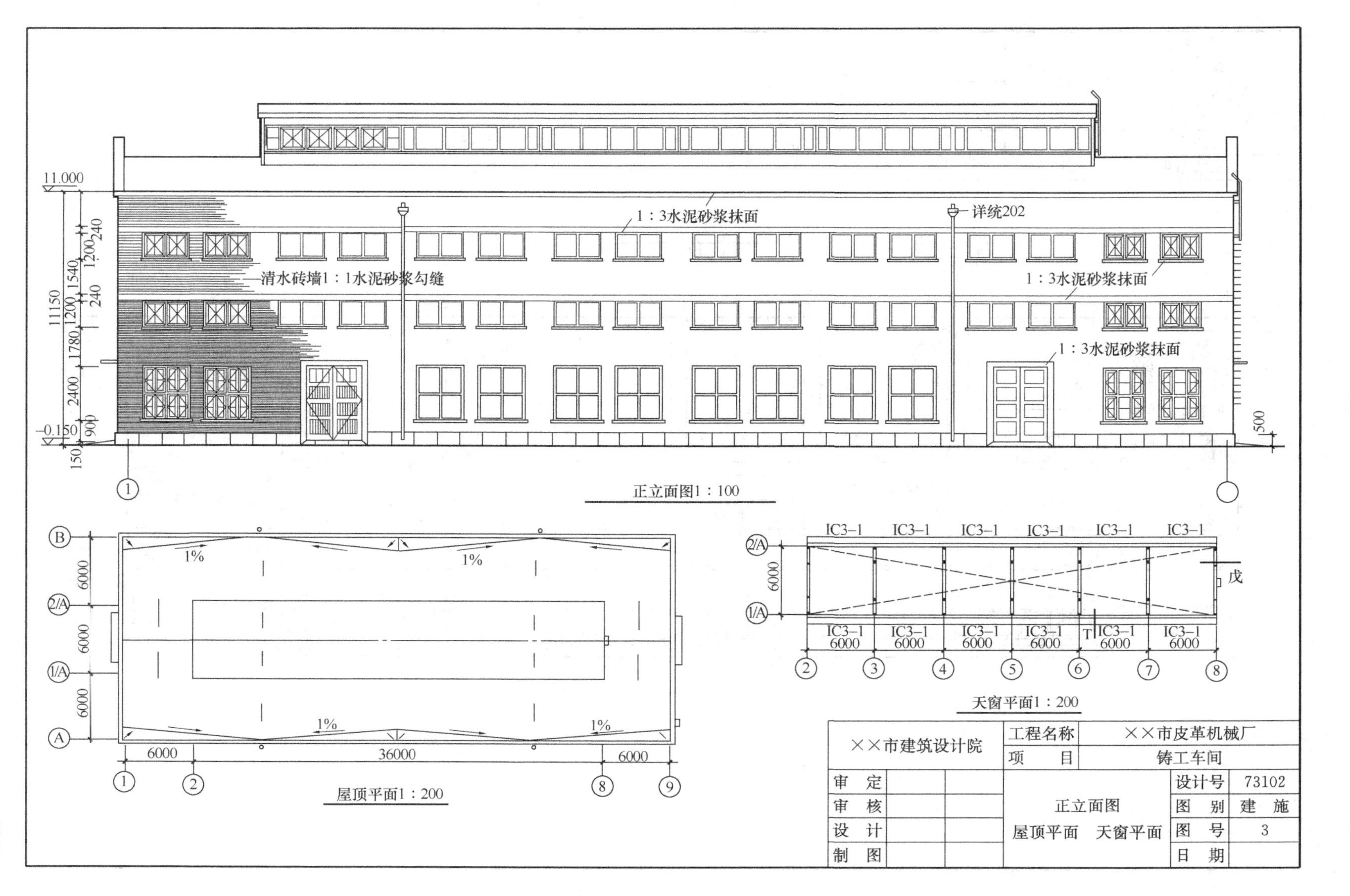

1:3水泥砂浆抹面
详统202
清水砖墙1:1水泥砂浆勾缝
1:3水泥砂浆抹面
1:3水泥砂浆抹面
11.000
-0.150
11150
240
1200
1540
240
1200
1780
2400
900
150
500
正立面图1:100
1%
6000
36000
屋顶平面1:200
IC3-1
6000
戊
天窗平面1:200
××市建筑设计院
工程名称
××市皮革机械厂
项目
铸工车间
审定
审核
设计
制图
正立面图
屋顶平面 天窗平面
设计号
73102
图别
建施
图号
3
日期

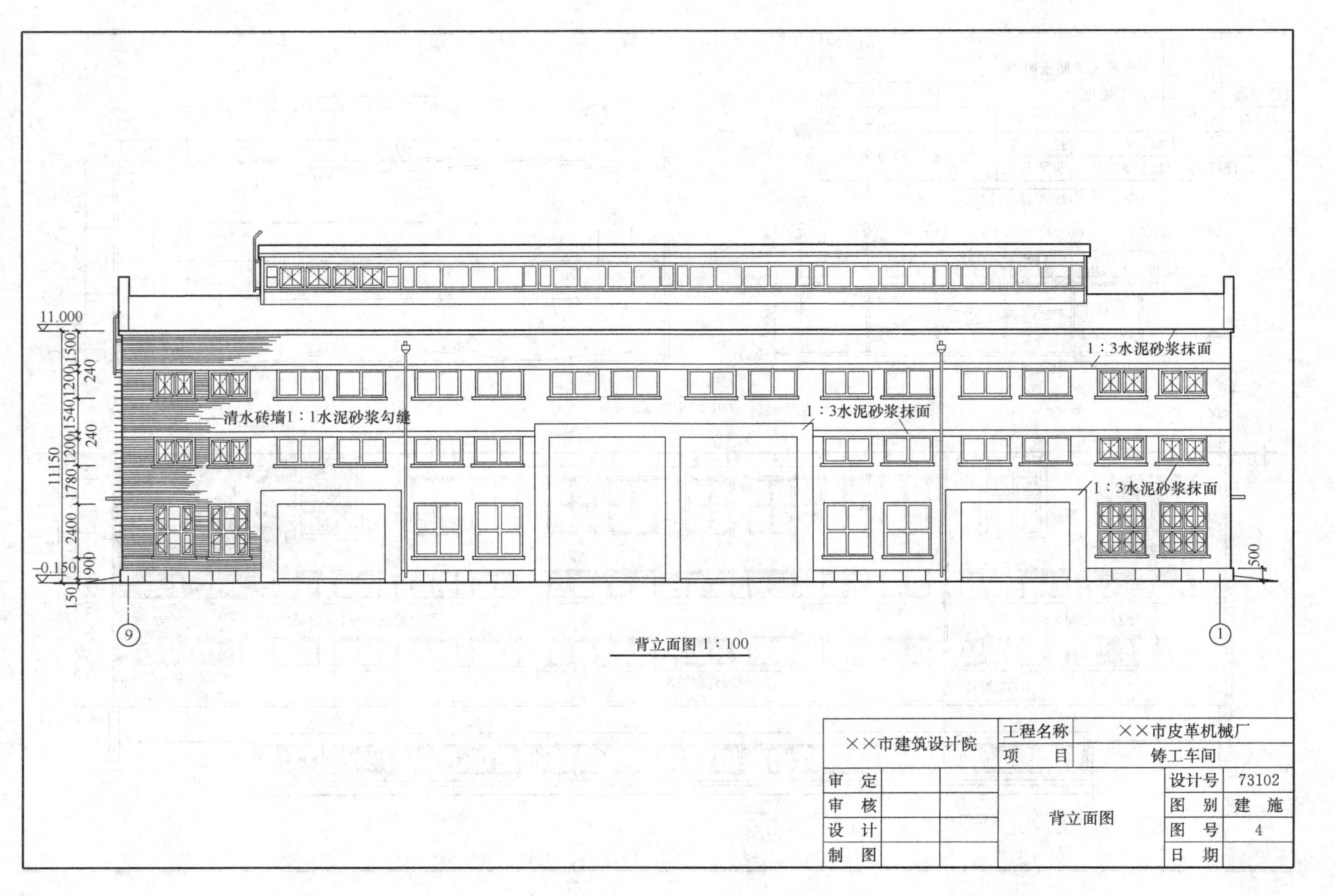

11.000
1500
240
1200
1540
240
1200
11150
1780
2400
900
-0.150
150
500
清水砖墙1：1水泥砂浆勾缝
1：3水泥砂浆抹面
1：3水泥砂浆抹面
1：3水泥砂浆抹面
9
1
背立面图 1：100
××市建筑设计院
工程名称
××市皮革机械厂
项 目
铸工车间
审 定
审 核
设 计
制 图
背立面图
设计号
73102
图 别
建 施
图 号
4
日 期

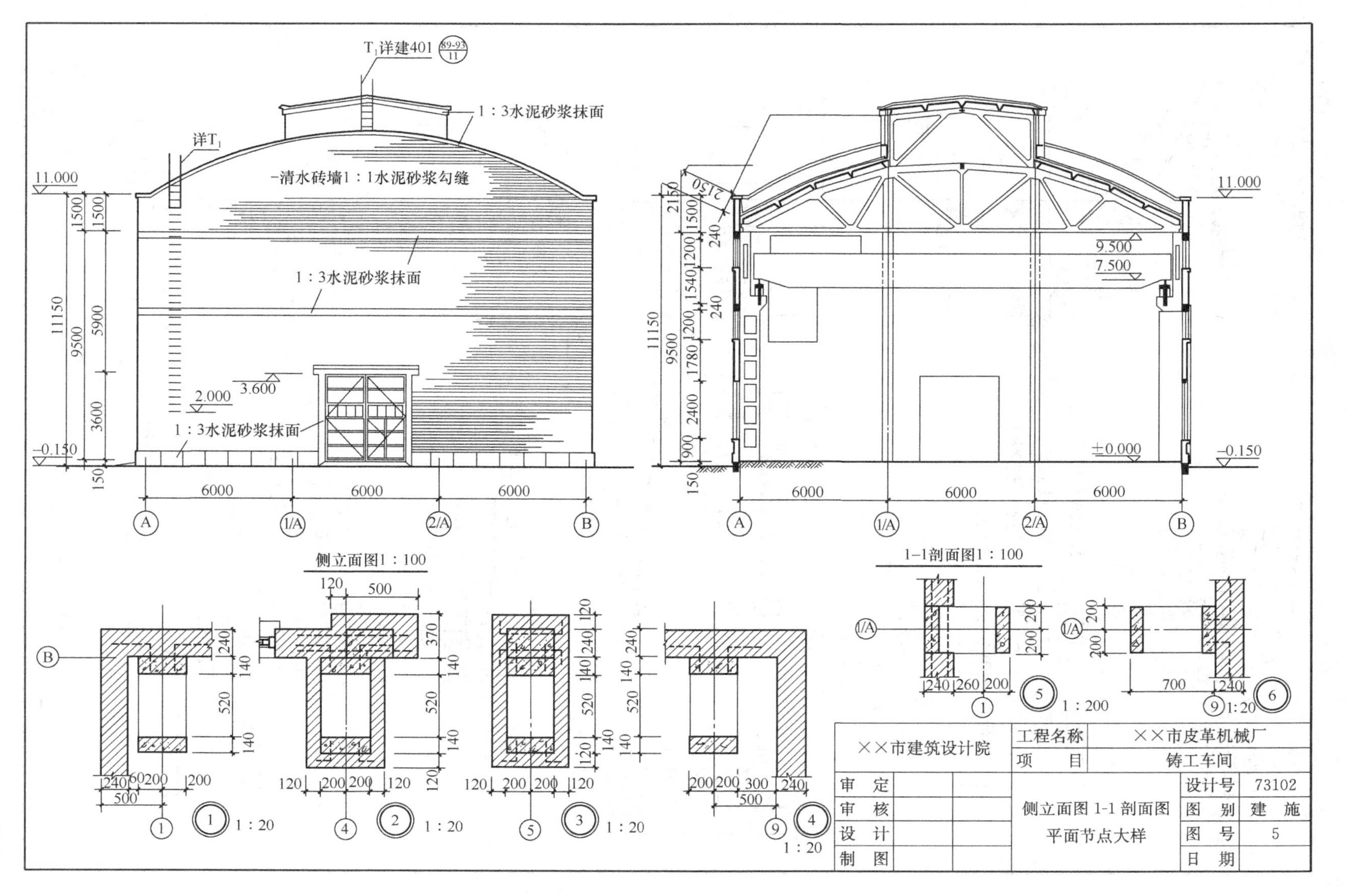

T1详建401
详T1
1：3水泥砂浆抹面
清水砖墙1：1水泥砂浆勾缝
1：3水泥砂浆抹面
1：3水泥砂浆抹面
11.000
-0.150
2.000
3.600
9.500
7.500
±0.000
侧立面图1：100
1-1剖面图1：100
1：20
1：200
1：20
××市建筑设计院
工程名称
××市皮革机械厂
项 目
铸工车间
审 定
审 核
设 计
制 图
侧立面图 1-1 剖面图
平面节点大样
设计号
73102
图 别
建 施
图 号
5
日 期

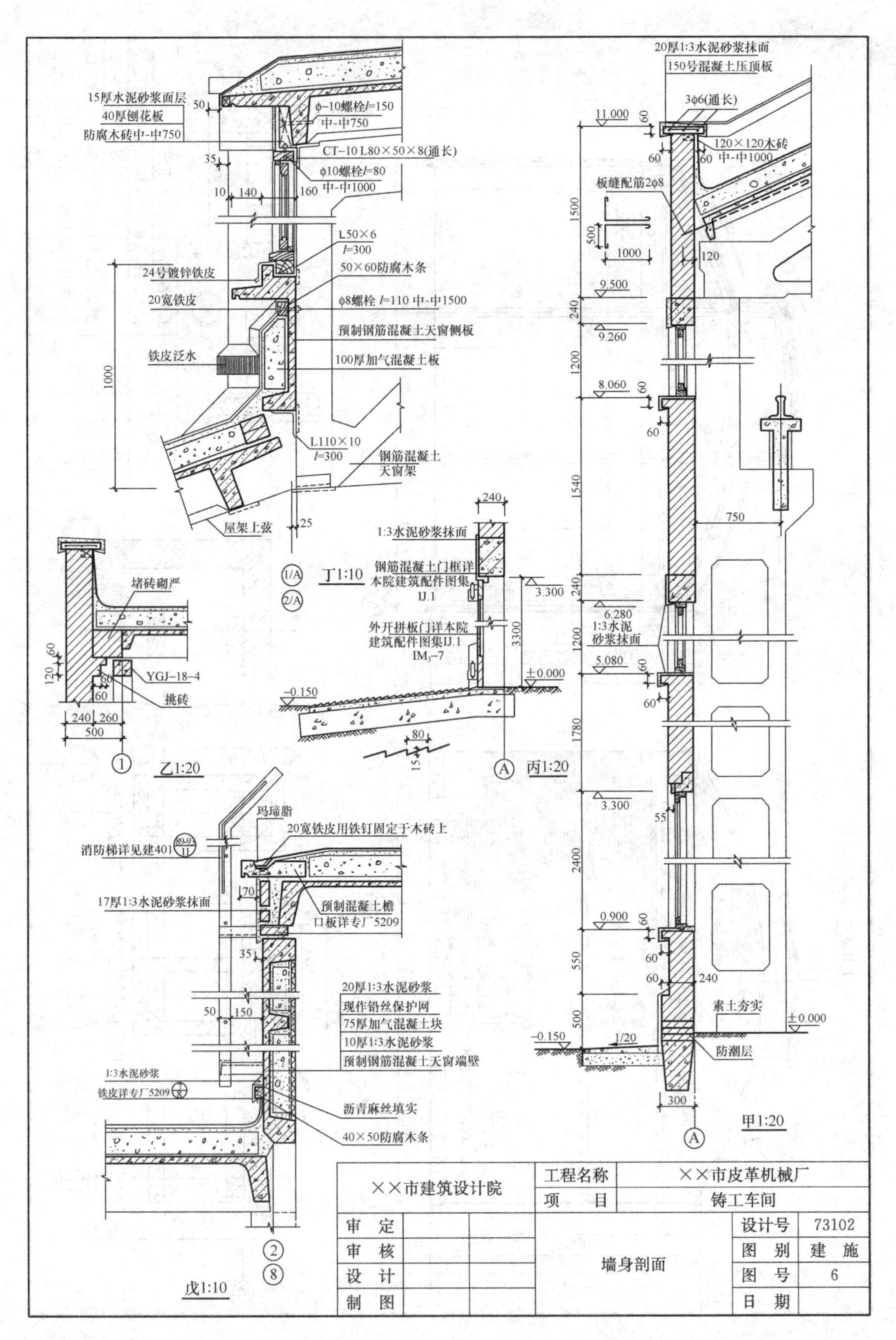

××市建筑设计院			工程名称	××市皮革机械厂	
			项　目	铸工车间	
审　定			墙身剖面	设计号	73102
审　核				图　别	建　施
设　计				图　号	6
制　图				日　期	

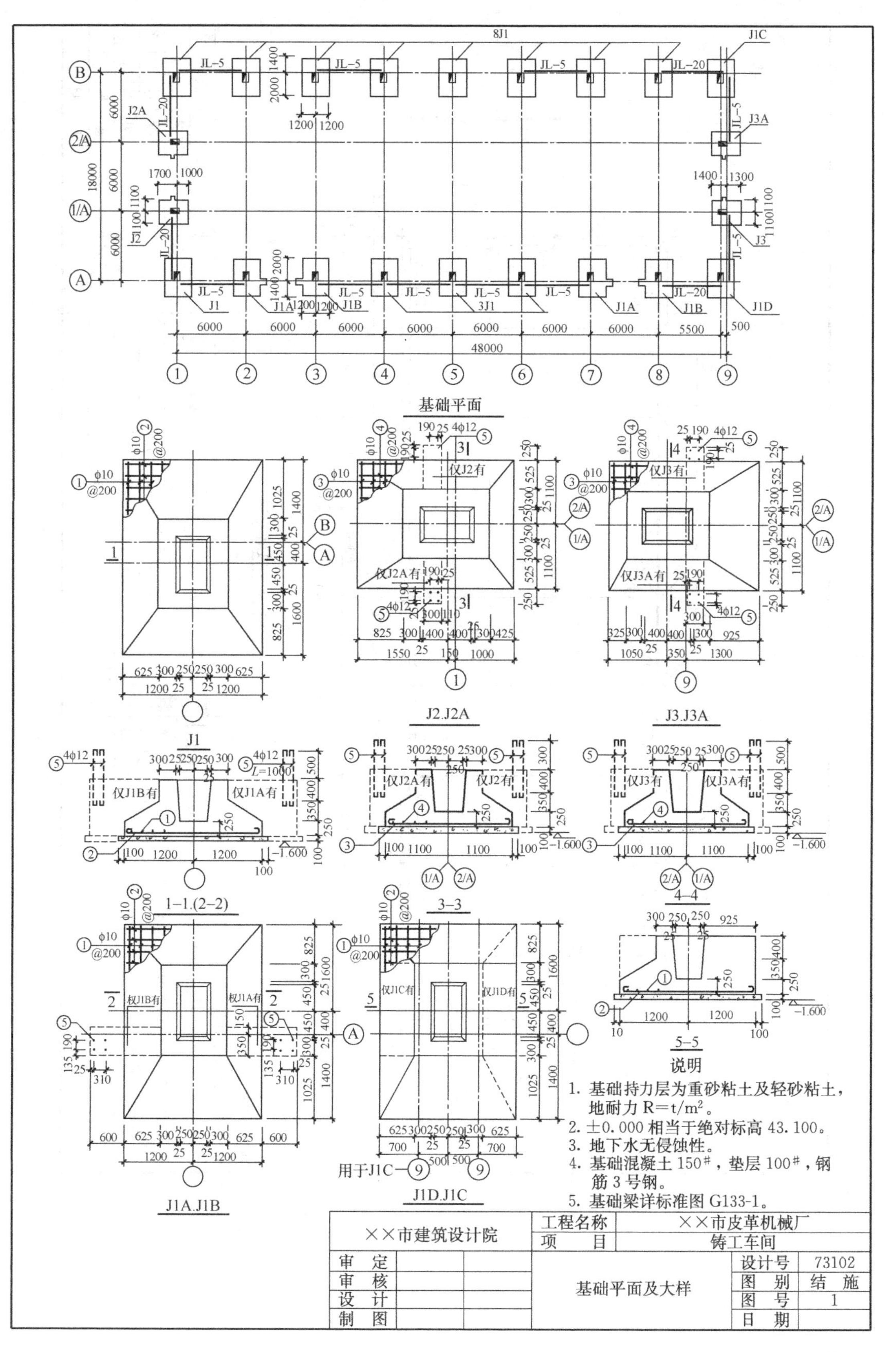
基础平面
J1
J2.J2A
J3.J3A
1-1.(2-2)
3-3
4-4
5-5
J1A.J1B
J1D.J1C
说明
1. 基础持力层为重砂粘土及轻砂粘土，地耐力 R=t/m²。
2. ±0.000 相当于绝对标高 43.100。
3. 地下水无侵蚀性。
4. 基础混凝土 150#，垫层 100#，钢筋 3 号钢。
5. 基础梁详标准图 G133-1。
××市建筑设计院
工程名称 ××市皮革机械厂
项 目 铸工车间
审 定
审 核
设 计
制 图
基础平面及大样
设计号 73102
图 别 结 施
图 号 1
日 期

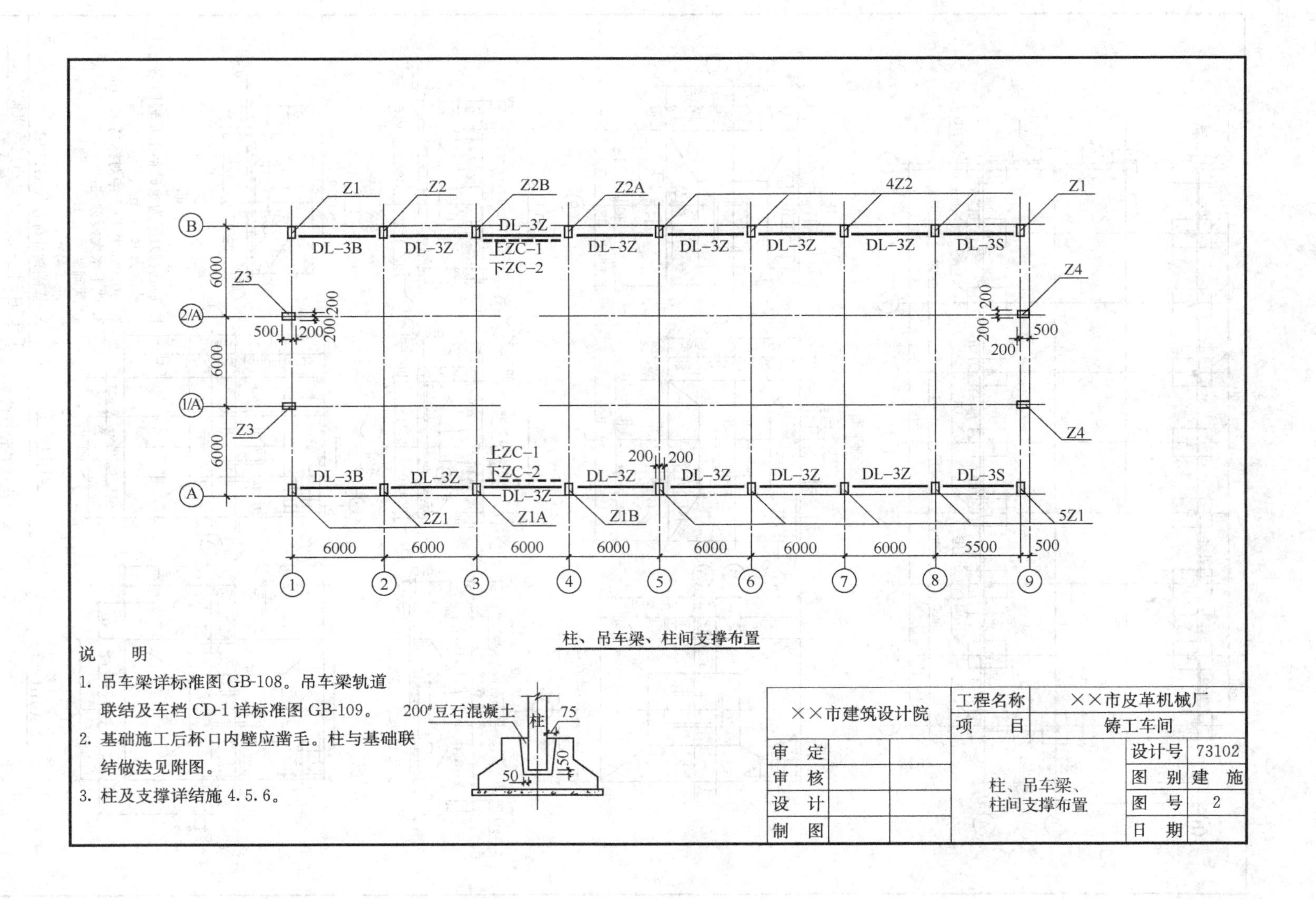
Z1
Z2
Z2B
Z2A
4Z2
Z1
B
2/A
1/A
A
DL–3B
DL–3Z
DL–3Z
DL–3Z
DL–3Z
DL–3Z
DL–3Z
DL–3S
上ZC–1
下ZC–2
Z3
Z3
Z4
Z4
6000
500
200
200
200
2Z1
Z1A
Z1B
5Z1
5500
1
2
3
4
5
6
7
8
9
柱、吊车梁、柱间支撑布置
说　明
1. 吊车梁详标准图 GB-108。吊车梁轨道联结及车档 CD-1 详标准图 GB-109。
2. 基础施工后杯口内壁应凿毛。柱与基础联结做法见附图。
3. 柱及支撑详结施 4. 5. 6。
200#豆石混凝土
柱
75
50
××市建筑设计院
工程名称
××市皮革机械厂
项　目
铸工车间
审　定
审　核
设　计
制　图
柱、吊车梁、柱间支撑布置
设计号
73102
图　别
建　施
图　号
2
日　期

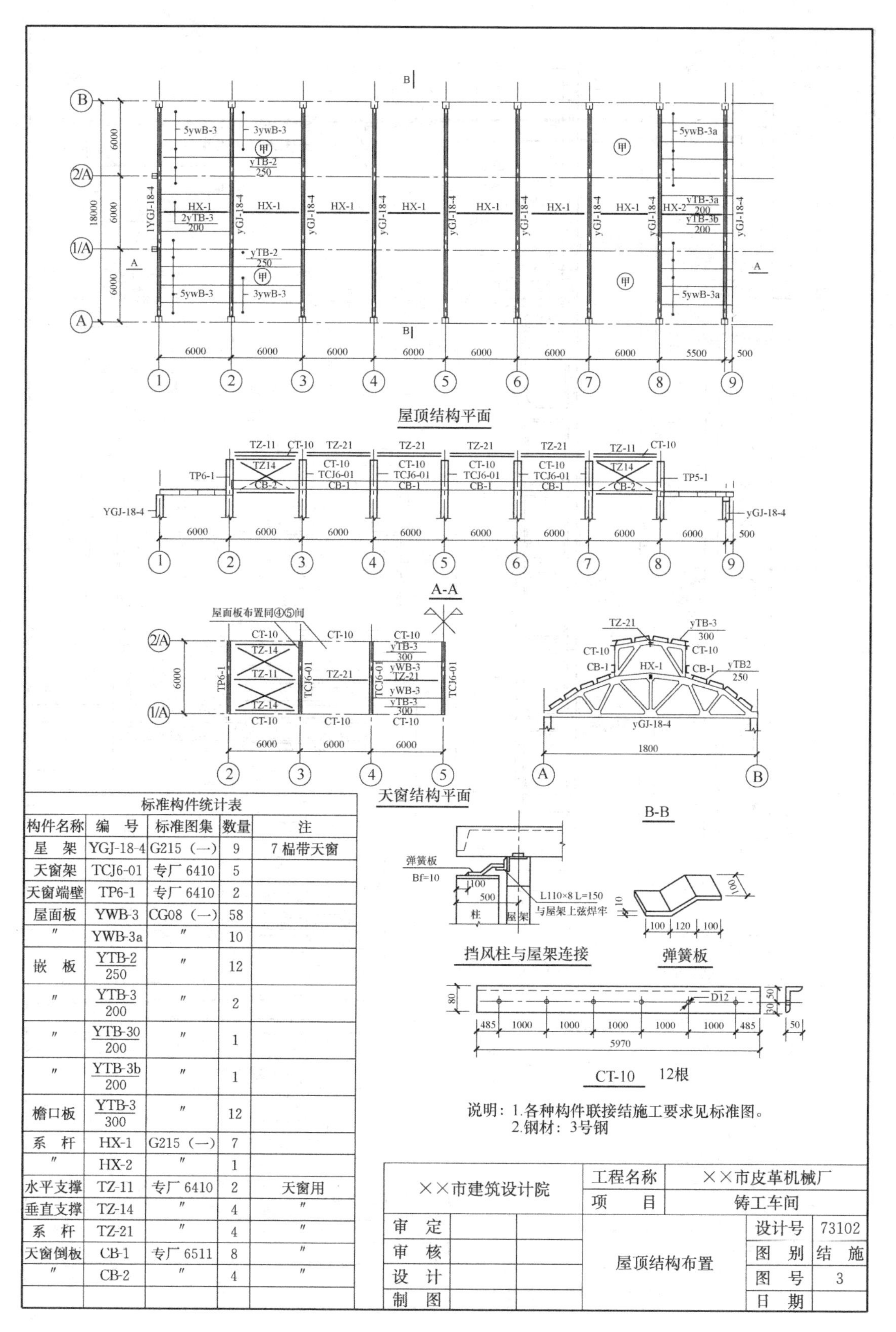

标准构件统计表

构件名称	编　号	标准图集	数量	注
星　架	YGJ-18-4	G215（一）	9	7榀带天窗
天窗架	TCJ6-01	专厂6410	5	
天窗端壁	TP6-1	专厂6410	2	
屋面板	YWB-3	CG08（一）	58	
〃	YWB-3a	〃	10	
嵌　板	YTB-2/250	〃	12	
〃	YTB-3/200	〃	2	
〃	YTB-30/200	〃	1	
〃	YTB-3b/200	〃	1	
檐口板	YTB-3/300	〃	12	
系　杆	HX-1	G215（一）	7	
〃	HX-2	〃	1	
水平支撑	TZ-11	专厂6410	2	天窗用
垂直支撑	TZ-14	〃	4	〃
系　杆	TZ-21	〃	4	〃
天窗侧板	CB-1	专厂6511	8	〃
〃	CB-2	〃	4	〃

说明：1.各种构件联接结施工要求见标准图。
2.钢材：3号钢

××市建筑设计院		工程名称	××市皮革机械厂	
		项　目	铸工车间	
审　定		屋顶结构布置	设计号	73102
审　核			图　别	结　施
设　计			图　号	3
制　图			日　期	

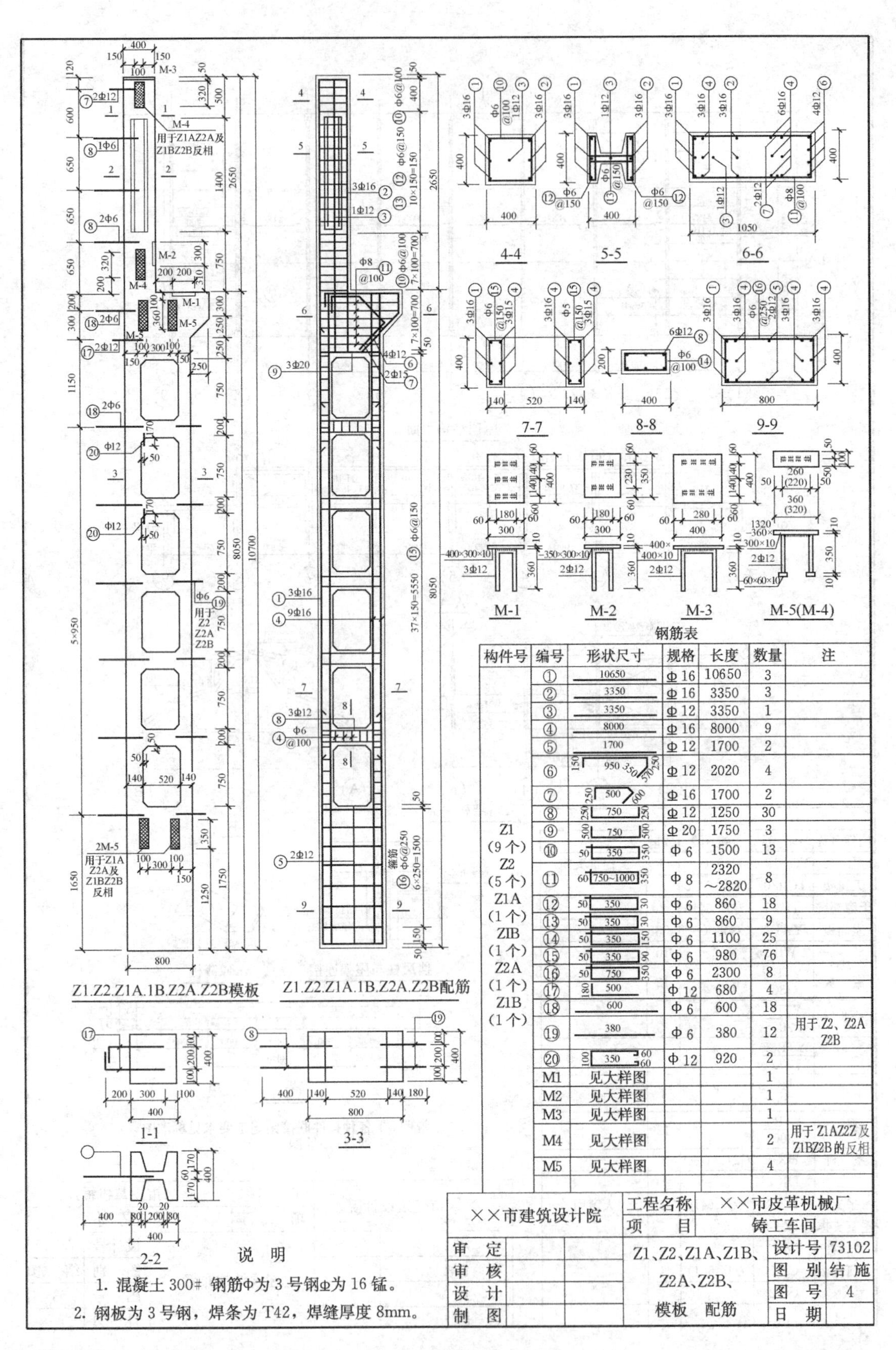

钢筋表

构件号	编号	形状尺寸	规格	长度	数量	注
Z1 (9个) Z2 (5个) Z1A (1个) ZIB (1个) Z2A (1个) Z1B (1个)	①	10650	Φ16	10650	3	
	②	3350	Φ16	3350	3	
	③	3350	Φ12	3350	1	
	④	8000	Φ16	8000	9	
	⑤	1700	Φ12	1700	2	
	⑥	150 950 350 570 250	Φ12	2020	4	
	⑦	250 500 600	Φ16	1700	2	
	⑧	250 750 250	Φ12	1250	30	
	⑨	500 750 500	Φ20	1750	3	
	⑩	50 350 350	Φ6	1500	13	
	⑪	60 750~1000 350	Φ8	2320 ~2820	8	
	⑫	50 350 30	Φ6	860	18	
	⑬	50 350 30	Φ6	860	9	
	⑭	50 350 150	Φ6	1100	25	
	⑮	50 350 90	Φ6	980	76	
	⑯	50 750 350	Φ6	2300	8	
	⑰	180 500	Φ12	680	4	
	⑱	600	Φ6	600	18	
	⑲	380	Φ6	380	12	用于Z2、Z2A Z2B
	⑳	100 350 60 60	Φ12	920	2	
	M1	见大样图			1	
	M2	见大样图			1	
	M3	见大样图			1	
	M4	见大样图			2	用于Z1AZ2Z及Z1BZ2B的反相
	M5	见大样图			4	

××市建筑设计院			工程名称	××市皮革机械厂	
			项　目	铸工车间	
审　定			Z1、Z2、Z1A、Z1B、Z2A、Z2B、模板　配筋	设计号	73102
审　核				图　别	结施
设　计				图　号	4
制　图				日　期	

说　明

1. 混凝土300# 钢筋Φ为3号钢Φ为16锰。
2. 钢板为3号钢，焊条为T42，焊缝厚度8mm。

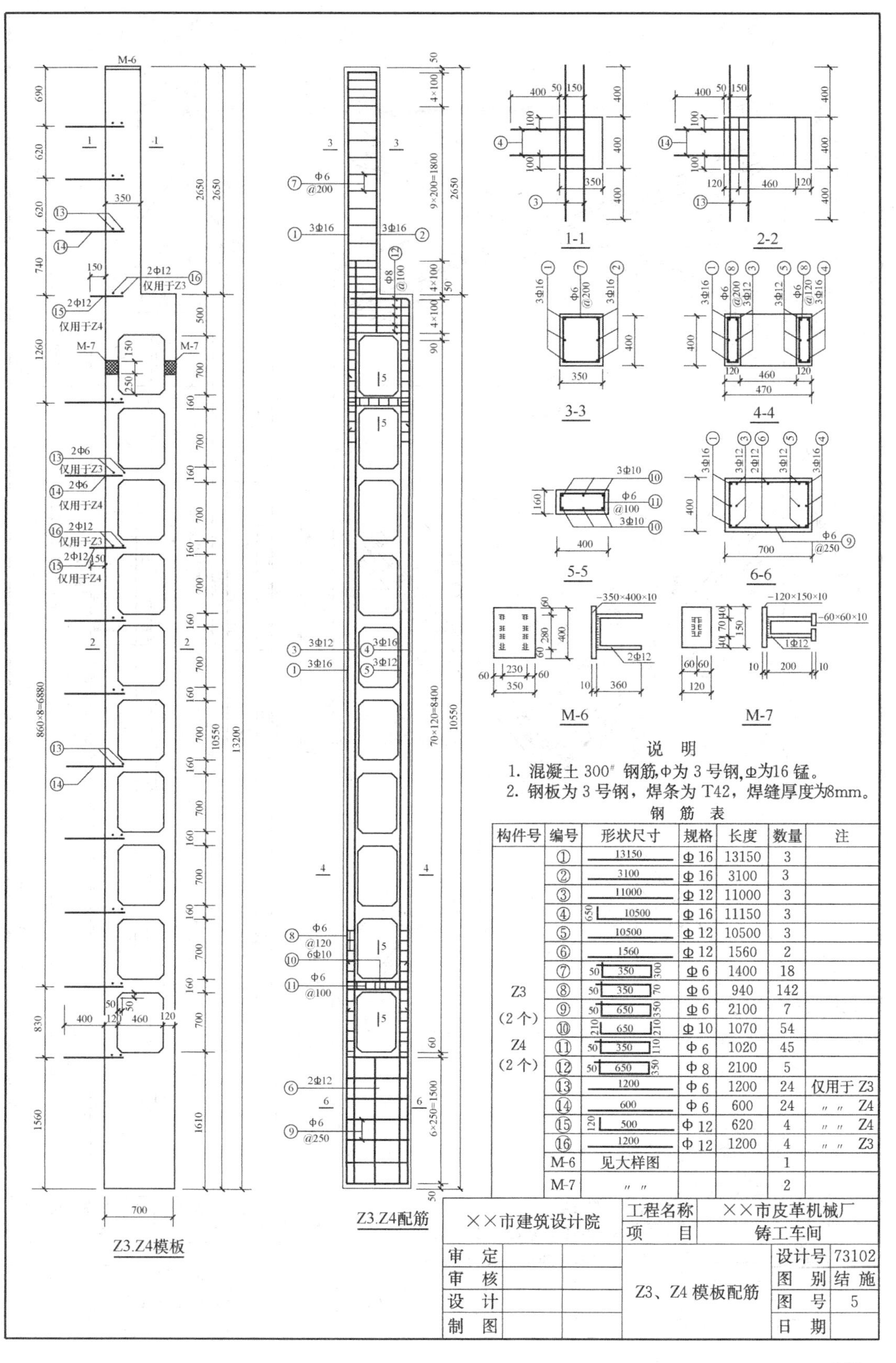

说　明

1. 混凝土 300# 钢筋,Φ为 3 号钢,Φ为16 锰。
2. 钢板为 3 号钢，焊条为 T42，焊缝厚度为8mm。

钢　筋　表

构件号	编号	形状尺寸	规格	长度	数量	注
Z3 (2个) Z4 (2个)	①	13150	Φ 16	13150	3	
	②	3100	Φ 16	3100	3	
	③	11000	Φ 12	11000	3	
	④	650 10500	Φ 16	11150	3	
	⑤	10500	Φ 12	10500	3	
	⑥	1560	Φ 12	1560	2	
	⑦	50 350 300	Φ 6	1400	18	
	⑧	50 350 70	Φ 6	940	142	
	⑨	50 650 350	Φ 6	2100	7	
	⑩	210 650 210	Φ 10	1070	54	
	⑪	50 350 110	Φ 6	1020	45	
	⑫	50 650 350	Φ 8	2100	5	
	⑬	1200	Φ 6	1200	24	仅用于 Z3
	⑭	600	Φ 6	600	24	〃 〃 Z4
	⑮	120 500	Φ 12	620	4	〃 〃 Z4
	⑯	1200	Φ 12	1200	4	〃 〃 Z3
	M-6	见大样图			1	
	M-7	〃 〃			2	

××市建筑设计院		工程名称	××市皮革机械厂
		项　目	铸工车间
审　定		Z3、Z4 模板配筋	设计号 73102
审　核			图　别 结　施
设　计			图　号 5
制　图			日　期

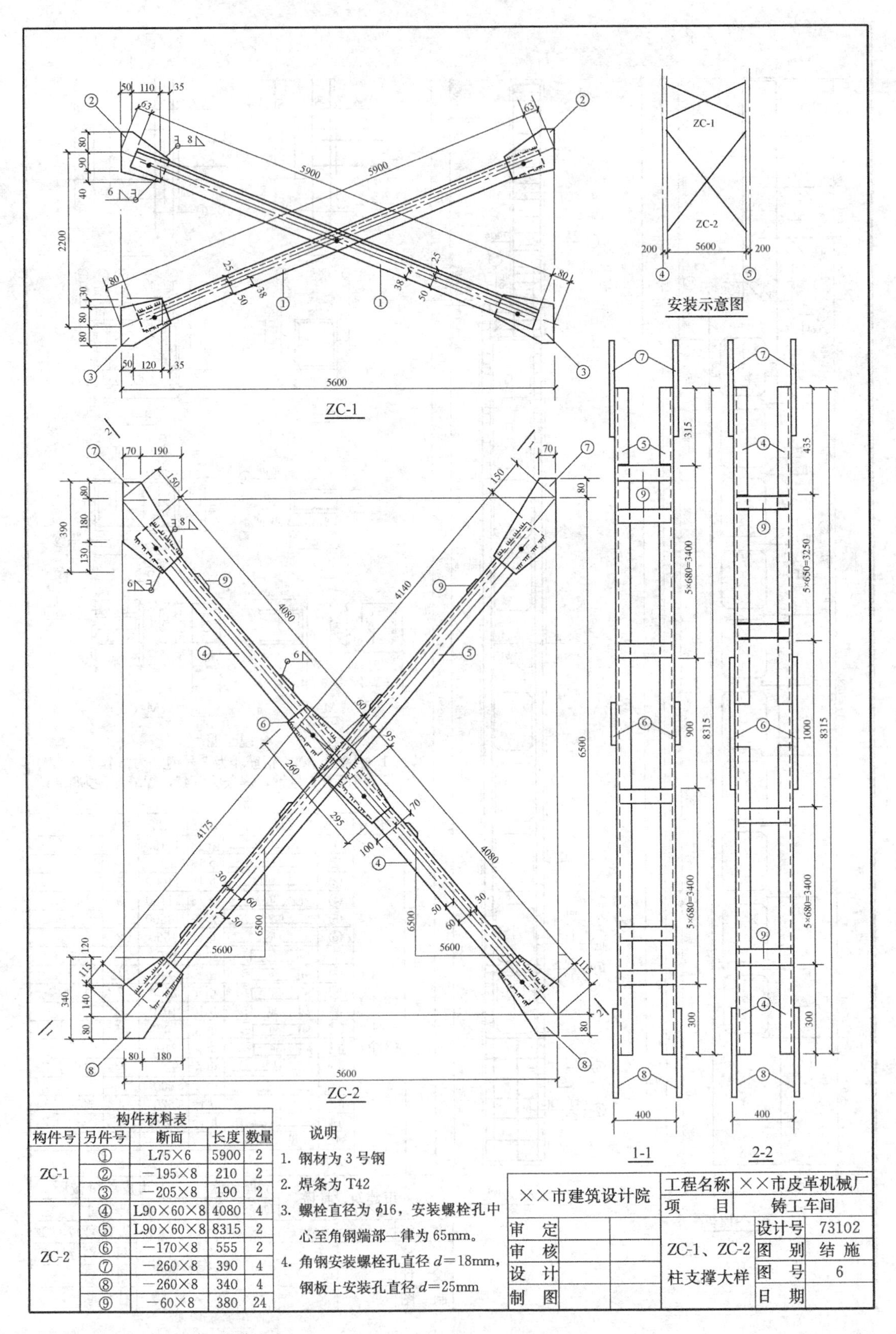

构件材料表				
构件号	另件号	断面	长度	数量
ZC-1	①	L75×6	5900	2
	②	—195×8	210	2
	③	—205×8	190	2
ZC-2	④	L90×60×8	4080	4
	⑤	L90×60×8	8315	2
	⑥	—170×8	555	2
	⑦	—260×8	390	4
	⑧	—260×8	340	4
	⑨	—60×8	380	24

说明

1. 钢材为3号钢
2. 焊条为T42
3. 螺栓直径为$\phi16$，安装螺栓孔中心至角钢端部一律为65mm。
4. 角钢安装螺栓孔直径$d=18$mm，钢板上安装孔直径$d=25$mm

××市建筑设计院		工程名称	××市皮革机械厂
		项　目	铸工车间
审　定		ZC-1、ZC-2 柱支撑大样	设计号 73102
审　核			图　别 结 施
设　计			图　号 6
制　图			日　期

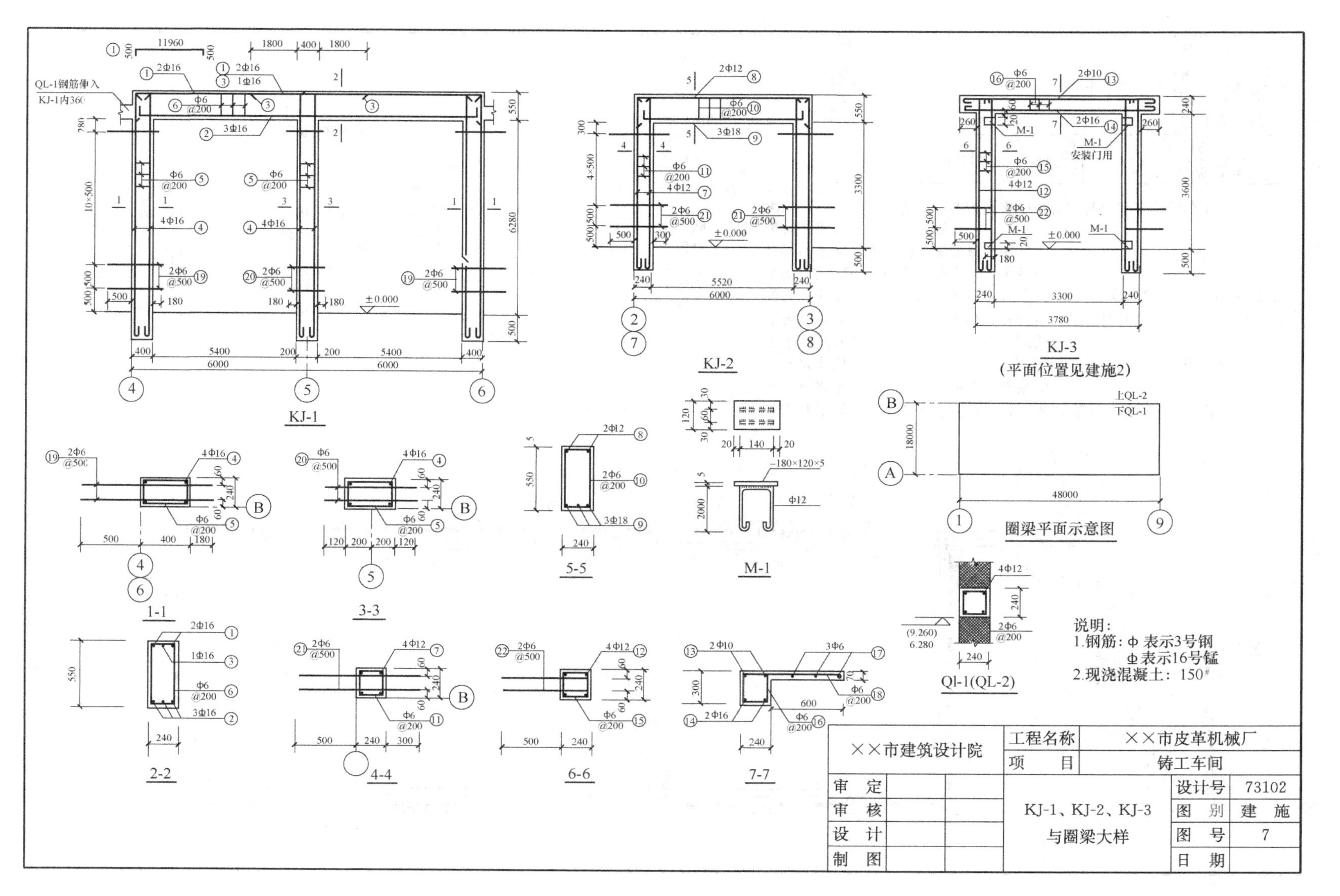

KJ-1
KJ-2
KJ-3
(平面位置见建施2)
QL-1钢筋伸入
KJ-1内360
安装门用
圈梁平面示意图
上QL-2
下QL-1
M-1
1-1
2-2
3-3
4-4
5-5
6-6
7-7
Ql-1(QL-2)
说明：
1.钢筋：Φ 表示3号钢
Φ 表示16号锰
2.现浇混凝土：150#
××市建筑设计院
工程名称 ××市皮革机械厂
项 目 铸工车间
审 定
审 核
设 计
制 图
KJ-1、KJ-2、KJ-3
与圈梁大样
设计号 73102
图 别 建 施
图 号 7
日 期

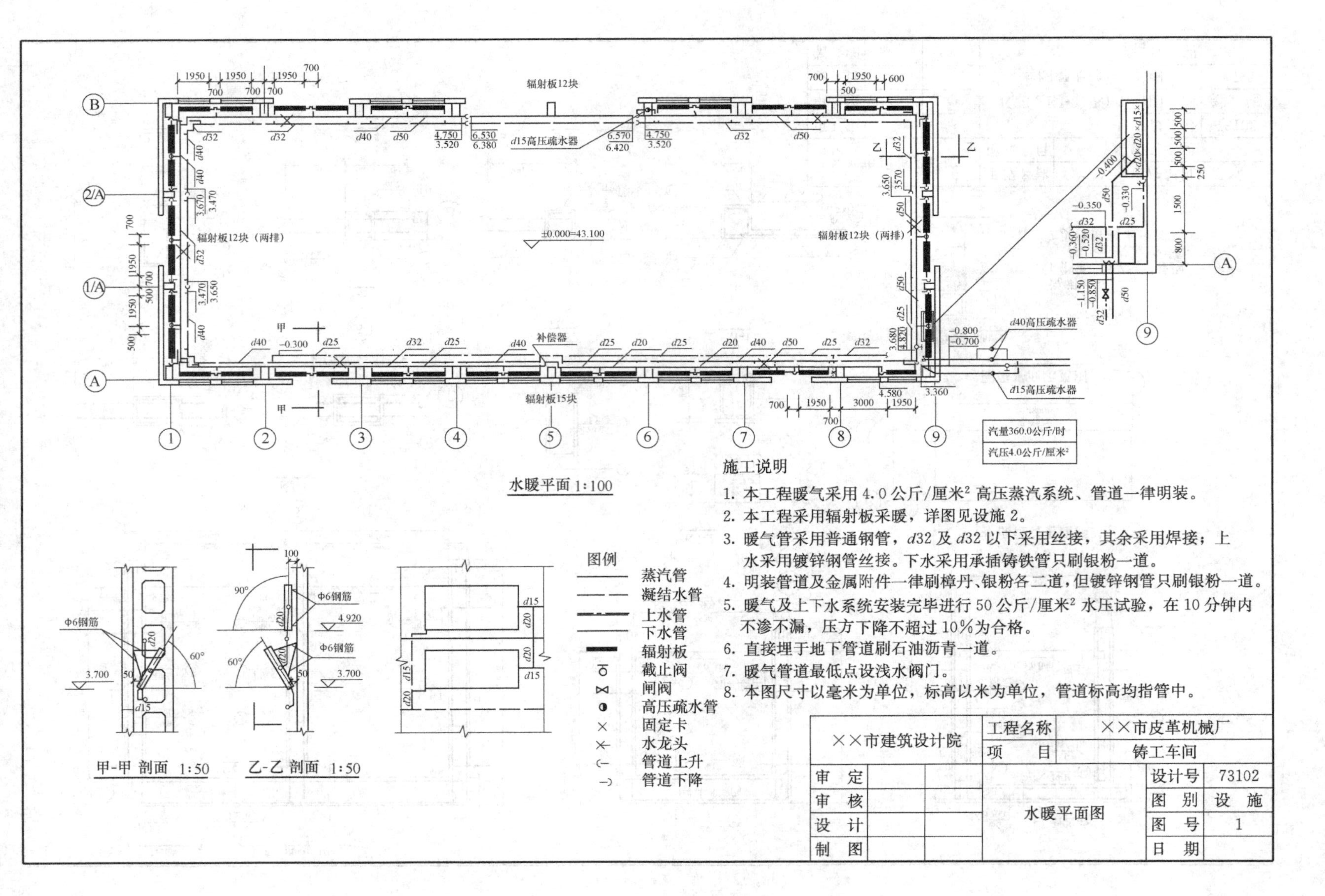
辐射板12块
辐射板12块（两排）
辐射板15块
d15高压疏水器
d40高压疏水器
补偿器
±0.000=43.100
汽量360.0公斤/时
汽压4.0公斤/厘米²
水暖平面 1:100
甲-甲 剖面 1:50
乙-乙 剖面 1:50
Φ6钢筋
图例
蒸汽管
凝结水管
上水管
下水管
辐射板
截止阀
闸阀
高压疏水管
固定卡
水龙头
管道上升
管道下降
施工说明
1. 本工程暖气采用 4.0 公斤/厘米² 高压蒸汽系统、管道一律明装。
2. 本工程采用辐射板采暖，详图见设施 2。
3. 暖气管采用普通钢管，d32 及 d32 以下采用丝接，其余采用焊接；上水采用镀锌钢管丝接。下水采用承插铸铁管只刷银粉一道。
4. 明装管道及金属附件一律刷樟丹、银粉各二道，但镀锌钢管只刷银粉一道。
5. 暖气及上下水系统安装完毕进行 50 公斤/厘米² 水压试验，在 10 分钟内不渗不漏，压方下降不超过 10% 为合格。
6. 直接埋于地下管道刷石油沥青一道。
7. 暖气管道最低点设泼水阀门。
8. 本图尺寸以毫米为单位，标高以米为单位，管道标高均指管中。
××市建筑设计院
工程名称
××市皮革机械厂
项 目
铸工车间
审 定
审 核
设 计
制 图
水暖平面图
设计号 73102
图 别 设 施
图 号 1
日 期

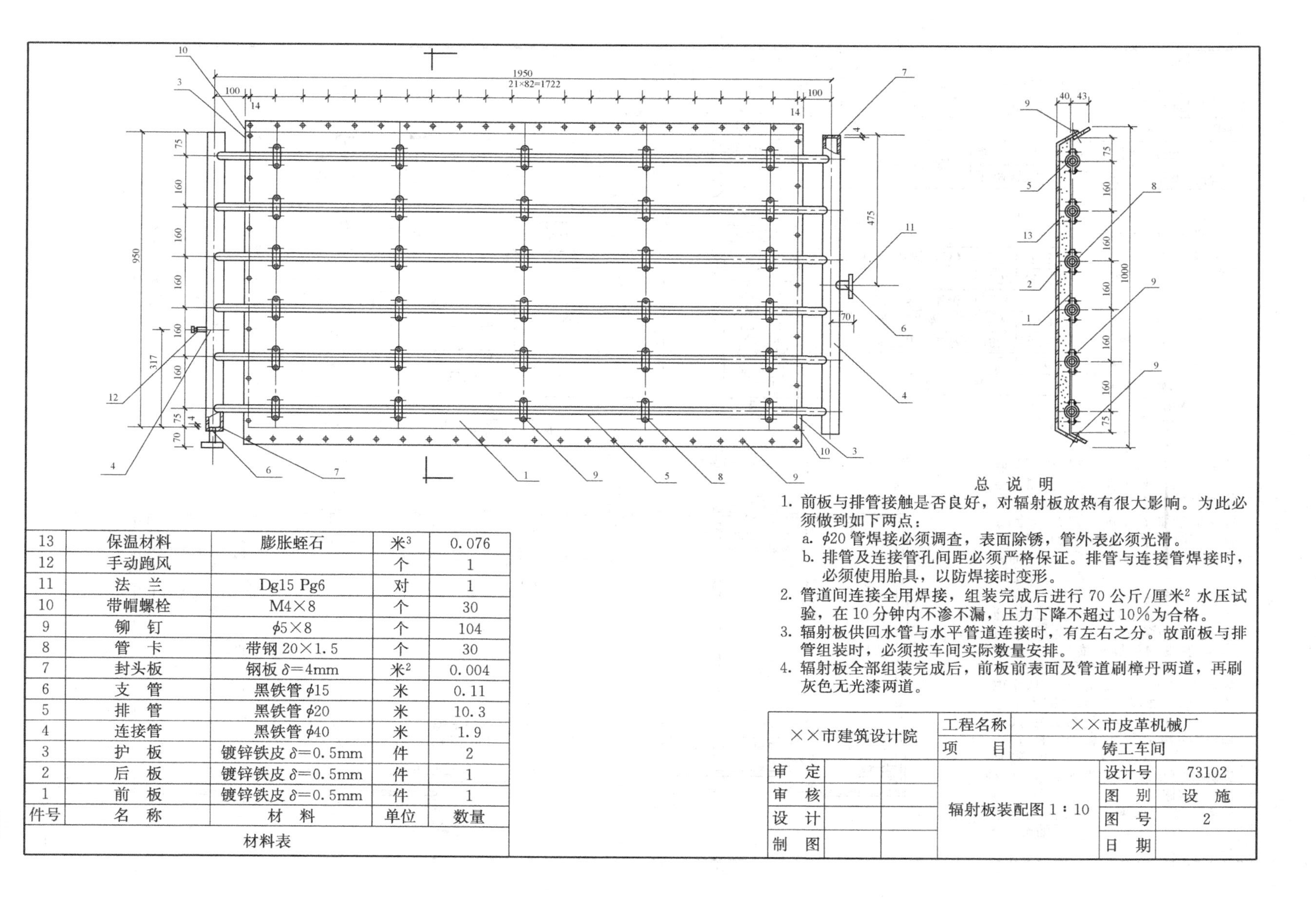

件号	名称	材料	单位	数量
13	保温材料	膨胀蛭石	米³	0.076
12	手动跑风		个	1
11	法兰	Dg15 Pg6	对	1
10	带帽螺栓	M4×8	个	30
9	铆钉	ϕ5×8	个	104
8	管卡	带钢 20×1.5	个	30
7	封头板	钢板 δ=4mm	米²	0.004
6	支管	黑铁管 ϕ15	米	0.11
5	排管	黑铁管 ϕ20	米	10.3
4	连接管	黑铁管 ϕ40	米	1.9
3	护板	镀锌铁皮 δ=0.5mm	件	2
2	后板	镀锌铁皮 δ=0.5mm	件	1
1	前板	镀锌铁皮 δ=0.5mm	件	1

材料表

总说明

1. 前板与排管接触是否良好，对辐射板放热有很大影响。为此必须做到如下两点：
   a. ϕ20 管焊接必须调查，表面除锈，管外表必须光滑。
   b. 排管及连接管孔间距必须严格保证。排管与连接管焊接时，必须使用胎具，以防焊接时变形。
2. 管道间连接全用焊接，组装完成后进行 70 公斤/厘米² 水压试验，在 10 分钟内不渗不漏，压力下降不超过 10% 为合格。
3. 辐射板供回水管与水平管道连接时，有左右之分。故前板与排管组装时，必须按车间实际数量安排。
4. 辐射板全部组装完成后，前板前表面及管道刷樟丹两道，再刷灰色无光漆两道。

××市建筑设计院		工程名称	××市皮革机械厂	
		项目	铸工车间	
审定		辐射板装配图 1：10	设计号	73102
审核			图别	设施
设计			图号	2
制图			日期	

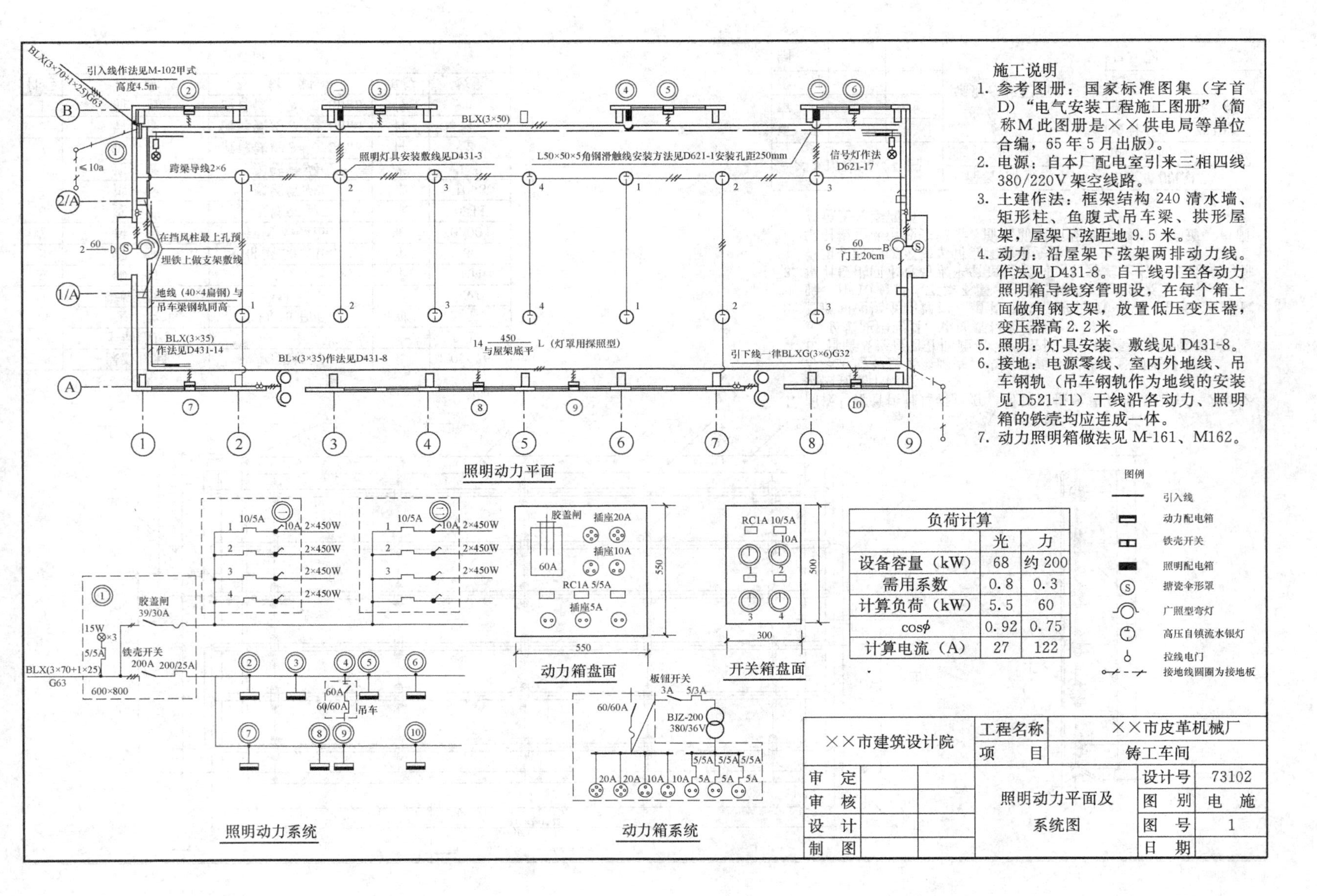

施工说明
1. 参考图册：国家标准图集（字首D）“电气安装工程施工图册”（简称M此图册是××供电局等单位合编，65年5月出版）。
2. 电源：自本厂配电室引来三相四线380/220V架空线路。
3. 土建作法：框架结构240清水墙、矩形柱、鱼腹式吊车梁、拱形屋架，屋架下弦距地9.5米。
4. 动力：沿屋架下弦架两排动力线。作法见D431-8。自干线引至各动力照明箱导线穿管明设，在每个箱上面做角钢支架，放置低压变压器，变压器高2.2米。
5. 照明：灯具安装、敷线见D431-8。
6. 接地：电源零线、室内外地线、吊车钢轨（吊车钢轨作为地线的安装见D521-11）干线沿各动力、照明箱的铁壳均应连成一体。
7. 动力照明箱做法见M-161、M162。
图例
引入线
动力配电箱
铁壳开关
照明配电箱
搪瓷伞形罩
广照型弯灯
高压自镇流水银灯
拉线电门
接地线圆圈为接地板
负荷计算
光 力
设备容量（kW） 68 约200
需用系数 0.8 0.3
计算负荷（kW） 5.5 60
cosϕ 0.92 0.75
计算电流（A） 27 122
BLX(3×70+1×25)G63
引入线作法见M-102甲式
高度4.5m
BLX(3×50)
照明灯具安装敷线见D431-3
L50×50×5角钢滑触线安装方法见D621-1安装孔距250mm
信号灯作法 D621-17
跨梁导线2×6
≤10a
在挡风柱最上孔预埋铁上做支架敷线
地线（40×4扁钢）与吊车梁钢轨同高
BLX(3×35) 作法见D431-14
BL×(3×35)作法见D431-8
14 450/与屋架底平 L（灯罩用探照型）
引下线一律BLXG(3×6)G32
6 60/门上20cm
照明动力平面
胶盖闸 39/30A
15W ×3
5/5A
铁壳开关 200A 200/25A
600×800
10/5A 10A 2×450W
60A 60/60A 吊车
照明动力系统
胶盖闸 插座20A 插座10A 60A RC1A 5/5A 插座5A
550
动力箱盘面
RC1A 10/5A 10A
500 300
开关箱盘面
板钮开关 3A 5/3A
60/60A
BJZ-200 380/36V
20A 20A 10A 10A 5A 5A 5A 5/5A
动力箱系统
××市建筑设计院
工程名称 ××市皮革机械厂
项目 铸工车间
审定 审核 设计 制图
照明动力平面及系统图
设计号 73102
图别 电施
图号 1
日期

附录　常用图例及符号

(1) 总图图例

图　　例	名　　称	图　　例	名　　称
1	新设计的建筑物（小于1：2000时不画入口）		地表排水方向
	原有的建筑物	6 40.00 或 6 40.00	排水明沟
	计划扩建的预留地或建筑物		雨水井
	地下建筑物或构筑物	154.200 1	室内地坪标高
	露天堆场	143.00	室外整平标高
	敞棚及敞廊		设计的填挖边坡
	露天桥式吊车		护坡
	龙门吊车	6 101.00 R=9 150.00	新设计的道路 R表示道路转弯半径，“+150.000”表示路面中心标高 “6”表示6%或6‰，为纵坡度 “101.00”表示变坡点间距离，箭头表示下坡方向
	储罐或水塔		
	烟囱		
	砖石、混凝土及金属材料围墙		原有的道路
	铁丝网围墙		计划的道路

续表

图　　例	名　　称	图　　例	名　　称
	新设计的标准轨距铁路		铺砌场地
	人行道		涵洞、涵管
X=105.00 Y=425.00	测量坐标	北	指北针（圆圈直径一般以 25 毫米为宜，指北针下端的宽度约为圆圈直径的 1/8）
A=131.51 B=278.25	建筑坐标		
	公路桥	北	风向频率玫瑰图
	铁路桥		

（2）建筑图例

图　　例	名　　称	图　　例	名　　称
	素土夯实、各种土壤		混凝土
	砂、灰土及粉刷材料		钢筋混凝土
	砂砾石及碎砖三合土		加气混凝土
	水		加气钢筋混凝土
	方整石、条石（左图为立面，右图为剖面，下同）		金属网
	普通砖、硬质砖（在比例小于或等于 1：50 的平剖面图中，可在底图背面涂红表示）		金属
	毛石		木材
	非承重的空心砖		胶合板
	瓷砖或类似材料		矿渣、炉渣及焦渣

续表

图例	名称	图例	名称
	多孔材料或耐火砖		单扇推拉门
	玻璃		双扇推拉门
	纤维材料或人造板		单扇双面弹簧门
	防水材料或防潮层		双扇双面弹簧门
宽×高 底2.50 或 直径 中2.50	墙上预留洞		空门洞
宽×高×深 底2.50	墙上预留槽		高窗
	地面检查孔（左） 顶棚检查孔（右）		单层固定窗
	通风道		
	烟道		单层外开平开窗
	孔洞		
槽底标高	坑槽		
	入口单坡道		单层外开上悬窗
	入口三坡道		
	单扇门		单层中悬窗
	双扇门		
	对开折门		

续表

图　例	名　称	图　例	名　称
	单层内开下悬窗	Q=……t L_k=……m	悬臂式吊车
	单层垂直旋转窗		吊车轨道
		Q=……t	单轨吊车
Q=……t L_k=……m	电动桥式吊车		封闭式电梯
			淋浴间

（3）结构图代号

代　号	名　称	代　号	名　称
@	相等中心距离的代号	d	直径、角钢翼缘的厚度
ϕ	圆的代号	δ	扁钢、钢板的厚度
L 及 l	长度的代号	s	中心距离的数值代号
N	工字钢、槽钢的型号	M	预埋件的代号
D	圆木、钢管的直径	"+"	孔、螺栓、铆钉、钉子的定位标志

（4）结构图例

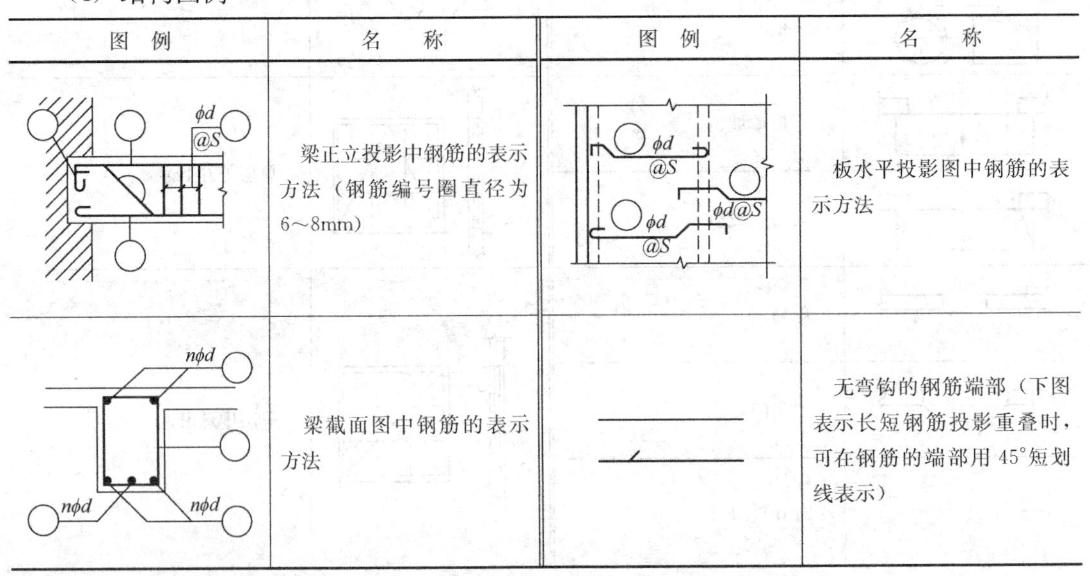

图　例	名　称	图　例	名　称
ϕd @S	梁正立投影中钢筋的表示方法（钢筋编号圈直径为6～8mm）	ϕd @S ϕd@S ϕd @S	板水平投影图中钢筋的表示方法
$n\phi d$ $n\phi d$ $n\phi d$	梁截面图中钢筋的表示方法		无弯钩的钢筋端部（下图表示长短钢筋投影重叠时，可在钢筋的端部用45°短划线表示）

续表

图　例	名　　称	图　例	名　　称
	带半圆形弯钩的钢筋端部	$-b\times\delta$，δ，b	扁钢及钢板标注方法
	带直钩的钢筋端部		
	带丝扣的钢筋端部	ϕd，d	圆钢标注方法
	无弯钩的钢筋搭接		
	带半圆弯钩的钢筋搭接	$\phi D\times t$，t，D	钢筋标注方法
	带直钩的钢筋搭接		
$\llcorner b\times d$，b，d	等边角钢标注方法		永久螺栓
$\llcorner B\times b\times d$，$B$，$b$，$d$	不等边角钢标注方法		高强螺栓
IN，N	工字钢标注方法		安装螺栓
[N，N	槽钢标注方法		螺栓、铆钉的圆孔
□a，a	方钢标注方法	b，d	椭圆形螺栓孔

习 题 答 案

习题一（答案）

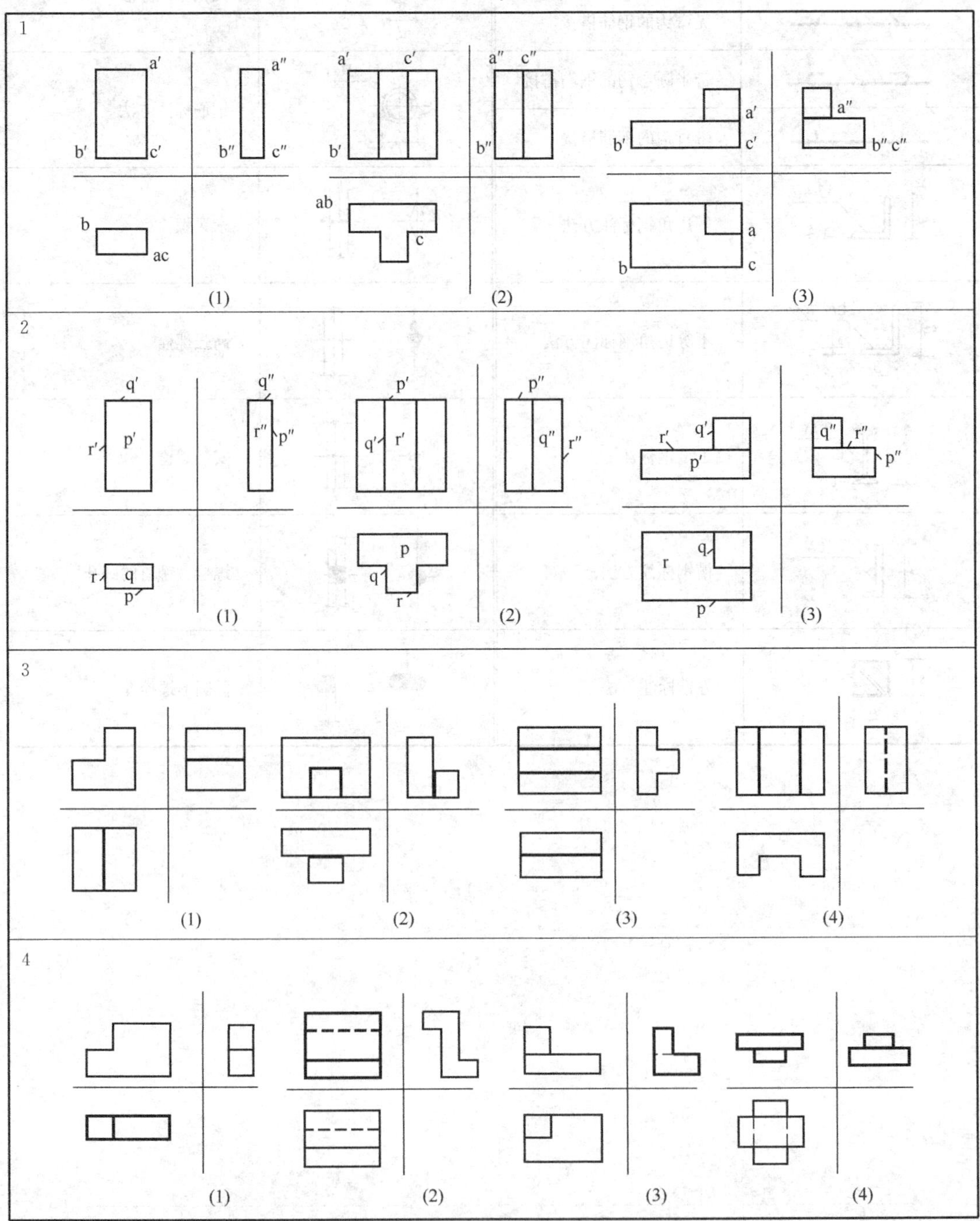

1
a′
b′
c′
a″
b″
c″
b
ac
(1)
a′
c′
b′
a″
c″
b″
ab
c
(2)
a′
b′
c′
a″
b″ c″
a
b
c
(3)
2
q′
p′
r′
q″
r″
p″
r
q
p
(1)
p′
q′
r′
p″
q″
r″
p
q
r
(2)
r′
q′
p′
q″
r″
p″
q
r
p
(3)
3
(1)
(2)
(3)
(4)
4
(1)
(2)
(3)
(4)

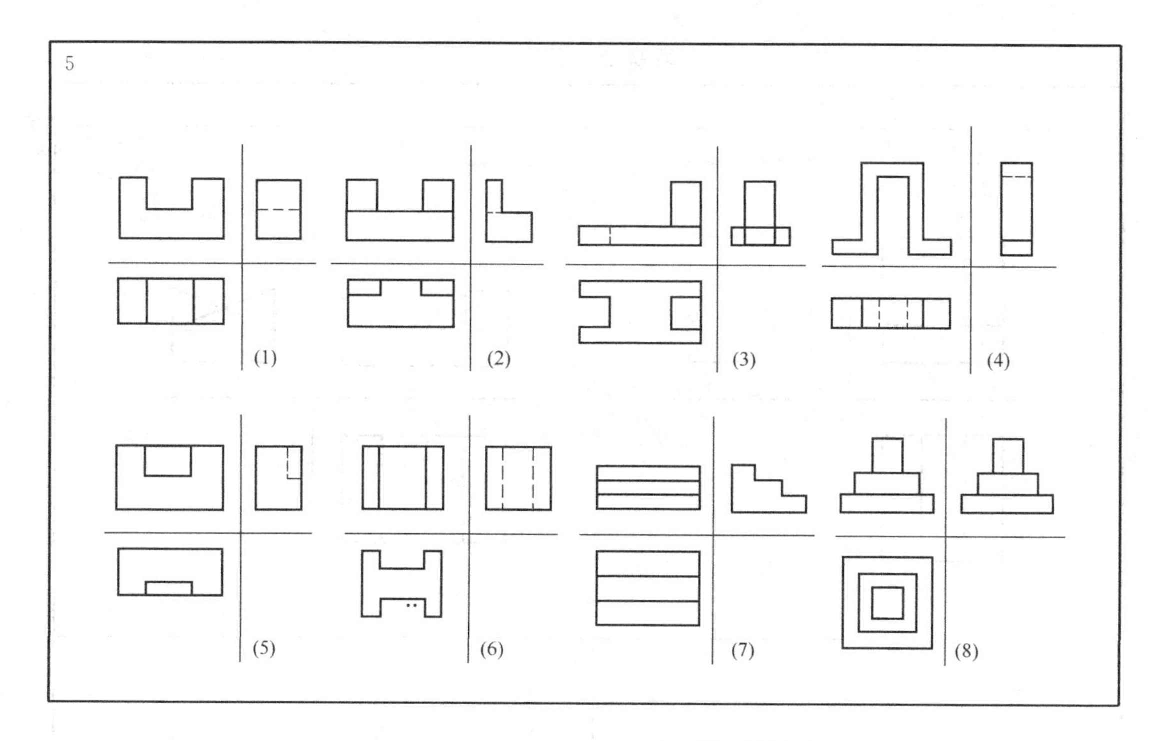

习题二（答案）

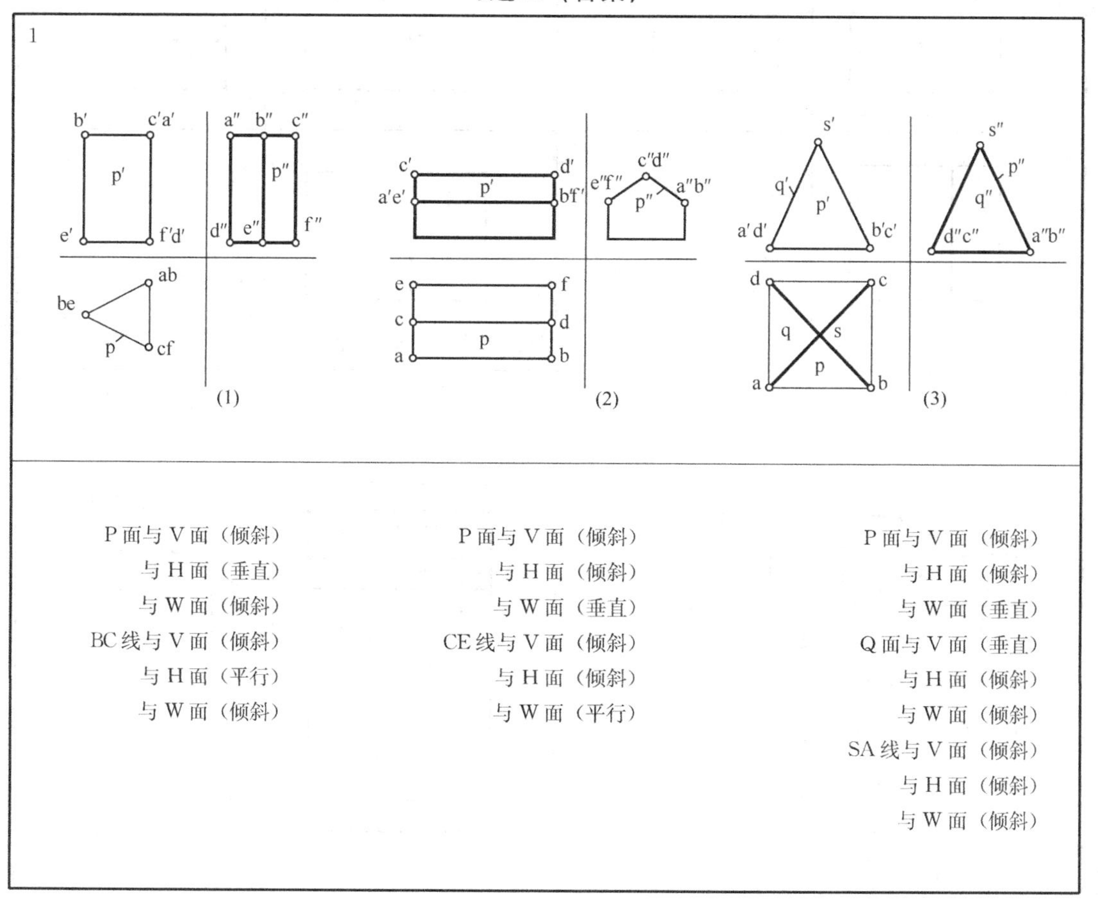

P面与V面（倾斜）
与H面（垂直）
与W面（倾斜）
BC线与V面（倾斜）
与H面（平行）
与W面（倾斜）

P面与V面（倾斜）
与H面（倾斜）
与W面（垂直）
CE线与V面（倾斜）
与H面（倾斜）
与W面（平行）

P面与V面（倾斜）
与H面（倾斜）
与W面（垂直）
Q面与V面（垂直）
与H面（倾斜）
与W面（倾斜）
SA线与V面（倾斜）
与H面（倾斜）
与W面（倾斜）

习题二（答案）

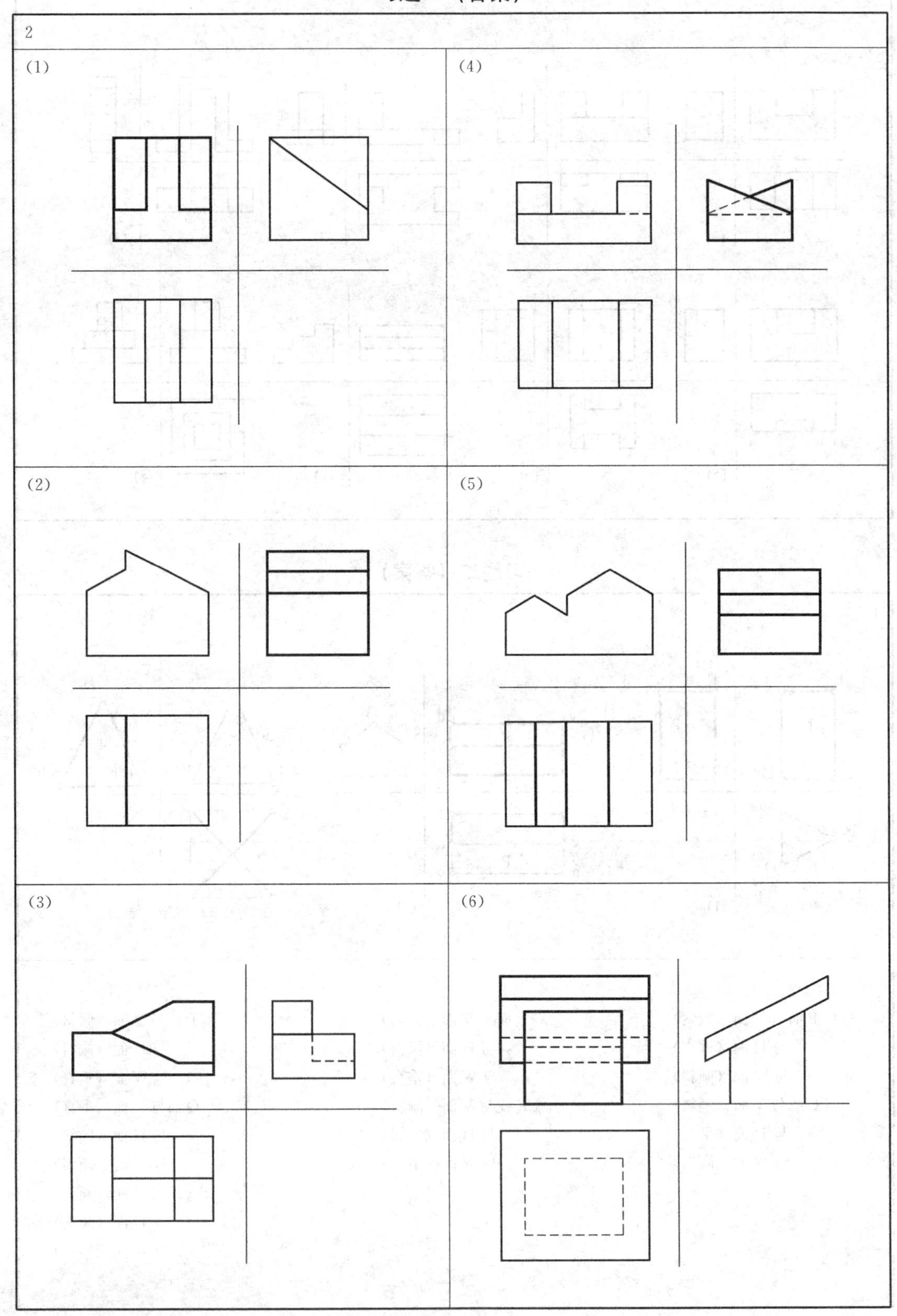

3
(1)
(2)
(3)
(4)
(5)
(6)
4
(1)
(2)
(3)
(4)
(5)
(6)

习题三（答案）

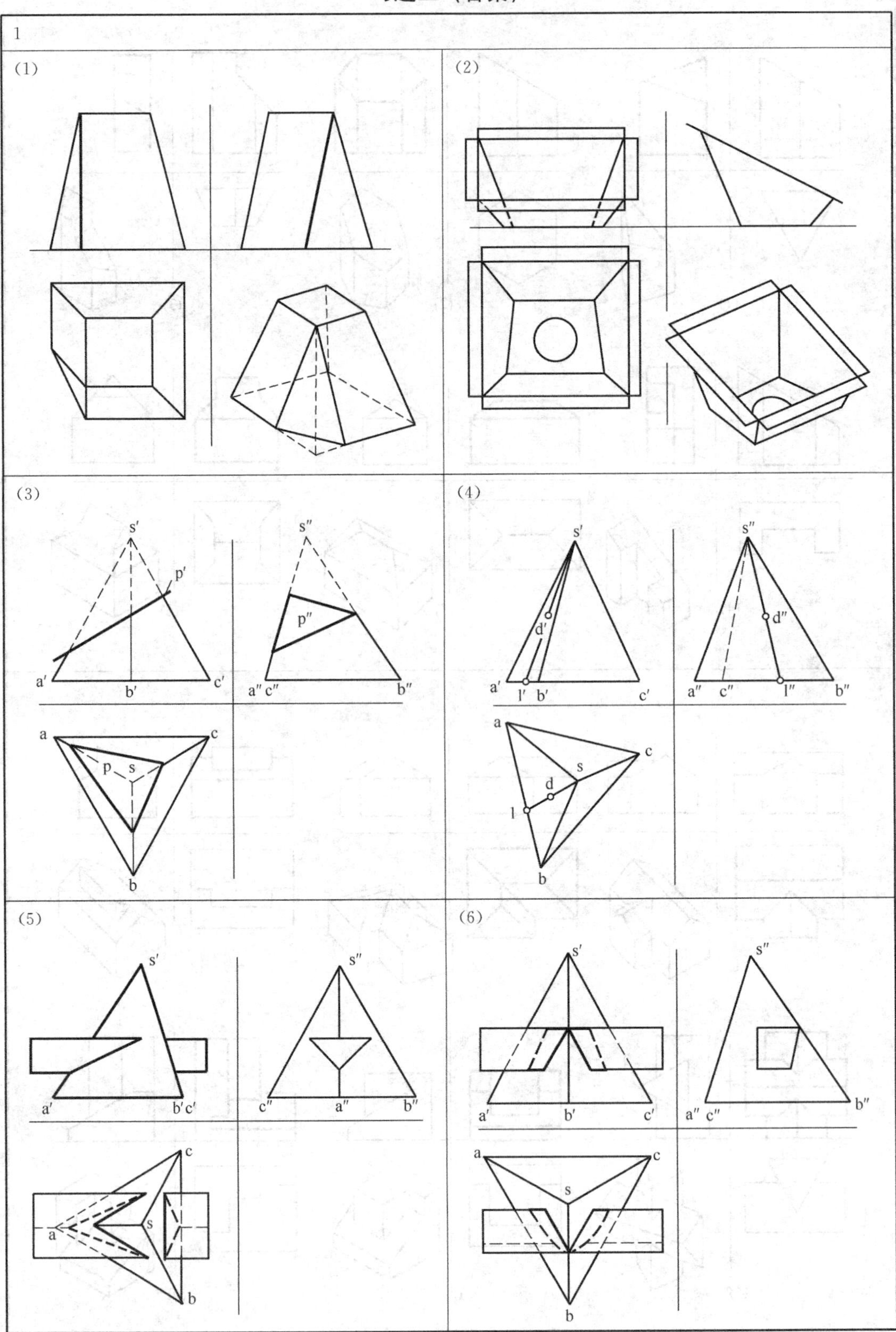

1
(1)
(2)
(3)
s′
p′
a′
b′
c′
s″
p″
a″ c″
b″
a
c
p
s
b
(4)
s′
d′
a′
l′
b′
c′
s″
d″
a″
c″
l″
b″
a
c
s
d
l
b
(5)
s′
a′
b′c′
s″
c″
a″
b″
c
a
s
b
(6)
s′
a′
b′
c′
s″
a″ c″
b″
a
c
s
b

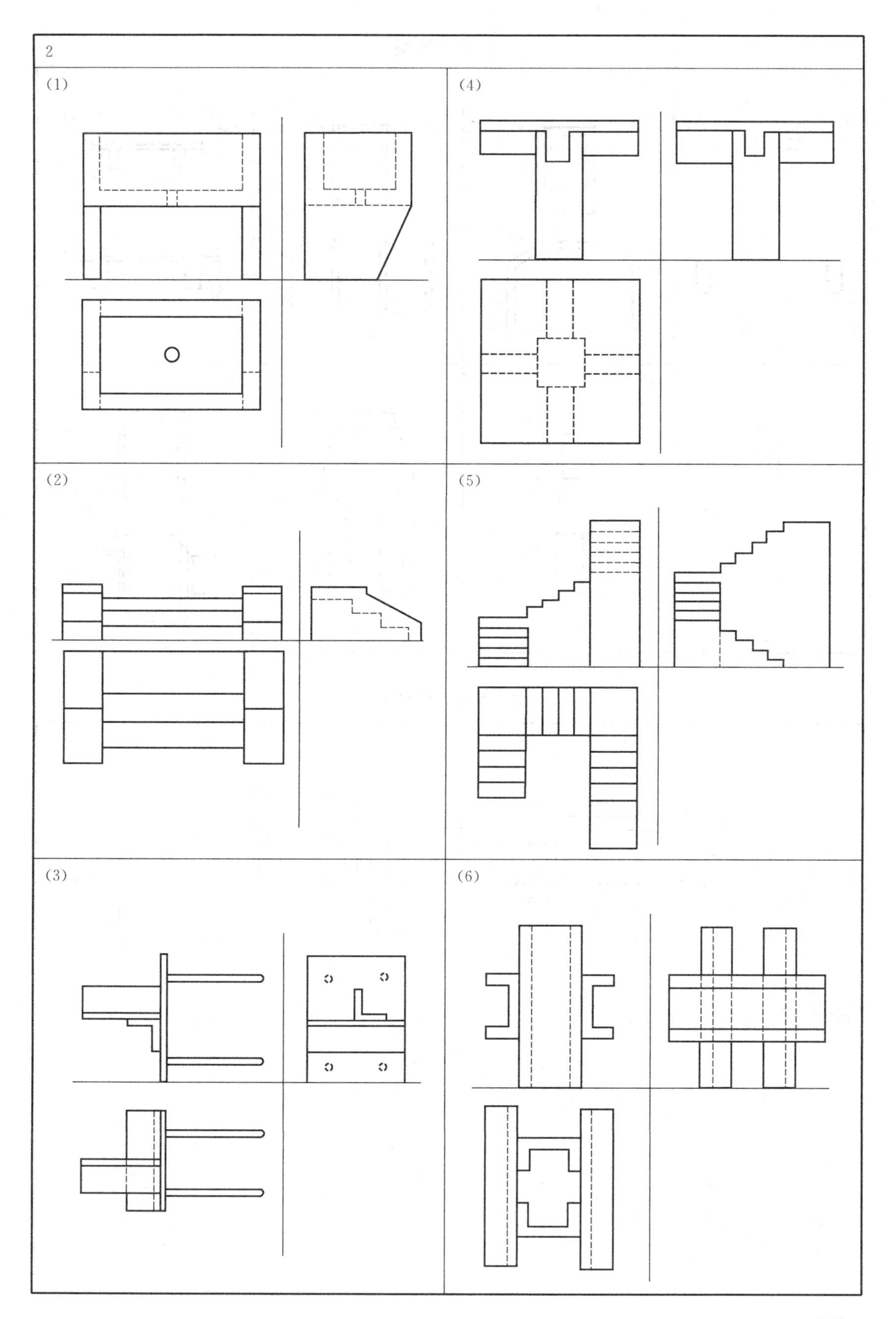
2
(1)
(4)
(2)
(5)
(3)
(6)

习题四（答案）

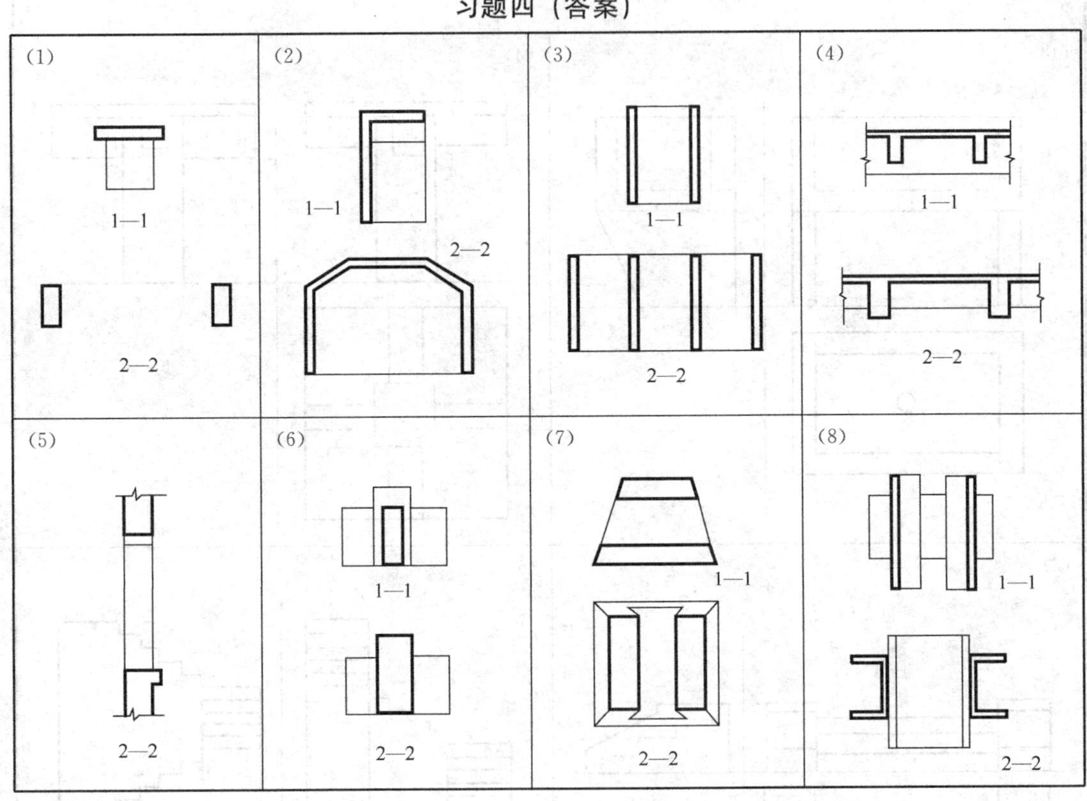

习题五（答案）

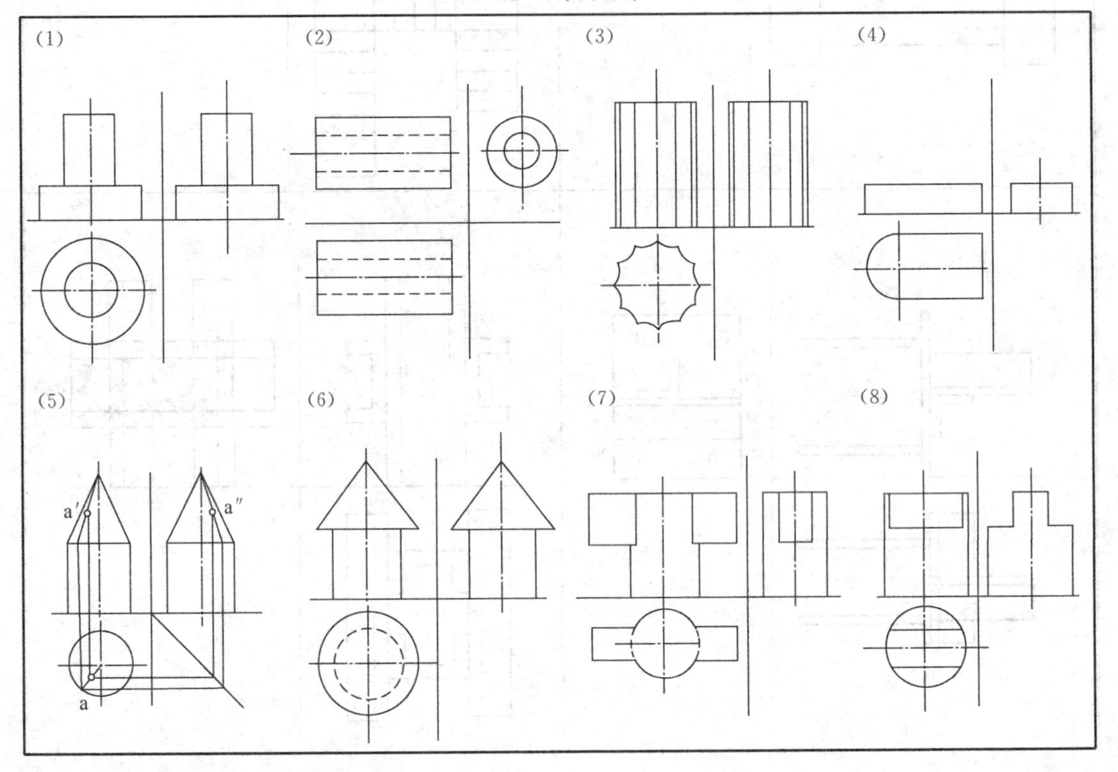

习题六（答案）

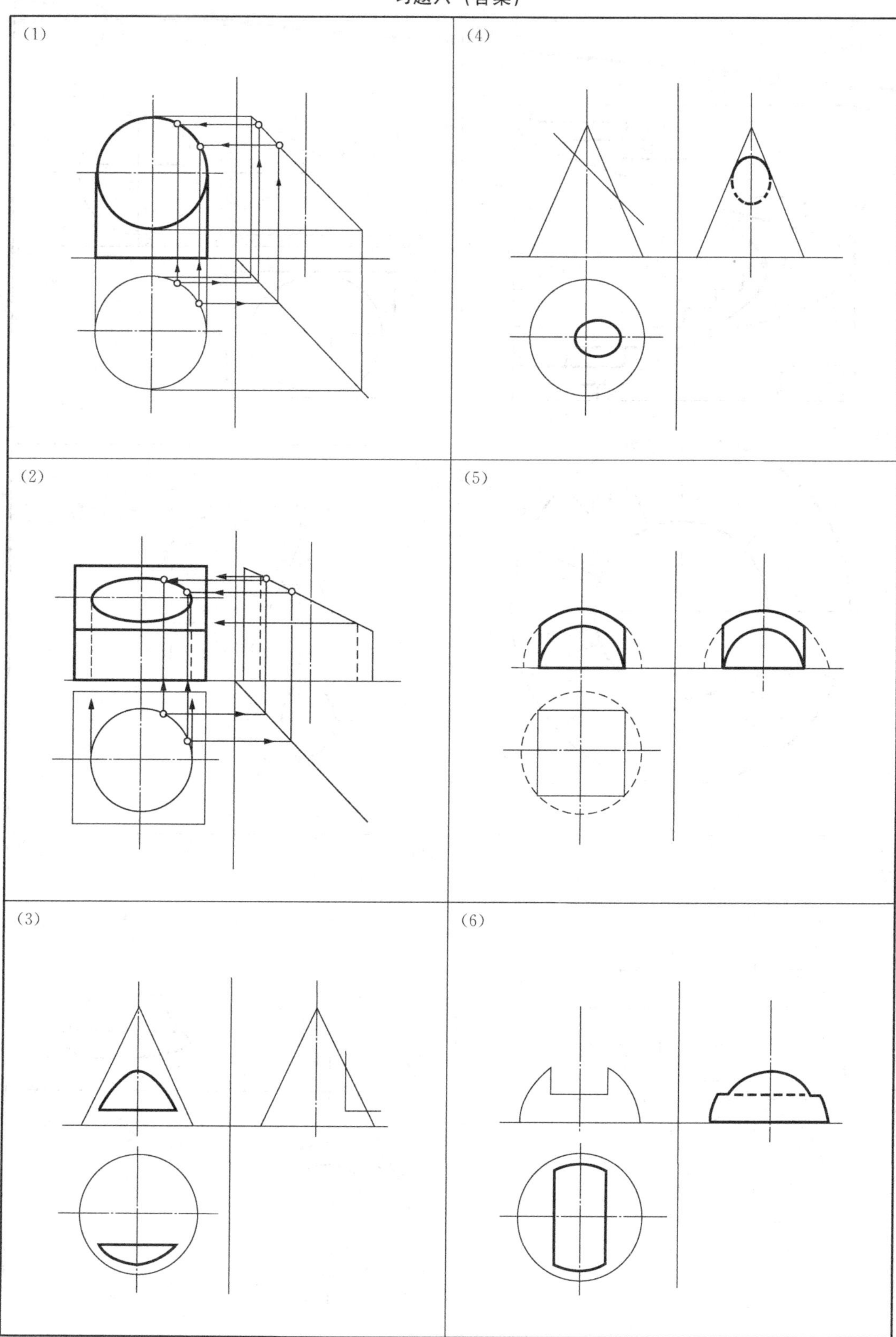

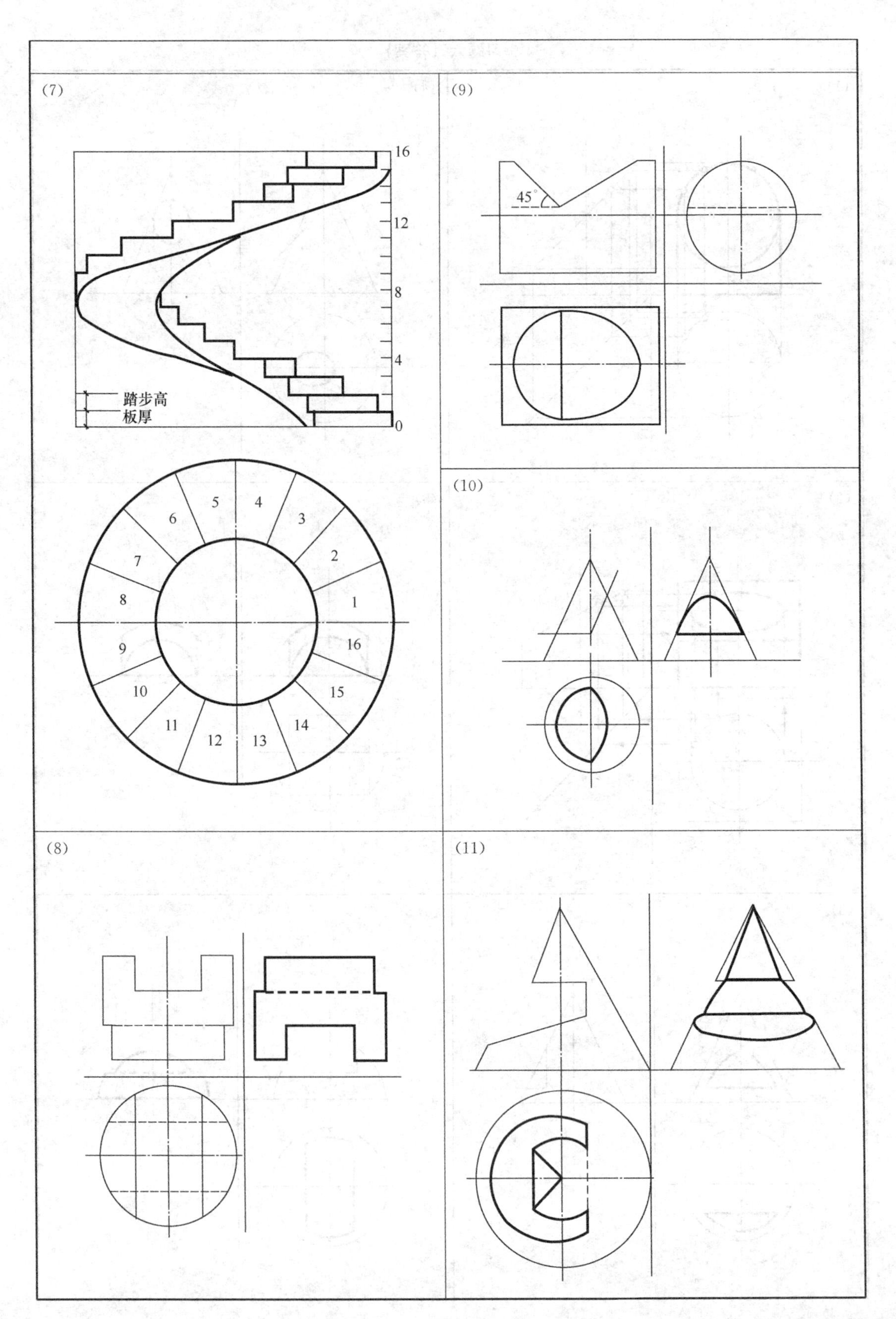
(7)
16
12
8
4
0
踏步高
板厚
1
2
3
4
5
6
7
8
9
10
11
12
13
14
15
16
(9)
45°
(10)
(8)
(11)

习题七（答案）

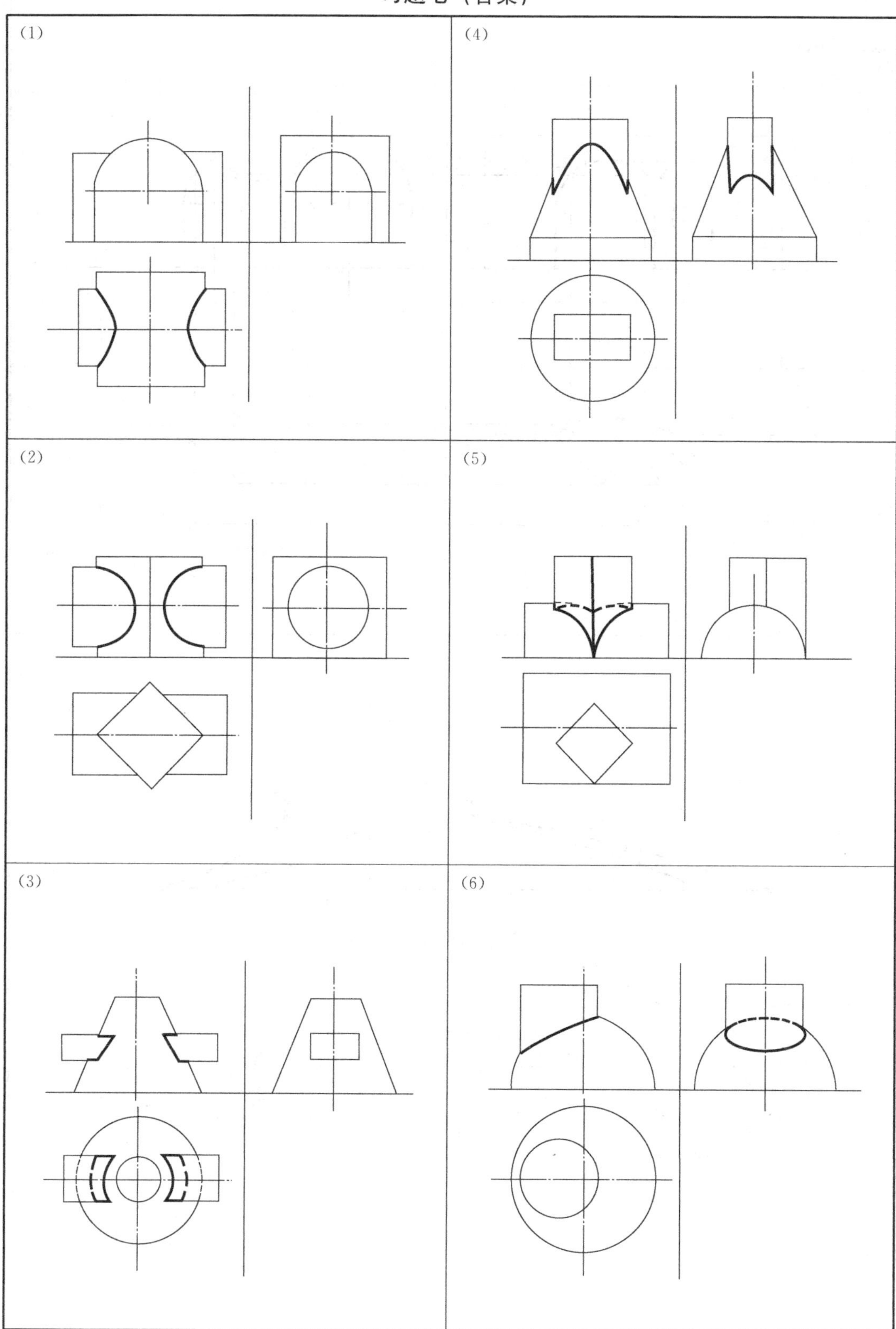

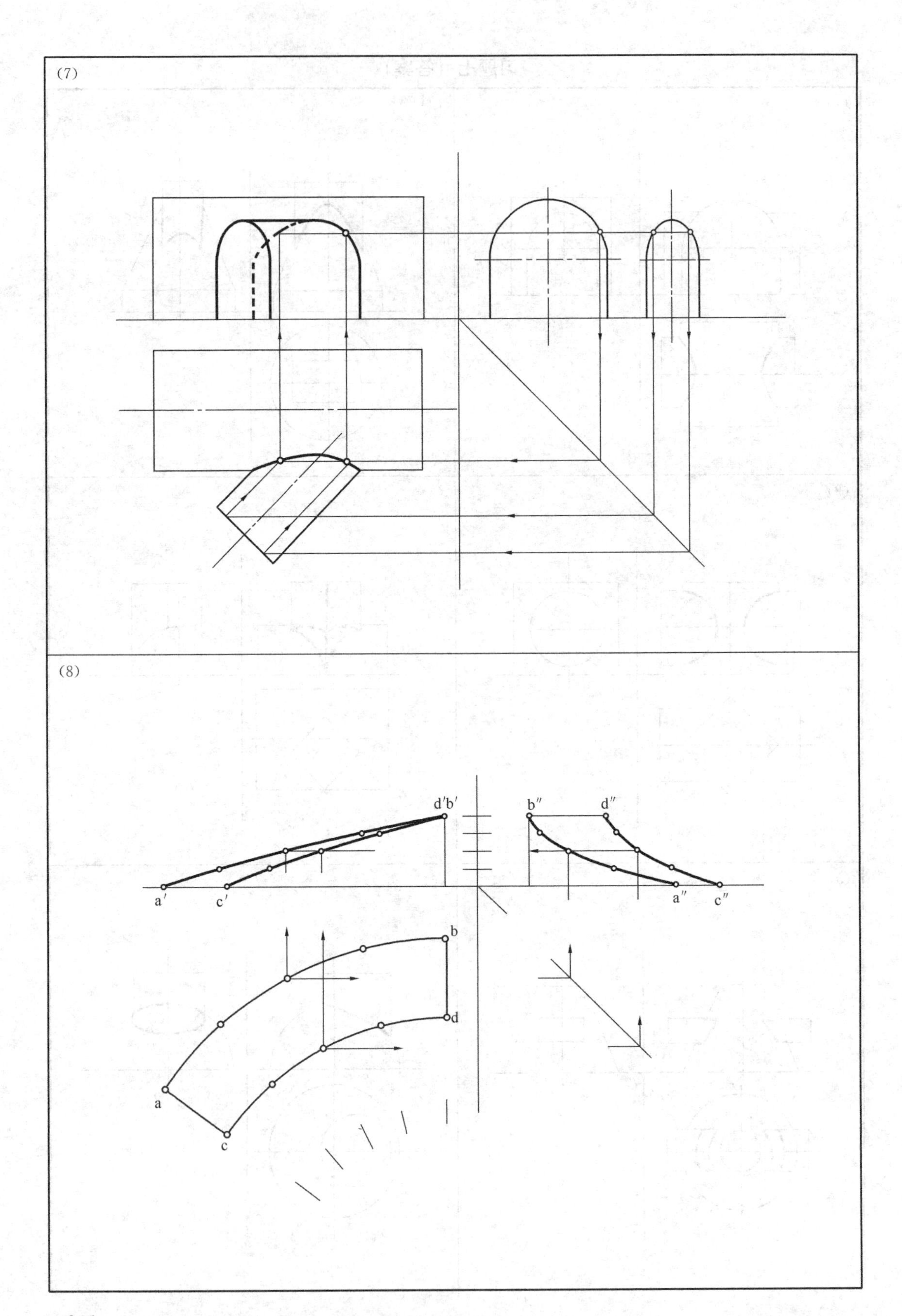
(7)
(8)
d′b′
b″
d″
a′
c′
a″
c″
b
d
a
c

习题八（答案）

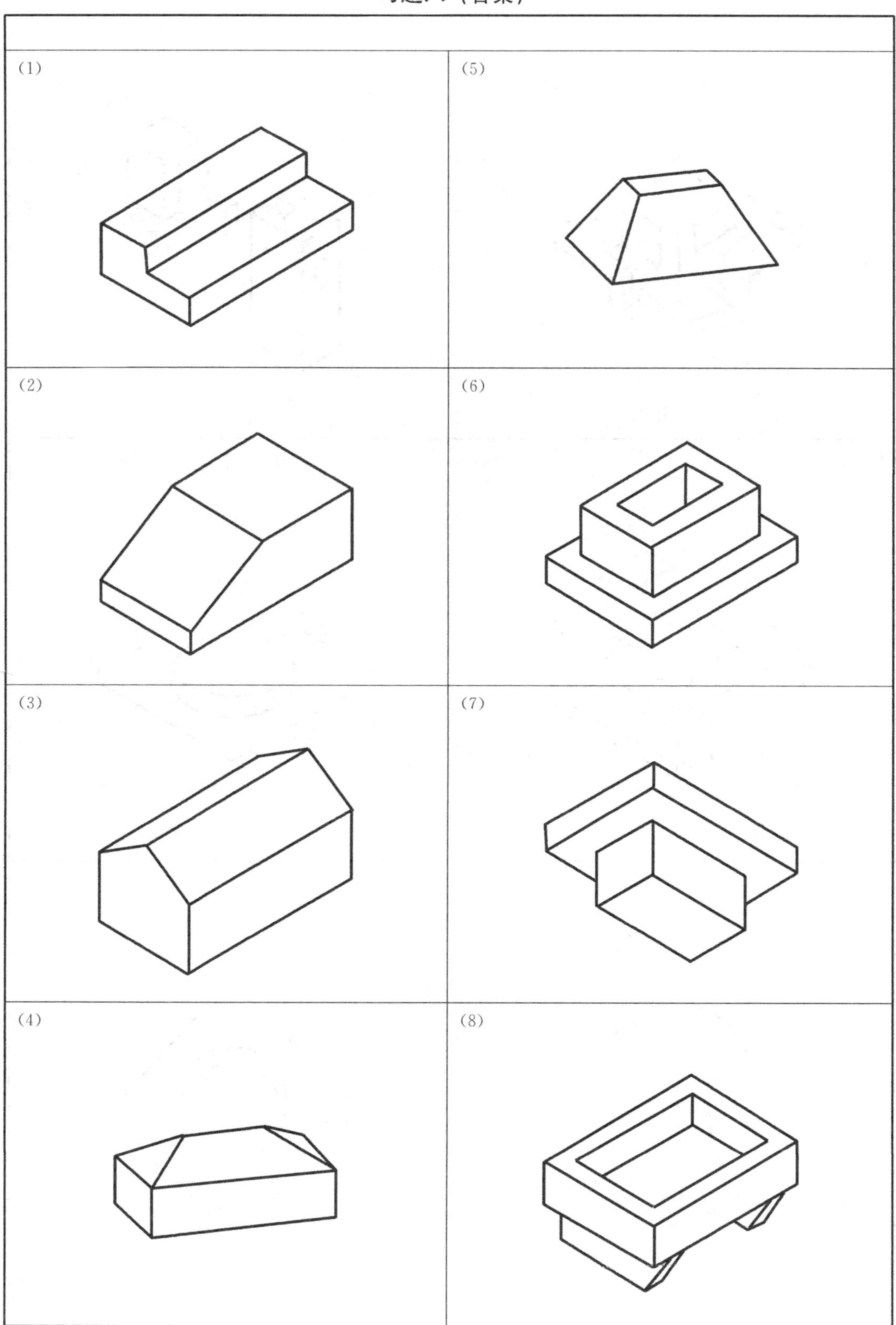

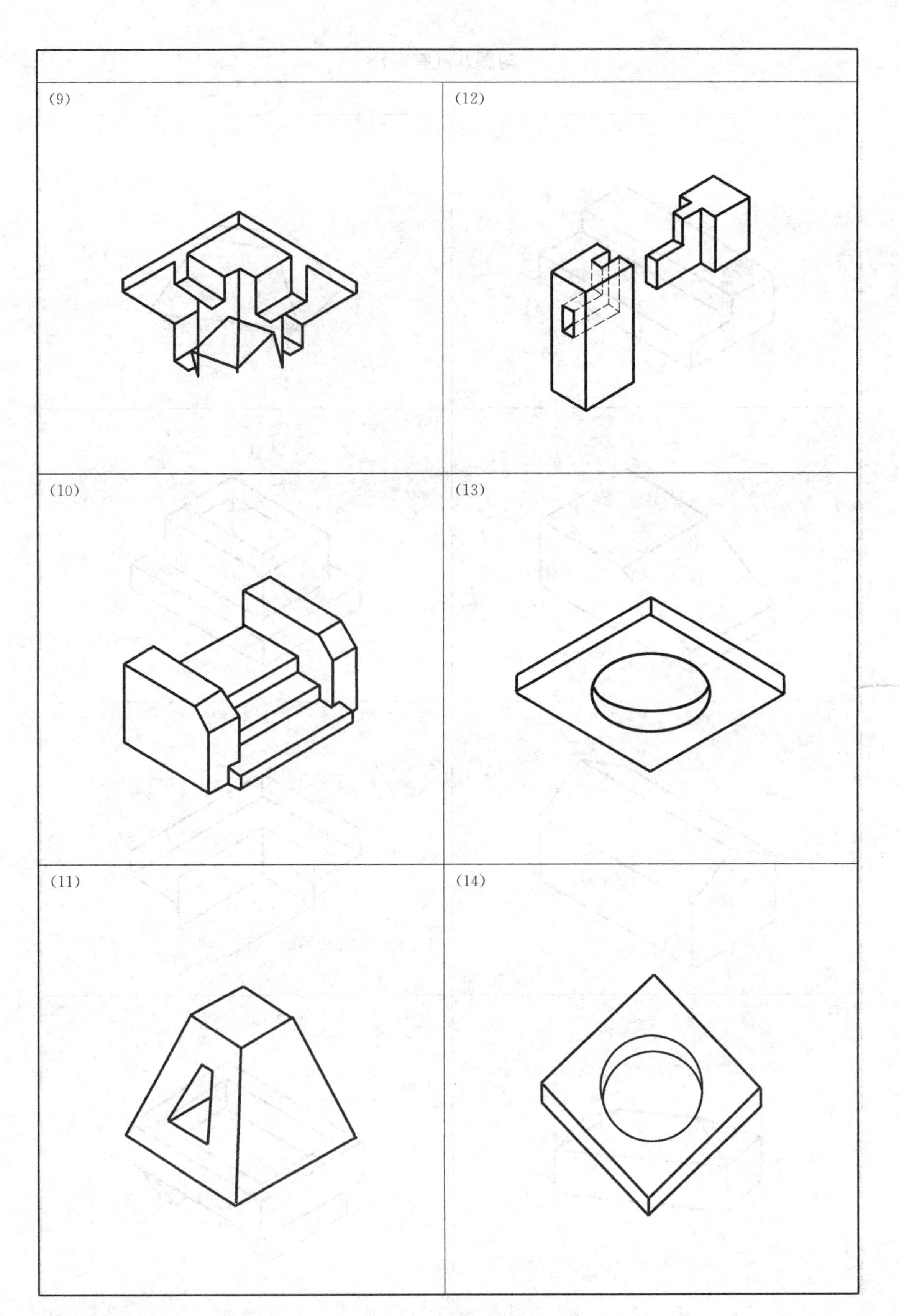
(9)
(12)
(10)
(13)
(11)
(14)

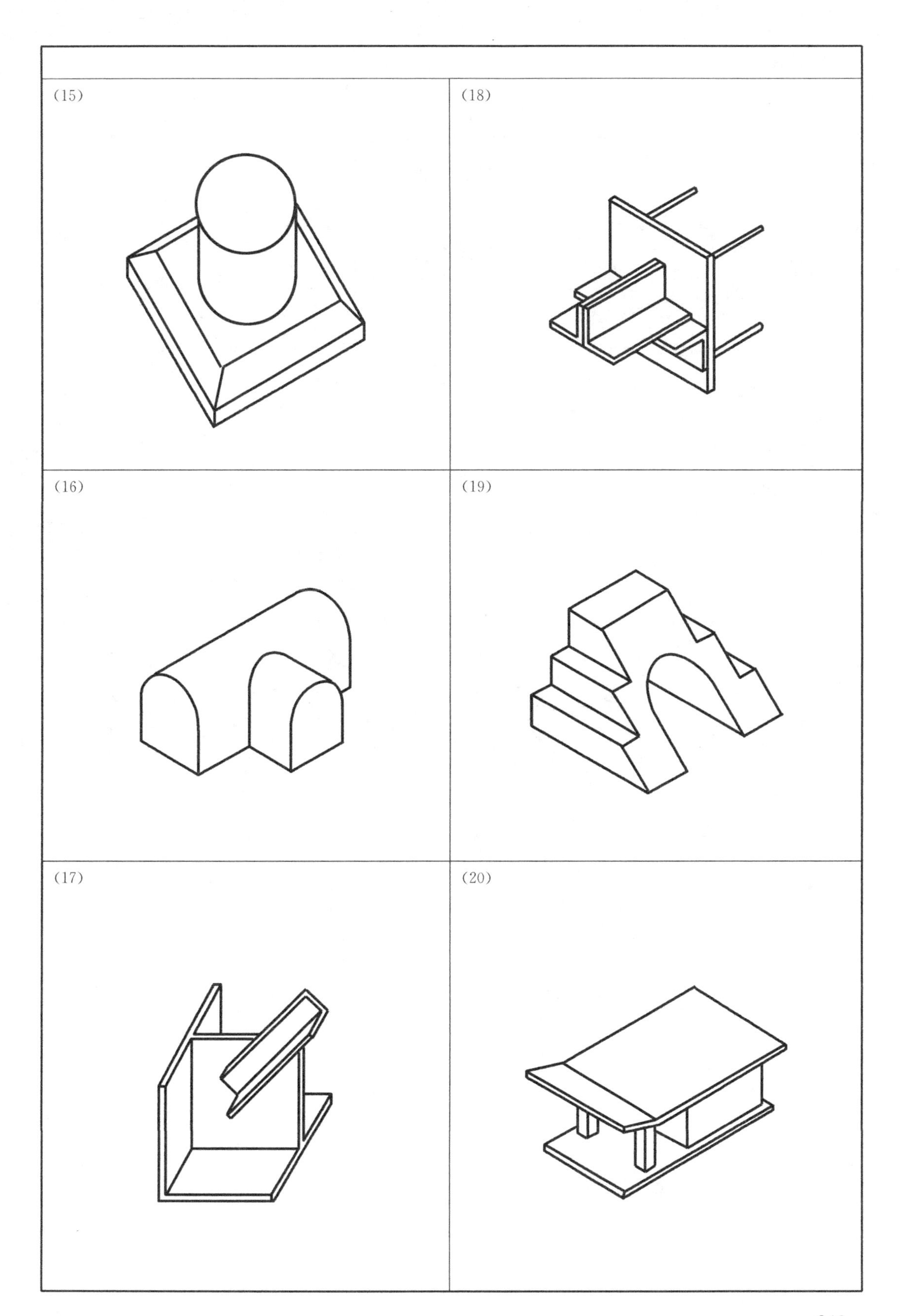
(15)
(18)
(16)
(19)
(17)
(20)